国家林业和草原局华东调查规划院

院史

（1952—2022）

国家林业和草原局华东调查规划院 ◎ 编

中国林业出版社
China Forestry Publishing House

图书在版编目（CIP）数据

国家林业和草原局华东调查规划院院史：1952–2022/ 国家林业和草原局
华东调查规划院编 . — 北京：中国林业出版社，2022.9
ISBN 978-7-5219-1870-0

Ⅰ . ①国… Ⅱ . ①本… Ⅲ . ①林业—设计院—工作概况—
华东地区— 1952–2022 Ⅳ . ① S7-262

中国版本图书馆 CIP 数据核字 (2022) 第 169655 号

策划编辑：邵权熙　李　敏
责任编辑：李　敏　王美琪

出版发行：中国林业出版社（100009　北京市西城区刘海胡同 7 号）
网　　站：http://www.forestry.gov.cn/lycb.html
电　　话：(010) 83143575　83143548
印　　刷：河北京平诚乾印刷有限公司
版　　次：2022 年 9 月第 1 版
印　　次：2022 年 9 月第 1 次
开　　本：889mm×1194mm　1/16
印　　张：23.25
字　　数：598 千字
定　　价：268.00 元

编纂委员会

国家林业和草原局局长关志鸥与华东院技术人员交流森林防火感知系统研建工作（2020 年 10 月）

国家林业和草原局副局长李树铭视察华东院（2020 年 10 月）

国家林业和草原局副局长李春良视察华东院（2019 年 9 月）

国家林业局党组成员谭光明视察华东院（2017 年 10 月）

林业部部长高德占视察华东院（1991 年 10 月）

林业部部长徐有芳视察华东院（1996 年 12 月）

国家林业局局长贾治邦、副局长张建龙，浙江省人民政府副省长茅临生在杭州听取华东院新址建设情况汇报（2006 年 3 月）

国家林业局副局长张建龙为华东院杭州新址奠基（2008 年 12 月）

林业部副部长沈茂成为华东院题词（1991 年 4 月）

国家林业局副局长祝列克视察华东院（2003 年 3 月）

国际竹藤组织董事会联合主席、国际竹藤中心主任江泽慧到华东院调研指导（2017年12月）

国家林业和草原局副局长彭有冬视察华东院（2021年10月）

浙江省人民政府副省长孙景淼视察华东院（2017 年 3 月）

六大队职工欢送苏联专家回国（1957 年 5 月）

六大队四中队荣获 1963 年度三好中队荣誉称号（1964 年 1 月）

华东院杭州新址落成庆典现场（2011 年 4 月）

华东院举办庆祝中华人民共和国成立 70 周年主题歌咏会（2019 年 9 月）

华东院首届职工运动会（2021 年 5 月）

华东院领导班子（左起：党委副书记、纪委书记、工会主席刘强，副院长、总工程师何时珍，党委书记、院长吴海平，副书记、副院长刘春延，副院长刘道平，副院长马鸿伟，2021 年 11 月）

国家林业和草原局华东调查规划院建院70周年合影留念 2022年5月6日

华东院全体职工合影（2022年5月）

序

　　国家林业和草原局华东调查规划院（简称"华东院"）创建于1952年。"林业调查设计工作者，是林业的开路先锋，也可以说是林业的开山祖师，他们上登千仞峰，下临万丈渊，享尽大自然的快乐，也受尽大自然的挫折。"70年来，林调战线的同志牢记梁希部长的谆谆教诲，以脚步丈量山林，以青春告白祖国，为我国林草事业建设改革发展作出了突出贡献。

　　70年来，华东院历经转战东北、移师西南、定居金华、迁址杭州，发展壮大成为一支实力雄厚、技术先进的林草规划骨干队伍。在东北国有林区、南方集体林区开发建设中，为新中国摸清森林资源家底发挥基础作用；在全国森林资源连续清查工作中，为我国建立森林资源调查体系发挥重要作用；在全国沿海防护林规划、林地保护利用规划、湿地监测评估、天然林保护修复等重点工作中，发挥了骨干作用；在林草生态建设咨询服务工作中，为地方经济社会发展作出了积极贡献。党的十八大以来，华东院的同志们深入贯彻习近平生态文明思想，牢记初心使命，坚持守正创新，在国家公园建设、自然保护地监测评估、林草生态综合监测、生态保护修复、森林督查等工作中，发挥了重要智库和主力军作用，先后荣获"全国生态建设突出贡献先进集体""乡村振兴与定点帮扶工作突出贡献单位""浙江省文明单位"等称号。华东院 70 年的砥砺奋斗，锻造形成了"忠诚使命、响应召唤、不畏艰辛、追求卓越"的华东院精神，也是我国林草事业发展的生动写照。

习近平总书记指出："历史是最好的教科书。"华东院编纂 70 年建院史，收录了各个时期发挥的主要作用和承担的重大任务，是该院发展壮大过程的再现，也是文化的传承、积累和拓展，所蕴含的精神力量和价值意义是全院干部职工弥足珍贵的精神财富。《国家林业和草原局华东调查规划院院史（1952—2022）》即将付梓，可喜可贺！

林草兴则生态兴，生态兴则文明兴。希望华东院全体干部职工以建院 70 周年为新的起点，铭记光荣历史，踏上新的征程，胸怀"国之大者"，以"让锦绣河山造福人民"的担当之志，以"建设人与自然和谐共生的现代化"的使命之召，踔厉奋发、笃行不怠，为建设生态文明和美丽中国再立新功。

2022 年 5 月 18 日

前　言

　　1952年，华东院的前身——中央人民政府林业部调查设计局林野调查总队在辽宁营口成立。此后70载，历经扩编、分队，下放、收回，解散、重建，从辽宁、黑龙江，到云南、浙江，辗转4省7地，12次更名，"三落三起"，逐步发展壮大。迁杭之后，特别是党的十八大以来，在习近平新时代中国特色社会主义思想指导下，华东院迈入快速发展期，已成为我国林草生态综合监测和生态保护修复不可或缺的主力军。70年来，一代又一代华东院人将自己的命运与国家富强紧密联系在一起，坚持在探索中求进步，在创新中谋发展，始终奋斗在林草事业的最前沿，集成了先进技术，造就了大批人才，收获了丰硕成果，形成了优良作风，创造了特色文化，留下了光辉足迹，用实际行动践行了服务国家林草事业高质量发展的初心使命。

　　盛世修史，以史励志。1990年，华东院编写印刷了《林业部华东林业调查规划设计院院志（1980—1989）》。2019年，华东院再次启动院史编纂工作，成立了院史编纂领导小组和工作专班。3 年来，全院组织，广泛动员，尤其得到了离退休老同志的大力支持。通过辛勤努力，反复修改，2022 年，终于完成了《国家林业和草原局华东调查规划院院史（1952—2022）》（简称《院史》）。全书共 8 篇 39 章，另有概述、纪事和附录等，60 万字 200 多张图片。悠悠岁月，赫赫史册，70 年的风雨历程，均记录在《院史》的一篇一章里；70 年的鞠躬尽瘁，都铭刻在《院史》的一字一句中。这是华东院 70 年奋斗历史的具体呈现，更是华东院人用 70 年的辛勤、汗水、知识和智慧铸就的实践成果，这是华东院发展史上的一件幸事和大事！

70 年续写辉煌，新起点再出发。新的时代，我们将深入贯彻落实习近平生态文明思想，牢牢把握时代脉搏和国家需求，在国家林业和草原局党组的坚强领导下，大力弘扬"牢记使命、艰苦创业、绿色发展"的塞罕坝精神和"忠诚使命、响应召唤、不畏艰辛、追求卓越"的华东院精神，秉持"党建统院、文化立院、人才强院、创新兴院"的发展理念，以史为鉴，脚踏实地，奋发有为，朝着建设政治过硬、业务精良、人才集聚、治理高效、文化厚重、幸福和谐的高水平现代化强院砥砺前行，为国家林草事业高质量发展作出新的更大贡献。

编者

2022 年 5 月

凡 例

一、《院史》是华东院 70 年发展的史实记载，是建制沿革、组织机构与人才队伍建设、生产技术与管理、生产任务与业务建设、党群工作与精神文明建设以及其他各项事业发展的信息汇总，是服务林草建设发展、服务生态文明建设的史证。

二、《院史》坚持辩证唯物主义和历史唯物主义基本原理，实事求是，力求全面、系统、准确、客观地记述华东院建院 70 年来的发展历史与现状。

三、《院史》采用公元纪年，上起 1952 年 12 月，下至 2022 年 3 月 31 日（另有注明的除外），本着"详今略古"的原则，重点记述华东院的发展史实。

四、《院史》遵循史志编纂的体例要求，由序、前言、凡例、概述、正文、纪事、附录、后记等部分组成，均一级平行排列，采用横排竖写的写法。纪事采用编年体记述，纪事中月份不详的，以"是年"代替月份表述。

　　五、《院史》资料来源以华东院文书档案、人事档案、科技档案等为主。华东院院属机构、职务、人名等均依据当时称谓。由于历史上几经搬迁，造成1952—1970年的档案缺失，《院史》编写过程中，通过查阅国家林业和草原局档案室、浙江省档案馆、金华市档案馆、营口市档案馆、牡丹江市档案馆档案，走访离退休老同志等方式，最大程度上弥补、还原这段史实。对于难以考证的资料，不加推断。

　　六、为简化用语和记述便捷，国家林业和草原局各司局、各直属单位名称原则上使用现行简称。

目 录

概　述

1952 年 12 月，中央人民政府林业部调查设计局将驻在辽宁省营口市、隶属于东北人民政府农林部调查设计局的林野调查总队收归直接领导，并定名为"中央人民政府林业部调查设计局林野调查总队"，这是华东院的前身。1953 年 2 月，这支队伍分为一、二两个大队。1956 年 7 月，二大队又扩编成二、六两个大队，六大队移师牡丹江。1958 年 4 月，六大队下放到黑龙江省，改称为"黑龙江省林业厅调查设计局第一大队"。1960 年 6 月，黑龙江一大队（原部属六大队）调往云南，更名为"云南省林业综合设计院森林调查六大队"，分驻云南腾冲和洱源两地，直至 1962 年 3 月。1952—1961 年这 10 年，华东院经历了转战东北和西南两个阶段。老一辈华东院人，面对创业的艰难险阻和下放调整的困难挫折，坚定信念、义无反顾、敢为人先，出色完成大小兴安岭林区、长白山林区以及西南林区部分地区的森林经理调查任务，积极引进、吸收航空摄影等先进技术，填补了我国森林资源调查领域的空白，为新中国摸清森林资源家底作出了开拓性、奠基性的重大贡献。

1962 年 3 月，经国家编委批准，林业部收回下放到云南的六大队，重新建立"林业部调查规划局第六森林调查大队"，并奉命调往浙江金华。1970 年 6 月，六大队下放到金华地区，9 月宣告解散。1980 年 1 月，经国家农委批复，林业部在金华恢复重建"林业部华东林业调查规划大队"。1986 年 11 月，更名为"林业部华东林业调查规划设计院"。1989 年 2 月，成立"林业部华东森林资源监测中心"。1998 年 12 月，被明确为司局级事业单位。1999 年 7 月，更名为"国家林业局华东林业调查规划设计院"，直至 2011 年 4 月。1962—2011 年这 50 年，华东院经历了奉调金华、解散、恢复重建三个阶段。华东院人始终坚持以"团结奉献、服务大局"和"争先创优、开拓创新"的姿态，主动融入国家"以木材生产为主"向"以生态建设为主"的历史性转变，吸收集成国际先进的森林资源监测技术，参与森林资源和生态状况综合监测体系框架研究，担当全国森林资源连续清查历次专题性和区域性汇总分析，研发《全国森林资源连续清查综合信息系统》，指导华东监测区各省（市）森林资源监测工作，开展区域性营造林、采伐管理、林地管理、林业重点工程验收等森林资源管理成效核查检查，为我国建立森林资源调查监测体系发挥了重要作用。

2011 年 4 月，华东院整体迁址杭州。2018 年 9 月，更名为"国家林业和草原局华东调查规划设计院"。2021 年 8 月，更名为"国家林业和草原局华东调查规划院"。2011 年 12 月至 2020 年 4 月，先后加挂"华东林业碳汇计量监测中心""华东生态监测评估中心""长三角现代林业评测协同创新中心""自然保护地评价中心"等牌子。这期间，华东院的发展总体同党的十八大以来林草事业改革发展脉搏同频共振，持续和深化开展全国沿海防护林调查规划评估，森林督查、天然林保护、退耕还林、森林抚育等核查检查，林草生态综合监测、湿地保护修复、自然保护地优化整合、国家公园建设等重点工作和核心任务，为国家林业和草原局宏观决策与管理服务提供坚实支撑及保障。

党的十八大以来，在习近平新时代中国特色社会主义思想的指引下，华东院积极践行习近平生态文明思想，秉承"党建统院、文化立院、人才强院、创新兴院"的发展理念，凝练和弘扬"忠诚使命、响应召唤、不畏艰辛、追求卓越"的华东院精神，凝心聚力、开拓创新、求真务实，取得了党建强、业务强的辉煌成绩。2012—2022年这10年，产出各类成果2000余项，获省部级以上奖项80余项，年收入保持11%以上的增长速度，进入了历史发展最好时期。

截至2022年3月底，华东院有内设机构20个，有正式职工189人，专业技术人员175人，高级职称79人。专业涵盖林业、草原、信息技术、资源环境与城乡规划、测绘等领域。取得各类执（职）业资格32人次，获得国务院政府特殊津贴专家15人、国家林业和草原局有突出贡献中青年专家5人、"百千万人才工程"省部级人选5人、全国林业工程建设领域资深专家8人。

70年来，华东院在国家林业和草原局的正确领导下，从加强党的建设入手，注重人才培养，大力加强行政、财务、安全生产等工作，狠抓生产技术与质量管理，着力强化业务建设，推进科技创新成果转化，先后完成各类森林资源调查监测、林业规划设计、信息技术应用、生态监测评估、碳汇计量监测、湿地监测评估、自然保护地监测评估、林草火灾监测评估等项目6300余项，其中140余项获得省部级以上（含）奖励，目前已形成以激光雷达监测技术、湿地监测评估技术、"云臻+"系列智慧监测平台、林火生态网络感知与监管系统、《自然保护地》期刊等为代表的特色品牌。从一个单纯的森林调查队，已发展成为拥有多个专业甲级资质资信、多个国际管理体系认证的国家级林草调查规划强院，是我国林草生态综合监测和生态保护修复不可或缺的重要力量。先后获得"全国林业调查规划设计先进单位""全国森林资源管理先进单位""全国林业科技工作先进集体""全国生态建设突出贡献先进集体"和"浙江省文明单位"等荣誉。

奋斗成就辉煌，拼搏开创未来。70年取得的成绩来之不易，这是继续前进的动力，是再创辉煌的基石。华东院将继续深入贯彻落实习近平生态文明思想，牢固树立绿水青山就是金山银山的理念，保持"赶考"初心，埋头苦干、补齐短板、巩固成果、持续发力，续写替山河装成锦绣、把国土绘成丹青的壮丽诗篇，用辛勤和努力去迎接属于新一代林草人的美好明天，为林草事业高质量发展砥砺奋进，为实现第二个百年奋斗目标新征程谱写更加辉煌的篇章。

第一篇

发展历程

华东院的历史最早可以追溯到 1952 年 12 月在辽宁省营口市设立的中央人民政府林业部调查设计局林野调查总队，至今已经 70 年。发展过程经历了"林野调查队""二大队""六大队"和"华东院"等四个时期。

新中国伊始，百废待兴，国民经济建设亟需大量木材，国家着手开发国有原始林区。开发建设国有原始林区，首先要摸清家底，开展森林资源调查，建立森林调查队伍显得尤为迫切。

1950 年年初，东北人民政府农林部林政局决定在辽宁省沈阳市组建"东北人民政府农林部林政局林野调查队"（简称"林野调查队"）（图 1-1）。同年 3 月和 8 月，林政局分别委托沈阳农学院举办两期森林调查干部训练班（简称"林训班"），目的是为建队培养一批专业技术人员。1950 年 10 月，抗美援朝战争爆发，沈阳农学院并入在哈尔滨的东北农学院，林训班也转由东北农学院举办。林训班学员主要来自东北地区和京津地区初中以上文化水平的学生、社会青年和一部分在职人员，两期共 360 余人。林训班开设的课程除政治、数学等基础课外，还开设测量学、测树学、树木学、森林调查学等专业课。在完成理论学习之后，第一期林训班学员于 1950 年 10—12 月到黑龙江带岭林区实习。期间，林政局成立了林野调查科，任命宋文中为调查科科长，张立勋为大队长，高宪斌为技术负责人。经过几个月的努力，林野调查队顺利完成了组织和人员的筹备工作。1950 年 12 月，第一期林训班 108 名学员毕业全部加入调查队，以此为标志，宣告林

图 1-1　林中驻地前的合影（20 世纪 50 年代 小兴安岭）

野调查队成立，队址设在沈阳市北陵附近的东北人民政府农林部院内。

林野调查队是新中国建立的第一支林业调查规划技术队伍，它的成立，揭开了中国林业发展史的新篇章，标志着中国没有自己的林业调查技术队伍的历史从此结束。

1951年3月，林野调查队建立不久，便组成2个中队，奔赴东北西部开展农田防护林带勘测设计工作（图1-2）。1951年7月，第二期林训班毕业学员全部充实到林野调查队，人员增至360余人。经过约半年的内外业工作，编制完成了《营造东北西部农田防护林带计划》。随后，林野调查队组成6个中队，由张立勋、宋文中两位大队长和业务总负责人杨润时率领，于同年9月集中在吉林省安图县，开始对长白山原始林区进行大规模的森林经理调查，直至次年1月，全体人员回到沈阳驻地。

1952年春，东北人民政府农林部决定将林野调查队与辽东省林业调查队合并，建立"东北人民政府农林部林政局林野调查总队"（简称"林野调查总队"），由森林经理局（林政局分为森林经理局和造林局，林野调查总队由森林经理局领导）森林经理处处长杨迈之兼任总队长，张立勋任总队负责人，杨润时、宋文中任业务总指挥。此时，总队下设7个中队和1个女子调查组。值得一说的是，女子调查组的成立当时在全国尚属首次，从此便有女性从事野外森林调查工作的先例。这年5月，林野调查总队再赴长白山林区开展森林经理调查，直至当年12月结束全部外业工作。长白山林区森林经理调查共完成220多万公顷调查任务，一共区划了13个林管区、55个施业区、808个施业分区、18621个林班。长白山林区森林经理调查的成果为编制《长白山森林经理施业案》提供了可靠的依据。

图1-2 东北西部农田防护林带勘测设计（20世纪50年代 小兴安岭）

第一节 营口建队

林野调查总队在沈阳的办公和住房是与东北人民政府农林部林政局一起的，院内还住有东北人民政府的其他部门，随着各部门机构人员逐步增加，原驻地已经显得很拥挤。1952年12月，上级决定将林野调查总队迁至辽宁省营口市。同月，为适应国家林业建设的需要，中央人民政府林业部决定将林野调查总队收归林业部调查设计局直接领导，并命名为"中央人民政府林业部调查设计局林野调查总队"（简称"林业部林野调查总队"），这是新中国成立后最早建立的国家级森林调查队伍，也是华东院的最早名称。

图1-3　二大队驻辽宁营口时的职工宿舍（1953年）

1953年年初，林业部林野调查总队抽调部分技术干部去北京，在苏联专家的指导下，开始编制《长白山森林经理施业案》。1954年年初《施业案》编制完成，同年3月25日至4月14日，在北京召开《施业案》审查会。这次会议由林业部副部长李范五主持，林业部调查设计局局长刘均一作长白山森林情况与经营措施的报告，林业部部长梁希作了重要讲话。《施业案》经林业部审查批准后实施。长白山林区森林经理调查，不仅为我国培养了一批专业技术骨干，也为我国森林经理调查工作开辟了一条崭新的道路。

1953年2月，中央人民政府林业部将林业部林野调查总队分为两个大队，即"林业部调查设计局森林调查第一大队"和"林业部调查设计局森林调查第二大队"（分别简称"一大队"和"二大队"），其中一大队移驻黑龙江省哈尔滨市，为黑龙江省自然资源权益调查监测院（黑龙江省自然资源卫星技术应用中心）的前身；二大队留驻营口，此时，大队长为关成发，副大队长为梁庭辉、谢根柱。大队下设4个业务中队，另设有行政股、业务股、卫生所等（图1-3）。

1954年1月，二大队更名为"林业部调查设计局森林经理第二大队"，并建立了大队党组织和群团组织，管理机构进一步健全。

第二节 搬迁抚顺

1954年夏，鉴于二大队在营口的房舍陈旧且分散，不利于工作，林业部决定将队址迁至抚顺市。新队址为辽东省林业学校校舍，环境较好，全队工作、生活条件有了很大改善，为之后更好地开展工作创造了良好的条件（图1-4）。这一年先后有北京林学院、浙江省衢州林业学校、辽宁省沈阳林业学校、吉林省林业学校80余名新中国成立后首届大、中专毕业生分配到二大队，全队人员增至569人。

1953年和1954年，二大队先后完成黑龙江通北、绥棱、铁力3县60多万公顷和内蒙古贝尔赤河、金河、甘河、诺敏河林区120多万公顷的森林经理调查。

1955年，二大队进一步扩大机构设置和人员编制。大队下设2个测量中队、2个经理区队，大队部内设组织生产科、生产科技科、队长办公室、专家工作室、医务所等。全队职工727人，加上外业期间临时工人，总数达到1450人，为二大队历史上人员最多的一年。

为进一步建立健全各项规章制度，二大队制定了行政管理制度、会议制度、机关办公制度、接见专家制度和医疗制度等。

1954年5月，根据中苏两国政府签订的协定，由苏联农业部和苏联民航总局抽调多学科专家139名，携带7架飞机，组成航空摄影测量队和特种综合调查队来华指导工作，其中费得洛夫分在二大队。为全面学习苏联先进的森林调查设计技术，二大队相应配备专业技术人员、林业院校的毕业生和实习助教，共205人参与学习。1956年4月，林业部调查规划局选派二大队王志民、赵庆和、李华敏、兰新文、王振国、李魏、金凤德、李元林8名专业技术人员赴苏联学习森林经理专业技术，时长1年。航空摄影及调查技术的应用，极大地提高了野外调查与测绘工作效率，促进了我国森林经理技术的进步（图1-5）。

图1-4　二大队驻辽宁抚顺时的办公楼（1954年）

图1-5　二大队部分职工在小兴安岭带岭林业局（1956年）

第一节　移师牡丹江

从 20 世纪 50 年代中期开始，全国森林调查全面铺开，但工作的重点仍然在大小兴安岭和长白山等尚未大面积开发的原始林区。与之相匹配的是森林调查队伍也在继续扩大，当时采取的办法是边调查边扩编队伍。1956 年 7 月，林业部决定将二大队扩编成两个大队，即二大队和"林业部调查设计局森林经理第六大队"（简称"六大队"）（图 1-6）。二大队留驻抚顺，也就是现在的吉林省林业调查规划院的前身；六大队迁至黑龙江省牡丹江市，此时，大队长为梁庭辉，副大队长为张英才，有职工 359 人。六大队在牡丹江市的队址设在市区北郊原林三师基地，该基地范围广、设施完善，拥有办公大楼、职工宿舍、食堂、运动场、俱乐部、电影院、托儿所、浴室、理发室等（图 1-7）。

1958 年 4 月，根据《中国共产党八届三中全会关于森工企业体制下放的决议》和《国务院关于森工体制下放与营林合并的决定》，为适应林业生产"大跃进"的新形势，密切森林经理同森林经营利用的关系，以充分满足森林经理为林业生产的需要，有利于林业生产大发展，林业部将部属森林经理大队下放到各有关省林业厅代管。据此，六大队下放到黑龙江省。黑龙江省接收后，于同年 9 月改为"黑龙江省林业厅调查设计局第一大队"（简称"黑龙江一大队"）。

在牡丹江的 4 年时间里，六大队主要是完成国家和黑龙江省下达的大小兴安岭和长白山林区森林经理调查任务（图 1-8～图 1-11）。

图 1-7　六大队驻牡丹江时的职工俱乐部（1956 年）

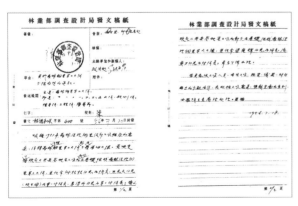

图 1-6　二大队扩编为二、六大队文件（1956 年 7 月）

图 1-8　北京林学院学生在六大队实习
（1956 年 带岭林业局）

图 1-9　内业材料整理中（1957 年 小兴安岭）

图 1-10　小队驻地（1957 年 小兴安岭）

图 1-11　四中队二小队 1960 年红旗集体奖状

图 1-12　云南外业调查间隙（20 世纪 60 年代）

第二节　西南会战

20 世纪 50 年代末至 60 年代初，国家启动西南大开发建设，由此，林业部计划在 60 年代开发建设云南林区。1960 年 6 月，林业部决定将黑龙江一大队调往云南，参与国家"西南大会战"和支援云南省森林调查工作。

牡丹江与云南相距 4000 多公里，全队整体迁移势必困难重重。为做好南下长途搬迁工作，黑龙江一大队领导对广大职工进行深入细致的思想动员，制定周密的行程计划。广大职工均能服从工作需要，积极配合。具体的搬迁工作是从 1960 年年底开始的，队伍在迁移过程中，分别在北京、广西柳州、贵州贵阳、云南沾益设立转运站，由黑龙江一大队领导坐镇，负责人员接送、住宿和购票等事宜。队伍在贵阳分批次集中后，乘坐汽车途径安顺、晴隆等地，到云南沾益后再转乘火车到昆明（当时贵阳至昆明的铁路还未开通）。黑龙江一大队的物资和设备，是通过广西凭祥进入越南后再转运到昆明的。至 1961 年 3 月，全队职工及家属 400 余人分批陆续到达目的地，顺利完成迁移任务。

黑龙江一大队调往云南去的实际人数是干部 207 名，固定技术工人 40 人。到云南后并入云南省林业综合设计院，更名为"云南省林业综合设计院森林调查六大队"（简称"云南六大队"），分驻云南腾冲和洱源两地。云南六大队在之后的 1 年多时间里主要承担保山、迪庆、丽江等地的林权调查（图 1-12）。

第三节　定居金华

1962年年初，经国家编委批准，林业部决定收回下放到云南的部直属森林调查队伍。同年3月，林业部工作组在昆明召开专题会议，具体研究相关工作；随后，林业部决定将云南六大队调往浙江省金华专区金华市，定名为"林业部调查规划局第六森林调查大队"（简称"六大队"），以配合华东6省（市）进行森林资源调查。

六大队迁移工作从1962年8月开始。为做好搬迁工作，大队除做好职工及家属的思想动员外，还结合1961年由东北搬迁到云南的经验，分别在腾冲、洱源和金华等地建立党政工作领导小组，制定《有关转移期间财务开支规定》《物资包装运输和保管办法》《各站及转移途中注意事项》等，确保顺利搬迁。到1962年11月底，全队职工及家属全部安全抵达金华，截至当年年底有正式职工211人。

六大队队址位于市区的西北，距市中心人民广场2公里，其时已有浙江省林业调查队的部分房舍。到金华后，一部分人住在市区或近郊，另一部分住在距金华市区30多公里的兰溪冶炼厂。

在随后2年多的时间里，六大队边建设边生产，先后建成一幢1500平方米的办公楼、3幢4800平方米的职工宿舍、500平方米的食堂兼礼堂、600平方米的其他附属用房，形成占地30497平方米的金华院区（图1-13、图1-14）。

1964年，六大队完成浙江省龙泉县（含现庆元县）的森林资源调查；1966年，组织完成浙江省云和县（含现景宁县）的森林资源调查；1968年，完成福建省光泽县的森林资源调查。

1964年年底，林业部根据国家"西南大会战"的需要，决定从六大队分出一半人员调往云南，支援西南三线建设。1965年年初，由六大队党总支书记、大队长刘纯一带队，抽调100多人，组成2个调查中队、1个专业中队以及业务和行政人员重回云南，组成林勘六大队，编入林业部西南林业勘察设计总队，归林业部金沙江林区会战指挥部领导，分驻在云南永胜和大理两处。这支队伍后来发展成云南省林业调查规划院昆明分院。

1965年上半年，由于有一半人员调往云南，六大队人员严重不足，林业部遂从安徽、河北、天津3省（市）林业系统抽调100余名职工，补充到六大队。六大队接收后，即组成3个训练班，专门就森林调查等知识进行为期半年的培训，随后充实到大队各部门。训练班人员的加入，使得六大队职工队伍又恢复到200多人。

1967年年底，六大队成立革命委员会，下设政工组、后勤组、生产组（下设12个小队），不再设科室、中队。1969年上半年，

图1-13　六大队驻金华时的一幢办公楼（1967年）

图1-14　六大队驻金华时的大门（1970年）

大部分职工到位于金华县蒋堂镇七一农场的“五七”干校劳动，历时半年多，森林调查等主要工作基本处于停滞状态。

第四节　下放浙江

1970年5月，林业部被撤销，相关职能并入新成立的农林部。是年，六大队被下放到浙江省。6月，浙江省革命委员会生产指挥组发出《关于将第六森林调查大队下放给金华地区革命委员会领导的通知》（图1–15）。《通知》还专门作出“下放后不要单独保留这个机构，干部由金华地区革命委员会统一考虑安排”的指示。金华地区接收后，将六大队撤销，人员分配到各县（市）、有关厂矿等地直企事业单位，还有少部分人员调回原籍。至此，建立近20年拥有职工241人的六大队宣告解散（图1–16）。

六大队解散后，人员分配从当年9月开始，第一批共147人，其中分到各县84人，地区直属单位16人，调回安徽16人，调回牡丹江31人。

第二批人员分配从10月开始，共35人，全部分到各县。

之后，其他人员陆续分配到有关单位，或调回原籍。人员分配到各地后，多数人被当作普通工人使用〔注〕。

土地、房产、仪器、设备等由金华地区行政公署接收。不久，金华地区行政公署在六大队队址上建立地区第三招待所。

〔注〕在六大队时是干部身份分配到金华地区被当作工人的人员，经在金华地区革委会政工组干部办公室工作的邵兴贵同志多次反映后，于1972—1975年逐步恢复为干部身份。

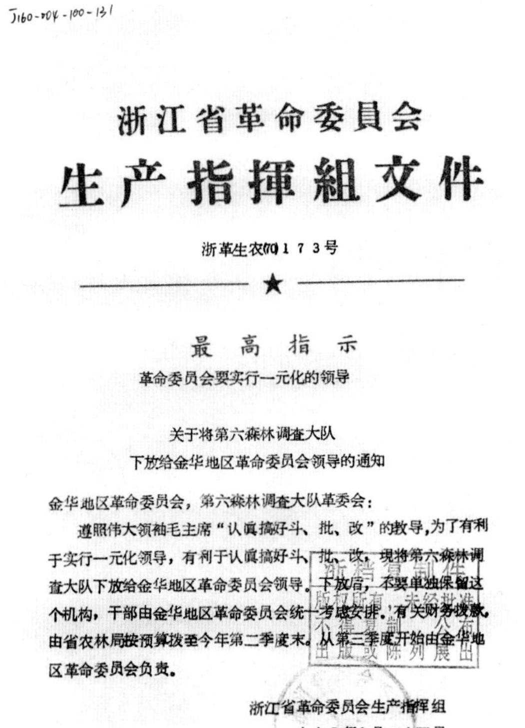
J160-004-100-131

浙江省革命委员会
生产指揮組文件

浙革生农(70)173号

最高指示
革命委员会要实行一元化的领导

关于将第六森林调查大队
下放给金华地区革命委员会领导的通知

金华地区革命委员会，第六森林调查大队革委会：

遵照伟大领袖毛主席“认真搞好斗、批、改”的教导，为了有利于实行一元化领导，有利于认真搞好斗、批、改，现将第六森林调查大队下放给金华地区革命委员会领导。下放后，不要单独保留这个机构，干部由金华地区革命委员会统一考虑安排。有关财务拨款，由省农林局按预算拨至今年第二季度末。从第三季度开始由金华地区革命委员会负责。

浙江省革命委员会生产指挥组
一九七〇年六月二十四日

抄送：林业部军管会，省革委会办事组、政工组，农林局、财政金融局

131

浙档复制件 版权所有 未经批准 不得复制、公布、出版或陈列展出

图1–15　浙江省革命委员会将六大队下放到金华地区的通知（1970年6月）

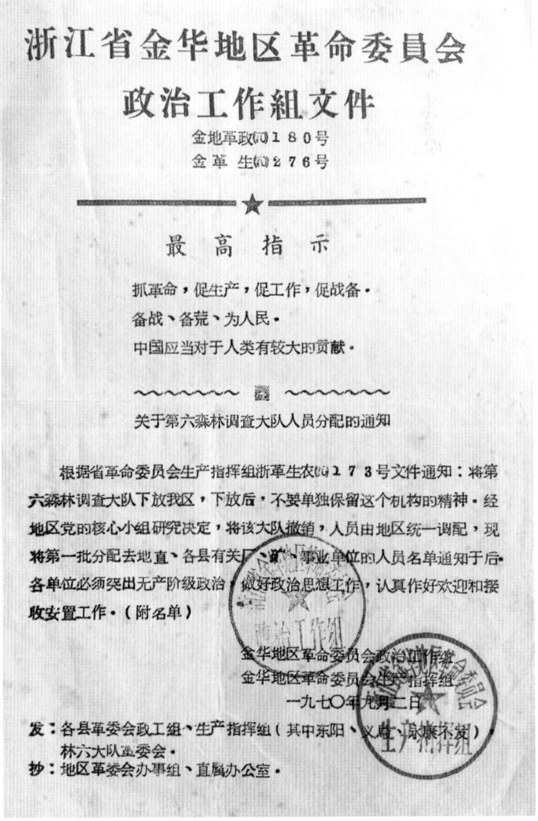
浙江省金华地区革命委員会
政治工作組文件

金地革政(70)180号
金革生(70)276号

最高指示

抓革命，促生产，促工作，促战备。
备战、备荒、为人民。
中国应当对于人类有较大的贡献。

关于第六森林调查大队人员分配的通知

根据省革命委员会生产指挥组浙革生农(70)173号文件通知：将第六森林调查大队下放我区，下放后，不要单独保留这个机构的精神。经地区党的核心小组研究决定，将该大队撤销，人员由地区统一调配，现将第一批分配去地直、各县有关厂、矿、事业单位的人员名单通知于后。各单位必须突出无产阶级政治，做好政治思想工作，认真作好欢迎和接收安置工作。（附名单）

金华地区革命委员会政治工作组
金华地区革命委员会生产指挥组
一九七〇年九月二日

发：各县革委会政工组、生产指挥组（其中东阳、义乌、永康不发）。林六大队革委会。
抄：地区革委会办事组、直属办公室。

图1–16　金华地区革命委员会关于六大队人员分配的通知（1970年9月）

第一节　恢复重建

党的十一届三中全会后，国民经济开始得到全面恢复。1979 年 2 月国家恢复林业部建制，不久，林业部重新成立调查规划局。之后，在"文化大革命"中被合并、撤销、精简的林业调查规划设计机构和队伍也开始恢复。1980 年 1 月，经国家农委批复，在浙江金华原六大队基础上建立"林业部华东林业调查规划大队"（简称"华东队"），主要任务是承担华东重点林区的调查规划和森林经理工作，并协助各省（市）建立森林资源连续清查体系，编制为 200 人（图 1-17）。

1980 年 4 月，林业部派夏连智到浙江省和金华地区与有关部门洽谈华东队恢复重建工作，并选调部分原六大队下放到各地的人员参加筹建。1981 年开始分批次接收全国各地林业院校的大中专毕业生，至 1985 年年底筹建任务基本完成，彼时华东队有内设机构 10 个，在职职工 154 人（图 1-18）。

1980 年 1 月至 1982 年 3 月，华东队归林业部调查规划局（调查规划局与调查规划院合一）领导；1982 年 4 月，林业部调查规划局撤销，归林业部调查规划院领导；1984 年 11 月起业务归口林业部资源司领导。

自 1980 年 8 月起，林业部调查规划局（调

图 1-17　华东队恢复重建的批文（1980 年 1 月）

图1-18 华东队在金华恢复重建初期时的大门（1981年）

图1-19 第二资源室二组获华东队1982年先进集体

图1-20 华东队恢复重建五周年晚会（1985年8月）

查规划院）与金华地区行政公署多次协商，在林业部划拨一定数量的资金和木材、钢材、水泥指标后，金华地区第三招待所陆续向华东队移交土地与房产。至1984年年初，除位于院区东面的地区人防指挥所和工程坑道口旁边的一幢宿舍（时称四、五、六号门，约1600平方米）外，其余全部移交给华东队。1980—1982年，部分职工住在院内，还有的租住在附近的五星大队，自1982年起开始建设职工宿舍，至1986年建成2幢，共计4200多平方米。

从1981年开始至1985年，华东队按照边筹建边开展生产的要求，陆续完成全国沿海防护林建设情况调研，华东6省1市基本概况研究，金华市北山林场、东方红林场、武义县林场、龙游林场等森林资源二类调查，大兴安岭林管局韩家园林业局森林经理复查，福建省森林资源连续清查，湖南朱亭林场森林效益评价和生物量调查，浙江省龙泉县森林资源二类调查，福建省沙县、永安市、三明市三元区和梅列区等地的森林资源二类调查，浙江省海岸带林业专业调查，千岛湖森林公园开发建设可行性研究等任务（图1-19、图1-20）。

第二节 改革发展

为适应《森林法》实施后全国林业调查设计工作的新形势，1986年11月4日，林业部下发《关于西北、中南、华东三个林业调查规划大队改变名称的通知》，华东队更名为"林业部华东林业调查规划设计院"（图1-21）。

从1986年开始，华东院陆续完成黑龙江省铁力、乌马河、双鸭山、新青、红星林业局，浙江开化示范林场等森林资源二类调查和森林经营方案编制；应用国土普查卫星图像进行黄河三角洲植树造林研究；全国沿海防护林体系建设可行性研究、千岛湖国家森林公园总体规划、江西省桃红岭梅花鹿保护区动植物资源考察等工作。

为进一步建立和健全全国森林资源监督管理体系，加强森林资源消长动态的监测和管好

年度造林实绩核查、新成林验收的监督检查等工作，林业部决定在全国建立 4 个区域森林资源监测中心。为此，1989 年 2 月 22 日，林业部印发《关于建立林业部区域森林资源监测中心的通知》（图 1-22）。《通知》确定区域中心的四项主要任务：一是负责本区域内森林资源监测的有关任务，二是负责本区域内森林资源消耗量及其消耗结构的调查，三是负责本区域内年度造林实绩的核查，四是负责本区域内各省（区、市）森林资源汇总。《通知》明确华东院即"林业部华东森林资源监测中心"，负责区域范围为：福建、浙江、江西、江苏、安徽、山东、上海、河南 8 省（市）。区域中心与院为一个单位、两块牌子，实行统一领导。2019 年 9 月，根据国家林业和草原局办公室通知，山东省从华东院监测区划出，作为国家林业和草原局林产工业规划设计院监测区。

监测中心设立后，华东院的职能发生重大转变，即由过去的森林资源调查为主，转向为生态建设服务的森林资源监测为主。为此，在接下来相当长的时间里，华东院主要承担主管部门下达的监测区乃至全国的森林资源连续清查、森林资源消耗量及消耗结构调查、国家退耕还林工程、天然林保护工程、生态公益林、

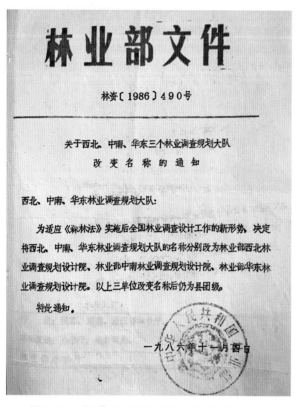

图 1-21 "队"改"院"文件（1986 年 11 月）

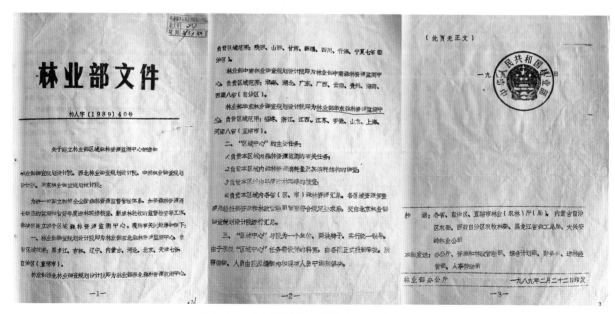

图 1-22 建立监测中心文件（1989 年 2 月）

图 1-23　苏联森林经理代表团访问华东院（1989 年 12 月）

林业重点生态工程核查检查等任务，为主管部门决策提供依据（图 1-23、图 1-24）。

1998 年 3 月，根据国务院机构改革方案，林业部改为国务院直属机构——国家林业局。据此，1999 年 7 月，华东院更名为"国家林业局华东林业调查规划设计院"。

1998 年 12 月，国家林业局明确华东院为司局级事业单位。

1986 年之后，华东院根据不同时期工作和任务的需要，多次对内设机构作调整，截至 2010 年年末，院内设机构 10 个，正式职工 152 人。

图 1-24　华东院金华院区办公楼及北大门（2005 年 7 月）

第三节　迁址杭州

2011 年前，华东院是国家林业局直属 4 个区域调查规划设计院中唯一一个不是驻在省会的单位，一定程度上影响了事业的发展。因此，搬迁杭州是华东院几代人的梦想。20 世纪 80 年代中期，华东院开始谋划迁杭，但由于当时条件不够完备，没能实现。进入 21 世纪，随着现代林业战略思想的确立和扎实推进，林业的地位和直属院的作用越来越重要，迁杭的条件也逐渐成熟。在国家林业局党组的关怀下，自 2001 年开始，在傅宾领院长领导下，周琪、何时珍、丁文义等领导一起，积极谋划迁杭工作，多次向国家林业局及相关司局、浙江省及杭州市有关领导反映，尤其是在项目报批立项、新址确定、土地征用等方面，克服重重困难，最终取得各方有力支持，为整体迁杭发挥了关键作用。2002年11月，杭州市人民政府同意华东院整体搬迁，并在江干区九堡镇预留建设用地；2006年1月，国家林业局党组书记、局长贾治邦主持召开局长办公会议，同意华东院整体搬迁杭州。杭州新址建设过程中得到国家林业局、浙江省及杭州市有关单位和领导的热切关心与大力支持。国家林业局副局长雷加富、森林资源管理司司长肖兴威，浙江省林业厅厅长陈铁雄、楼国华等领导多次亲临建设现场指导。2006年5月，杭州市副市长孙景淼主持召开专题会议，就华东院在整体迁杭中用地、户籍、社保、子女就读等有关事项进行研究，并给予政策支持。

2006年8月，国家林业局对华东院迁址工程业务用房及院区基础设施建设项目可行性报告作出批复，核定投资2848万元。2008年12月19日，杭州新址奠基，国家林业局副局长张建龙、浙江省人大常委会副主任程渭山等有关领导和嘉宾共200多人出席。建设项目经过2年的建设，至2011年初，第一阶段工程顺利结束，共建成1幢7036平方米的8层办公业务用房，实际完成投资2938万元。

2011年4月20日，华东院在杭州新址举行落成典礼，国家林业局党组成员、中纪委驻局纪检组组长陈述贤，国务院三峡委员会办公室党组成员、副主任雷加富，国家知识产权局党组成员、中纪委驻局纪检组组长肖兴威，浙江省人大常委会副主任程渭山等有关领导和嘉宾共300余人出席。从2011年5月起，华东院除在金华老院区留有一个院区管理处外，其余全部在杭州新址办公（图1-25）。

图1-25 华东院杭州新址落成庆典现场（2011年4月）

迁址杭州是华东院发展历史上的一件大事，是事业发展中的一个重要里程碑，实现了华东院几代人的夙愿。

2011年11月，华东院开始在杭州新址建设职工食堂、单身职工宿舍及其他附属用房，至2014年5月建成一幢12层9498平方米的集办公、职工文化活动室、食堂以及单身职工周转房的综合楼，总投资2561万元。

2015年后，华东院陆续利用自有资金开展综合楼装修、庭院园林绿化提升、停车场铺装、篮球场塑胶铺设、廊道绿化和景观改建、职工食堂扩建、污水管网设置等一批工程建设，全面改造提升院区环境。截至2021年年底，杭州院区的基础设施建设基本完成，形成了占地面积7423平方米，建筑面积13100平方米，2幢办公大楼，环境优美的杭州院区（图1-26）。

图1-26 华东院杭州院区大门（2019年10月）

第四节 盛世华章

迁杭之后，经主管部门批准，依托华东院陆续成立"国家林业局华东林业碳汇计量监测中心""国家林业局华东生态监测评估中心""国家林业和草原局长三角现代林业评测协同创新中心""国家林业和草原局自然保护地评价中心"。这些"中心"的建立，增加了华东院新的职能，使华东院在加强生态建设、维护国土生态安全、强化生态状况监测评估、增强生态建设决策管理的科学性和有效性等方面发挥更加重要的作用（图1-27）。

2018年3月，根据国务院机构改革方案，不再保留国家林业局，组建国家林业和草原局，由自然资源部管理。同年9月，华东院全称改为"国家林业和草原局华东调查规划设计院"，并明确为公益二类事业单位。2021年8月，根据国家林业和草原局深化事业单位改革实施方案要求，华东院更名为"国家林业和草原局华东调查规划院"。同年10月，国家林

图1-27 华东院杭州院区全貌（2022年5月）

业和草原局印发《国家林业和草原局华东调查规划院机构职能编制规定》的通知。据此规定，华东院为国家林业和草原局所属司局级事业单位，公益二类；财政补助事业编制210名，设20个内设机构；华东院在国家林业和草原局党组领导下，组织开展区域内林草生态综合监测及生态保护修复相关技术服务和决策咨询等具体任务，为机关履职提供支持保障。主要职能：一是为机关提供支持保障的职能。承担区域内森林、草原、湿地、荒漠生态系统和自然保护地及野生动植物资源的调查、监测、评价、规划以及相关生态保护修复工程和国土绿化工作的技术指导、检查验收、成效评价等工作；承担区域内林草碳汇计量监测工作和林草生态网络感知系统建设等相关工作；承

担自然保护地、湿地、沿海防护林的政策和规程规范研究等相关工作，为国家重要湿地认定提供技术支撑；开展产学研用协同创新，搭建资源共享平台，推动长三角地区林草事业及花卉产业高质量发展。二是面向社会提供公益服务的职能。发挥专业技术优势，开展面向政府部门、相关单位委托的调查、监测、评价、规划、咨询、培训、科研和技术推广等技术服务。三是完成国家林业和草原局交办的其他任务。截至 2022 年 3 月 31 日，华东院有正式职工 189 人。

迁杭后的 10 年，也是华东院发展最快的 10 年。10 年来，华东院秉承"党建统院、文化立院、人才强院、创新兴院"的发展理念，凝练出"忠诚使命、响应召唤、不畏艰辛、追求卓越"的华东院精神。10 年间共完成 200 多项指令性任务，向社会提交 2000 多项成果，获省部级以上奖项 80 余项，得到社会各界广泛好评。有 1 人获得"享受国务院政府特殊津贴专家"称号，先后有 5 人入选国家林业和草原局"百千万人才工程"省部级人选，8 人获得"全国林业工程建设领域资深专家"称号。与 31 家单位建立战略合作关系，成功研发激光雷达监测技术、"云臻＋"系列智慧监测平台、林火生态网络感知与监管系统等最新林业前沿技术，并得到广泛推广，2021 年跨入省级文明单位行列。

党的十八大以来，华东院深入贯彻落实习近平生态文明思想，牢固树立"绿水青山就是金山银山"理念，全面落实国家林业和草原局党组部署要求，牢记使命、围绕大局、攻坚克难、开拓创新，各项事业得到全面发展。按照《华东院"十四五"发展规划》，未来几年，要建设成为政治过硬、业务精良、人才集聚、治理高效、文化厚重、幸福和谐的高水平现代化强院，为林业、草原、国家公园融合发展新阶段提供有力支撑（图 1-28）。

图 1-28　华东院书记吴海平在上海市检查指导林草生态综合监测工作（2021 年 7 月）

第二篇

组织机构

华东院是国家林业和草原局所属正司局级公益二类事业单位，坐落于杭州市主城区钱塘江畔，是新中国最早建立的国家级林业调查规划设计单位，加挂有华东森林资源监测中心、华东林业碳汇计量监测中心、华东生态监测评估中心、长三角现代林业评测协同创新中心、自然保护地评价中心等牌子，同时还是中国林业工程建设协会湿地保护和恢复专业委员会挂靠单位。2021年，荣获中共浙江省委、浙江省人民政府授予的"文明单位"称号（图2-1）。

华东院长期致力于林业调查规划事业，以向我国林草事业高质量发展提供宏观决策依据和技术支撑为己任，拥有林业、农业，电子、信息工程（含通信、广电、信息化），市政公用工程，生态建设和环境工程等4个甲级专业资信；林业调查规划设计甲A级资质；测绘乙级资质；生产建设项目水土保持方案编制单位水平评价2星级；ISO9001：2015质量管理体系，ISO14001：2015环境管理体系，ISO45001：2018职业健康安全管理体系等多个资质和认证证书。同时，华东院下属的浙江华东林业工程咨询设计有限公司持有农林行业（营造林工程、森林资源环境工程）专业甲级工程设计资质；林业调查规划设计甲B级资质；城乡规划编制丙级资质等证书。

筚路蓝缕70载，华东院不断发展壮大，拥有一支纪律严、素质高、业务精的人才队伍。

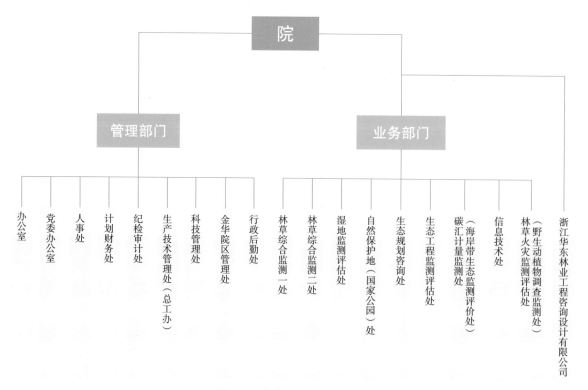

图2-1　华东院组织机构一览

截至 2022 年 3 月底，在职职工 189 人，其中专业技术人员 175 人，高级职称 79 人，享受国务院政府特殊津贴专家 15 人，有突出贡献中青年专家 5 人，国家林业和草原局"百千万人才工程"省部级人选 5 人。华东院自建院以来已先后完成各类森林资源调查监测、林业规划设计、信息技术应用、生态监测评估、碳汇计量监测、湿地监测评估、自然保护地监测评估、林草火灾监测评估等项目 6300 余项，其中 140 余项获得省部级以上（含）奖励。

华东院始终以提升林业、草原、国家公园"三位一体"融合发展新阶段服务支撑能力为主线，深入实施监测、规划、创新全面发展战略。目前已形成以激光雷达监测技术、湿地监测评估技术、"云臻+"系列智慧监测平台、林火生态网络感知与监管系统、《自然保护地》期刊等为代表的特色品牌，为促进我国林草事业高质量发展、推动生态文明建设提供有力支撑。

在开启全面建设社会主义现代化国家的新征程上，华东院将坚持以习近平新时代中国特色社会主义思想为指导，认真贯彻落实习近平生态文明思想，立足新阶段，贯彻新理念，融入新格局，坚持"党建统院、文化立院、人才强院、创新兴院"发展理念，凝聚力量，开拓创新，积极作为，为建设美丽中国、实现中华民族伟大复兴的中国梦贡献力量。

第二章　机构沿革

1952 年 12 月，中央人民政府林业部决定将驻在辽宁省营口市的东北人民政府农林部林政局林野调查总队收归中央人民政府林业部调查设计局直接领导，并命名为"中央人民政府林业部调查设计局林野调查总队"。

1953 年 2 月，中央人民政府林业部将调查设计局林野调查总队分为两个大队，"林业部调查设计局森林调查第二大队"留驻营口。

1954 年 1 月，林业部调查设计局森林调查第二大队更名为"林业部调查设计局森林经理第二大队"，同年夏季迁往辽宁省抚顺市。

1956 年 7 月，林业部调查设计局森林经理第二大队扩编成两个大队，"林业部调查设计局森林经理第六大队"迁往黑龙江省牡丹江市。

1958 年 4 月，林业部调查设计局森林经理第六大队下放到黑龙江省，同年 9 月更名为"黑龙江省林业厅调查设计局第一大队"。

1960 年 6 月，黑龙江省林业厅调查设计局第一大队（原林业部调查设计局森林经理第六大队）调往云南，并入云南省林业综合设计院，更名为"云南省林业综合设计院森林调查六大队"，分驻腾冲和洱源两地。

1962 年年初，经国家编委批准，成立"林业部调查规划局第六森林调查大队"，调驻浙江省金华市。

1967 年年底，"林业部调查规划局第六森林调查大队革命委员会"成立。

1970 年 6 月，林业部调查规划局第六森林调查大队下放到金华地区，随即解散。

1980 年 1 月，经国家农委批复，恢复

成立"林业部华东林业调查规划大队"，驻浙江省金华市，编制 200 人，为县团级事业单位。

1986 年 11 月，林业部华东林业调查规划大队更名为"林业部华东林业调查规划设计院"。

1989 年 2 月，林业部发文成立"林业部华东森林资源监测中心"，区域中心与院为一个单位、两块牌子，实行统一领导。

1990 年 3 月，林业部核定林业部华东林业调查规划设计院事业编制 220 人。

1998 年 12 月，国家林业局明确林业部华东林业调查规划设计院为司局级事业单位。

1999 年 7 月，林业部华东林业调查规划设计院更名为"国家林业局华东林业调查规划设计院"。

2003 年 11 月，国家林业局明确国家林业局华东林业调查规划设计院为财政补贴事业单位，编制减至 210 名。

2011 年 4 月，国家林业局华东林业调查规划设计院整体搬迁至浙江杭州，在金华设立金华院区管理处。

2011 年 12 月，在国家林业局华东林业调查规划设计院挂牌成立"国家林业局华东林业碳汇计量监测中心"。

2012 年 2 月，依托国家林业局华东林业调查规划设计院成立"国家林业局华东生态监测评估中心"。

2018 年 9 月，国家林业局华东林业调查规划设计院更名为"国家林业和草原局华东调查规划设计院"，明确为公益二类事业单位。

2018 年 11 月，依托国家林业和草原局华

东调查规划设计院成立"国家林业和草原局长三角现代林业评测协同创新中心"。

2020年4月，国家林业和草原局华东调查规划设计院加挂"国家林业和草原局自然保护地评价中心"牌子。

2021年8月，国家林业和草原局华东调查规划设计院更名为"国家林业和草原局华东调查规划院"。

第一节　领导班子

1952 年 12 月至 1953 年 1 月，张立勋任林业部调查设计局森林调查总队总队长。

1953 年 2—7 月，关成发任林业部调查设计局森林调查第二大队大队长，梁庭辉、谢根柱任副大队长。同年 8—12 月，梁庭辉任大队长，谢根柱任副大队长。

1954 年 1 月至 1956 年 7 月，梁庭辉同志任林业部调查设计局森林经理第二大队大队长、中共林业部调查设计局森林经理第二大队支部（总支部）委员会书记，谢根柱任副大队长。

1956 年 7 月，梁庭辉同志任林业部调查设计局森林经理第六大队大队长、中共林业部调查设计局森林经理第六大队总支部委员会书记，张英才任副大队长；1957 年 8 月，李华敏任副大队长。

1960 年年底至 1962 年 10 月，李华敏、李海宴等人负责云南省林业综合设计院森林调查六大队日常工作。

1962 年 10 月至 1970 年 9 月，李华敏任林业部调查规划局第六森林调查大队副大队长（大队长空缺期间主持行政工作），李海晏同志任中共林业部调查规划局第六森林调查大队委员会（总支部委员会）副书记（书记空缺期间主持党的工作）。

1963 年 9 月至 1964 年 12 月，刘纯一同志任林业部调查规划局第六森林调查大队大队长、中共林业部调查规划局第六森林调查大队总支部委员会书记。

1964 年 4 月至 1970 年 9 月，乔志明同志任中共林业部调查规划局第六森林调查大队委员会（总支部委员会）副书记。

1966 年 3 月至 1970 年 9 月，夏连智同志任中共林业部调查规划局第六森林调查大队委员会书记。

1981 年 1 月，林业部调查规划局党委同意成立以夏连智为负责人，杨云章、郑旭辉、周崇友、黄吉林为成员的林业部华东林业调查规划大队筹建领导小组。

1982 年 4 月，林业部调查规划局任命夏连智同志为林业部华东林业调查规划大队大队长、党委书记，郑旭辉、周崇友、杨云章为副大队长。

1983 年 11 月，林业部党组任命杨云章同志为中共林业部华东林业调查规划大队委员会书记；林业部任命郑旭辉为大队长，林进、周崇友为副大队长。

1986 年 3 月，林业部党组任命钱雅弟同志为中共林业部华东林业调查规划大队委员会书记；林业部任命杨云章为调研员（正处级）。

1987 年 8 月，林业部任命林进为林业部华东林业调查规划设计院院长，黄文秋为副院长，郑旭辉为调研员（正处级）。

1991 年 3 月，林业部任命傅宾领为林业部华东林业调查规划设计院副院长，周崇友为调研员。

1993 年 4 月，林业部决定傅宾领副院长主持行政工作；林业部任命江一平为副院长。

1994 年 12 月，林业部党组任命傅宾领同志为中共林业部华东林业调查规划设计院委员会书记，周琪同志为副书记；林业部任命傅宾领为林业部华东林业调查规划设计院院长，钱雅弟为调研员（正处级）。

1999 年 7 月，国家林业局明确傅宾领为副司局级干部，周琪为正处级干部；国家林业局任命何时珍为国家林业局华东林业调查规划设计院副院长兼总工程师（副处级），丁文义为副院长（副处级），任命黄文秋、江一平为正处级调研员。

2002 年 1 月，国家林业局明确傅宾领为正司局级十部，周琪为副司局级干部，何时珍、丁文义为正处级干部。

2008 年 6 月，国家林业局明确何时珍、丁文义为副司局级干部。

2009 年 7 月，国家林业局党组任命刘裕春同志为中共国家林业局华东林业调查规划设计院委员会书记，傅宾领同志为副书记（兼）；国家林业局任命刘裕春为国家林业局华东林业调查规划设计院副院长（兼）。

2009 年 11 月，国家林业局任命周琪为国家林业局华东林业调查规划设计院副院长（兼）。

2016 年 3 月，国家林业局任命刘裕春为院长，傅宾领为副院长；国家林业局党组任命傅宾领同志为中共国家林业局华东林业调查规划设计院委员会书记，刘裕春同志为副书记。

2016 年 6 月，国家林业局任命刘道平为国家林业局华东林业调查规划设计院副院长。

2017 年 9 月，国家林业局任命于辉为国家林业局华东林业调查规划设计院常务副院长（正司局级）。

2018 年 11 月，国家林业和草原局任命于辉为国家林业和草原局华东调查规划设计院院长；国家林业和草原局党组任命于辉同志为中共国家林业和草原局华东调查规划设计院委员会副书记。

2019 年 1 月，国家林业和草原局党组任命刘强同志为中共国家林业和草原局华东调查规划设计院委员会副书记、纪委书记；国家林业和草原局任命马鸿伟为副院长。

2019 年 6 月，国家林业和草原局党组任命吴海平同志为中共国家林业和草原局华东调查规划设计院委员会书记；国家林业和草原局任命吴海平为副院长。

2020 年 3 月，吴海平同志主持全面工作。

2020 年 3 月，国家林业和草原局党组任命刘春延同志为中共国家林业和草原局华东调查规划设计院委员会副书记（正司局级）；国家林业和草原局任命刘春延为副院长。

2021 年 8 月，国家林业和草原局任命吴海平为国家林业和草原局华东调查规划设计院院长。

2021 年 10 月，国家林业和草原局党组决定吴海平同志任中共国家林业和草原局华东调查规划院委员会书记、院长，刘春延同志任副书记、副院长，何时珍任副院长、总工程师，刘道平任副院长，刘强同志任副书记、纪委书记，马鸿伟任副院长。

2022 年 6 月，国家林业和草原局党组决定郑云峰同志任国家林业和草原局华东调查规划院副院长。

1952 年 12 月至 2022 年 7 月历任领导班子成员：

1952.12—1953.01	张立勋		
1953.02—1953.07	关成发	梁庭辉	谢根柱
1953.08—1956.07	梁庭辉	谢根柱	
1956.07—1957.08	梁庭辉	张英才	
1957.08—1960.06	梁庭辉	张英才	李华敏
1960.07—1960.10	李华敏		
1960.10—1963.08	李华敏	李海晏	
1963.09—1964.04	刘纯一	李华敏	李海晏
1964.04—1964.12	刘纯一	李华敏	李海晏
	乔志明		
1965.01—1966.03	李华敏	李海晏	乔志明
1966.03—1970.10	夏连智	李华敏	李海晏
	乔志明		
1981.01—1982.04	夏连智	杨云章	郑旭辉
	周崇友	黄吉林	
1982.04—1983.10	夏连智	郑旭辉	周崇友
	杨云章		

1983.11—1986.03	郑旭辉	杨云章	周崇友
	林　进		
1986.03—1987.08	郑旭辉	钱雅弟	周崇友
	林　进		
1987.08—1988.06	钱雅弟	林　进	周崇友
	黄文秋		
1988.06—1991.03	林　进	钱雅弟	周崇友
	黄文秋		
1991.03—1993.04	林　进	钱雅弟	黄文秋
	傅宾领		
1993.04—1994.12	钱雅弟	傅宾领	黄文秋
	江一平		
1994.12—1999.07	傅宾领	黄文秋	江一平
	周　琪		
1999.07—2009.07	傅宾领	周　琪	何时珍
	丁文义		
2009.07—2016.03	傅宾领	刘裕春	周　琪
	何时珍	丁文义	
2016.03—2016.06	刘裕春	傅宾领	周　琪
	何时珍	丁文义	
2016.06—2017.09	刘裕春	傅宾领	周　琪
	何时珍	丁文义	刘道平
2017.09—2018.02	刘裕春	傅宾领	于　辉
	周　琪	何时珍	丁文义
	刘道平		
2018.02—2018.11	刘裕春	傅宾领	于　辉
	周　琪	何时珍	刘道平
2018.11—2019.01	于　辉	傅宾领	何时珍
	刘道平		
2019.01—2019.06	于　辉	何时珍	刘道平
	刘　强	马鸿伟	
2019.06—2020.03	于　辉	吴海平	何时珍
	刘道平	刘　强	马鸿伟
2020.03—2022.05	吴海平	刘春延	何时珍
	刘道平	刘　强	马鸿伟
2022.05—2022.06	吴海平	刘春延	刘道平
	刘　强	马鸿伟	
2022.06—2022.07	吴海平	刘春延	刘道平
	刘　强	马鸿伟	郑云峰

2022.07 至今　　　　吴海平　刘道平　刘　强
　　　　　　　　　　马鸿伟　郑云峰

第二节　中层干部

一、中层干部选拔任用情况

1980 年以来，华东院中层干部选拔任用大体经历以下几个阶段：

（一）**党委领导下分工负责制阶段（1981年 1 月至 1988 年 6 月）。** 这期间，中层干部由院党政领导集体研究提出初步人选，报院党委会议研究确定，行政干部由院任免，党群干部由党委任免，任期一般为 2 年。

（二）**任命制阶段（1988 年 6 月至 1994年 2 月）。** 按照林业部《关于西北、中南、华东林业调查规划设计院实行院长负责制的通知》精神，华东院实行院长负责制和企业化管理，院长对本院的生产和经营管理工作统一领导，全面负责。院中层行政干部人选由院长提名，经考核并征求党委意见，中层行政干部由院长决定任免。党群干部由党委任免，任期均为 2 年。

（三）**任命与聘任相结合阶段（1994 年 2月至 2009 年 3 月）。** 1994 年 2 月，华东院根据林业部有关深化林业改革的精神，制定了《深化改革原则方案》。按照《方案》，中层干部的行政职务实行院长任命与推荐聘任相结合的干部人事制度改革，即各处室处长（主任）、副总工由院长任命，副处长（副主任、主任工程师）由处长（主任）推荐，院党政领导研究同意，党委会议集体讨论决定（2003 年前为征得党委同意）后由院聘任，聘期 2 年。2004 起聘期改为 3 年。党群部门中层干部由党委聘任。

（四）**全员聘用阶段（2009 年 3 月至今）。** 为加快人事制度改革步伐，适应事业单位改革和人事制度改革需要，促进人事管理的科学化、民主化、法制化，进一步调动广大职工的积极性和创造性，华东院开展岗位设置管理改革，实行全员聘用制，实现由固定用人向合同用人，由身份管理向岗位管理的转变。2009年3月起，院党委严格按照动议、民主推荐、考察、讨论决定、公示、请示报备、试用等程序，通过公开选拔、竞聘上岗等方式选拔聘任中层干部。行政干部由院聘任，党群干部由党委聘任，任期3年。

二、制度建设

为促进华东院中层领导干部队伍的年轻化，优化中层干部队伍的年龄结构和知识结构，2007年3月，华东院党委制定《关于中层领导干部任职年龄有关问题的规定》，对中层干部达到规定年龄后，不再继续担任领导职务，改任相应级别的非领导职务。2016年5月，华东院党委对《规定》作修订完善。《规定》的实施，为优化院中层干部队伍的年龄结构和专业结构起到重要作用。截至2021年年末，中层干部平均年龄42.8岁，其中40岁及以下19人。

在干部选拔任用中，华东院严格按照《党政领导干部选拔任用工作条例》《国家林业和草原局领导干部选拔任用工作实施细则》和《国家林业局直属事业单位领导人员管理暂行办法》等相关规定开展，相继出台《岗位设置工作实施方案》等多项干部管理方面规定及办法，通过这些制度的实施，不断促进院干部管理工作的规范化、制度化、科学化（图2-2）。

图2-2 华东院举行宪法宣誓仪式（2020年12月）

第三节 人才队伍

一、职工队伍

1952年年底，林业部林野调查总队有职工360人左右，主要来自沈阳农学院和东北农学院毕业的两期林训班学员，这是华东院最早建立的职工队伍。

1953年年底，二大队有职工300余人。

1954年，北京林学院、浙江省衢州林业学校、辽宁省沈阳林业学校、吉林省林业学校等新中国成立后首届大、中专毕业生分配到二大队工作，当年年底有职工569人。

1955年，二大队进一步扩大机构设置和人员编制，当年年底有职工727人。

1956年年底，六大队有职工359人。

1960年6月，有207名干部和40名固定技术工人随六大队调往云南。

1962年年底，六大队有职工211人。

1965年年初，六大队抽调100多人到云南，参与国家"西南大会战"和支援云南省森林调查工作，并入林业部西南林业勘察设计总队。

1965年上半年，从安徽、河北、天津三省（市）林业系统抽调100余名职工，补充到六大队。当年年底，六大队职工队伍恢复到200多人。

1970年9月，六大队宣告解散，人员分配到金华地区各县、有关厂矿地方直属企事业单位，还有少部分人员调回原籍。

1980年1月，恢复重建华东队。1981年开始分批次接收全国各地的大中专毕业生，至1985年年底筹建任务基本完成。截至1985年年底有在职职工154人（图2-3）。

1986年11月，华东队更名为华东院，当年年底有职工185人，至2000年年底有职工151人。

2011年4月，华东院从金华市整体搬迁至杭州市，当年年底有职工152人。迁杭后，人才队伍不断发展壮大，截至2022年3月底，

图 2-3　福建林业学校欢送毕业生赴华东队工作（1981 年 9 月）

院内设机构增加到 20 个，有正式职工 189 人。专业技术人员从恢复建院之初（1981 年）的 73 人，增至 2022 年 3 月底的 175 人。1980 年后的职工基本情况见表 2-1。

表 2-1　1980 年至 2022 年 3 月职工基本情况统计　　　　　　　　单位：人

时间	职工总数	专业技术人员				管理人员	工勤人员
		合计	高级专业技术人员	中级专业技术人员	初级专业技术人员		
1980 年	27	16	0	3	13	5	6
1981 年	94	73	0	10	63	5	16
1982 年	153	124	0	15	109	11	18
1983 年	156	134	0	17	117	12	10
1984 年	145	123	0	18	105	13	9
1985 年	154	130	0	18	112	13	11
1986 年	185	161	0	18	143	14	10
1987 年	191	164	12	22	130	15	12
1988 年	187	164	10	57	97	11	12
1989 年	190	165	11	55	99	11	14
1990 年	190	155	7	50	98	20	15

（续表）

时间	职工总数	专业技术人员				管理人员	工勤人员
		合计	高级专业技术人员	中级专业技术人员	初级专业技术人员		
1991 年	194	156	11	53	92	19	19
1992 年	194	155	16	62	77	17	22
1993 年	191	158	17	72	69	18	15
1994 年	185	152	16	79	57	18	15
1995 年	181	148	19	95	34	18	15
1996 年	176	143	30	88	25	18	15
1997 年	174	148	33	92	23	11	15
1998 年	165	141	30	93	18	10	14
1999 年	160	136	29	90	17	10	14
2000 年	151	127	34	86	7	10	14
2001 年	141	120	30	83	7	12	14
2002 年	139	120	27	84	9	11	13
2003 年	139	122	33	75	14	11	12
2004 年	137	120	39	63	18	11	12
2005 年	138	123	45	58	20	11	10
2006 年	138	124	44	57	23	11	8
2007 年	142	129	45	59	25	12	7
2008 年	145	132	45	58	29	13	7
2009 年	148	121	46	44	31	34	7
2010 年	152	124	48	47	29	37	7
2011 年	152	121	48	48	25	40	6
2012 年	157	127	51	49	27	39	6
2013 年	163	133	53	53	27	47	6
2014 年	165	137	53	56	28	46	5
2015 年	169	141	55	55	31	48	5
2016 年	174	149	57	60	32	45	5
2017 年	172	145	63	52	30	47	3
2018 年	173	151	66	56	29	48	2
2019 年	179	152	66	58	28	52	2
2020 年	187	158	68	53	37	54	2
2021 年	190	176	79	57	40	55	2
2022 年 3 月	189	175	79	56	40	54	2

注：2009 年后专业技术人员中含管理岗位兼职人员。

二、执业资格人员队伍

拥有一定数量的相应执业资格人员，是单位相应资质获得的基本条件之一，也是一个工程咨询单位技术力量的体现。因此，执业资格人员队伍的培养和建设尤为重要。

根据国家的相关规定，在开展工程咨询业务中需要一定量的咨询工程师（投资），因此，华东院早在 2002 年就有 3 名职工通过认定，取得注册咨询工程师（投资）资格。2003—2008 年，又有 8 名职工通过考试，取得注册咨询工程师（投资）资格，为华东院相关业务的开展和相应资质认证作出了重要贡献。2013 年 5 月，根据《咨询工程师（投资）管理办法》，注册咨询工程师（投资）更名为咨询工程师（投资）。2016 年，为加强后备技术力量，鼓励职工参加咨询工程师（投资）、监理工程师等相关执业技术资格考试，华东院制定《执业资格证书暂行管理办法》。《办法》就执业资格证书的培训与考试、管理与使用、奖励与补贴等作了规定。《办法》对切实加强华东院执业资格证书的管理，确保满足各类资质证书申报和换证所需专业人才要求，促进华东院技术业务发展起到重要作用。2019 年对《办法》进行修订，出台《执（职）业资格证书管理暂行办法》，进一步规范执业资格人员管理。2019—2021 年，每年统一购买学习资料，安排时间，组织职工参加由专业培训团队指导的咨询工程师（投资）执业资格考前培训。

与此同时，华东院对持有相应执业资格证书人员给予优惠措施，包括一次性奖励，报销继续教育认证费、差旅费，优先聘用专业技术职务等。截至 2021 年年底，全院共有 32 人次取得各类执（职）业资格证书，其中咨询工程师（投资)27 人，监理工程师 3 人、注册城市规划师 1 人，注册会计师 1 人。

三、专家队伍

千秋基业，人才为本。一直以来，华东院始终秉承"人才强院"的发展理念，大力实施"科教兴林兴草、人才强林强草"战略，通过创新专业技术人才培养模式、深化管理体制机制改革、优化人才发展环境等有效措施，逐步建立起一支以高层次人才为龙头，结构合理、素质优良、创新意识和创新创业能力较强的专业技术人才队伍。全院科学技术的整体实力及核心竞争力不断提升，为实现华东院各项事业又好又快发展提供了强有力的专业技术人才支撑。

自 1980 年以来，华东院先后有享受国务院政府特殊津贴专家 15 人，被林业部（国家林业局）授予有突出贡献的中青年专家 5 人，国家林业和草原局"百千万人才工程"省部级人选 5 人，全国林业工程建设领域资深专家 8 人。

截至 2022 年 3 月底，华东院具有正高级职称 27 人，其中在职 20 人。

四、干部挂职锻炼

华东院始终鼓励并大力支持干部挂职锻炼，并将其作为培养人才的一种重要方式。自 2008 年派出第一位干部参加挂职锻炼起，至 2022 年 3 月底共有 26 名干部外派挂职或借用锻炼。同时，接收 3 名地方单位来华东院挂职锻炼的干部。通过干部挂职锻炼和交流，加快了干部自身成长进步，提升了综合能力，培养锻炼了优秀干部，加强了华东院与相关单位的联系与交流。

2008 年 8 月至 2010 年 8 月，时任副总工程师聂祥永经国家林业局选派至重庆市挂职，任黔江区人民政府区长助理，分管林业和扶贫工作。

2015 年 5 月至 2017 年 5 月，时任资源监测一处处长朱磊经国家林业局选派至贵州省挂职，任册亨县委常委、县人民政府副县长。

2016 年 5 月至 2017 年 5 月，时任资源监测一处工程师洪奕丰经院选派赴贵州省册亨县挂职，任册亨县林业局副局长。

2020年9月，党委副书记、纪委书记刘强经中央组织部选派赴海南省挂职锻炼，任省林业局党组成员、副局长、海南热带雨林国家公园管理局副局长，挂职时间2年（图2-4）。

2021年1月至2021年12月，时任信息技术处副处长徐旭平经院选派赴安徽省林业局挂职，任办公室副主任。

2021年6月至2021年12月，时任自然保护地（国家公园）处副处长康乐，经国家林业和草原局选派至江西省抚州市开展全国林业改革发展综合试点驻点调研。

2021年7月至2022年6月，信息技术处高级工程师陈伟经院选派赴大兴安岭林业集团公司挂职，任森林防火办公室副主任。

2022年1月，行政后勤处副处长戴守斌经国家林业和草原局选派赴贵州省挂职，任独山县委常委、县人民政府副县长，挂职时间2年（图2-5）。

2019年以来，华东院选派田晓晖、尹准生、沈旗栋、吴昊、孙清琳、赵俊文、周原驰、李领寰、蔡茂、左松源、康乐、左奥杰、罗标、黄瑞荣、刘诚、叶楠、楼一恺、何佳欢、张阳等多名职工借调到国家林业和草原局有关司局和地方林业主管部门工作。

2020年12月，华东院制定《干部挂职援派工作和基层学习锻炼管理暂行办法》，进一步规范干部挂职、援派工作和基层学习锻炼的管理。

图2-4 中共海南省林业局党组成员、副局长（海南热带雨林国家公园管理局副局长）刘强在基层调研（2021年11月）

图2-5 中共独山县委常委、副县长戴守斌在基层检查工作（2022年1月）

第三篇

党群工作

第一章　党建工作

第一节　机构人员

华东院党委始终注重加强党的领导，紧紧围绕中心工作，全面加强党的建设，党组织和党员的作用得以充分发挥，为院健康发展提供凝心聚力、精神动力和政治保证。2020年1月选举产生了第八届党委、纪委（图3-1），党委委员9名，党委书记1名，党委副书记2名；纪委委员5名，纪委书记1名；党委下设办公室和12个党支部，都配备专兼职党务和纪检干部。截至2022年3月底，有党员167人，其中在职职工党员124人，离退休职工党员43人。

一、历届党委组成情况

1954年建立二大队党支部，1956年5月建立二大队党总支，1956年7月建立六大队党总支，1965年8月建立六大队党委。1980年1月华东队设立临时党支部，1984年3月建立华东队党委之后，定期开展换届选举工作。截至2022年3月底，华东院党委已是第八届党委，历届党委组成情况见表3-1。

表3-1　历届党委组成人员一览

序号	时间	届别	书记	副书记	委员	备注
1	1954—1960		梁庭辉	李海晏	刘宗琪、王志民、吴会国、王彬、李华敏、赵庆和、金振都	1954年建党支部，1956.05建党总支，李海晏1960.10起任
2	1961—1962			李海晏		
3	1963—1964		刘纯一	李海晏乔志明		乔志明1964年起任
4	1965			李海晏乔志明		1965.08建党委
5	1966—1970		夏连智	李海晏乔志明		
6						1980—1982年设临时党支部，支书：杨云章，支委：刘宗琪、黄吉林
7	1982.04		夏连智			任至1983.09逝世
8	1983.11		杨云章			
9	1984.03	一		钱雅弟、朱寿根		
10	1986.03		钱雅弟	林进		杨云章同月任调研员
11	1987.11	二	钱雅弟	林进、黄文秋、江一平、沈雪初		
12	1991.08	三	钱雅弟	林进、黄文秋、江一平、傅宾领		林进1993.03调出
13	1994.12		傅宾领	周琪		钱雅弟同月任调研员

（续表）

序号	时间	届别	书记	副书记	委员	备注
14	1995.04	四	傅宾领	周琪	黄文秋、江一平、毛行元、马云峰	
15	2000.03	五	傅宾领	周琪	何时珍、丁文义、毛行元、马云峰、卢耀庚	
16	2007.03	六	傅宾领	周琪	何时珍、丁文义、毛行元、卢耀庚、蔡旺良	
17	2009.07		刘裕春	傅宾领		
18	2015.04	七	刘裕春	傅宾领 周琪	何时珍、丁文义、毛行元、刘强、马鸿伟、楼毅	丁文义任至2018.02退休，周琪任至2018.12退休
19	2016.03		傅宾领	刘裕春		傅宾领任至2019.01退休
20	2016.10			刘道平		
21	2018.12			于辉		刘裕春同月退休
22	2019.01			刘强		
23	2019.06		吴海平			
24	2020.01	八	吴海平	于辉 刘强	何时珍、刘道平、马鸿伟、杨铁东、楼毅、李明华	
25	2020.03			刘春延		于辉同月调出

图3-1 华东院第八次党代会选举产生新一届党委班子和纪委班子（2020年1月）

图 3-2　党委办公室职工集体照

二、历年党务工作机构及人员情况

华东院从建立初期就设立党务工作机构，名称在不同时期有差异，有政治处、党总支办公室、党团办公室、政工处、党委办公室等（图 3-2）。1953—1955 年大队政治处直接受林业部调查设计局政治处领导。党务工作部门主要是负责党建、宣传教育、群团、普法等工作，有的时期还负责人事、工资福利、文秘、保卫等工作。1952—1970 年，部门职工 6 ～ 9 人不等，张英才、李海晏、乔志明等担任过负责人。1980 年之后的党务工作机构人员情况见表 3-2。

表 3-2　党务工作机构及人员一览

时间	机构名称	主要负责人	职工人数（人）
1980.12—1981.11	人事科	黄吉林	3
1981.12—1984.02	人事保卫科	黄吉林	4
1984.03—1986.02	政治处	钱雅弟	6 ～ 7
1986.03—1988.12	政治处	沈雪初	6 ～ 7
1989.01—1993.03	党委办公室	毛行元	1 ～ 3
1993.03—1994.03	政工处	毛行元	8
1994.03—2002.03	党委办公室	毛行元	1 ～ 2
2002.03—2004.03	党委办公室	李永岩	1
2004.03—2019.04	党委办公室（工会）	毛行元	2 ～ 3
2019.04—2021.12	党委办公室（工会办公室）	杨铁东	3
2021.12 至今	党委办公室	杨铁东	3

第二节　换届选举

1982 年 4 月 8 日，林业部调查规划院任命夏连智同志为林业部华东林业调查规划大队大队长、党委书记。

1983 年 11 月 9 日，林业部党组任命杨云章同志为中共林业部华东林业调查规划大队委员会书记。

1984 年 3 月 23 日，中共林业部调查规划院委员会同意钱雅弟、朱寿根同志为中共林业部华东林业调查规划大队委员会委员。以此为标志，华东院正式建立党委。之后，华东院党的各项工作逐步走向规范，党委按照《中国共产党章程》和《中国共产党基层组织选举工作条例》规定，开展换届选举。

1987 年 11 月 28 日，召开中共林业部华东林业调查规划设计院第二次大会，实到有选举权党员 45 人。会议由林进同志主持，钱雅弟同志代表第一届党委作工作报告。大会选举钱雅弟为书记，林进、黄文秋、江一平、沈雪初为委员；选举朱寿根为纪委副书记，李仕彦、黄吉林为纪委委员。1987年12月8日，中共林业部党组对选举结果作了批复。

1991年8月10日，召开中共林业部华东林业调查规划设计院第三次大会，实到有选举权党员55人。会议由林进同志土持，钱雅弟同志代表第二届党委作工作报告。中共金华市委直属机关工委副书记李承富同志、市委组织部张伟亚同志出席会议。大会选举钱雅弟为书记，林进、黄文秋、江一平、傅宾领为委员；选举毛行元为纪委副书记，李志强、李永岩为纪委委员。1991年8月31日，中共金华市委对选举结果作了批复。

1995年4月19日，召开中共林业部华东林业调查规划设计院第四次大会，实到有选举权党员59人。会议由周琪同志主持，傅宾领同志代表第三届党委作工作报告，毛行元同志代表第二届纪委作工作报告。大会选举傅宾领为书记，周琪为副书记，黄文秋、江一平、毛行元、马云峰为委员；选举李志强为纪委副书记，毛行元、卢耀庚、李永岩、蔡旺良为纪委委员。1995年4月28日，中共金华市委直属机关工作委员会对选举结果作了批复。

2000年3月9日，召开中共国家林业局华东林业调查规划设计院第五次大会，实到有选举权党员68人。会议由周琪同志主持，傅宾领同志代表第四届党委作工作报告，李志强同志代表第三届纪委作工作报告。大会选举傅宾领为书记，周琪为副书记，何时珍、丁文义、毛行元、马云峰、卢耀庚为委员；选举周琪为纪委书记，李志强为纪委副书记，毛行元、卢耀庚、李永岩为纪委委员。2000年3月13日，中共金华市直属机关工作委员会对选举结果作了批复。

2007年3月14日，召开中共国家林业局华东林业调查规划设计院第六次大会，实到有选举权党员72人。会议由周琪同志主持，傅宾领同志代表第五届党委作工作报告，李志强同志代表第四届纪委作工作报告。大会选举傅宾领为书记，周琪为副书记，何时珍、丁文义、毛行元、卢耀庚、蔡旺良为委员；选举周琪为纪委书记，李永岩为纪委副书记，李志强、蔡旺良、楼毅为纪委委员。2007年3月21日，中共金华市直属机关工作委员会对选举结果作了批复。

2015年4月22日，召开中共国家林业局华东林业调查规划设计院第七次大会，实到有选举权党员97人。会议由傅宾领同志主持，刘裕春同志代表第六届党委作工作报告，周琪同志代表第五届纪委作工作报告。中共浙江省直属机关工委闻世勤同志出席会议。大会选举刘裕春为书记，傅宾领、周琪为副书记，何时珍、丁文义、毛行元、刘强、马鸿伟、楼毅为委员；选举周琪为纪委书记，李明华、朱磊、杨铁东、罗细芳为纪委委员。2015年4月28日，中共浙江省直属机关工作委员会对选举结果作了批复。

2016年9月28日，召开中共国家林业局华东林业调查规划设计院代表会议，实到有选举权的代表30名。会议增补刘道平同志为党委委员。2016年10月10日，中共浙江省直属机关工作委员会对选举结果作了批复。

2020年1月6日，召开中共国家林业和草原局华东调查规划设计院第八次代表大会，实到有选举权代表65人（图3-3）。会议由于辉同志主持，吴海平同志代表第七届党委作工作报告，刘强同志代表第六届纪委作工作报告。大会选举吴海平为书记，于辉、刘强为副书记，何时珍、刘道平、马鸿伟、楼毅、杨铁东、李明华为委员；选举刘强为纪委书记，朱磊、郑云峰、罗细芳、马驰为纪委委员。2020年1月10日，中共浙江省委直属机关工作委员会对选举结果作了批复（图3-4）。

图 3-3　华东院第八次党员代表大会（2020 年 1 月）

图 3-4　中共浙江省直属机关工委副书记鲁维明到华东院检查指导工作（2020 年 12 月）

第三节　基层组织

1954 年，建立中共林业部调查设计局森林经理第二大队支部委员会，梁庭辉任支部书记，当年年底有党员 45 人。

1956 年 5 月，建立中共林业部调查设计局森林经理第二大队总支部委员会，梁庭辉任总支书记，有党员 37 人。驻辽宁省抚顺市期间，党的组织关系隶属中共抚顺市北区区委。

1956 年 7 月，建立中共林业部调查设计局森林经理第六大队总支部委员会，梁庭辉任总支书记。当年年底有党员 37 人。驻黑龙江省牡丹江市期间，党的组织关系隶属中共牡丹江市委。

1961 年 1 月至 1962 年 9 月，李海晏任中共云南省林业综合设计院森林调查六大队总支

部委员会负责人。

驻云南省期间，党的组织关系隶属中共云南省林业综合设计院委员会。

1962 年 10 月至 1965 年 7 月，建立中共林业部调查规划局第六森林调查大队总支部委员会。其中，1963 年 12 月，党总支下设 8 个党支部，党员 42 人。

1965 年 8 月，建立中共林业部调查规划局第六森林调查大队委员会，当年年底党委下设 4 个党支部，党员 27 人。

1962—1970 年，驻浙江省金华地区期间，华东院党的组织关系隶属中共金华地委。

1980 年设立林业部华东林业调查规划大队临时党支部，当年年底有党员 7 人，受中共金华地委农工部领导。

1984 年 3 月，建立中共林业部华东林业调查规划大队委员会，当年年底党委下设 4 个党支部，党员 30 人。党的组织关系隶属中共金华市地委农工部，农工部撤销后隶属中共金华市林业局机关委员会。

1991 年 6 月，华东院党的组织关系隶属中共金华市委直属机关工委，当年年底党委下设 9 个党支部，党员 66 人。

2011 年 8 月，华东院党的组织关系隶属中共浙江省委直属机关工委，当年年底党委下设 8 个党支部，党员 94 人。

截至 2022 年 3 月底，华东院党委下设 12 个党支部，党员 167 人。

第四节　组织建设

一、党员发展情况

恢复重建后的华东院，从 1983 年发展第一名新党员起，至 2022 年 3 月，先后发展新党员 81 人，为党组织输送了"新鲜血液"，具体见表 3-3。

表 3-3　1980 年至 2022 年 3 月党组织基本情况一览

时间	党支部数（个）	党员数（人）	发展新党员数（人）	新发展党员名单
1980 年	1	7	0	
1981 年	1	11	0	
1982 年	1	16	0	
1983 年	1	17	1	郑旭辉
1984 年	4	30	9	徐太田、陈家旺、李永岩、毛志鸣、周崇友、戴润成、李仕彦、王恩民、潘瑞林
1985 年	4	40	8	毛行兀、陈金海、黄文秋、朱世阳、蔡旺良、禹三春、周世勤、肖永林
1986 年	7	54	10	余友杏、韦希勤、苏文元、郑诗强、傅宾领、何时珍、唐壮如、黄泽云、马云峰、郑若玉
1987 年	7	61	4	冯利宏、汪益雷、周琪、王金荣
1988 年	9	62	2	罗勇义、王荫堂
1989 年	9	65	1	葛宏立
1990 年	9	64	0	
1991 年	9	66	4	徐广英、王金治、卢耀庚、余平
1992 年	9	68	0	
1993 年	9	71	3	唐庆霖、李明华、沈勇强
1994 年	9	70	0	
1995 年	7	73	3	张六汀、丁文义、申屠惠良
1996 年	7	76	3	郭在标、岑伯军、陈火春
1997 年	7	75	0	
1998 年	7	73	0	
1999 年	7	72	0	
2000 年	7	72	0	
2001 年	7	69	0	
2002 年	7	72	0	
2003 年	7	76	2	杨健、黄磊建
2004 年	7	76	0	
2005 年	7	78	0	
2006 年	7	79	0	
2007 年	7	83	0	
2008 年	7	86	0	
2009 年	7	89	0	
2010 年	7	94	3	杨铁东、周伟、王涛
2011 年	8	94	1	骆钦锋
2012 年	8	97	0	
2013 年	9	103	2	张志宏、王宁

（续表）

时间	党支部数（个）	党员数（人）	发展新党员数（人）	新发展党员名单
2014 年	9	111	1	古力
2015 年	9	119	1	徐旭平
2016 年	9	121	0	
2017 年	9	123	0	
2018 年	9	129	1	刘海
2019 年	11	137	3	傅宇、郑晔施、周原驰
2020 年	11	144	2	尹准生、李领寰
2021 年	11	166	17	左松源、韩斐斐、孙明慧、赵森晖、张阳、翁远玮、左奥杰、赵俊文、万泽敏、张亮亮、任开磊、陈美佳、李国志、田晓晖、沈旗栋、戴守斌、曹顺华
2022 年 3 月	12	167	81	

二、组织整顿

（一）1984—1985 年整党。1983 年 10 月，中国共产党第十二次全国代表大会决定，从 1983 年下半年开始，用 3 年时间对党的作风和组织进行一次全面整顿。1984 年 9 月，华东队被列为金华地区第一批整党单位，共有 22 名党员参加。队党委成立相应工作机构，全体党员参加金华地委组织的集中培训，组织学习《中共中央关于整党的决定》等文件，开展 4 个专题讨论，查找出存在业务方向不明确、思想政治工作比较薄弱、对职工生活关心不够、对干部培养和第三梯队建设不够、发展党员质量不高、批评与自我批评不够等六个方面问题。提出狠抓党风建设、实行党委领导下的分工负责制、加强思想政治工作、坚持组织原则、改进领导作风、加强党委自身建设等六个方面的整改措施。整党工作历时 10 个月，至 1985 年 6 月基本结束，达到了统一思想、整顿作风、加强纪律、纯洁组织的目的。

（二）1990 年党员重新登记。1989 年 9 月，中共中央转发中央组织部《关于在部分单位进行党员重新登记工作的意见》，旨在通过清查、清理和重新登记，坚决清除党内的敌对分子、反党分子，清除政治隐患；清除党内的腐败分子，妥善处置不合格党员，保持党的纯洁性和先进性，增强党的战斗力。根据金华市委的统一部署，1990 年 10—12 月，华东院全部 64 名党员（含离退休党员）参加重新登记。党员重新登记工作分为准备、学习教育、个人总结、民主评议和党委审批等五个阶段。过程中每个党员要志愿提出是否参加重新登记，并填写《中国共产党党员登记表》，参加院党委组织的集体宣誓。经过个人申请、支部审核、党委审查，64 名党员全部通过重新登记。通过党员重新登记，每个党员受到了一次深刻的坚持四项基本原则、反对资产阶级自由化的再教育，党性、党纪、党风的再教育，党员标准的再教育；提高了政治觉悟，坚定了政治方向和政治立场；端正了处理个人、集体和国家三者关系的态度；增强了执行纪律的自觉性。

三、巡视整改

（一）2017 年巡视整改。2017 年 4 月 12—26 日，国家林业局党组第四巡视组对华东院在坚持党的领导、加强党的建设、落实两个责任、选人用人、贯彻执行中央八项规定精神等方面开展专项巡视。7 月 10 日，巡视组向华东院反馈巡视意见，指出共四个方面 19 个问题。华东院高度重视落实巡视整改工作，深刻反思存在的问题，并将 19 个问题梳理为 25 项具体问题，认真制定整改方案、积极落实责任，做到立行立改、务求实效、举一反三、注重长效。截至当年年底，25 项具体问题已经全部整改到位。通过专项巡视，进一步增强了华东院干部职工的"四个意识"，坚定了"四个自信"，做到了"两个维护"，确保了政令畅通，进一步激发了全院干部职工干事创业的积极性、主动性、创造性。

（二）2021 年巡视整改。2021 年 6 月 21 日至 8 月 20 日，国家林业和草原局党组第六巡视组对华东院党委开展常规巡视，11 月 10 日反馈巡视意见，指出四个方面 22 个问题。华东院党委高度重视，逐条对照反馈意见，制定整改方案，按照整改任务分工，细化整改措施，明确整改责任人、整改目标、整改时限，将 22 个问题落实为 70 项具体整改措施，做到立行立改、取得实效、举一反三、注重长效。截至当年年底，22 个问题已经全部整改到位。通过巡视，华东院全面从严治党的各项要求得到进一步落实，党建与业务工作更加融合，干部职工的政治站位、政治担当和履行核心职能的能力显著提高，推动了业务创新、品牌培育、人才队伍、治理能力、文化建设等取得新突破，全面推进了华东院各项工作高质量发展。

第五节　思想建设

思想建设是党的基础性建设，重要任务就是强化理论武装，对党员进行党的基本理论、基本路线、基本方略的教育，保持全党在思想上政治上行动上的高度一致，保持党的先进性、纯洁性。坚定的理想信念是保持党的团结统一的思想基础。华东院历来高度重视思想建设，特别是在加强干部理论培训和各个时期主题教育方面特色明显。

一、干部理论培训

干部理论培训是思想建设的重要组成部分，也是提高政治业务素质的有效手段。华东院党委从 1984 年起坚持开展干部理论培训，有的是在院内自行组织，有的是在院外集中开展培训，基本上做到每年举办一期干部理论培训班。通过培训学习，强化了理论武装，坚定了理想信念，提升了政治业务素质，树立了良好形象，主要有：

1992 年 11 月 9—12 日，华东院党委在金华市委党校举办学习贯彻党的十四大精神培训班。培训班邀请市委党校老师就党的十四大精神和邓小平南方谈话精神作辅导。党委书记钱雅弟就邓小平与建设有中国特色社会主义理论作专题解读。

2007 年 3 月 6—8 日，华东院党委在金华市委党校举办领导干部培训班，主题是提高领导干部的领导水平和领导艺术。培训班开设领导决策、领导协调、形势与任务、管理心理学、合同法及预防经济诈骗、构建惩防体系等课程。

2010 年 12 月 3—5 日，华东院党委在金华市金东区举办 2010 年度干部理论培训班，以学习贯彻党的十七届五中全会精神，建设学习型党组织为主题。培训班邀请金华市委副秘书长、市直机关工委书记郑丽君作学习动员，金华市委党校老师作学习贯彻党的十七届五中全会精神辅导。院长傅宾领和党委书记刘裕春分别作"十二五"规划和建设学习型党组织辅导。

2012 年 4 月 23—25 日，华东院党委在浙江省临安市举办 2012 年度干部理论培训班，主题是学习贯彻党的十七届六中全会精神，进一步加强学习型党组织建设，深入开展创先争优活动。培训班邀请省直机关工委副书记张小勇作"努力提高党建工作科学化水平"的专题讲座。院长傅宾领还在培训班上传达国家林业局有关会议精神，党委书记刘裕春作"围绕中心任务做好思想政治工作，努力实现各项事业快速发展"的主题报告。

2013年5月7—8日，华东院党委在杭州市委党校举办2013年度干部理论培训班，主题是学习领会党的十八大精神，强化干部理论学习，提高管理服务水平（图3-5）。培训班邀请杭州市委党校老师围绕"党的十八大精神"和"国际热点问题与我国对外政策"作专题讲座。相关人员还在培训班上介绍国外森林资源管理和监测经验，与会人员还结合工作实际开展讨论。

2014年4月15—17日，华东院党委在浙江省临安市举办2014年度干部理论培训班，主题是学习领会党的十八届三中全会和习近平总书记系列重要讲话精神。培训班邀请有关老师围绕"生态文明与可持续发展"和"当前形势与任务"两个专题举办讲座。

2015年5月11—13日，华东院党委在杭州市富阳区举办2015年度干部理论培训班，主题是学习领会党的十八届四中全会和习近平总书记系列重要讲话精神。培训班邀请杭州市委党校老师围绕"习近平总书记治国理政的新思想新举措"和"全面推进依法治国，加快建设社会主义法治国家"两个专题进行解读，党委书记刘裕春作"关于加快生态文明建设的思考"的辅导。

2016年12月1—3日，华东院党委在浙江省安吉县举办2016年度干部理论培训班，主题是学习贯彻党的十八届六中全会精神。培训班邀请杭州市委党校老师围绕"深入学习六中全会精神，正确把握从严治党的新要求"和"党内法规的法理基础与规范解释——以准则和条例为中心的展开"两个专题进行解读。培训期间，专程到安吉县上墅乡刘家塘村实地考察和体验美丽乡村建设成果。

2017年5月31日至6月2日，华东院党委在杭州市富阳区举办2017年度干部理论培训班，主题是深入学习领会习近平总书记系列

图3-5　华东院在杭州市委党校举办党的十八大精神培训班（2013年5月）

重要讲话精神和治国理政新理念新思想新战略，推进"两学一做"学习教育常态化制度化。培训班邀请浙江省委党校和有关高校老师围绕"习近平总书记治国理政思想""中外政党基层组织比较研究"和"G20后浙江经济转型升级新趋势新特点"三个专题进行解读。培训期间，专程到抗日战争胜利浙江受降纪念馆参观，接受爱国主义教育。

2018年5月23—25日，华东院党委在杭州市富阳区举办2018年度干部理论培训班，主题是学习贯彻党的十九大精神。培训班邀请浙江省委讲师团、省委党史研究室和有关高校老师围绕习近平新时代中国特色社会主义思想、红船精神和全面从严治党等专题进行授课，组织开展"如何认真贯彻落实习近平新时代中国特色社会主义思想和党的十九大精神""如何弘扬红船精神、牢记责任使命""在建设生态文明和美丽中国中我应该做些什么"等话题研讨。

2019年11月25—27日，华东院党委在浙江省长兴县举办2019年度干部理论培训班，主题是学习贯彻党的十九届四中全会精神。党委书记吴海平作学习党的十九届四中全会精神动员，培训班还邀请杭州师范大学老师以"开辟'中国之治'新境界"为题作专题辅导，与会人员围绕贯彻落实全会精神及结合工作实际进行研讨交流。

2020年11月12—14日，华东院党委在浙江省桐庐县举办2020年度干部理论培训班，主题是学习贯彻党的十九届五中全会精神。培训班上，党委书记吴海平传达党的十九届五中全会精神以及国家林业和草原局有关会议精神，并以"学习贯彻落实五中全会精神，以务实举措完成全年目标任务，谋划明年重点工作和'十四五'规划"为题作讲话。培训班邀请杭州市委党校老师就"深入学习领会党的十九届五中全会精神"进行专题授课。各处室负责人结合工作实际进行交流发言。培训期间就近实地调研了美丽乡村建设情况。

2021年12月1—3日，华东院党委在嘉兴市南湖区举办主题为学习贯彻党的十九届六中全会精神的2021年度干部理论培训班（图3-6），党委书记、院长吴海平在培训班上传达党的十九届六中全会精神以及浙江省委十四届十次全会精神，并以"学习贯彻党的十九届六中全会精神，谱写华东院高质量发展新篇章"为题开展宣讲部署。培训班邀请省委党校老师就"实现中华民族伟大复兴的行动指南——党的十九届六中全会精神学习"进行专题授课，各处室负责人结合工作实际作交流发言。培训期间实地瞻仰了南湖革命纪念馆。

图3-6　华东院在嘉兴南湖举办党的十九届六中全会精神培训班（2021年12月）

二、主题教育

1998年起，代表性的主题教育有：

（一）**"三讲"教育**。1998年11月，中共中央印发关于在县级以上党政领导班子、领导干部中深入开展以"讲学习、讲政治、讲正气"为主要内容的党性党风教育的意见。华东院作为国家林业局第二批"三讲"教育单位，1999年8—9月，在国家林业局巡视组和局"三讲"办的指导下，认真开展"三讲"教育。期间，华东院成立专门工作机构，扎实做好思想发动，把学习贯穿始终，坚持开门搞"三讲"，广泛征求职工的意见，认真进行自我剖析，真诚开展谈心和交流思想；严肃认真开好民主生活会，做到"三讲"教育与业务工作两不误、两促进，坚持边整边改，注重"三讲"教育成果巩固。

通过"三讲"教育，华东院领导班子和领导干部受到了一次深刻的马克思主义理论教育和生动的群众路线以及群众观点的教育，经受了一次思想上的全面洗礼和严肃的党性锻炼，振奋了精神，增强了信心。"三讲"教育达到了预期的目的，赢得了全院职工群众的好评。

（二）保持共产党员先进性教育。根据党中央、浙江省委、金华市委的统一部署和国家林业局党组的指导意见，华东院作为第一批先进性教育活动单位，从2005年1月开始，在全院党员中开展以实践"三个代表"重要思想为主要内容的保持共产党员先进性教育活动。教育活动分为学习动员、分析评议、整改提高三个阶段。全院上下认真落实"学习动员阶段着重提高思想认识，分析评议阶段着重找差距，整改提高阶段着重解决问题"的要求。通过半年多的努力，华东院党员素质得到普遍提高，党委和支部建设得到进一步加强，各项工作有明显提升。在总结测评会上，群众满意率达100%。

（三）学习实践科学发展观活动。党中央决定从2008年9月开始，用时一年半左右，在全党分批开展深入学习实践科学发展观活动（图3-7）。浙江省委和金华市委决定，华东院作为第二批的试点单位，与第一批同步开展。参加的人员范围是院、处领导班子，全体党员，重点是处级以上党员领导干部。华东院将活动分为三个阶段，即学习调研阶段、分析检查阶段、整改落实阶段。每个党员，特别是领导干部，通过认真查找自己在思想认识、工作方法方面不适应、不符合科学发展观和现代林业发展的问题，提出改进措施。学习实践活动达到提高思想认识、解决突出问题、完善规章制度、促进科学发展的目标。整个活动到2009年2月基本结束。在2月23日召开的有全体党员、中层及以上干部、职工代表、政协委员、离退休代表共69人出席的总结大会上，经投票测评，满意率为95.7%。

（四）群众路线教育实践活动。2013年7

图3-7　华东院组织部分党员及中层以上干部赴江西上饶开展革命传统教育（2009年3月）

月至 2014 年 1 月，华东院在全体党员中开展以为民、务实、清廉为主要内容的党的群众路线教育实践活动（图 3-8）。按照党中央和国家林业局党组统一部署与要求，在国家林业局党组第一督导组的精心指导下，华东院成立领导小组和办事机构，认真制定实施方案，并根据国家林业局的统一部署，提前开展以"转变职能、转变作风，服务大局、服务基层"为主要内容的"两转变两服务"活动。在教育实践活动中，做到"五个坚持"，即坚持领导带头、坚持学习教育、坚持开门搞活动、坚持边学边查边改、坚持两手抓两促进。通过这一活动，干部群众的精神状态有了显著提升、干部工作作风有了明显转变，内部管理得到了强化，群众关心的问题实实在在得到了解决。

图 3-8　华东院党的群众路线教育实践活动领导班子专题民主生活会（2013 年 11 月）

图 3-9　华东院"三严三实"专题教育第三专题学习会（2015 年 11 月）

（五）"三严三实"专题教育。按照党中央和国家林业局党组统一部署与要求，华东院从 2015 年 4 月开始，在全院处级以上领导干部中开展以"严以修身、严以用权、严以律己，谋事要实、创业要实、做人要实"为主要内容的"三严三实"专题教育。专题教育初期，院党委本着"突出问题导向，突出针对性，力求不留死角"的要求，采取自己找、相互提、群众帮、集体议等多种方式，广泛听取意见建议，梳理查找存在"不严不实"的四个方面问题。专题教育中，党委班子成员带头讲专题党课、带头开展专题学习研讨、认真召开专题民主生活会、带头立查立改。专题教育后期，强化整改落实和立规执纪。专题教育到当年年底基本完成，效果明显，群众反映良好（图 3-9）。

（六）"两学一做"学习教育。2016 年 3—12 月，华东院根据上级统一部署与要求，在党员和领导干部中开展"学党章党规、学系列讲话，做合格党员"为主要内容的"两学一做"学习教育。党委成立专门机构，制定《实施方案》和《细化落实方案》，在全院进行动员部署，认真开展各阶段学习教育和实践活动，还结合实际组织开展主题党日活动，规定动作做到位，自选动作有特色。通过"两学一

做"学习教育，党员和领导干部进一步树立了政治意识、大局意识、核心意识、看齐意识，在思想上政治上行动上更加自觉同以习近平同志为核心的党中央保持高度一致（图 3-10）。

（七）"不忘初心、牢记使命"主题教育。从 2019 年 6 月开始，华东院在全体党员和领导干部中开展"不忘初心、牢记使命"主题教育。主题教育一开始，领导班子成员就注重带头学习研讨、带头调查研究、带头检视问题、带头整改落实，发挥表率作用。开展 10 多次学习研讨交流，形成 20 多个调研报告，召开专题民主生活会和专题组织生活会，对照党章党规找差距，自我检视问题，自我整改提高。主题教育中，开展各类学习教育活动达 146 次，得到国家林业和草原局指导组的高度评价。"不忘初心、牢记使命"主题教育在华东院一直持续到 2020 年 3 月（图 3-11、图 3-12）。

（八）党史学习教育。2021 年 3—12 月，华东院开展党史学习教育。党委高度重视，组织广大党员干部认真学党史，围绕"学史明

图 3-10　华东院组织部分党员及中层以上干部赴南湖革命纪念馆开展革命传统教育（2017 年 6 月）

图 3-11　华东院组队参加浙江省直机关党史党务知识竞赛（2019 年 5 月）

图 3-12　华东院举办"不忘初心、牢记使命"主题教育演讲赛（2019 年 8 月）

理、学史增信、学史崇德、学史力行"目标任务，突出"学党史、悟思想、办实事、开新局"要求，紧密结合工作实际，从"加强组织领导，实现全面覆盖；深挖特色资源，创新方式方法；提高学习自觉性，把学党史和悟思想贯通；聚焦学习成效，践行为民服务实践活动"等方面，高标准高质量完成党史学习教育各项任务，汲取精神力量，推动学习教育成果转化为高质量林草生态监测实践。党史学习教育中，党委理论中心组集体研讨6 次，集中时间举办专题读书班 1 次，举办学习贯彻宣传党的十九届六中全会精神宣讲2 次；支部召开专题组织生活会 22 次，领导

班子专题民主生活会 1 次，开展各类学习教育活动达 197 次；为基层办实事 8 项，为职工办实事 13 项；生态帮扶、结对帮促、定点采购、慈善捐款等 180 余万元，党员干部参加志愿服务 430 余人次（图 3-13、图 3-14）。

第六节　精神文明建设

1980 年后，华东院历届党委始终高度重视精神文明建设，坚持把精神文明建设贯穿于工作的各个方面，创新思路、丰富载体，职工思想道德素质和科学文化素质稳步提升，工作

图3-13 华东院组织党史学习教育专题研讨
（2021年6月）

图3-14 华东院举行"光荣在党50年"纪念章
颁发仪式（2021年6月）

环境和生活条件逐年改善，广大干部职工的幸福感、获得感逐年增强，在创建中真正感受到文明单位的魅力。

20世纪80年代中期，华东院着手创建金华市文明单位。院党委精心制定创建计划，并从庭院绿化和卫生入手。每年大力开展植树绿化活动，经过3年努力，于1988年获金华市绿化先进集体称号。在环境整治方面，华东院将院区划片包干，每周组织卫生大扫除，并开展评比，院区长年保持整洁有序。1991年，被评为金华市卫生先进单位。

在获得多个单项荣誉的基础上，华东院对照金华市文明单位标准、查缺补漏、逐个落实。1994年4月，被中共金华市委、金华市人民政府授予"文明单位"称号（自1993年算起）。同年10月，金华市文明办授予华东院"花园式单位"称号。

2009—2010年，按照金华市委、市人民政府关于开展"双千结对、共创文明"活动的要求，华东院与金华市婺城区汤溪镇溪东村结为共建友好单位。在2年时间里，华东院帮助溪东村修建小广场和道路，出资近7万元。

据不完全统计，华东院在金华期间共组织300余人次参加金华市义务植树近3000株，70余人次义务献血近2万毫升，近1000人次参加慈善捐款近20万元，向灾区捐衣被近3000件（条）。2009年，华东院被金华市慈善总会授予"金华市'慈善一日捐'最佳组织单位"称号。

自1993年跨入金华市文明单位行列后，华东院创建工作始终没有停步过。1995年在党委第三届党委工作总结中提出"巩固精神文明建设成果，力争早日跨入省级文明单位行列"的目标。2011年迁杭后花大力气建设杭州新院区，积极完善基础设施，并从与驻地共建入手，先后于2012年11月与杭州市江干区九堡街道签订党建共建协议，2013年11月成为江干区区域化党建"同心圆"工程联席会议第一批成员单位，2014年5月与九堡街道九堡社区签订党建共建协议。通过共建平台拓宽精神文明建设创建渠道，提升精神文明建设水平，努力向省级文明单位目标看齐。

之后，华东院对照省级文明单位标准，在班子建设、工作实绩、制度建设、环境综治等硬件达标的前提下，重点加强在结对帮扶、创建机制、活动开展等方面开展工作。2018—2021年，向广西罗城县（图3-15）、中国绿色碳汇基金会资助扶贫专项资金600万元，购买定点脱贫地区农产品150万元；2019—2021年，与江山市廿八都镇浮盖山村开展以党建和业务相结合的结对共建活动（图3-16），向浮盖山村捐助19.5万元；注册志愿者197人，提供志愿服务1000余人次。据统计，2011年迁杭后，华东院共组织200余人次参加杭州市义务植树近2000株，194人为抗击新冠疫情捐款13万元，237人参加慈善捐款近10.3万元，为共建单位和欠发达（贫困）地区捐献近50万元的物资或资金（图3-17、图3-18）。

图 3-15　华东院领导赴广西壮族自治区罗城仫佬族
自治县对接扶贫工作（2019 年 7 月 7 日）

2020 年 1 月，华东院第八次党员代表大会后，成立以党委书记吴海平领衔的领导组织和工作专班，强化省级文明单位创建工作。通过请进来、走出去等方式，拓宽创建途径；通过对标对本、查缺补漏等方式，进一步完善各项条件。当年年底，在各方面基本达到省级文明单位条件要求的基础上，经省直机关工委认可并积极推荐，华东院向有关部门申报。经过考评，达到省级文明单位的标准。2021 年 1 月 15 日，中共浙江省委、浙江省人民政府授予华东院"文明单位"称号。

图 3-16　华东院与江山市廿八都镇浮盖山村开展共建活动（2019 年 12 月）

图 3-17　华东院在杭州植物园开展"绿马甲"志愿服务
（2020 年 7 月）

图 3-18　华东院职工参加抗疫志愿服务（2022 年 3 月）

纪律检查工作是党的纪律检查机关对各级党组织和党员干部在遵守党的纪律以及相关法律法规的情况进行检查监督的工作。内部审计目的是监督各项制度、计划的贯彻情况，为单位领导决策提供依据，健全自我约束机制，以帮助实现既定的目标。

华东院纪检审计部门负责纪律监督检查和内部审计工作，主要包括：协助院党委和有关部门加强党风廉政建设；对党员干部进行党风党纪和国家法律法规的宣传教育；检查党组织、党员干部贯彻执行党的路线、方针、政策及决议情况；查处处级以下党员干部违反党纪的案件；受理党员干部的控告、申诉，保护其正当权利和合法权益；制定和完善纪检审计工作规章制度并组织实施，对预算执行、财务收支及有关经济活动进行内部审计等工作。

第一节　机构人员

一、历届纪委组成情况

1980 年前华东院的纪检监察机构与人员，由于缺少资料，在本章不作叙述。1980 年后的历届纪委组成情况见表 3-4。

表 3-4　历届纪委组成人员一览

序号	时间	届别	书记	副书记	委员	备注
1						1981—1983 年设党的纪律检查小组。组长：黄吉林；成员：郑旭辉、江一平；1984—1987 年设纪检员，黄吉林任正科级纪检员
2	1987.11	一		朱寿根	黄吉林、李仕彦	
3	1991.08	二		毛行元	李志强、李永岩	
4	1995.04	三		李志强	毛行元、卢耀庚、李永岩、蔡旺良	
5	2000.03	四	周琪	李志强	毛行元、卢耀庚、李永岩	
6	2007.03	五	周琪	李永岩	李志强、蔡旺良、楼毅	
7	2010.04			马鸿伟		
8	2015.04	六	周琪		李明华、朱磊、杨铁东、罗细芳	周琪任至 2018.12 退休
9	2019.01		刘强			
10	2020.01	七	刘强		朱磊、罗细芳、郑云峰、马驰	

图 3-19 纪检审计处职工集体照

二、历年纪检审计部门机构人员情况

1986 年 3 月至 1987 年 2 月设审计员，1989 年 6 月至 1995 年 3 月设监察员，1995 年 4 月起设专职纪检监察机构，2017 年 5 月至 2020 年 3 月设内审员。2020 年 4 月，根据主管部门有关文件要求，专职纪检监察机构更名为纪检审计处（图 3-19），负责党的纪律检查和审计工作，不再行使监察相关职能，具体见表 3-5。

表 3-5　纪检审计机构及人员一览

时间	机构名称	主要负责人	职务	备注
1986.03—1987.02				朱寿根任审计员，编制在办公室
1989.06—1991.02				李志强任监察员，编制在人事处
1991.03—1993.02	人事劳动科	李志强	监察员	人事劳动科科长李志强兼任监察员
1993.03—1995.03			监察员	李志强任监察员，编制在政工处
1995.04—2000.03	监察室	李志强	主　任	
2000.04—2007.03	监察处	李志强	处　长	
2007.04—2008.03	监察处	毛行元	处　长	
2008.03—2010.03	监察处	李永岩	处　长	
2010.04—2013.03	监察处	马鸿伟	处　长	
2013.04—2015.08	人事（监察）处	马鸿伟	处　长	
2015.09—2016.04	人事（监察）处	马　驰	副处长	
2016.05—2019.03	监察处	马　驰	副处长	蔡旺良 2017.05—2020.03 任内审员，编制在财务资产处
2018.02—2019.03	监察处	杨铁东	处　长	
2019.04—2020.04	纪检监察处	马　驰	副处长	主持工作
2020.04—2021.07	纪检审计处	马　驰	副处长	主持工作
2021.08 至今	纪检审计处	马　驰	处　长	

第二节　主要工作

一、学习教育

从 20 世纪 80 年代起，华东院就树立思想政治工作是一切工作的生命线的观念，坚持对职工进行党的基本路线、马克思主义理论、艰苦奋斗、革命传统和形势任务教育。组织干部职工观看革命题材影片并撰写影评，参观革命根据地，如井冈山、延安、上饶集中营、南昌起义纪念馆、古田会址等。通过教育和活动，提升广大职工的廉政思想境界和职业道德修养。

华东院每年组织一次处级以上领导干部理论培训班，党风廉政建设内容是培训班的必修课程。每年外业工作开始前均会有干部职工动员会，其中党风廉政建设内容也是必学项目，把参加森林资源监测人员心中的红色底线绷直上色。每个季度和节假日前均会以文件和简报的形式进行廉政宣传，在业务工作、支部活动、职工疗休养中统筹融合集中警示教育、廉政基地参观、廉政信息推送、廉洁文化展示、汇编廉政教材等多种手段，强化廉洁自律意识，始终绷紧党员干部和职工思想的廉政红线，使廉政建设集中教育形成常态化和制度化。

二、服务大局

根据国家林业和草原局党组部署要求，华东院陆续通过开展"三严三实"专题教育、"四风"问题集中检查、"正确行使权力，忠诚履行职责"警示教育、"两转变两服务"活动、廉政风险排查防控、整治领导干部利用名贵特产类特殊资源牟取私利工作、立行立改问题整改工作、领导干部在社会组织违规兼职取酬问题专项检查、违规"吃喝"违规收送礼品礼金问题专项治理、党史学习教育等主题（专题）教育和专项工作，筑牢拒腐防变的思想防线，使广大干部职工党风廉政建设的自觉性和主动性进一步增强，更好地为开展林草生态综合监测服务（图3-20、图3-21）。

三、制度建设

自20世纪80年代开始，华东院根据中央、主管部门和驻地党委政府的有关精神，结合实际，先后制定有关纪检监察和内部审计的一系列规章制度，并在各时期对规章制度适时修订。主要有：《党委保证监督制度》《党内民主监督制度》《关于加强党内监督的几项具体规定》《关于为政清廉的规定》《党委班子建设制度》《党员队伍建设制度》《政治教育制度》《干部考核制度》《关于加强集体领导与纪律等问题的规定》《领导干部收入申报制度》《领导干部个人重大事项报告制度》及廉政风险防控机制和权力运行图等20多项规章制度。

2012年起，根据党中央的方针政策和国家林业和草原局党组的部署，华东院先后制定《党风廉政建设责任制实施办法》《财务公开制度》《人事公开制度》《处室经济分配上墙公开制度》《党员干部廉政档案管理制度》《廉政谈话制度》《信访问题线索评估会议制度》《森林资源监测工作人员廉政纪律规定》《礼品礼金上交处置制度》《纪委工作规则》等，并实行廉政信息跟踪反馈制度。

上述规章制度的建立，使华东院的党风和廉政建设走上规范化、制度化的道路。

四、监督检查

实行廉政信息跟踪反馈制度。华东院在外

图3-20　华东院组织部分党员赴杭州萧山红垦农场开展警示教育（2019年5月）

图3-21　华东院召开全面从严治党暨党风廉政建设工作专题会（2021年5月）

业前发放《廉政纪律规定》和《廉政与作风信息反馈卡》，持续对外业工作人员廉洁纪律进行监督。

对重要环节的监督。华东院为更好地规范操作，强化风险防范，坚持对人员招聘、干部选拔任用、基本建设等重要环节的监督，有效规范权力运行，保证工作健康发展。

签订《责任书》。华东院注重健全完善班子廉政责任制度体系，及时签订《党风廉政建设责任书》以及《个人廉政自律承诺书》，以责任书的形式明确各级人员的任务和承诺责任，从源头上筑牢反腐倡廉思想防线，规范干部职工廉洁自律行为。

发挥纪检"四支队伍"的监督合力。华东院除了在内设机构中单设纪检部门外，各党支部设有纪检委员，切实完善纪检监督体系，充分发挥纪委委员、纪检专职人员、党支部书记和支部纪检委员"四支队伍"的监督合力，形成上下联动、各司其职的工作机制，担负起教育、管理、监督党员职责，搭建组织和干部沟通联系的桥梁，做好风险防控。

五、案件查处

华东院纪检监察案件查处包括院内查处、协助上级机关查处和办理信访案件。1980年后，纪检审计部门协助院党委和院领导做好党纪政纪处分工作，院内共查处纪检监察案件7起，协助上级查处1起，对接和关注上级纪检机关转办信访案件8起。通过这些案件查处，既维护了党内及行政的纪律和相关规定，又教育了广大干部职工。

六、内部控制及审计

华东院通过内控监督和审计工作加强内控制度的落实，把制衡机制嵌入到经济活动的决策、执行、监督全过程，有效防范和控制经济活动风险。每年对院财务收支、经济活动、内部控制等运行情况进行检查，重点检查虚假发票、"小金库""三公"经费使用、违反中央八项规定精神、"三重一大"事项、制度执行等方面存在的问题，并编制内控报告。设立内审员开展对院内审计和配合上级机关的审计。通过这些工作，及时发现问题、纠正错误、严防舞弊、加强控制、有效预防和遏制腐败现象的产生，为院改革发展作出了积极贡献。

七、建立党员干部廉政档案

华东院从2020年开始建立党员干部廉政档案，主要是以文字和图表形式记载党员干部在学习、工作和生活中违规、违纪和违法等受处理的记录。党员干部廉政档案是干部选拔、任用、交流、业绩评定、奖惩等的重要依据。党员干部廉政档案由纪检审计处管理。为规范党员干部廉政档案管理，2020年7月，院纪委印发《党员领导干部廉政档案管理办法》。截至2022年3月底，制成党员干部廉政档案123份，其中处级领导干部42份，其他党员81份。

第三章　工会组织

华东院工会在院党委和上级主管部门的领导下，按照《中华人民共和国工会法》《中国工会章程》，立足华东院实际，围绕华东院的中心工作开展活动，积极发挥群团组织桥梁纽带作用。主要履行下列职能：一是通过职工代表大会或其他形式，参与民主管理和民主监督；二是通过多种形式，维护职工合法权益；三是围绕思想政治建设、职业道德建设，激发职工的工作热情；四是开展积极健康、形式多样的主题活动，团结职工、凝聚职工、服务职工，带动广大职工为华东院的发展作出应有贡献。

第一节　机构人员

华东院从 1954 年开始设立工会组织至今，其工作机构无论是单独设立，还是挂靠在其他部门（多数是在党务或组织人事部门），工会工作始终做到有专门部门管，工会的事始终有专人做。1980 年之后的工会工作机构与人员见表 3-6。

表 3-6　工会工作机构及人员一览

时间	工会工作所在机构名称	工会主席	工会副主席	备注
1980.12—1983.12	人事科、人事保卫科			设工会干事 1 名
1984.01—1988.11	政治处			设工会干事 1 名
1988.12—1991.04	人事处		沈雪初	另设工会干事 1 名
1991.05—1994.03	人事劳动科、政工处		李永岩	另设工会干事 1 名
1994.04—1997.04	政工处		李永岩	另设工会干事 1 名
1997.05—2000.02	政工处	周　琪		另设工会干事 1 名
2000.03—2006.02	党委办公室（工会）	周　琪	马云峰	马云峰 2004.04 起任副主席
2006.03—2013.11	党委办公室（工会）	周　琪	马云峰	
2013.12—2019.06	党委办公室（工会）	周　琪	毛行元	周琪 2018.12 退休，同时由毛行元主持工会工作
2019.07—2021.12	党委办公室（工会办公室）	刘　强	杨铁东	
2021.12 至今	党委办公室	刘　强	杨铁东	

第二节　职工代表大会

1954 年 8 月，二大队召开首次职工代表大会，与会代表 31 人出席会议，会议讨论决定相关事项。之后至 1980 年前，由于资料缺失，不在此叙述。以下是 1980 年后的历次职工代表大会情况：

1989 年 1 月 9—12 日，华东院召开第一次职工代表大会，44 名代表出席会议（图 3-22）。会议由党委书记钱雅弟主持。会上，工会副主

图 3-22 华东院第一次职工代表大会（1989 年 1 月）

席沈雪初致开幕词，团委书记毛行元致贺词，院长林进作《工作报告》和《改革总体方案》的说明，组织了小组讨论和大会发言。会议通过了《工作报告》和《改革总体方案》。

1990 年 4 月 9—12 日，华东院召开第一届职工代表大会第二次会议，工会副主席沈雪初主持会议。会议通过了《1989 年工作总结及 1990 年工作要点》《1990 年技术经济责任制实施方案（要点）》《1990 年要办的四件实事》等文件。

1991 年 5 月 3—6 日，华东院召开第二次职工代表大会（第二次工会代表大会），29 名代表出席会议。党委书记钱雅弟主持会议，冯利宏同志代表第一届工会作工作报告，院长林进作《1991 年方针目标和措施》说明，副院长黄文秋作《经济技术承包责任制》说明，王兆华同志作《1990 年度财务决算及 1991 年度财务预算》说明。会议开展了讨论和大会发言。会议选举新一届工会组成人员，李永岩当选工会副主席（专职），李福菊、李志强、张书银、蔡旺良当选为委员。选举产生了工会经费审查小组，蔡旺良为组长，李仕玮、王海霞为成员。会议通过有关决议。1991 年 5 月 8 日，金华市总工会对选举结果作了批复。

1991 年 12 月 13 日，华东院召开第二届职工代表大会第二次会议，27 名代表出席会议。工会副主席李永岩主持会议，院长林进作《住房分配细则》的说明，会议组织了讨论。

院有关部门根据讨论意见对《住房分配细则》进行了修改。同月 27 日，表决通过了修改后的《住房分配细则》。

1994 年 4 月 15 日，华东院召开第三次职工代表大会（第三次工会代表大会），34 名代表出席会议。工会副主席李永岩主持会议并代表第二届工会作工作报告。会上，选举产生第三届工会组成人员，李永岩当选工会副主席，李志强、郑竹梅、王金荣、马云峰当选为委员。会议同时选举产生了工会经费审查小组，蔡旺良为组长，李志强、王海霞为成员。1994 年 5 月 21 日，金华市总工会对选举结果作了批复。

1995 年 11 月 16 日，华东院召开第三届职工代表大会第二次会议，29 名代表出席会议。李永岩副主席主持会议。会上，副院长江一平就姜永高同志医疗费问题作了说明，通过了对姜永高同志大额医疗费给予补助的决定。

1996 年 4 月 4 日，华东院召开第三届职工代表大会第三次会议，34 名代表出席会议。工会副主席李永岩主持会议。会上，副院长江一平就《1995 年度财务收支情况》《1996 年经济技术承包责任制》《职工医疗费管理办法》等 3 个文件作了说明，会议通过了上述 3 个文件。

1997 年 5 月 16 日，华东院召开第四次职工代表大会（第四次工会代表大会），31 名代表出席会议。工会副主席李永岩主持会议并作第三届工会工作报告。会上，选举产生第四届工会组成人员，周琪当选工会主席，马云峰、王金荣、郑竹梅、李永岩当选为委员。会议同时选举产生了工会经费审查小组，李永岩为主任，蔡旺良为副主任，王海霞为成员。1997 年 5 月 23 日，金华市总工会对选举结果作了批复。

1998 年 4 月 2 日，华东院召开第四届职工代表大会第二次会议，31 名代表出席会议。工会主席周琪主持会议。会议审议通过了《住房调整原则方案》。

2000 年 5 月 26 日，华东院召开第五次职工代表大会（第五次工会代表大会），33 名代表出席了会议。工会主席周琪主持会议并作工作报告。会议选举新一届工会组成人员，周琪当选为工会主席，李永岩、王海霞、李文斗、陈火春、凌飞、楼毅当选为委员。会议同时选举产生了工会经费审查小组，王海霞为组长，李永岩、钱红为成员。2000 年 6 月 7 日，金华市总工会对选举结果作了批复。

2001 年 3 月 23 日，华东院召开第五届职工代表大会第二次会议，31 名代表出席了会议。工会主席周琪主持会议。会议审议并通过了《2001 年总方针目标》《医疗费管理暂行办法》《关于执行浙人薪〔2001〕8 号文件有关补贴的议案》《关于拆除院内煤棚的建议》。

2006 年 3 月 3 日，华东院召开第六次职工代表大会（第六次工会代表大会），35 名代表出席了会议。会议由工会主席周琪主持。会上，工会副主席马云峰作工作报告。会议选举了第六届工会组成人员，周琪当选为工会主席，马云峰当选为工会副主席，王海霞、刘强、李文斗、凌飞、楼毅当选为委员。会议同时选举产生了工会经费审查委员会，王海霞为主任，李永岩、钱红为委员。2006 年 3 月 17 日，金华市总工会对选举结果作了批复。

2013 年 12 月 12 日，华东院召开第七次职工代表大会（第七次工会代表大会），26 名代表出席了会议。会议由工会主席周琪主持。会上，工会副主席马云峰作工作报告。会议选举产生了第七届工会组成人员，周琪当选为工会主席，毛行元当选为副主席，陈国富、凌飞、郑云峰、王宁、钱红当选为委员；选举产生了工会经费审查委员会，陈国富为主任，黄磊建、蒲永锋为委员。会议同时选举产生了工会女职工委员会，凌飞为主任，马驰、马婷为委员。2013 年 12 月 25 日，浙江省直机关工会委员会对选举结果作了批复。

2019 年 7 月 9 日，华东院召开第八次职工代表大会（第八次工会代表大会），48 名代表出席了会议。会议由陈国富同志主持（图 3-23）。会上，工会副主席毛行元作工作报

图 3-23 华东院召开第八次职工代表大会暨第八次工会代表大会（2019 年 7 月）

告。会议选举产生了第八届工会组成人员，刘强当选为工会主席，杨铁东当选为副主席，初映雪、马婷、严冰晶、陆亚刚、古力当选为委员。会议同时选举产生了工会经费审查委员会，严冰晶为主任，蒲永锋、李红为委员；选举产生了工会女职工委员会，初映雪为主任，马婷、朱丹为委员。2019 年 7 月 23 日，浙江省直机关工会委员会对选举结果作了批复。

2021 年 8 月 20 日，华东院召开第八届职工代表大会（第八届工会代表大会）第二次会议，42 名代表出席了会议。会议由何时珍同志主持。会上，党委副书记刘春延代表第八届工会委员会作 2020 年度工作报告，党委书记吴海平代表院党委讲话，会议审议并通过了《华东院"十四五"发展规划》。

第三节 组织建设

华东院从建立工会组织开始，随着职工人数的增加，工会组织也在不断发展壮大。院设工会委员会，各处室（中队、区队）设工会小组。20 世纪 50—60 年代，方前富、李海晏等人担任过工会主席。

1988 年 9 月，伴随着恢复重建任务的基本完成，华东院即成立了以副院长周崇友为组长，李福菊、冯利宏、顾黛英、李士玮等人参加的工会筹备小组，着手筹划恢复重建工会组

织工作。

同月，华东院向金华市总工会提出《关于恢复重建基层工会的请示》，金华市总工会组织部于当月作出《关于组建基层工会的批复》，同意华东院建立工会。

随后，工会筹备小组开始办理职工入会手续，所有正式职工全部加入工会组织。按照一个处室设一个工会小组，个别人数少的处室，联合其他处室建立工会小组的原则，全院建立了8个工会小组。

1988年12月，华东院召开第一次工会会员大会，141名会员出席会议，党委书记钱雅弟主持了会议。会议选举产生了第一届工会组成人员，沈雪初当选为工会副主席，李福菊、李志强、李士玮、冯利宏当选为工会委员。同月，金华市总工会对选举结果作了批复。

恢复重建后的华东院工会，自1988年12月起至2022年3月止，已经走过34年，历经八届。现在的工会组织有12个工会小组，会员人数达到189人，其中女性为47人。具体见表3-7。

第四节　职工之家建设

华东院自20世纪80年代开始，在金华院区陆续设立了阅览室、乒乓球室、棋牌室、篮球场等活动场所，这些活动场所平时都是由院工会和团委管理的，这也是华东院"职工之家"的雏形。华东院整体迁杭之后，活动场所得到较大改善，设有标准化篮球场、乒乓球室、台球室、棋牌室等，为职工业余文体活动创造了较好条件。在综合楼北楼12楼专门开辟一层作为活动场所，添置了乒乓球、台球、

表3-7　1988年至2022年3月工会组织基本情况一览

时间	工会小组数（个）	工会会员数（人）	时间	工会小组数（个）	工会会员数（人）
1988年	8	187	2005年	9	138
1989年	8	190	2006年	9	138
1990年	8	190	2007年	9	142
1991年	8	194	2008年	9	145
1992年	8	194	2009年	9	148
1993年	8	191	2010年	9	152
1994年	8	185	2011年	9	152
1995年	8	181	2012年	9	156
1996年	8	176	2013年	10	162
1997年	8	174	2014年	10	164
1998年	8	165	2015年	10	169
1999年	8	160	2016年	10	174
2000年	8	151	2017年	10	172
2001年	9	141	2018年	10	173
2002年	9	139	2019年	10	179
2003年	9	139	2020年	10	187
2004年	9	137	2021年	11	190
			2022年3月	12	189

健身器材等设施，设立了瑜伽室、读书角和音乐角，还依托大会议室建立了放映室等。同时，在金华院区改造建设了礼堂，设置了门球场，添置了乒乓球、健身器材等设施，职工活动阵地的水准得到了很大提升，极大地丰富了职工的业余文化生活，这也为创建"先进职工之家"创造了基础条件。

2018年后，华东院对照浙江省直机关"先进职工之家"标准，围绕组织健全、制度落实、活动经常、保障到位、作用明显等五个方面的建设与管理，查缺补漏。院工会通过健全组织建设、贯彻制度落实、提升基础设施、完善工作台账、丰富活动内容、加强各项保障等措施，不断提升院职工之家的整体水平。经过一段时间的完善，基本达到建家要求。2019年10月，华东院向省直机关工会提交了建家的申请。同年12月，通过了省直机关工会的考评验收。2020年3月，省直机关工会授予华东院"先进职工之家"称号。

获评"先进职工之家"后，华东院工会以此新起点，继续做好建家工作，不断增加活动的数量，提升活动的质量，扩展活动形式，经常在职工之家举办诸如端午节的"香囊藏情，家业长青"DIY制作、"不忘初心、决胜小康"主题书画比赛、"书香换花香——读书日捐书换绿植"等活动，逐步形成了"请进来，走出去"模式（图3-24、图3-25）。

图3-24　华东院组织开展端午节制作香囊活动（2020年6月）

图3-25　华东院职工之家一角

第五节　职工福利

华东院工会自成立以来，本着办好事、办实事，把好事办好的原则，努力为全院职工谋福利。主要体现在发放福利、组织疗休养和春秋游、组织"服务小组"、参与食堂管理等方面。

一、发放福利

华东院工会根据上级组织的相关制度，在每年的传统节日（元旦、春节、清明节、劳动节、端午节、中秋节、国庆节）发放节日慰问品，发放标准控制在当年拨缴经费收入的60%以内。发放的慰问品均是符合传统节日习惯的用品和职工群众必需的生活用品。此外，院工会每年还给每一位会员（职工）发放生日蛋糕，送去生日慰问与祝福。

二、组织疗休养和春秋游

（一）疗休养。 2016年起，华东院工会根据《关于加强浙江省职工疗休养管理工作意见》及《关于〈加强浙江省职工疗休养管理工作的意见〉的补充意见》文件精神，开始组织每年一次的职工疗休养工作。按照相关规定，每个会员（职工）可以安排不超过5天（含在途时间），每天不高于400元标准的疗休养。为此，院工会专门制定了相关制度，对组织方式、费用开支、时间安排、安全保证等作了规定（图3-26）。

2019年8月，华东院工会根据浙江省直机关工会通知精神，制定了《疗休养活动实施细则》，对疗休养的组织形式、内容、费用支出、活动地点、时间、纪律、申请与备案和安全保障等方面进行了细化落实。2020年起，疗休养标准提高到每人每天不高于600元。

2016—2021年，华东院参加疗休养会员（职工）分别为102人、121人、138人、143人、155人、180人。

（二）春秋游。 2021年起，华东院工会根据《关于做好2021年干部职工春秋游活动的通知》文件精神，开始组织会员（职工）春秋游活动。院工会要求以工会小组为单位在省内范围活动，当日往返，每人每天不超过200元（图3-27）。

各工会小组组织会员（职工）分赴武义牛头山国家森林公园、淳安千岛湖国家森林公园、杭州塘栖古镇、杭州超山森林公园、杭州北高峰、良渚国家考古遗址公园、德清莫干山等地开展春秋游活动，参与面达70%左右。多数工会小组还结合林草生态综合监测工作开展业务调研交流。

三、组织服务小组

华东院的工作性质决定了生产业务人员常年野外工作。为解决外业人员后顾之忧，从20世纪80年代开始，每年在外业工作季节，工会成立服务小组，为外业职工家庭提供看病、用车、搬运重物、安全等帮助。这项工作一直延续到现在，服务小组活动得到了广大职工及家属的称赞。

四、参与食堂管理

从设立职工食堂开始，华东院工会就参与食堂管理与监督。搬迁到杭州之后，院授权工会成立食堂管理委员会，代表职工参与食堂民主管理，参与食堂工作团队和食材配送商的招投标工作，对食品的安全、质量、价格等进行

图3-26 华东院组织部分职工赴浙江象山疗休养（2019年9月）

图3-27 春秋游（2021年11月）

检查、督查，监督检查食堂卫生等。

工会参与食堂管理，进一步促进了食堂管理规范化，提升了膳食质量。

第六节 文体活动与文体协会

一、文体活动

开展丰富多彩的文体活动，调动广大干部职工的工作积极性、创造性，使他们身心健康地工作、学习和生活是工会工作的重点任务之一，也是"文化立院"的主要途径。

华东院工会成立以来，受院委托，联合院团委，每年均会组织开展职工喜闻乐见的文体活动，主要项目有：运动会、团拜会、游园（趣味）晚会、篮球赛、乒乓球赛、羽毛球赛、台球赛、长跑比赛、健步走、拔河比赛、歌咏会、书画比赛、摄影比赛、演讲比赛等。

2019年1月，院工会组织举办院迁杭后的首届新春团拜会（图3-28）。职工自编自导自演的舞蹈、合唱、相声、小品、诗朗诵、小提琴、葫芦丝、古琴吟弹等24个节目精彩纷呈，反响热烈。

2019年9月29日，院工会举办了"讴歌新时代，唱响主旋律"庆祝中华人民共和国成立70周年主题歌咏会。歌咏会共有16个节目，充分展现了广大职工对祖国的热爱和对新时代的讴歌。

2020年1月，院工会举办了2020年迎新春团拜会暨文艺晚会。在4个篇章25个节目中，广大干部职工充分展示了各自才华，整台晚会高潮迭起，精彩绝伦（图3-29）。

2021年5月，院工会举办首届职工运动会。全院9个代表队206名干部职工参加了广播体操、田径、球类、趣味项目等21个项目的比赛。运动会充分展现了全院干部职工朝气蓬勃、健康向上的精神风貌，激发了广大职工不折不挠、勇于拼搏的豪情壮志。

图3-28 华东院迁杭后首届新春团拜会（2019年1月）

图3-29 华东院2020年迎新春团拜会（2020年1月）

同时，华东院工会采取"走出去，请进来"的方式，经常与驻地及有关单位联合开展活动。一是参加上级工会组织的有关文体活动，如组队参加金华市直机关篮球赛、拔河赛等，省直机关运动会相关项目比赛等；二是参加属地举办的文体活动，如参加杭州市江干区九堡地区第三届全民健身运动会，江干区第二届"同心杯"羽毛球比赛等；三是同兄弟单位开展交流活动，如同中国林业科学研究院亚热带林业研究所开展篮球友谊赛等。

2021年9—11月，华东院组队参加了浙江省直属机关第十三届运动会的篮球、登山、拔河和田径比赛，田径比赛共参加了男子100米、女子100米、男子200米、男子3000米、4×100米混合接力、铅球、跳远等项目的比拼。楼一恺同志斩获了男子100米和200米两项冠军。

通过开展这些活动，丰富了文化生活，强健了体魄，增进了友谊，激发了正能量，提升了华东院职工的向心力、凝聚力（图3-30～图3-33）。

图 3-30　华东院组队参加"东城杯"九堡街道第三届全民健身运动会（2014 年 12 月）

图 3-31　华东院首届职工运动会（2021 年 5 月）

图 3-32　楼一恺斩获省直机关第十三届运动会男子甲组 100 米和 200 米冠军（2021 年 11 月）

图 3-33　华东院组队参加杭州市江干区第二届"同心杯"羽毛球赛（2020 年 12 月）

二、文体协会

为贯彻落实国家林业局党的群团工作会议精神，加强精神文明建设和丰富职工文化生活，进一步规范文体活动的组织领导，2016年8月，华东院工会成立了乒乓球协会、健步走协会、篮球协会、台球协会和摄影协会等5个协会。各协会均制定了章程和工作计划，制作了会旗。文体协会成立后，华东院工会的相关文体活动委托协会组织。

2016年10月，华东院院务会议审议通过了《文体协会资金使用暂行办法》。自2016年起，院从自有经费中拿出一定资金补贴协会使用，具体额度为2000元/（人·年）。

文体协会成立之后，各协会陆续利用周末和节假日开展活动。

2019年7月，增设音乐兴趣小组，各协会进行换届，每个工会委员联系一个协会。

2022年3月，新增羽毛球协会。

2022年4月，为增强机关群众性文化体育活动全面开展，全力助推文化培育提升工程，营造单位活力向上、朝气蓬勃、岗位建功的浓厚氛围，院工会制定了《文体协会调整组建方案》。历届协会组成情况见表3-8。

表 3-8　历届协会组成情况一览

序号	协会名称	届别	会长	副会长	秘书长	会员人数（人）
1	乒乓球协会	第一届	吴荣辉	郭含茹	戴守斌	60
		第二届	郭含茹	卢卫峰	马婷	66
2	健步走协会	第一届	徐旭平	张然	陈未亚	76
		第二届	陈未亚	刘海、高天伦	王丹、陈美佳	84
3	摄影协会	第一届	郑云峰	孙清琳	郑晔施	56
		第二届	孙清琳	郑晔施、黄瑞荣	赵森晖、孙明慧	56
4	台球协会	第一届	李红	王涛	初映雪	38
		第二届	李红	王亚卿	张亮亮	33
5	篮球协会	第一届	古力	王宁	李领寰	42
		第二届	古力	王宁、洪奕丰	严冰晶	58
6	音乐小组	第一届	周固国	严冰晶	郑晔施	17
		第二届	耿思文	周固国	任开磊	25
7	羽毛球协会	第一届	钱红	王宁、洪奕丰	张亮亮	36

各协会自成立起均结合自身特色，经常性开展形式丰富多样的活动，同时还积极参加省直机关及属地组织的各项活动。极大地丰富了职工们的业余生活，提升了职工的获得感、幸福感，增强了华东院的活力和影响力。如：乒乓球协会通过对内开展小组对抗赛、分级赛、团体赛，对外组队参加浙江省林业系统邀请赛、浙江省直机关庆祝新中国成立70周年比赛、省直机关女子乒乓球比赛等形式，举办或参加集体活动9次，共422人次参加。健步走协会通过开展各种主题活动，如"定向运动·寻宝竞赛""行大运""一品西湖""文化与自然遗产日""小小鸟类观察家"等7次活动，共241人次参加。篮球协会通过内部比赛和外部交流的方式开展活动，如组织处室对抗赛、趣味篮球活动，参加浙江省林业厅举办的"湿地杯"篮球邀请赛、林业系统篮球交流赛、江干区九堡街道篮球友谊赛等共6场大型比赛，共220人次参加。台球协会通过举办年度赛、淘汰赛、锦标赛、团体赛等形式开展活

动，共计223人次参加。摄影协会通过举办摄影展、开展摄影培训、摄影采风等形式开展活动，共举办"记录山水林，感悟绿色情""守护绿水青山，献礼美丽中国""大美湿地，献礼百年""不忘初心、牢记使命"主题摄影展，共计390人次参加，作品760余幅。

第七节　妇女工作

工会妇女工作的主要任务是依法维护女职工的合法权益和特殊利益，组织女职工开展岗位建功活动，开展教育培训，关心女职工成长进步等。

一直以来，华东院工会设有一名女性工会委员，专门负责妇女工作。自第七届工会起，设女职工委员会，凌飞任主任，马驰、马婷为委员。第八届工会女职工委员会由初映雪任主任，马婷、朱丹为委员。

自20世纪90年代起，每年"三八"妇女节前后，华东院工会均会组织女职工开展形式多样、内容丰富的主题活动。一是组织女职工就近参观、考察或春游活动，如到嘉兴南湖纪念馆参观，到德清下渚湖国家湿地公园调研考察，到杭州九溪春游等；二是在院内开展相关主题活动，如趣味运动会、手工制作等；三是赴有关单位学习交流活动，先后到江西省婺源县林业局、西北院等兄弟单位开展交流座谈，增进友谊。据不完全统计，20世纪90年代至2022年3月，华东院共组织"三八"妇女节活动20余次，500余人次参加（图3-34）。

图3-34　华东院组织女职工开展主题活动（2021年3月）

第四章 共青团工作

青年是职工队伍的中坚力量，华东院充分发挥共青团组织的作用，为青年职工提供展示自我的舞台和良好的成长成才环境。院共青团组织紧密围绕中心工作，团结和带领广大团员青年，积极投身各项改革建设，充分发挥生力军和后备军的作用，为华东院的事业发展奉献青春和汗水。

第一节 机构人员

1954 年，成立中国新民主主义青年团林业部调查设计局森林经理第二大队总支部委员会，并召开第一次团员大会，选举产生第一届团组织领导机构，梁庭辉任书记，吴会国、王志民、王彬、王佩贤、马渭沂任委员。团总支下设 14 个团支部，有团员 195 名。

1955 年，召开第二次团员大会，选举产生第二届团组织领导机构，刘宗琪任书记，王志民、吴会国任副书记，王振国、金振都、王彬、李华敏、赵庆和、马渭沂任委员。团总支下设 14 个团支部，另设有冬运临时团支部，有团员近 200 名。

共青团林业部调查规划局第六森林调查大队总支部委员会期间到 1963 年年底，下设 8 个团支部，有团员 97 人；1965 年年底，下设 4 个团支部，有团员 87 人。1966 年 5 月，建立共青团林业部调查规划局第六森林调查大队委员会，同年 7 月，召开团员大会，选举新一届团委班子，邢国安任书记，王纯基任副书记，孙守明、马玉玲、马龙翔、申忠田、苏大公任委员，其时有团员 82 人。

1980 年后的共青团工作机构人员见表3-9。

表 3-9　历届团委（团支部）组成人员一览

序号	时间	届别	书记	副书记	委员	团支部数（个）	团员人数（人）	备注
1	1981.09		卢耀庚		李永岩、毛行元、唐庆霖	1	49	临时团支部
2	1982.08	一	吴建伟	潘瑞林 王世滨	唐庆霖、蒋建平、毛行元、上官增前	3	74	
3	1984.06	二	马云峰	傅宾领	唐庆霖、毛行元、蒋建平、上官增前	5	60	
	1984.12		上官增前	傅宾领	唐庆霖、毛行元、朱世阳	5	60	
	1985.08			毛行元 傅宾领	唐庆霖、朱世阳	5	59	毛行元主持团委工作
4	1987.04	三	毛行元	王金荣	李明华、俞培忠、孙善成	5	69	团委书记专职
5	1989.06	四	毛行元	王金荣	李明华、俞培忠、陈火春	5	66	
6	1991.03	五	王金荣	李明华	张志宏、姚顺彬、顾金荣	5	63	
7	1994.04	六	李明华	汪全胜	楼毅、王宁	3	36	

（续表）

序号	时间	届别	书记	副书记	委员	团支部数（个）	团员人数（人）	备注
8	1999.04	七	李明华			1	4	团委改设为团支部
9	2004.10	八	郑宇			1	11	
10	2012.03	九	徐旭平		古力、孙庆来	1	22	
11	2016.10	十	马驰	徐旭平	张国威、张然、郑晔施	3	34	恢复团委建制
12	2022.04	十一	马婷	罗瑶尚佳	刘瑶、宋雷、王丹	3	52	

第二节　团员大会

1982年8月17日，经共青团金华地委批准，建立共青团林业部华东林业调查规划大队委员会。第一届委员会由吴建伟、潘瑞林、王世滨、唐庆霖、上官增前、毛行元、蒋建平7人组成，吴建伟同志任书记，潘瑞林、王世滨两位同志任副书记。

1984年6月，召开共青团林业部华东林业调查规划大队第二次大会，选举产生第二届团委领导班子，马云峰任书记，傅宾领任副书记，唐庆霖、毛行元、蒋建平、上官增前任委员。

1987年4月1日，召开共青团林业部华东林业调查规划设计院第三次大会，选举产生第三届团委领导班子，毛行元任书记（专职），王金荣任副书记，李明华、俞培忠、孙善成任委员。1987年4月3日，共青团金华市委对选举结果作了批复。

1989年6月13日，召开共青团林业部华东林业调查规划设计院第四次大会，选举产生第四届团委领导班子，毛行元任书记，王金荣任副书记，李明华、俞培忠、陈火春任委员。1989年7月6日，共青团金华市委对选举结果作了批复（图3-35）。

1991年3月27日，召开共青团林业部华东林业调查规划设计院第五次大会，选举产生第五届团委领导班子，王金荣任书记，李明华任副书记，张志宏、姚顺彬、顾金荣任委员。1991年4月12日，共青团金华市委对选举结果作了批复。

1994年4月5日，召开共青团林业部华东林业调查规划设计院第六次大会，选举产生第六届团委领导班子，李明华任书记，汪全胜任副书记，楼毅、王宁任委员。

1999年4月20日，召开共青团林业部华东林业调查规划设计院第七次大会，选举李明华为第七届团支部书记。

2004年10月18日，召开共青团国家林业局华东林业调查规划设计院第八次大会，选举郑宇为第八届团支部书记。

2012年2月9日，召开共青团国家林业局华东林业调查规划设计院第九次大会，选举产生第九届团支部领导班子，徐旭平任书记，古力、孙庆来任委员。2012年3月29日，华东院党委对选举结果作了批复。

图3-35　华东院举行《团员证》颁发仪式（1989年8月）

2016年6月14日，经共青团浙江省直机关工委批准，成立共青团国家林业局华东林业调查规划设计院委员会。

2016年10月8日，召开共青团国家林业局华东林业调查规划设计院第十次大会，选举产生第十届团委领导班子，马驰任书记，徐旭平任副书记，张国威、张然、郑晔施任委员。2016年11月7日，共青团浙江省直机关工委对选举结果作了批复。

2022年4月25日，召开共青团国家林业和草原局华东调查规划院第十一次大会（图3-36），选举产生第十一届团委领导班子，马婷任书记，罗瑶尚佳任副书记，刘瑶、宋雷、王丹任委员。2022年5月18日，共青团浙江省直机关工委对选举结果作了批复。

图3-36 华东院第十一次团员大会（2022年4月）

第三节 主要工作

一、学习教育

（一）开展理论学习。华东院团委根据院党委和上级团委的工作部署，围绕创建学习型组织的要求，积极组织团员青年学习政治理论，努力提高青年职工的政治觉悟和理论水平。在开展理论学习中，结合爱国主义、集体主义教育，要求广大青年职工始终与党中央保持一致，让每一位青年职工做政治上的明白人，永远跟党走，积极完成党组织交给的各项任务。

（二）开展主题团日活动。开展适合团员青年特点、喜闻乐见、具有"团味"的活动，是增强共青团工作有效性的主要途径。

华东院团委自成立以来，经常组织团员青年到嘉兴南湖纪念馆、上饶集中营、浙江革命烈士纪念馆等地开展以缅怀革命先烈为主题的团日活动；到千岛湖森林公园、杭州湘湖、德清下渚湖湿地公园等地开展以做好公园规划设计为主题的团日活动；开展向贫困地区、西部山区、灾区捐款捐书捐物献爱心活动等。

（三）加强阵地建设。华东院团委通过黑板报、宣传橱窗、内部刊物等形式，宣传党的路线方针政策，宣传好人好事，激励广大团员青年为院发展贡献青春力量。

1982—2010年，华东院团委定期刊出黑板报和宣传橱窗，并多次在金华市黑板报竞赛中获奖。1986年团委领养金华院区一绿地并命名为"共青花圃"，组织团员青年轮流维护；1990年团委召开青年先进工作者座谈会，1996年召开青春与林业座谈会；2006年参加"青春奉献'十一五'，我与金华共奋进"誓师大会。

2011年迁杭之后，华东院团委每年均会组织团员青年参加主管部门或驻地有关单位组织的文化活动，或读书活动，或演讲比赛，或摄影展，2021年在杭州院区设立了先锋放映室等。

二、发挥青年突击队作用

华东院团委积极发挥青年突击队作用，经常组织团员青年参加义务劳动，为院解难事，展现青年活力，增强集体荣誉感。

1981—2010年，华东院团委每年均会组织团员青年组成学雷锋活动小组参加义务劳动（如为民服务活动、清理卫生死角、搬仓库等）、送温暖活动（如捐衣被等）、义务献血等。1987年团委组织30余名团员青年搬食堂，为金华市青少年宫捐款；1988年走出院门开展学雷锋活动，当年5月4日，《金华日报》第一版刊载有华东院参加学雷锋活动的新闻报道。1991年华东院电算中心团员参加金华市中英文打字竞赛，获"红旗岗位"称号。

2011年迁杭后，华东院团委每年多次组织团员青年参加义务劳动，如拔草、扫雪、搬运物资等。每个周末均会选派多名青年志愿者参加杭州汽车客运中心"微笑亭"志愿服务（图3-37、图3-38）。

图3-37　华东院组织开展"共学党史强信念，团建引领聚合力"团建活动（2021年11月）

图3-38　华东院志愿者参加九堡街道抗疫活动（2022年2月）

三、开展文体活动

华东院团委会同工会举办（承办）历年全院的文体活动，通过开展活动，活跃生活、激发热情，展现团员青年的青春风采。驻金华期间主要通过以下方式开展活动，一是本院独立举办，如举办恢复建队五周年和恢复建院十周年文体比赛、国庆中秋晚会、迎新团拜会、演唱会、舞会等。二是走出去与有关单位联办，如与金华财干校办联欢晚会，与金华市婺训班联办舞蹈培训班，与共青团金华市委联办团干俱乐部活动等。

迁杭之后，华东院团委每年均要组织开展适合团员青年特点的文体活动，主要是自办为主，如组织开展篮球赛、乒乓球赛、羽毛球赛、健步走、拔河比赛等。偶尔也会走出院门与驻地有关单位开展联谊活动。

第四节　青年刊物

1983年8月，由华东院主办，院团委承办的一份主要面向青年职工的内部刊物——《绿林》创刊。该刊物除了供本院青年职工阅读外，还向全国林业调查规划系统单位团组织免费交换，发行量130份。设有"文学园地""学术信息""青年诗页""复习园地""好人好事""院内动态"等栏目。1985年1月起改由院政治处主办，院团委承办。1985年8月停刊，1988年3月复刊，1991年10月更名为《华林青年》（图3-39），由院团委主办，至1992年1月停刊。编创人员先后有钱雅弟、李福菊、卢耀庚、俞国权、上官增前、毛行元、李永岩、冯利宏、朱世阳、王金荣、郦煜、李律己、顾金荣、张国良等。

第五节　青年工作委员会

2020年7月27日，经共青团浙江省直机关工委同意，成立国家林业和草原局华东调查规划设计院青年工作委员会（简称"青委会"）。院第一届青委会由马驰任主任，徐鹏、郑云峰任副主任，40周岁以下职工均为成员，共计114人。

华东院青委会主要是组织青年职工学习习近平新时代中国特色社会主义思想，加强思想政治工作，引导青年职工树立正确的世界观、人生观、价值观；围绕中心，服务大局，组织动员广大青年在本职工作岗位上建功立业；关心青年工作、学习和生活，组织适合青年特点的活动，为青年成长成才搭建平台；积极协助有关部门加强对青年人才的选拔、推荐工作，积极为院发展建言献策。

青委会自成立以来共组织活动40余次。其中开展2次征文活动，共征集了青年理论学习文章49篇，并制作了相关征文集；积极参与共青团浙江省直机关工委举办的"青春战疫、有你有我"主题演讲比赛；开展"厉行节约、反对浪费、以物易物、低碳环保"2020年华东院青年易物活动；在杭州富阳东洲岛组织青年职工开展"青春不言败，拼搏十四五"团建活动等。

图3-39　青年刊物封面（1984年、1991年）

第五章 统战工作

华东院党委历来十分重视发挥民主党派和无党派人士的积极作用，多次组织召开民主党派和无党派人士参加的座谈会，认真听取他们的意见与建议，鼓励民主党派和无党派人士多为院的改革和发展建言献策。

长期以来，华东院各民主党派和无党派人士与中国共产党并肩奋斗、携手前行，为院建设与发展作出了积极贡献。

第一节 民主党派

一、中国国民党革命委员会

华东院现有民革党员 1 人。王积富，男，汉族，1960 年 9 月生，山东昌邑人，1982 年 8 月参加工作，大学学历，高级工程师，咨询工程师（投资），1990 年 5 月参加民革组织。2020 年 10 月退休。

二、中国致公党

华东院现有致公党党员 1 人。孙庆来，男，汉族，1984 年 8 月生，吉林长春人，2007 年 7 月参加工作，在职研究生学历，工程师，2019 年 8 月参加致公党组织，现任生态规划咨询处工程师。

三、九三学社

华东院现有九三学社社员 3 人。

古育平，男，汉族，1956 年 6 月生，广东五华人，1977 年 8 月参加工作，大学学历，正高级工程师，咨询工程师（投资），1991 年 1 月参加九三学社，2016 年 7 月退休。

李文斗，男，汉族，1959 年 8 月生，广东潮阳人，1975 年 12 月参加工作，大学学历，高级工程师，1991 年 1 月参加九三学社，2019 年 9 月退休。

倪淑平，女，汉族，1962 年 4 月生，浙江金华人，1986 年 7 月参加工作，大学学历，高级工程师，2005 年 6 月参加九三学社，现任生产技术管理处高级工程师。

第二节 无党派人士

华东院现有省直机关无党派人士 12 人，其中，2017 年 5 月加入的 9 人，他们是：聂祥永、邱尧荣、吴文跃、林辉、过珍元、周固国、张伟东、凌飞和黄先宁；2020 年 6 月加入的 3 人，他们是：胡建全、郑宇和钱红。

聂祥永，男，汉族，1960 年 11 月生，贵州黔西人，大学学历，农学学士，正高级工程师，享受国务院政府特殊津贴专家，中国林业建设工程领域资深专家，2020 年 12 月退休。

邱尧荣，男，汉族，1962 年 11 月生，江苏丹阳人，大学学历，享受国务院政府特殊津贴专家，国家林业局征占用林地评审专家、中国林业建设工程领域资深专家，现任林草综合监测二处正高级工程师。

吴文跃，男，汉族，1962 年 12 月生，浙江东阳人，大学学历，正高级工程师，现任院属浙江华东林业工程咨询设计有限公司总经理。

林辉，男，汉族，1970 年 3 月生，浙江缙云人，大学学历，理学学士，正高级工程师，咨询工程师（投资），2016年度国家林业局"百千万人才工程"省部级人选，中国林业建设工程领域资深专家，现任副总工程师。

过珍元，男，汉族，1969年5月生，浙江嵊州人，大学学历，农业推广硕士，正高级工程师，2014年度国家林业局"百千万人才工程"省部级人选，中国林业建设工程领域资深专家，现任副总工程师。

周固国，男，汉族，1971年10月生，安徽铜陵人，1997年7月参加工作，大学学历，工程师，现任科技管理处处长。

张伟东，男，汉族，1967年10月生，浙江嵊州人，大学学历，工学学士，正高级工程师，现任生产技术管理处副处长。

凌飞，女，汉族，1961年3月生，浙江余姚人，1981年9月参加工作，在职大学学历，高级工程师，2011—2021年任杭州市江干区第十四届、第十五届人大代表，2021年4月退休。

黄先宁，男，汉族，1969年12月生，浙江浦江人，1991年7月参加工作，在职研究生学历，咨询工程师（投资），现任生态规划咨询处高级工程师。

胡建全，男，汉族，1963年11月生，安徽绩溪人，大学学历，农学学士，现任林草综合监测二处正高级工程师。

郑宇，男，汉族，1980年10月生，黑龙江甘南人，2003年7月参加工作，大学学历，农业推广硕士，高级工程师，现任副总工程师，政协杭州市上城区第一届委员。

钱红，女，汉族，1970年9月生，上海松江人，1991年12月参加工作，在职大学学历，高级会计师，现任行政后勤处副处长。

第四篇

综合管理

第一章　　政务管理

政务管理部门是一个单位日常运转、综合协调的枢纽，主要工作包括公文处理、机要保密、安全生产、信息宣传、公章使用、会务会议、政府采购、实物资产管理、网络通信运维等。

第一节　机构人员

华东院从建院初期就设立了政务管理部门，名称在不同时期随着内设机构职能不同有所变化，经历了行政股、队长办公室、行政科、行政处、办公室等（图4-1）。1952—1970年，

图4-1　办公室职工集体照

部门职工10～30人不等，刘宗琪、王培勇、杨云章、丁国宝等担任过部门负责人，1980年之后的政务管理部门情况见表4-1。

表4-1　综合政务工作机构及人员一览

时间	机构名称	主要负责人	职工人数（人）
1980.12—1983.12	生产办公室	郑旭辉（兼）	10
1984.01—1984.10	办公室	朱寿根	20
1984.11—1986.02	办公室	江一平	20
1986.03—1988.12	办公室	王桃珍	25
1989.01—1991.02	办公室	王兆华	30
1991.03—1991.04	办公室	李永岩	30
1991.05—1993.02	办公室	苏文元	30
1993.03—1994.01	行政处	周　琪	23
1994.02—1999.06	行政处	丁文义	20
1999.08—2000.03	行政处	申屠惠良	18
2000.04—2002.02	行政处	李永岩	12
2002.03—2004.02	行政处	申屠惠良	13
2004.03—2010.04	办公室	申屠惠良	15
2010.05—2011.02	办公室	马鸿伟（兼）	16
2011.03—2013.02	办公室	楼　毅	15
2013.03—2018.12	办公室	刘　强	10
2019.01至今	办公室	王　涛	5

第二节　制度建设

制度是单位有效运转的充分保障，是实现目标的有力措施，是行为规范的标准模式。华东院通过全局规划、科学设定，将一系列制度与国家政策有机结合起来，做到同步设计、同步制定、同步实施，力求建立系统完备、科学规范、运行有效的制度体制；并狠抓制度落实，确保广大干部职工养成尊崇制度、遵守制度、捍卫制度的好习惯；激发广大干部职工的工作积极性，营造良好的秩序氛围，树立优秀的华东院形象。

华东院自建院以来，特别是党的十八大以后，随着林业改革发展的深入推进，制度建设同步加快。先后制发了《工作规则》《接见专家制度》《行政管理制度》《会议制度》《机关办公制度》《医疗制度》《印章使用管理规定》《内部工作签报制度》《会议纪要管理规定》《工作信息管理办法》《政府采购工作规程》《办公楼管理制度》《重大事项集体决策制度》《固定资产管理制度》《涉密测绘资料保密管理规定》《仪器设备借用管理办法》《贯彻落实中央八项规定实施细则精神的实施规定》等涵盖党风廉政建设、综合管理、人事管理、财务管理、生产技术管理、后勤服务管理等 6 大领域 70 余项制度，并整理编印成《管理制度汇编》。完善的规章制度科学高效地推动了华东院政务管理工作，稳定了院内各项工作秩序，为院持续健康发展打下坚实基础。

第三节　文书管理

文书管理是按照一定程序处理文书的全部活动。华东院文书管理工作由办公室负责，包括起草文件、材料，管理来文和发文，保管和使用印章，组织承办会务，督办落实文件和领导批示，办理领导交办工作等。

一、办文办会

办公室负责来文来函的接收、送签、督办及归档，制发相关文件的拟稿、审核、发送，出具相关公函、介绍信和相关证明；承办院务会、院长办公会、全院职工大会、相关专题会议等；负责院四类及以上会议及大型节庆展会活动的申报、组织、会务、总结等。

2010 年 6 月，按照国家林业局有关要求，正式启用局综合办公系统，实现文件、信息在线签收、归档和发送，进入无纸化办公时代。1980—2021 年，累计接收文件 12879 份，制发文件 3222 份；2010—2021 年，累计编写各类会议纪要 41 份，具体见表 4-2。

表 4-2　1980—2021 年文书管理情况统计　　　　　单位：份

时间	收文（函）	发文（函）	会议纪要	时间	收文（函）	发文（函）	会议纪要
1980 年	—	—	—	1989 年	287	31	—
1981 年	203	40	—	1990 年	294	31	—
1982 年	166	41	—	1991 年	249	42	—
1983 年	245	72	—	1992 年	286	62	—
1984 年	307	16	—	1993 年	242	66	—
1985 年	384	46	—	1994 年	137	63	—
1986 年	412	35	—	1995 年	147	65	—
1987 年	450	51	—	1996 年	132	63	—
1988 年	407	33	—	1997 年	146	55	—

（续表）

时间	收文（函）	发文（函）	会议纪要	时间	收文（函）	发文（函）	会议纪要
1998 年	161	42	—	2010 年	273	61	2
1999 年	280	39	—	2011 年	343	36	1
2000 年	324	79	—	2012 年	375	107	2
2001 年	403	45	—	2013 年	353	100	1
2002 年	308	60	—	2014 年	428	114	2
2003 年	303	55	—	2015 年	419	131	4
2004 年	303	63	—	2016 年	480	199	4
2005 年	394	64	—	2017 年	362	164	5
2006 年	209	60	—	2018 年	420	169	9
2007 年	233	85	—	2019 年	493	252	3
2008 年	205	68	—	2020 年	555	204	2
2009 年	205	73	—	2021 年	556	140	6

二、印章管理

根据《印章管理办法》，企业事业单位需要刻制印章的，应当凭上级主管部门出具的刻制证明和单位成立的批准文本，到所在地县级以上人民政府公安机关，申请办理准刻手续。自 1980 年以来，华东院经过 5 次更名，期间院公章也历经 5 次变更。

办公室目前主要管理着"国家林业和草原局华东调查规划院""国家林业和草原局华东森林资源监测中心""国家林业和草原局华东生态监测评估中心""国家林业和草原局华东林业碳汇监测中心""国家林业和草原局长三角现代林业评测协同创新中心""国家林业和草原局自然保护地评价中心"和"浙江华东林业工程咨询设计有限公司"等公章及法人印章。

按照《印章使用管理规定》，这些印章由机要秘书统一管理，院发文（函）经院长签发后盖印，合同等相关文件经院长签字后盖印，所有盖章全部实行登记。

三、机要与保密工作

机要与保密工作是党和国家全部工作的重要组成部分，集安全与保密于一身，为社会经济发展保驾护航，起着至关重要的作用。华东院的机要与保密工作主要是做好涉密文件（传真、电报）的接收、登记、传阅（办理）、收回，涉密资料的保管与使用等。

华东院高度重视机要与保密工作，成立了保密工作领导小组，下设办公室（在政务管理部门），有一名机要员（保密员），具体承担机要与保密日常工作，涉密文件与资料做到专人收取、专人传送、专人保管。

华东院注重保密教育，努力增强底线思维和红线意识，科学提高机要与保密工作系统化，规范工作法制化，稳步推进技术现代化，全面实现场所安全化；重视网络信息安全，及时升级网络安全设备，开展计算机安全检查；完善信息安全保密审查制度，确保信息报送安全。

据统计，1990—2021 年共接收涉密文件3067 件，见表 4-3，从未发生失密、泄密事件和丢失文件现象。

表 4-3 1990—2021 年涉密文件数量统计 单位：份

时间	数量	时间	数量
1990 年	83	2006 年	88
1991 年	19	2007 年	141
1992 年	27	2008 年	161
1993 年	23	2009 年	180
1994 年	24	2010 年	168
1995 年	25	2011 年	207
1996 年	24	2012 年	154
1997 年	33	2013 年	173
1998 年	103	2014 年	171
1999 年	51	2015 年	156
2000 年	40	2016 年	156
2001 年	50	2017 年	134
2002 年	38	2018 年	126
2003 年	83	2019 年	183
2004 年	66	2020 年	115
2005 年	65	2021 年	160

图 4-2 各时期《工作简报》

表 4-4 1984—2021 年工作简报统计 单位：条

时间	期数	信息总量	简讯	通讯
1984 年	第 1 期至第 12 期	187	187	—
1985 年	第 13 期至第 24 期	207	207	—
1986 年	第 25 期至第 36 期	242	242	—
1987 年	第 37 期至第 46 期	272	272	—
1988 年	第 47 期至第 57 期	313	313	—
1989 年	第 58 期至第 68 期	319	319	—
1990 年	第 69 期至第 79 期	315	315	—
1991 年	第 80 期至第 90 期	292	292	—
1992 年	第 91 期至第 101 期	230	230	—
1993 年	第 102 期至第 111 期	212	212	—
1994 年	第 112 期至第 122 期	249	249	—
1995 年	第 123 期至第 131 期	205	205	—
1996 年	第 132 期至第 137 期	183	183	—
1997 年	第 138 期至第 143 期	176	176	—
1998 年	第 144 期至第 148 期	147	147	—
1999 年	第 149 期至第 153 期	154	154	—
2000 年	第 154 期至第 159 期	170	170	—
2001 年	第 160 期至第 165 期	170	170	—
2002 年	第 166 期至第 168 期	49	44	5
2003 年	第 169 期至第 170 期	10	—	10
2004 年	第 171 期至第 174 期	92	61	31
2005 年	第 175 期至第 184 期	209	130	81
2006 年	第 185 期至第 196 期	280	188	92
2007 年	第 197 期至第 207 期	262	195	67
2008 年	第 208 期至第 218 期	295	226	69
2009 年	第 219 期至第 229 期	264	188	76
2010 年	第 230 期至第 239 期	230	154	76

第四节 政务信息

一、信息宣传

华东院信息宣传工作包括制作简报、上报国家林业和草原局办公室和信息中心、院网站和微信公众号管理、稿件审核等内容，通过正能量宣传、典型宣传、创新宣传，及时、准确、专业地服务受众、引导舆论，全方位展示院工作重点亮点，展现精神风貌，提升形象影响，推动院各项事业发展。

1984 年华东院开始编发第一期《工作情况简报》，每月一期，1993 年更名为《工作月报》，2000 年更名为《工作简报》，并沿用至今（图 4-2）。2002 年 5 月第 167 期首次收录通讯稿。截至 2021 年年底，共完成 360 期工作简报，收录各类通讯信息 10278 条，其中通讯 3104 条、简讯 7174 条，具体见表 4-4。

（续表）

时间	期数	信息总量	简讯	通讯
2011 年	第 240 期至第 250 期	338	199	139
2012 年	第 251 期至第 262 期	313	160	153
2013 年	第 263 期至第 273 期	360	184	176
2014 年	第 274 期至第 284 期	343	204	139
2015 年	第 285 期至第 295 期	328	125	203
2016 年	第 296 期至第 306 期	335	150	185
2017 年	第 307 期至第 317 期	401	169	232
2018 年	第 318 期至第 328 期	389	155	234
2019 年	第 329 期至第 339 期	659	240	419
2020 年	第 340 期至第 349 期	491	168	323
2021 年	第 350 期至第 360 期	587	193	394
合计	360 期	10278	7174	3104

二、网站建设

2007 年 12 月华东院自建网站开通，注册域名为 "hdforestry.org.cn"。2016 年，委托杭州兆臻网络技术有限公司在原有自建网站基础上，进行新增栏目板块、优化功能、美化设计等维护升级。2010 年，国家林业局整合各司局、直属单位网站，在局政府网站群统一管理的中国林业网（生态网）上设立华东院子站 "www.forestry.gov.cn/hdy.html"，相关栏目与 "hdforestry.org.cn" 保持同步。自此，华东院形成双网站的专门对外信息发布网络平台。

2019 年 8 月，按照国家林业和草原局加强对网络发布平台管理要求，停用自建网站，延用中国林业网（生态网）华东院子站。截至 2021 年年底，华东院子站总点击量达 420 万余次。2020 年 1 月，按照国家林业和草原局政府门户网站子站管理工作通知要求，改版华东院子站，保留 "首页" "资讯要闻" "信息动态" "资源监测" "项目成果" "党群工作" "关于我们" 等 7 个一级栏目板块，至 2021 年年底，已发布各类信息 620 余条。

华东院子站加挂有 "云臻平台"（yz.hdlinye.

com）和 "《自然保护地》期刊（http://www.npa.net.cn/）" 两个链接。"云臻平台" 用于本院开发的森林督查暨森林资源管理 "一张图" 系统的网络平台；《自然保护地》期刊" 用于期刊当期和过刊数据展示，期刊收稿、稿件编辑和排版处理，自然保护地相关科研进展、会议信息发布等（图 4-3）。

2019 年 7 月，华东院微信公众号正式开通，增加了院宣传渠道，基本保持每日更新，截至 2021 年年底共发布各类信息 1500 余条，总浏览量近 40 万次，关注人数 1800 余人（图 4-4）。

图 4-3　华东院网站截图（2022 年 4 月）

图 4-4　华东院微信公众号截图（2022 年 4 月）

第五节　政府采购

一直以来，华东院根据上级有关要求，严格按照《政府采购法》《政府采购法实施条例》《政府采购货物和服务招标投标管理办法》等文件要求及有关规定，开展各项政府采购工作。成立有由院领导、综合政务、计划财务、生产技术管理、纪检审计和行政后勤等部门人员组成的政府采购领导小组，做到组织到位、人员管理到位、政策落实到位、监督检查到位。

根据职责划分，2016年8月前政府采购工作由财务处负责，根据内控要求，2016年8月后由办公室具体负责。根据采购要求，定期组织人员参加中央国家机关政府采购中心及国家林业和草原局举办的各类政府采购业务培训班，及时掌握采购政策，规范采购行为，强化采购人员业务素质。根据上级文件精神，2006年制定了《政府采购实施管理办法》，2020年制定了《政府采购工作规程》，切实强化政府采购内控管理，履行采购人在采购活动中的主体责任，细化采购流程各环节工作要求和责任（图4-5）。

华东院自2005年开始编报政府采购信息统计报表，截至2021年年底，完成采购金额8483.14万元，其中货物类3256.91万元、工程类5199.50万元、服务类26.73万元，具体见表4-5。

表4-5　2005—2021年政府采购情况统计　单位：万元

时间	小计	货物类	工程类	服务类
2005年	52.00	52.00	0.00	0.00
2006年	35.00	35.00	0.00	0.00
2007年	79.00	9.00	70.00	0.00
2008年	275.40	175.00	99.00	1.40
2009年	1216.00	120.00	1095.00	1.00
2010年	650.00	239.00	410.00	1.00
2011年	1343.00	90.00	1252.00	1.00
2012年	577.00	70.00	506.00	1.00
2013年	201.00	30.00	170.00	1.00
2014年	12.60	10.20	0.00	2.40
2015年	209.00	54.70	152.70	1.60
2016年	39.20	38.90	0.00	0.30
2017年	1136.50	42.60	1091.70	2.20
2018年	258.80	36.70	222.10	0.00
2019年	79.19	77.86	0.00	1.33
2020年	2130.00	1988.00	131.00	11.00
2021年	189.45	187.95	0.00	1.50
合计	8483.14	3256.91	5199.50	26.73

图4-5　华东院政府采购页面截图

第六节　固定资产管理

根据职责划分，办公室具体负责固定资产实物管理，办理所增固定资产的验收、借用手续，建立固定资产台账，组织固定资产清查盘点。各处室使用的固定资产，落实借用及保管责任人。贵重财产除安排专人保管外，还要落实安全保管措施。各处室负责人是本部门固定资产管理的第一责任人。固定资产的减少变动（调出、变卖、盘亏、报废、丢失、损坏）按规定履行报批手续。计划财务处负责固定资产的核算及相关账务处理，参与固定资产的盘点，监督固定资产的管理。

固定资产的变卖收入和置换收入与报废的残值变现收入，按照有关规定上缴至国家林业和草原局中央财政专户，纳入预算管理。

2020年开始，华东院实物资产管理由原始的台账管理过渡到"一物一码"管理。

1980年，华东院固定资产原值为25.22万元，2021年年底增加到12939.31万元，具体见表4-6。

表4-6　固定资产存量变动情况　　　　　　　　　　　　　　　　单位：万元

时间	固定资产原值	其中			
		房屋及建筑物	通用设备	专用设备	家具用具等
1980年	25.22	7.76	—	—	—
1985年	27.87	10.41	—	—	—
1990年	71.84	54.35	—	—	—
1995年	392.99	354.32	20.73	—	—
2000年	494.87	469.83	3.46	—	4.12
2005年	1395.03	1294.09	30.66	—	8.40
2010年	1976.24	1474.64	411.55	2.28	78.71
2015年	6151.37	4960.56	905.83	7.30	113.68
2020年	10640.27	8946.76	1263.61	72.34	237.98
2021年	12939.31	9167.15	2370.32	1033.41	248.84

第七节　安全生产管理

安全生产是关系广大干部职工生命财产安全的大事，是推动各项事业健康发展的基础。建院至今，华东院始终高度重视安全生产工作，坚持"生命至上、安全第一"方针，将安全生产作为院长远发展规划的重要组成部分，积极做到防风险、补短板、除隐患、强责任、建体系，强化安全发展理念，增强底线思维，进一步压实各方面、各环节安全生产责任，为广大干部职工的安全保驾护航。多年来，华东院始终保持着良好的安全生产态势，为各项事业健康发展作出了积极贡献。

华东院始终紧抓安全生产教育，每年开展消防安全教育，组织消防演练（图4-6），不断强化干部职工消防安全意识。定期开展安全生产检查，重点做好机房、食堂、仓库、应急逃生通道等关键部位检查，发现问题及时整改。每逢重大节庆日和特殊时期，组织专人巡查，杜绝发生重大安全事故。在生产业务工作中，扎实落实安全生产"三同时"制度，即培训业务工作同时培训安全生产知识，检查生产任务同时检查安全生产情况，总结生产任务同时总结安全生产工作。

图4-6　消防演练（2022年5月）

林业调查监测与地质勘探、测绘等工作相似，常年在野外作业，遭遇山洪灾害、野兽袭击、蚊虫叮咬的概率比常人高得多，因此，确保野外作业时的人身安全是安全生产的重中之重。从 20 世纪 50 年代开始，华东院始终做到凡有干部职工进入大小兴安岭、长白山以及其他易遭草爬子^{〔注〕}叮咬的林区，都注射专门的预防针，做到逢进必打。野外工作期间，密切关注所在地天气变化，尽量避开恶劣天气。对可能埋设的兽夹提前通知有关人员及时排除，对猛兽可能出现的区域尽量避开或驱赶，确保不发生重大安全事故。每年坚持为野外工作人员配备药品，购买人身意外险，做到安全生产全覆盖。

〔注〕蜱虫，俗称草爬子。

技术质量管理工作的水平，标志着调查规划单位技术水平的高低和产品质量的优劣，是一个单位综合实力和信誉的重要表现。华东院自成立以来，历任领导班子始终高度重视技术质量管理工作，把它作为单位生存与发展的核心。70年来，经过全院干部职工的不懈努力，华东院为各级林草主管部门和社会广大客户提供了大量优质成果和服务。

第一节 机构人员

华东院从建立初期就设立了负责生产技术与质量管理的工作机构（图4-7），主要负责全院生产业务的日常运转及管理工作，其名称在不同时期有差异。1952—1954年设业务股，1955—1970年设业务科，部门职工7～10人不等，李华敏、兰新文、郑旭辉、张守平等担任过部门负责人。1980年后，部门名称、主要负责人和职工人数见表4-7。

表4-7　生产技术与质量管理机构及人员一览

时间	机构名称	主要负责人	职工人数（人）
1980.12—1983.12	生产办公室	郑旭辉（兼）	10
1984.01—1985.01	生产技术科	林　进（兼）	15
1985.02—1986.02	生产技术科	李仕彦	12
1986.03—1988.12	生产技术科	黄文秋	17
1989.01—1991.02	总工办	王克刚	8
1991.03—1993.02	总工办	江一平	10
1993.03—1994.01	生产经营处	江一平	18
1994.02—1995.03	生产技术处	何时珍	14
1995.04—2010.03	生产技术处	古育平	14
2010.04—2019.03	生产技术处	聂祥永	10
2019.04—2021.12	生产技术管理处（总工办）	朱　磊	14
2021.12至今	生产技术管理处（总工办）	楼　毅	12

第二节 制度建设

华东院自建院以来，秉承"质量至上、服务至诚、求实创新、精益求精"的方针，坚持"质量就是生命"的原则，严守法律法规和标准规范，强化生产技术与质量管理的制度建设，促进技术水平和成果质量的不断提升，努力铸造精品成果。

1980—2021年，华东院生产技术质量管理大致经历三个阶段，每个阶段根据工作重点制定有配套的管理制度。

图4-7　生产技术管理处（总工办）职工集体照

一、常规阶段（1980—1989 年）

这一阶段主要生产任务是森林资源调查，由于队伍刚刚恢复，亟需制定相应的规章制度。因此，重点是积极落实森林资源调查技术规定，注重外业调查和内业质量。1984 年后，华东院陆续印发了《生产技术管理制度》《技术考核制度》《仪器设备管理制度》《科技档案暂行管理制度》等多个管理制度。这些制度的实施，标志着华东院技术质量管理制度建设的正式开启。

随着生产任务的不断增加，为进一步加强技术质量管理，提高调查设计成果质量，1986 年，华东院印发了《全面质量管理暂行办法》，修订了《仪器设备管理和使用制度》。1987 年，印发了《关于调查设计成果资料交接手续的规定》，加强了调查设计成果资料的管理，保证了成果资料归档、复制、分发工作交接手续顺利进行。1989 年，为严肃政纪，加强职工队伍建设，根据国家有关规定，印发了《关于追究质量事故和违反纪律责任及行政惩戒若干问题的规定》。同年，对《科技档案暂行管理制度》进行修订，印发了《关于加强生产和科研项目资料成果进库归档管理的通知》，进一步加强生产、科研项目资料、成果的进库和归档管理工作。

二、全面质量管理阶段（1990—2013 年）

1990 年 1 月，华东院开始对全体职工进行全面质量管理教育。3 月，印发了《1990 年推行全面质量管理工作实施方案》《关于加强质量管理和廉政建设的补充规定》。1992 年，出台或修订印发了《仪器设备管理制度》《生产科研项目质量检查评分办法》《质量小组活动管理条例》《科技进步奖励（暂行）办法》《工程勘察设计管理（暂行办法）》等。1993 年，印发了《关于加强技术性创收项目管理工作的通知》，为全面完成各项技术性创收任务，切实维护华东院的声誉提供了保障。1995 年，

印发了《关于加强生产业务管理的有关规定》，进一步理顺项目管理关系。1996 年，印发了《档案管理办法》，就档案范围、管理机构、档案保护、档案使用等作了规定。

2002 年，华东院印发了《关于签订业务创收合同的有关规定》，进一步规范了对外业务创收合同文本。2002—2003 年，印发了《指令性项目质量管理办法》《业务创收项目管理暂行办法》，完善了院、处两级成果审查和质量控制制度，有效提高了成果质量和水平。2004 年，为进一步提高生产科研项目成果质量和水平，印发了《关于进一步加强成果审查和完善会审制度的通知》。2006 年，根据国家林业局有关档案管理的要求和院档案管理实际，对《档案管理办法》进行了修订。2008 年，印发了《仪器设备借用管理办法》，强化仪器设备管理，充分发挥仪器设备的使用效率。2011 年，印发了《地形图卫片保密管理规定》。

三、质量管理体系认证阶段（2014—2021 年）

2014—2018 年，华东院根据全面贯彻实施 ISO9001 标准质量管理体系的各项要求，为进一步开拓技术市场，规范管理，保质、保量、按时完成各类生产任务和各项对外承揽的技术服务性创收项目，先后印发了《关于进一步加强创收项目管理的规定》《业务创收合同与资质管理办法》《档案管理办法》《质量记录编号管理规定》《生产项目质量管理办法》《涉密测绘资料保密管理规定》等技术质量管理制度。2019 年后，印发了《工程咨询项目管理暂行办法》《项目成果质量评定实施办法》《对外技术合作管理办法》《激励科技创新人才实施办法》《技术攻关管理办法（试行）》《科技成果转化实施办法（试行）》《对外技术服务项目投标管理暂行规定》等多项重要技术质量管理文件及相关支持性文件。通过建章立制，持续完善内控制度建设，加强资源整合，推进技

术创新，培育核心竞争力，使华东院的技术质量水平得到了全面提升。

第三节　项目管理

项目管理是组织实现项目目标管理的过程，通过对各类资源的有效计划、组织、控制，实现项目管理目的，保证项目目标实现的系统管理方法。

一、阶段划分

1980年后，华东院项目管理大致经历两个阶段。

（一）一般管理阶段（1980—1986年）。1980年起华东院开始承担生产任务，起初项目类型不丰富、数量不多、人员规模小，管理难度较小，实际生产中侧重对成果质量的管理。因此，项目管理侧重于保证项目的顺利完成，在项目计划中明确项目管理要求，强调工作经验和责任心。1986年起，随着筹建任务基本完成，队伍不断扩大，开始成规模承担生产任务，项目类型与数量不断增加，为更加合理、规范项目管理中人、财、物的使用，陆续编制了有关项目质量、技术考核、成果资料等相关内容的管理办法，开始朝制度化管理方向发展。

（二）制度化管理阶段（1987—2021年）。1987年华东院首次编制《技术经济责任制实施办法》，明确了各类项目、项目经费的管理要求与办法。之后，随着推行全面质量管理，各项工作走向制度化、规范化、序列化，进一步明确了国家、集体、个人之间的利益关系，强调团结协作，提出了全院实行分级考核和分项考核办法等。《技术经济责任制实施办法》在实施过程中，根据不同时期的需要进行修订，使得项目与合同、技术与质量、经费与财务、考核与奖励等要求更加明确，让项目管理工作走向制度化、规范化。

二、项目类型

（一）主管部门项目。也称指令性项目，一般是由国家林业和草原局下达，要求在一定时限内完成的项目。在市场经济体制下，部分指令性任务逐步转变为政府委托服务项目，但管理上仍按照指令性项目的要求管理。

（二）咨询项目。华东院的咨询项目主要是与委托方通过签订项目技术服务合同获得，根据管理的要求，分类上由最初的调查规划设计技术咨询、技术开发、有偿服务、核定的节支项目等4类项目，逐步发展为工程设计、水土保持和测绘、资源调查、采伐设计、工程监理、其他等6类项目。

2019年2月，根据国家发展和改革委员会《工程咨询行业管理办法》要求，为加强工程咨询项目管理，进一步规范从业行为，保障工程咨询服务质量，华东院印发了《工程咨询项目管理暂行办法》。按照《暂行办法》，华东院将工程咨询分为规划咨询、项目咨询、评估咨询3类，各生产处室负责工程咨询项目的实施管理，生产技术管理部门负责工程咨询项目的组织协调、质量监督和规范管理。实行成果质量终身负责制，院对咨询项目质量负总责，项目负责人对咨询成果质量负直接责任，参与人员对其完成的相应工作质量负责。《暂行办法》的实施，改进了项目管理方式，实现了工程咨询项目的登记管理。

（三）科技创新项目。2019年4月，国家林业和草原局党组印发《关于实施激励科技创新人才若干措施的通知》后，华东院按照文件精神着手推进科技创新工作，对项目申报、审查、立项、实施、结题等流程提出了要求，形成科技创新项目完整的一套管理办法。

三、项目管理方法

项目管理常用的方法为制定管理制度、建立项目台账、保留管理过程记录、形成项目档案并归档。伴随着信息化发展步伐，华东院项目管理大致经历了传统管理和数字化管理两个阶段：

（一）**传统管理阶段**。在计算机普及前，管理文件、台账以及归档材料多为纸质，早期人工手写材料居多。计算机普及后，电子台账以及打印机的普遍使用，使得文本编辑与查找变得快捷方便。但是在 OA 系统推广以前，业务处室项目管理相对独立，容易形成信息孤岛，生产技术管理部门难以及时掌握项目管理情况，项目管理相对落后。

（二）**数字化管理阶段**。伴随着信息化进程的推进，项目管理的手段不断提升，效率得到提高，项目运作的全过程管理得以逐步实现。自 2017 年起，随着 OA 系统的全面应用，华东院大力推进信息化建设，从项目投标、合同签订、质量监管、成果出院、资金回收，到快速统计、便捷查询等做到全过程记录，实现了项目管理全部线上完成，更加适应华东院项目多、出差频繁、节奏快的工作特点，同时与 ISO9001 质量管理体系有机融合，项目管理效率大幅度提高。

第四节 技术质量管理

建院以来，华东院秉承"质量至上、服务至诚、求实创新、精益求精"的方针，不断加强技术质量管理，建立健全"全程覆盖、措施精准、风险可控、执行高效"的技术质量管理体系，强化管理措施的落实，严守法律法规、遵循标准规范，促进了成果技术水平和质量的不断提升。

一、技术质量管理

（一）**标准要求**。为确保各项生产项目成果满足相关标准要求，华东院相继收集了林草行业调查、监测、规划、可研、研发等各类型的国际标准、国家标准、行业标准，并且形成相应的技术质量管理文件。要求各类成果必须符合相关标准要求，没有统一标准的，院制定统一的规范要求，以此培养良好的技术质量管理意识和统一规范的成果。

（二）**质量控制**。根据项目重要性、创新程度、质量控制的难易程度、规模大小、合同约定、会审要求不同，华东院将项目分为高级、中级、一般 3 类，并实行不同的质量控制。高级类项目成果质量由项目负责人、主管处领导、分管副总工程师、主管院领导审查；中级类由项目负责人、主管处领导、分管副总工程师（或审查专家）审查；一般类由项目负责人、主管处领导审查，院按要求抽查。对于新型、大型或特定项目，如按成果质量控制流程难以满足成果质量要求的，院召开专家咨询会，进行集中会审（图 4-8、图 4-9）。

（三）**质量考核**。为全面提高项目成果质量，使成果质量管理工作规范化、科学化、制度化，华东院将成果质量纳入考核体系中，充分发挥考核"指挥棒"作用，进一步明确考核指标、考核方法及绩效分配等内容，有效提高

图 4-8 生产技术管理处（总工办）召开项目内部审查会（2021 年 4 月）

图 4-9 生产技术管理处（总工办）召开质量分析会（2022 年 4 月）

了考核的针对性和可行性，全面提升了技术质量水平。

（四）跟踪评价。 为掌握客户对成果质量评价的相关信息，华东院通过走访客户和满意度调查等途径，听取客户意见，及时发现质量问题或隐患，做到有针对性地改进服务，提升质量。

二、质量管理体系

1980 年后，华东院质量管理大致经历常规阶段、全面质量管理阶段和质量管理体系认证阶段。

（一）常规阶段。 自 1980 年起，遵照林业部"边建队、边开展业务工作"的指示精神，华东院开始承担生产任务。期间，积极落实相关技术规定，注重内外业质量。主要是延续 20 世纪五六十年代行之有效的方法，即调查员是质量的直接责任人，小队（小组）长对本小队（小组）质量负责；处室设主任工程师，负责生产与质量管理；院设质量管理部门（生产技术处或总工办），负责全院成果质量；对外业和内业质量进行抽检，抽检结果与经济分配和评优挂钩。

（二）全面质量管理阶段。 全面质量管理（TQC）是一种先进的、科学的质量管理办法，是全员性的质量管理。1989 年 8 月，根据林业部《关于林业勘察设计单位推行全面质量管理有关事项的通知》精神，结合深化改革和事业发展的需要，华东院开始推行全面质量管理。为此，成立了相应的领导机构和工作机构，并制定了相应的管理办法和规章制度。

1990 年 1 月，全面质量管理工作在华东院全面铺开。期间，各项工作按照"四全管理"的要求，即实行全面的、全过程的、全员参加的、全面综合运用各种有效的现代管理方法进行管理，使得质量管理横向到边，纵向到底，人人都是责任人。

随着全面质量管理的推行，华东院的工作质量和业务技术水平有了很大提高，也提高了

院的信誉，增强了社会竞争力。1992 年，华东院推行全面质量管理工作顺利通过林业部验收，同年 8 月，林业部向华东院颁发《工程勘察设计单位 TQC 达标合格证书》。

通过推行全面质量管理，华东院健全了质量保证体系，增强了员工质量意识，提升了管理水平，提高了工作效率，尤其在成果质量和单位影响力提升方面，取得了突破性进展。

（三）质量管理体系认证阶段。 质量管理是一个不断完善、持续改进的过程。为适应《工程设计资质标准》的新要求，全面加强技术质量管理工作，提升技术成果质量信誉和竞争力，促进对外技术交流合作，拓展工程设计咨询业务范围，提高工作效率和经济效益，2014 年 2 月，华东院启动 ISO9001 质量管理体系"贯标认证"工作。

为确保"贯标认证"工作的顺利实施，华东院成立了相应机构，组织学习"贯标认证"知识，选派有关人员到兄弟单位学习，聘请咨询公司老师指导。在"贯标认证"工作中，进一步厘清职责层次、管理流程、规章制度，结合实际，编写包括质量手册、程序表单、质量记录、审查材料等 20 多份文件。

华东院在"贯标认证"过程中，根据标准要求和工作实际，修订完善了技术经济承包责任制、项目质量管理办法、合同管理办法、档案资料管理办法、目标考核制度等内部管理制度 10 余个，收集汇编法律法规、技术标准等 900 余个，编写作业指导书 31 份，进一步规范了工作流程，明确了质量管理标准和要求，科学制定了质量方针和目标，创新提出了项目分类和分级管理模式。2014 年 8 月，华东院成功获得 ISO9001 质量管理体系认证证书。

2017 年 2 月，华东院启动 ISO9001:2015转版工作，按新版标准全面修改完善质量管理文件，历时 2 个多月，成功实现了由 ISO9001:2008 向 ISO9001:2015 的转版，并于当年 5 月通过了北京中大华远认证中心的认证

审核，顺利完成转版换证工作。2020年1月，通过复审。2021年4月，通过GB/T 45001—2020职业健康安全管理体系认证和GB/T 24001—2016环境管理体系认证。

通过开展质量管理体系认证，华东院技术质量管理工作得到了全面加强，成果质量和竞争力得到了极大提升，进一步促进了对外技术交流合作，拓展了业务范围，提高了工作效率和经济效益。

三、参加标委会情况

为了解业内外最新标准动态，提高管理水平和工作质量，近年来，华东院先后参与了中国国家标准化管理委员会及相关技术委员会工作，并在这些组织中担任相应职务。截至2022年3月31日，参加的标委会及任职情况见表4-8。

表4-8　参加标委会及任职情况汇总

名称	担任职务	担任职务人员
中国国家标准化管理委员会	委员	刘道平
全国森林资源标准化技术委员会	副主任	何时珍
全国林业信息数据标准化技术委员会	委员	聂祥永
全国营造林标准化技术委员会	委员	陈火春
全国湿地保护标准化技术委员会	委员	楼毅
全国荒漠化防治标准化技术委员会	委员	康乐

第五节　技术支撑与工作专班

一、华东院是海南热带雨林国家公园技术支撑单位

2021年，在首批国家公园正式设立前的

关键时刻，华东院受国家公园管理办公室委托，选派由院领导带队，相关技术骨干组成的工作团队对大熊猫国家公园、海南热带雨林国家公园在正式设立前矛盾冲突进行全面摸排，对有关省人民政府制定的矛盾冲突处置方案等进行专题督导调研，指导两个国家公园管理机构对公园范围内永久基本农田、人工集体商品林、城镇建成区、开发区、村庄、小水电和矿业权等矛盾冲突进行了全面梳理分析，与有关国家公园管理机构共同研究制定矛盾冲突解决方案，帮助地方解决了国家公园内矛盾冲突时间表、路线图等难题，向国家林业和草原局（国家公园管理局）党组提交了高质量的督导调研报告，同时协助国家公园管理办公室开展了第一批国家公园矛盾冲突审核汇总，形成了《第一批国家公园矛盾冲突审核汇总报告》，为局党组关于首批国家公园设立等决策提供了重要参考依据。

2021年12月，国家公园管理局办公室发文，明确华东院为海南热带雨林国家公园技术支撑单位。技术支撑单位在海南热带雨林国家公园局省联席会议机制统一领导下，支撑海南热带雨林国家公园管理局贯彻落实联席会议机制所部署和议定事项，协调推进国家公园管理相关工作，解决国家公园生态保护难点问题等。

之后，华东院充分发挥人才、技术和装备优势，先后派出由院领导带队，相关技术骨干组成的队伍承担并完成了《海南热带雨林国家公园生态系统修复规划》《海南热带雨林国家公园生态系统修复设计》《海南热带雨林国家公园勘界立标实施方案》等编制工作，为高标准、高质量推进海南热带雨林国家公园建设作出了积极贡献。

二、工作专班

2005—2021年，国家林业和草原局先后在华东院设立了森林采伐限额执行情况检查技术组、林地保护利用规划编制技术组和天然林

保护修复验收评价技术组，作为相应工作的技术支持。

（一）森林采伐限额执行情况检查技术组。2005—2015年，国家林业局连续10年在华东院设立全国森林采伐限额执行情况检查技术组，主要负责《全国森林采伐限额执行情况检查工作方案》《全国森林采伐限额执行情况遥感技术应用方案》和《森林采伐限额执行情况检查稽查技术方案》等文件与规范的制定，全国检查稽查成果汇总，全国报告的编写，以及后期签报材料、整改材料、通报材料的起草等工作。作为全国森林采伐限额执行情况检查工作的技术支持单位，华东院在这10年中，每年组织专业技术骨干参与此项工作。他们克服各种困难，加班加点，不辞辛劳出色完成了任务，为全国森林采伐限额执行情况检查工作顺利开展作出了重要贡献。

（二）林地保护利用规划编制技术组。2006年，国家林业局启动全国林地保护利用规划编制工作，并确定在华东院设立技术组，作为该项工作的技术支持。华东院抽调专业技术骨干承担此项工作。技术组的主要任务是编制《试点县林地保护利用规划编制规范》、负责全国10个试点县的技术培训与指导。至2008年，全面完成试点县工作，取得阶段性成果，为全国铺开该项工作奠定了基础。此外，技术组还参与制定《全国林地保护利用规划纲要（2010—2020年）》和《省级林地保护利用规划编制指导意见》等文件与规范。

随着《全国林地保护利用规划纲要（2010—2020年）》的到期，2019年，国家林业和草原局启动新一轮林地保护利用规划编制工作，并继续在华东院设立技术组。华东院在总结上一轮工作经验的基础上，加强技术力量，强化技术组工作。2019—2021年，技术组先后完成了《新一轮林地保护利用规划调研报告》编制、起草《新一轮林地保护利用规划编制工作方案》《新一轮林地保护利用规划编制技术方案》和《关于开展"十四五"期间占用林地定额测算和推进新一轮林地保护利用规划编制工作的通知》等文件与规范。此外，技术组还负责指导解决林地定额测算中的相关问题，汇总分析全国林地定额，编制全国总报告等。

（三）天然林保护修复验收评价技术组。2021年，国家林业和草原局在华东院成立全国天然林保护修复验收评价技术组，为全国天然林保护修复验收评价工作提供技术支撑。华东院随即抽调技术骨干承担此项重任。按照要求，技术组主要任务有5项：一是制定《全国天然林保护修复验收评价办法》《全国天然林保护修复验收评价操作细则》；二是对国家级天然林保护修复验收评价技术人员、省级报送和县级自查验收技术人员进行工作培训；三是汇总县级自查、抽检县报送、省级报送和国家级现地核实验证数据；四是编制《全国天然林保护修复验收评价报告》；五是研建、维护、更新《全国天然林保护修复验收评价信息报送系统》等。

截至2021年年底，技术组已完成《全国天然林保护修复验收评价办法》《全国天然林保护修复验收评价操作细则（2022年）》的制定和2022年天然林保护修复验收工作视频培训。

第六节 资质管理

相应的专业资质是开拓市场、谋求发展的基础。华东院始终重视相关专业资质的获取、维护和提升，在生产技术管理部门设立了资质管理专岗。1990年6月，华东院首次取得林业调查规划设计专业甲A级资质证书。之后，根据事业发展需要，不断扩展其他专业和领域的资质，并且做好各类证书的年检、复查工作。截至2021年年末，华东院拥有各类资质证书4项，为事业发展提供了有力支撑，详见表4-9。

表 4-9　院资质证书变化一览

序号	资质（资信）证书名称	等级	专业及服务范围	证书编号	初次发证及换证日期	发证机关或单位（机构）
1	林业调查规划设计	甲 A 级	国家森林资源清查，重点林区规划设计调查；国家森林资源监测；林业区划，重点林区、大流域，跨省区综合性专业林业规划，编制森林经营方案，自然资源考察；国家重点造林，营林重点造林，森林公园，自然保护区调查规划设计；各项林业专业调查，土壤分析；林业测绘和制图，航测成图，遥感，电算技术应用及林业调查规划设计新技术开发，引进，试验和推广；有关林业调查规划设计项目可行性研究，技术咨询；有关林业调查规划设计技术标准、规程，规范的编制；举办全国性或区域性林业调查规划设计技术业务培训工作	林资证字甲 A002	1990.06	林业部
2	林业调查规划设计	甲 A 级	国家森林资源清查，重点林区规划设计调查；国家森林资源监测；林业区划，重点林区、大流域，跨省区综合性专业林业规划，编制森林经营方案，自然资源考察；国家重点造林，营林重点造林，森林公园，自然保护区调查规划设计；各项林业专业调查，土壤分析；林业测绘和制图，航测成图，遥感，电算技术应用及林业调查规划设计新技术开发，引进，试验和推广；有关林业调查规划设计项目可行性研究，技术咨询；有关林业调查规划设计技术标准、规程，规范的编制；举办全国性或区域性林业调查规划设计技术业务培训工作	林资证字甲 A002	2001.01	国家林业局
3	林业调查规划设计	甲 A 级	森林资源、野生动植物资源、湿地资源、荒漠化土地、草原修复和保护等调查监测和评价；森林分类区划界定；建设项目使用林地可行性报告编制；森林资源规划设计调查；实施方案编制；林业专项核查和资源认定；林业作业设计调查；林业工程规划设计；林业数表编制；国家、地方或行业林业标准制定	甲 A00-002	2013.07	中国林业工程建设协会
4	林业调查规划设计	甲 A 级	森林资源、野生动植物资源、湿地资源、荒漠化土地、草原修复和保护等调查监测和评价；森林分类区划界定；建设项目使用林地可行性报告编制；森林资源规划设计调查；实施方案编制；林业专项核查和资源认定；林业作业设计调查；林业工程规划设计；林业数表编制；国家、地方或行业林业标准制定	甲 A00-002	2018.11	中国林业工程建设协会

（续表）

序号	资质（资信）证书名称	等级	专业及服务范围	证书编号	初次发证及换证日期	发证机关或单位（机构）
5	林业调查规划设计	甲A级	森林资源、野生动植物资源、湿地资源、荒漠化土地、草原修复和保护等调查监测和评价；森林分类区划界定；建设项目使用林地可行性报告编制；林业专项核查和资源认定；林业作业设计调查；实施方案设计；林业工程规划设计；营造林工程监理；林业数表编制；国家、地方或行业林业标准制定	甲A00-002	2021.04	中国林业工程建设协会
6	工程咨询资格证书	甲级	林业（营造林及配套工程）规划咨询、编可研、编建议书、工程设计、招标咨询、投产后咨询	工咨甲9821002	1998.05	国家计划委员会
7	工程咨询资格证书	甲级	林业（营造林及配套工程）规划咨询、编可研、评估咨询、工程设计、招标咨询、工程监理、管理咨询（投产后咨询）	工咨甲2032113001	2003.07	国家发展和改革委员会
8	工程咨询资格证书	乙级	林业（木材及运输、林产工业（风景园林）编建议书、编可研、工程设计、市政公用工程（风景园林）编建议书、工研、工程设计、工程监理（暂列）	工咨乙2032113001	2003.07	国家发展和改革委员会
9	工程咨询单位资格证书	甲级	林业（含生态建设）规划咨询、编制项目建议书、项目可行性研究报告、项目申请报告、评估咨询、工程设计、工程项目管理	工咨甲21220070003	2007.12	国家发展和改革委员会
10	工程咨询单位资格证书	乙级	市政公用工程（风景园林）规划咨询、编制项目建议书、工程设计、项目管理	工咨乙1220070003	2007.12	国家发展和改革委员会
11	工程咨询单位资格证书	甲级	林业、生态建设和环境工程：规划咨询、编制项目建议书、编制项目可行性研究报告、项目申请报告、评估咨询、工程监理、市政公用工程（风景园林）：规划咨询	工咨甲1220070003	2012.08	国家发展和改革委员会
12	工程咨询单位资格证书	丙级	市政公用工程（风景园林）：编制项目建议书、编制项目可行性研究报告、项目申请报告、资金申请报告、评估咨询、工程监理	工咨丙1220070003	2012.08	国家发展和改革委员会
13	工程咨询单位资信证书	甲级	农业、林业、市政公用工程、生态建设和环境工程	12100000470085248M-18ZYJ18	2018.09	中国工程咨询协会
14	工程咨询单位资信证书	甲级	农业、林业、市政公用工程、生态建设和环境工程	12100000470085248M-18ZYJ18	2019.12	中国工程咨询协会

（续表）

序号	资质（资信）证书名称	等级	专业及服务范围	证书编号	初次发证及换证日期	发证机关或单位（机构）
15	工程咨询单位资信证书	甲级	农业、林业、生态建设和环境工程	12100004700085248M-18ZYJ18	2020.11	中国工程咨询协会
16	工程咨询单位资信证书	甲级	农业、林业、市政公用工程、生态建设和环境工程、电子、信息工程（含通信、广电、信息化）	甲12202101 0590	2021.12	中国工程咨询协会
17	生产建设项目水土保持方案编制单位水平评价证书	2星	生产建设项目水土保持方案编制	水保方案（浙）字第0074号	2018.09	中国水土保持学会
18	测绘资质证书	乙级	地理信息系统工程：地理信息数据采集、地理信息数据处理、地理信息系统及数据库建设、地理信息软件开发	乙测资字3312286	2019.07	浙江省自然资源厅
19	测绘资质证书	乙级	地理信息系统工程	乙测资字33501940	2021.11	浙江省自然资源厅
20	工程设计	甲级		1200091	1993.05	建设部
21	工程总承包	甲级		建承甲字4907	1993.09	建设部
22	工程设计	乙级	市政（园林）	1200092	1996.03	建设部

科技管理的目的在于鼓励创新，包含科技能力的规划、发展和执行等。华东院历来重视科技创新，通过加强全院科技工作统筹、协调和指导管理，制定科技创新战略规划、开展科技计划项目管理等措施，实现科技资源科学合理配置，服务新时代林草事业发展。

第一节　机构人员

根据国家林业和草原局深化事业单位改革要求，华东院结合事业发展需要，于2021年12月成立科技管理处，主要负责林业草原国家公园科技创新的政策落实、科技创新团队建设管理、科技项目管理、成果转移转化等工作，承担行业协（学）会对接联系和《自然保护地》期刊建设及院科技委日常工作等。工作机构及人员组成见表4-10、图4-10。

表4-10　科技管理工作机构及人员一览

时间	机构名称	主要负责人	职工人数（人）
2021.12至今	科技管理处	周固国	4

图4-10　科技管理处职工集体照

第二节　科技创新

华东院以"党建统院、文化立院、人才强院、创新兴院"为发展理念，紧紧围绕国家林业和草原局重点工作和林草综合监测的核心职能，不断培植特色创新品牌，完善科技创新全流程业务链。

一、科技创新团队建设管理

2018年11月，依托华东院成立"国家林业和草原局长三角现代林业评测协同创新中心"，标志着华东院科技创新工作迈入新台阶。先后出台《激励科技创新人才实施办法》《技术攻关管理办法》《促进科技成果转化管理办法》等文件，对高层次创新人才、业绩突出人才和科技创新、科研项目、科技成果转化项目以及院重点攻关项目团队成员除了给予一定奖金外，还在评优、职务晋升、职称聘任等方面予以优先考虑。通过各项科研激励机制加大科技创新人才的宣传力度，展现创新团队人员的创新业绩和贡献，激发创新热情，弘扬团队精神，展现创新魅力。

根据国家林业和草原局科技司组织开展的林草科技创新人才和团队推荐选拔工作计划，2021年9月，华东院申报并获批"基于激光雷达的森林资源监测创新团队"，刘道平任团队负责人。

华东院先后与自然资源部第二海洋研究所、国家海洋信息中心、南京林业大学、浙江农林大学、上海市农业科学院等31家科研院所、高校、林业主管部门以及有关科技公司签署了战略合作协议，形成了"政产学研用"一体化推进的协同创新机制。

二、科技项目管理

为鼓励研发单位自主设立研发基金，聚焦生产实践需求，开展项目研究，强化科技创新支撑，国家林业和草原局科技司统筹指导各单位设立林草自主研发项目。2020年3月，华东院向科技司申报并获批设立"基于多源多尺度LiDAR的森林资源监测体系研发"和"基于云计算的协同化数据处理技术研发与应用"等2项林草自主研发项目。

2021年5月，华东院确定"林长制创新支撑体系关键技术研究""林地评价""森林资源遥感监测人工智能识别技术研究"等10个项目为院重点技术攻关项目。

三、科技成果转化

为践行"创新兴院"理念，规范科技成果转化工作，调动全院科技成果转化工作的积极性、主动性和创造性，2020年4月，华东院制定了《科技成果转化实施办法（试行）》，对科技成果转化的组织管理、技术权益、收益分配等内容进行明确，为推动科技成果转移转化提供了制度保障。截至2021年年底，共完成科技成果转化17项。

四、科学技术委员会

华东院科学技术委员会是院技术决策的咨询机构，主要负责解决全院重大技术问题，论证和咨询技术发展方向，院内创新项目组织及验收、评审鉴定院内科技成果等工作。1995年5月，华东院首次成立科学技术委员会，科技委下设办公室，日常工作由生产技术处承担。之后，每当机构调整或人事变动，科技委组成人员也适时调整。27年来，华东院科技委在贯彻国家林业和草原局科学技术方面的路线、方针、政策，协助院长研究、决策院重大技术问题，制定和执行院长远科技发展规划，评定院内重大项目的科技方案、技术报告和成果等方面作出了重要贡献。2021年12月，华东院内设机构调整，按照职责划分，科技委办公室设在科技管理处。

第三节 学会、协会组织

为加强沟通与合作，了解行业动态，提高工程咨询管理水平，华东院于1982年分别加入了中国林学会和浙江省林学会组织，1985年加入了中国林业工程建设协会。之后，陆续加入了中国水土保持学会、中国治沙暨沙业学会、中国工程咨询协会、中国地理信息产业协会、中国林业职工思想政治工作研究会、中国林业期刊协会、浙江省生态文化协会、浙江省工程咨询行业协会、浙江省林业工程建设协会、浙江省勘察设计行业协会、浙江省水土保持学会等行业学会、协会组织，并在这些组织中担任了相应的职务。截至2022年3月底，参加的行业学会、协会及任职情况见表4-11。

表4-11 参加行业学会协会汇总

序号	名称	担任职务	担任职务人员
1	中国林学会		
1.1	森林经理分会	常务理事	郑云峰、洪奕丰、徐志扬
1.2	园林分会	副主任委员	刘道平
1.3	计算机应用分会	理事	林辉、姚顺彬

（续表）

序号	名称	担任职务	担任职务人员
1.4	国家公园分会	副理事长	刘道平
		副秘书长	洪奕丰
		理 事	过珍元、朱安明
1.5	林业科技期刊分会	理 事	朱 磊
1.6	青年工作委员会	常务委员	罗细芳、洪奕丰
2	中国工程咨询协会	特邀常务理事	刘道平
2.1	林业专业委员会	副主任委员	刘道平
2.2	标准化工作委员会	委 员	刘道平
3	中国林业工程建设协会	副理事长	吴海平
3.1	调查监测、工程标准化、工程咨询专业委员会	副主任	何时珍
3.2	湿地保护和恢复专业委员会	主 任	刘道平
		常务副主任	楼 毅
		秘 书	罗细芳
3.3	工程设计专业委员会	副主任	陈火春
3.4	高新技术应用专业委员会	副主任	朱 磊
3.5	森林城市和乡村振兴专委会	副主任委员	过珍元
3.6	自然资源资产评估专业委员会	副主任委员	陈火春
3.7	草原生态专业委员会	副主任委员	林 辉
3.8	防灾减灾专业委员会	副主任委员	张伟东
3.9	石漠化监测与综合治理专业委员会	副主任委员	楼 毅
4	中国治沙暨沙业学会	常务理事	何时珍
		理 事	陈火春
5	中国湿地保护协会	常务理事	何时珍
		理 事	陈火春
5.1	专家委员会	委 员	刘道平、楼毅
6	中国地理信息产业协会	理 事	刘 诚
7	中国水土保持学会	理 事	刘道平
7.1	林草生态修复专业委员会	常务委员	张现武
8	中国林业职工思想政治工作研究会	常务理事	刘 强
9	浙江省林学会	常务理事	刘 强
		理 事	朱磊、过珍元
9.1	森林经理专业委员会	副主任委员	何时珍
		副秘书长	陈火春
		委 员	孙永涛、郑宇
9.2	湿地专业委员会	副主任委员	陈火春、楼毅

（续表）

序号	名称	担任职务	担任职务人员
9.3	森林生态专业委员会	副主任委员	洪奕丰
		委员	张现武、李领寰
10	浙江省工程咨询行业协会	理事	朱磊
11	浙江省勘察设计行业协会	理事	徐鹏
12	浙江省林业工程建设协会	副理事长	何时珍
13	浙江省水土保持学会	会员单位负责人	张现武
14	浙江省生态文化协会		
14.1	湿地文化分会	副主任	王金荣
		委员	楼毅
15	中国自然资源学会		
15.1	编辑工作委员会	委员	朱安明
16	杭州市测绘与地理信息行业协会	会员单位负责人	陆亚刚
17	浙江省期刊协会	理事	朱安明

第四节　科技期刊

一、《华东森林经理》

（一）创刊背景。1980年1月，华东院恢复重建。1981年开始陆续从全国各地林业院校分配大中专毕业生来院工作，到1986年年底有职工185人，其中年轻人占很大比重。他们专业、年轻、有活力、学习氛围浓厚，急盼有施展才华的合适途径。

1980年12月，全国林业调查规划科技情报网（后改名为信息网）中心站成立。1982年5月，全国林业调查规划科技信息网华东大区站成立，华东院为副主任单位。自1983年4月起，大区站编印站刊《华东林业调查规划情报》，每年4期。1984年1月，华东院成立科技情报室，其职责是林业科技档案、图书、期刊和声像资料管理，林业科技情报交流和调研，院刊等编辑出版，科技情报理论方法研究以及科技情报业务管理等。1984年9月起华东院担任华东大区站主任单位，站刊由华东院主办，到1987年12月共发行18期。

1986年8月，经中国林学会森林经理分会批准，依托华东院成立中国林学会森林经理分会华东地区研究会。研究会旨在开展森林经理学术和工作交流。

上述这些因素，为华东院创办一份合适的科技期刊创造了条件。

（二）创刊。除了上述原因外，华东院职工撰写论文热情高涨，急寻地方发表。于是华东院研究决定，自1987年起编辑出版《华东森林经理》期刊，由院和中国林学会森林经理分会华东地区研究会主办，小16开本，季刊，每期发行量1000多册。

《华东森林经理》第1期（创刊号）于1987年5月正式出版，刊名由毕民望题写，中国林学会森林经理分会名誉理事长范济洲作发刊词。

《华东森林经理》主要刊登原创性林业科技和学术论文，内容涵盖森林资源调查监测管理、森林经营、林业区划与设计、林业经济、园林规划设计、森林城镇规划设计、3S

技术应用、育苗造林等。1988 年起，主办单位增加了全国林业调查规划科技信息网华东大区站；1989 年 2 月，浙江省金华市委宣传部批准为内部刊物；1990 年 9 月，经浙江省新闻出版局批准，获内部报刊准印证；1992 年 5 月，获国内外公开发行，国内统一刊号 CN 33-1160/S，国际标准刊号 ISSN 1004-7743，广告经营许可证号浙工商广字 07106 号，定价 3.50 元 / 册；2000 年起改为大 16 开本，定价 5.00 元 / 册。杨芳华、林杰、陆兆苏、林进、黄文秋、何时珍、古育平、吴继康、唐壮如、聂祥永、王家贵、李文斗、倪淑平等担任过主编或副主编；吕忠义、刘炳英、唐正良、潘润荣、李家树、郑元镨、郭仁鉴、张振瀛、潘国兴、许淑英、王题瑛、毛志忠、郭衡、梅安淮、江一平、彭世揆等担任过编委；叶德敏、胡兴夏、汪艳霞、吴继康、王章才、鹿守知、王家贵、陈国勋、倪淑平、李文斗、陈大钊、朱安明等担任过编辑。

（三）成长历程。截至 2020 年年底，《华东森林经理》共出版 34 卷 136 期，发表论文 2191 篇，先后被中国科技引文数据库、中国学术期刊全文数据库和中文科技期刊数据库等多家大型数据库收录，1994 年获全国首届林业调查规划设计优秀期刊奖，2014 年被国家新闻出版广电总局认定为第一批学术期刊（图 4-11）。

通过创新期刊管理体制，抢抓数字化转型的战略机遇，《华东森林经理》学术质量和办刊水平不断提高，充分发挥了窗口和平台作用。

二、《自然保护地》

（一）**期刊更名背景**。党的十九大报告提出，建立以国家公园为主体的自然保护地体系；2019 年 6 月，中共中央办公厅、国务院办公厅印发《关于建立以国家公园为主体的自然保护地体系的指导意见》，标志着我国自然保护地进入全面深化改革的新阶段。基于国家宏观政策背景、依托华东院科研技术实力，2020 年 4 月，国家林业和草原局同意华东院加挂"国家林业和草原局自然保护地评价中心"牌子，开展自然保护地研究和监测评价工作。

自然保护地体系建设上升为国家战略，使自然保护地生态系统与生物多样性、政策法规、资源利用等成为科学研究的热点问题，创新成果不断涌现，但此前国内尚没有一本专门报道此类研究的科技期刊。

（二）**《自然保护地》期刊诞生**。2019 年 4 月，华东院着手期刊更名工作，随即向国家林业和草原局科技司申请将《华东森林经理》更名为《自然保护地》；2020 年 3 月，期刊更名获国家林业和草原局科技司批复同意；2020 年

图 4-11 《华东森林经理》封面

6月，国家新闻出版署正式批复同意《华东森林经理》更名为《自然保护地》；2020年年底，《华东森林经理》停刊。

《自然保护地》期刊，由华东院和国家林业和草原局自然保护地评价中心主办，大16开本，季刊，新编国内统一连续出版物号CN 33-1417/S、标准国际连续出版物号ISSN 2096-8981、国际期刊名称代码CODENZBIAAI，国内外公开发行，国内邮发代号32-273、国际发行代号C9515，定价50.00元/册，每期发行量1000册（图4-12）。

《自然保护地》创刊号于2021年8月发布，中国工程院院士张守攻作发刊词。

《自然保护地》是国内自然保护地领域第一份自然科学类综合性学术期刊，主要刊发自然资源相关学科、自然保护地领域基础研究与应用研究的最新研究成果，收录范围包括生态学、林业科学、草业科学、海洋科学、水土保持与荒漠化防治、野生动植物保护与利用、自然保护区学、自然资源规划监测等方面的学术论文。

《自然保护地》聘请张守攻、丁德文、李家彪、王金南为顾问，吴海平任主编，刘道平任常务副主编，何时珍、过珍元等8名专家任副主编，另有58名编委和237名审稿专家。编委会下设编辑部，2021年洪奕丰任编辑部

副主任，倪淑平、朱安明、唐玮璐为编辑；2022年周固国任编辑部主任，洪奕丰、朱安明任副主任，唐玮璐为编辑。

（三）办刊思路与发展情况。截至2021年年底，《自然保护地》共出版1卷4期，发表论文46篇。2021年11月，被评为中国农业优秀期刊、获得中国农业期刊研究基金立项（乡村振兴战略背景下林业科技期刊知识服务升级研究，项目号：CAJW2021-067）。被中国科学引文索引（CSCI）、中国核心期刊（遴选）数据库、中国学术期刊全文数据库（CJFD）收录。

《自然保护地》办刊宗旨为：围绕建设发展自然保护地，刊载林业和草原相关科学技术研究成果，促进学术交流、信息沟通和推广应用，服务生态文明建设。

《自然保护地》以国内外相关领域科研人员、院校师生、管理与决策者及一线技术人员为服务对象，聚焦自然保护地建设发展进程，紧跟国家政策动态和基础研究前沿，传播技术开发最新成果，致力于集结众多知名专家学者、联合各大权威研究机构，构建学术交流、信息沟通和技术推广应用新型平台，组建国家自然保护地体系建设高端智库，为全球提供自然保护的中国智慧和中国方案。

图4-12 《自然保护地》封面

第四章　人事管理

在很长一段时间里，华东院的人事管理是按照机关事业单位的模式，执行的也是机关事业单位相应的规章制度。随着国家人事管理体制和机构改革的不断深入，行政机关有了《公务员法》后，国家在一些事业单位试行岗位聘用制。2009 年 1 月，经过多年的实践，华东院正式开始实行全员岗位聘用制（除院级领导由上级直接任命外）。2014 年 7 月，《事业单位人事管理条例》开始施行，华东院先后建立相应的人事管理办法和激励机制，基本打造成一支专业技术业务素质高、战斗力强的队伍，逐步走上了"人才强院"的科学发展之路。

第一节　机构人员

华东院从建院初期就设立了人事管理工作部门，不同时期名称不同（图 4-13）。1952—1961 年设政治处，1962—1964 年设人事保卫科，1965 年至 1970 年又设为政治处，部门职工 4～8 人不等，张英才、李海晏、乔志明等

图 4-13　人事处职工集体照

担任过主要负责人。1980 年后的人事管理工作机构情况见表 4-12。

表 4-12　人事管理工作机构及人员一览

时间	机构名称	主要负责人	职工人数（人）
1980.12—1983.12	人事保卫科	黄吉林	3
1984.03—1986.02	政治处	钱雅弟	7
1986.03—1988.12	政治处	沈雪初	7
1989.01—1991.02	人事处	沈雪初	4
1991.03—1993.02	人事劳动科	李志强	4
1993.03—1994.03	政工处	毛行元	8
1994.03—1995.03	政工处	周　琪	6
1995.04—2000.03	政工处	卢耀庚	6
2000.04—2013.09	人事处	卢耀庚	4
2013.09—2019.02	人事处	马鸿伟	5
2019.03—2021.12	人事处（离退休办公室）	陈国富	5
2021.12 至今	人事处	陈国富	6

第二节　干部管理

一、岗位聘任

1981 年 1 月至 1988 年 6 月，中层领导干部实行任命制，其他职工实行分配制。中层领导干部由院党政领导集体商议提出初步人选，党委会议研究确定，行政干部由院任命，党群干部由党委任命；其他职工由院根据专业特长以及工作需要，直接分配到相关工作部门。

1988 年 6 月至 1994 年 2 月，中层领导干

部实行任命制，其他职工试行聘用制。按照院长负责制相关规定，中层领导干部（党群工作部门除外）由院长提名，经考核并征求党委意见后，由院长决定任免，任期2年；其他职工根据专业特长和定岗定员，与处室双向选择，并经院长协调，最后由院聘用，聘期2年。

1994年2月至2009年3月，中层领导干部实行任命与聘任相结合，其他职工实行聘用制。这期间，华东院出台了《深化改革原则方案》，中层干部实行院长任命与推荐聘任相结合的办法产生；其他职工根据专业特长和定岗定员，与处室双向选择，院聘用。任期（聘期）2年，2004起任期（聘期）改为3年。

2008年2月，华东院根据人事部《事业单位岗位设置管理试行办法》和《国家林业局直属事业单位岗位设置管理实施意见》，并结合实际，制定了《岗位设置方案》。该方案经国家林业局认定批复，于2009年正式实行岗位设置管理，实现了由固定用人向合同用人，由身份管理向岗位管理的转变。

2009年3月至今，实行全员岗位聘用制。中层领导干部按照《党政领导干部选拔任用工作条例》《国家林业和草原局领导干部选拔任用工作实施细则》等有关规定选拔后聘任，其他职工实行双向选择确定岗位后聘任，聘期均为3年。

为适应干部人事制度改革的不断发展，华东院先后制定了《深化改革总体原则方案》《关于修改内部离岗退养规定的决定》《岗位设置工作实施方案》《重大事项集体决策制度》《关于待聘待任人员管理的暂行规定》《公开招聘暂行办法》《管理部门目标考核管理办法》等一系列规章制度。这些规章制度的实行，促进了干部人事管理的科学化、民主化、法制化，从而进一步调动广大工作人员的积极性和创造性。

二、干部培养

华东院始终高度重视干部的培养，尤其

是年轻干部队伍的建设管理，从日常管理、培养锻炼、大胆使用等方面着手，积极探索建立年轻干部选拔培养及成长跟踪管理机制，有效提升了年轻干部的综合素质，取得了较好效果。

1991年10月，华东院党委制定《关于后备干部的培养和管理办法》，对后备干部的培养目标、学习培训、定期轮岗、干部交流、定期考核等作了规定，为培养和选拔后备干部提供了制度依据。此后，相继印发《关于中层领导干部任职年龄有关问题的规定》《工作人员年度考核实施办法》《关于专业技术二三级岗位聘用管理的暂行规定》《专业技术职务聘任办法》《关于中层领导干部任职年龄有关问题的规定（修订版）》《干部挂职援派工作和基层学习锻炼管理暂行办法》等干部管理相关制度办法。通过多年实践，华东院干部队伍年轻化、知识化、专业化建设取得显著成效。

三、教育培训

为深入实施"人才强院"战略，不断提高干部职工整体业务素质，一直以来，华东院始终把教育培训工作摆在突出位置。围绕中心工作，坚持结合实际、学以致用的原则，以打造政治过硬、业务精通、作风优良的专业队伍为目标，积极探索创新教育培训经费投入机制，研究制定并实施了一系列激励性政策措施，采取多种途径、多种方式组织开展干部职工教育培训工作。

1980年以来，华东院采取院内岗位技术培训、举办业务培训班、派出脱产学习、函授学习、自学考试、出国考察学习等多种形式强化干部职工的教育培训。1982年起陆续选派干部职工脱产参加外语培训，累计10余人。1989年10月至1990年8月，根据国家教委、人事部《关于成人高等教育试行〈专业证书〉制度的若干规定》精神，选派32名长期在生产一线、中专学历的青年职工赴中南林学院脱产学习，所派学员均获得大专《专业证书》。为此，院斥资 7 万余元。之后，有更多的职工通过函授、广播电视大学、自学考试等途径学习，取得更高的学历层次。

华东院为鼓励干部职工参加更高层次的在职学历教育，对取得相应学历学位的人员提供时间保障和资金支持，并于 2003 年和 2014 年分别制定了《关于职工培训工作的暂行规定》《关于职工培训工作的规定》，为干部职工日常教育培训工作提供制度保障。

第三节　工资福利

一、工资制度与工资标准

一直以来，华东院执行国家机关事业单位工资制度。1980 年以后，经林业部委托，工资由浙江省工资福利主管部门进行审批并执行浙江省相关政策。

1985 年、1993 年和 2006 年，华东院分别参加了国家第二次、第三次和第四次机关事业单位工资改革。经过这几次大的工资改革之后，根据相关部门发布的工资政策，逐步调整形成现行的事业单位岗位绩效工资制度。

1980 年开始，华东院执行森林调查行业工资标准；1988 年 8 月起，根据林区野外工作特点，经林业部报经人事部、财政部批准，华东院改按野外地质勘探队工资标准执行，一直延续至今。

1986 年 11 月，华东院参照浙江省林业调查规划设计单位的做法，试行浮动一级工资；1993 年 4 月，经浙江省人事厅批复同意，执行国家浮动一级工资相关政策，即职工在本人职务（岗位）工资基础上，向上浮动一级工资，浮动工资满 8 年可予以固定；2006 年 7 月起改按浮动一级薪级工资。

二、绩效分配

多年来，华东院始终在探索绩效工资（奖金）分配办法，通过实施技术经济承包责任制、搞活津（补）贴部分分配等措施，逐步建立起现有的绩效工资内部分配机制。

1987 年开始，华东院试行技术经济承包责任制，并制定了《技术经济承包责任制实施办法》。《办法》根据"效率优先，兼顾公平"的原则，结合岗位责任、劳动强度、工作业绩等因素，对绩效（奖金）分配作了比较详细的规定。通过实施技术经济承包责任制，有效地解决了"平均主义"和"大锅饭"分配的弊病。

1994 年开始，华东院实施人事制度改革，职工实行定岗定员管理，绩效工资（奖金）按照不同岗位系数，并结合考核结果分配，有效调动了干部职工的积极性。

2000 年开始，为引入竞争激励机制，克服平均主义，搞活津贴与效益收入部分的分配，华东院还尝试性地进行了工资构成中灵活部分的分配改革。激励机制的重点是向优秀人才和关键岗位倾斜，取得了一定的效果。

2009 年开始，华东院实行岗位设置管理，干部职工薪酬待遇随聘用岗位而定。其中绩效工资部分依照不同岗位系数分配。

2018 年开始，华东院根据国家有关事业单位收入分配制度以及国家林业和草原局核定的绩效工资总量，按照《绩效工资实施方案（试行）》分配。

三、社会保障

按照国家和浙江省的相关政策，自 1992 年 1 月开始，华东院的合同制工人开始缴纳基本养老、医疗、失业三项社会保险金；2000 年 1 月起，新入职人员也开始缴纳上述三项社会保险金；2003 年 1 月起，所有职工（含退休人员）统一参加基本医疗保险，同时为全体在职职工办理了失业保险；2014 年 10 月起，按照国家和浙江省关于机关事业单位工作人员养老保险制度改革的相关规定，全体职工开始缴纳养老保险和职业年金。至此，基本完成了国家规定的五个险种的社会保险缴纳工作。

2011 年 4 月，华东院由金华迁至杭州。2012 年 1 月，医疗保险、生育保险和工伤保险转入浙江省社会保险事业管理中心参保，失业保险转入杭州市社会保险管理服务局参保；2018 年 8 月，根据国家相关政策，在浙江省省直机关事业养老保险中心正式建立账户并完成养老保险参保工作。参保后，退休人员的养老金统一由省直机关事业养老保险中心发放。

1993 年 12 月，华东院开始按国家及浙江省有关规定为职工缴纳住房公积金；2007 年 5 月开始，职工住房公积金转入杭州市；1999 年 1 月，开始按国家及浙江省有关规定为未享受房改福利分房职工发放住房补贴。

四、制度建设

华东院在改革发展过程中，根据国家及浙江省相关政策，结合实际先后制定了许多涉及职工工资福利的规章制度，主要有：《深化改革原则方案》《劳动人事制度改革暂行规定》《职工考核办法》《技术经济承包责任制实施办法》《绩效工资实施方案》《改进分配制度的实施办法》《女职工生育医疗费用报销及产假期待遇等的暂行规定》《野外工作津贴实施暂行办法》《职工考勤管理办法》《职工假期管理办法》等（图 4-14）。

图 4-14 人事处工作商议中（2021 年 11 月）

第四节 职称管理

一、成立职称评定委员会

1981 年 3 月，根据林业部有关文件精神，华东队成立技术职称评定委员会。初级职称（技术员、助理工程师）资格由华东队评委会评审；中级、高级职称由华东队评委会审查推荐，报林业部调查规划局审批。

1987 年，华东院开始职称评定改革，成立了职称改革领导小组及中级、初级专业技术职务评审委员会，中级及以下职称由院评委会评定后报林业部职称改革领导小组备案，其中会计、翻译、卫生等专业系列委托浙江省或金华市评审；高级职称由院评委会推荐，报林业部职称改革领导小组，由林业部高级技术职称评委会评定，再由林业部职称改革领导小组审批。

二、职称评审改革

2003 年，国家林业局成立了林业工程等相关系列专业技术资格评审委员会，负责各直属单位干部职工专业技术资格的评审、认定工作（新招录的具大学以上学历的高校毕业生按国家规定转正后，其专业技术职务仍由华东院依规认定）。自此，华东院不再履行专业技术资格评审工作职能，专业技术职称评审委员会随即撤销，院人事部门只负责相关信息发布、收集、审查职工的专业技术资格评审材料并上报。

2007 年，为进一步推进专业技术职称改革，实行了评聘分开，华东院结合实际先后制定《专业技术职务聘任暂行办法》《专业技术职务聘任量化考评试行办法》《关于申请变更岗位设置方案的报告》《关于实行岗位设置管理后专业技术人员等岗位聘用问题的暂行规定》《关于严格控制领导干部兼任专业技术岗位的通知》《专业技术职务聘任办法》《执（职）业资格证书暂行管理办法》等一系列制度，对专业技术职称评聘工作不断加以规范。

第五节　合作交流

一、国内合作交流

2014年6月至2022年5月，华东院先后与31家单位和企业签署战略合作协议（或沟通机制备忘录），其中自然资源部、国家林业和草原局派出机构或直属单位6家，省（市）林业局4家，高校和科研单位5家，市、县人民政府5家，设区市林业主管部门4家，企业7家（图4-15～图4-25）。通过合作交流，充分发挥双方优势，尤其是在人才、技术、资源等方面加强合作，实现互利共赢，更好地为林草事业和经济社会发展服务。如2021年12月华东院与上海市农业科学院签署《合作框架协议》，双方在上海共同投资兴建国家林业和草原局南方花卉种源工程技术研究中心，共同致力于花卉优异资源挖掘、种质创新和新品种培育、花卉种苗现代化生产、种苗包装贮运及市场品牌化建设等业态的工程化技术研发，并取得一批标志性成果，为我国跻身国际花卉种苗产业一流行列开展协同攻关。签署战略合作协议的主要单位见表4-13。

图4-15　华东院与上海市林业局签署合作框架协议（2020年5月）

图4-16　华东院与浙江省林业局签署全面深化合作框架协议（2020年6月）

图4-17　华东院与江西省林业局签署全面深化合作框架协议（2020年7月）

图4-18　华东院与自然资源部第二海洋研究所签署战略框架协议（2020年8月）

图4-19　华东院与大兴安岭林业集团公司签署战略合作框架协议（2020年10月）

图4-20　华东院与安徽省林业局签署林业战略合作框架协议（2020年10月）

图 4-21　华东院与浙江农林大学签署合作框架协议
（2020 年 11 月）

图 4-22　华东院与南京林业大学签署战略合作协议
（2021 年 1 月）

图 4-23　华东院与国家海洋信息中心签署战略合作
框架协议（2021 年 11 月）

图 4-24　华东院与上海市农业科学院签署合作框架协议
（2021 年 12 月）

图 4-25　华东院与杭州市林业水利局签署战略合作框架协议（2022 年 5 月）

表4-13　战略合作协议签署主要单位一览

序号	签署单位	协议名称	签署地点	签署时间
1	上海市林业局	在城市森林生态、林业规划、森林资源监测、生态功能评价、林业信息化建设、人才培养等方面开展合作	杭州	2014年6月14日
2	金寨县人民政府	在资源监测、公益林管理、"一张图"应用、林业发展规划、科技成果应用等方面开展交流合作	杭州	2018年7月20日
3	国家林业和草原局驻上海森林资源监督专员办事处	政治学习交流，监督与监测信息共享，建立会议互邀、互助培训、森林资源监督和评价协同机制等	杭州	2019年6月17日
4	国家林业和草原局驻福州森林资源监督专员办事处	政治学习交流，监督与监测信息共享，建立会议互邀、互助培训、森林资源监督和评价协同机制等	杭州	2020年1月9日
5	上海市林业局	在林草资源监测评估、规划方案编制、人才培养方面加强合作，并建立联席会议制度等	上海	2020年5月20日
6	杭州市余杭区人民政府	在林业调查监测、智控平台、生态保护修复、规划编制、科技创新、咨询服务等方面开展交流合作	杭州	2020年5月20日
7	浙江省林业局	在调查监测、智控平台、生态保护修复、规划编制、科技创新、咨询服务等方面开展交流合作	杭州	2020年6月3日
8	宁波市自然资源和规划局	在森林资源监测、林业规划设计、自然保护地监测评估、信息系统建设等方面开展交流合作	宁波	2020年6月28日
9	江西省林业局	在调查监测、数字平台、生态保护修复、规划编制、科技创新、咨询服务等方面开展交流合作	南昌	2020年7月3日
10	景德镇市林业局	在资源监测、规划设计、生态效益评估、自然保护地监测评估、湿地保护修复、智慧平台、信息共享、干部交流等开展交流合作	景德镇	2020年7月27日
11	上饶市林业局	在资源监测、规划设计、生态效益评估、自然保护地监测评估、湿地保护修复、智慧平台、信息共享、干部交流等开展交流合作	上饶	2020年7月27日
12	自然资源部第二海洋研究所	在相关科技工作、相关项目、学术期刊、人才交流等领域建立合作共享机制	杭州	2020年8月27日
13	大兴安岭林业集团公司	业务交流、技术交流、人才交流，建立会商协调、沟通联络、联合调研机制等	杭州	2020年10月9日
14	安徽省林业局	在党建、业务、技术、人才等方面开展共建合作	杭州	2020年10月28日
15	浙江农林大学	在党建、产学研以及实训基地、乡村振兴示范点和山水林田湖草综合治理示范点建设等方面开展合作交流	杭州	2020年11月25日
16	南京林业大学	在人才培养、产学研合作、党建交流、共建美丽乡村示范点、期刊等方面开展交流合作	南京	2021年1月5日
17	国家林业和草原局驻武汉森林资源监督专员办事处	在业务工作、联合调研、人员交流、互参重要会议、信息共享等开展合作	杭州	2021年3月26日
18	芜湖市人民政府	在业务、技术、人才、党建等方面开展共建交流合作	杭州	2021年3月26日
19	万载县人民政府	在业务、技术、人才等方面开展交流合作，开展党建共建	杭州	2021年7月5日

（续表）

序号	签署单位	协议名称	签署地点	签署时间
20	缙云县人民政府	在资源调查监测、智能管理平台、生态保护修复、林业技术咨询服务等方面开展合作交流	缙云	2021年10月20日
21	河南农业大学	共建人才实训基地、产学研合作交流、共建乡村振兴示范点等	郑州	2021年10月26日
22	国家海洋信息中心	在党建、业务、研究、项目、人才、技术攻关等方面开展合作共建，并建立会商联络机制	天津	2021年11月3日
23	上海市农业科学院	共建国家林业和草原局南方花卉种源工程技术研究中心	上海	2021年12月16日
24	海南大学	在人才培养、科技创新、期刊建设等方面开展合作交流	网签	2022年3月12日
25	杭州市林业水利局	在党建、人才培养、干部交流、森林和湿地资源调查监测、生态保护修复、自然保护地建设管理、国际湿地城市创建等方面开展交流合作	杭州	2022年5月12日

二、国际交流

1986—2021年，华东院先后选派72人次出国（境）培训、考察、进修及执行有关国际合作项目，涉及19个国家和地区（图4-26）。为加强对职工因公、因私出国（境）工作的管理，2003年起，遵照《浙江省国家工作人员因私事出国（境）管理实施办法》和国家林业局《关于加强干部因私出国（境）管理的通知》要求，对因私或因公出国（境）按照人事管理权限履行审批手续，并建立登记备案制度及联络员制度。因公出国（境）情况见表4-14。

图4-26　何时珍等人赴英国开展湿地保护与恢复监测技术交流（2019年12月）

表 4-14　因公出国（境）情况一览

姓名	国家（地区）	时间	出国（境）事项	出国（境）时间
项小强	加拿大	1986.10	太平洋林业研究中心进修	1 年
唐壮如	苏联	1988.09	森林经理考察	14 天
古育平	日本	1989.10	日本岐阜县林业中心及木材协同组联合会研修	1 年
李文斗	日本	1991.01	日本岐阜县林业中心及木材协同组联合会研修	1 年
张茂震	加拿大	1992.05	新布伦瑞克大学森林资源信息管理进修	13 个月
傅宾领	美国	1993.05	森林资源监测培训	1 个月
黄文良、项小强	加拿大、芬兰、墨西哥	1993.06	计算机应用培训	1 个月
聂祥永	瑞典	1993.08	UNDP 项目培训	9 个月
顾金荣	德国	1993.12	地理信息系统培训	9 个月
江一平、项小强、黄文良、姚顺彬、葛宏立	美国	1994.04	UNDP 项目培训	21 天
黄文秋	瑞典	1994.05	UNDP 项目培训	25 天
韦希勤	美国	1994.05	抽样调查培训	半年
陆灯盛	美国	1994.09	遥感技术培训	半年
胡际荣	澳大利亚	1994.09	地理信息系统培训	半年
吴敬东	英国	1995.01	系统管理培训	5 个月
傅宾领	美国	1995.06	UNDP 项目考察	30 天
何时珍	美国	1995.08	系统分析培训	5 个月
傅宾领	加拿大	1999.10	森林资源监测培训	30 天
丁文义	德国	2000.12	森林经理培训	21 天
何时珍	美国	2003.06	森林可持续经营与发展考察	16 天
周 琪	加拿大	2003.10	森林资源与生态监测技术考察	14 天
丁文义	加拿大	2005.12	森林资源管理培训	10 天
傅宾领	德国、奥地利	2006.09	森林资源与生态环境监测考察	10 天
李志强	德国、法国	2006.10	政府公共管理（行政监察项目）培训	21 天
何时珍	德国	2008.01	森林资源调查与监测培训	21 天
周 琪	英国	2010.01	森林资源调查与监测培训	14 天
丁文义	美国	2012.03	政府公共管理－林地管理培训	21 天
蔡旺良	澳大利亚	2013.03	森林保险培训	21 天
傅宾领、李明华	巴西	2013.03	森林与生态信息采集及管理培训	21 天
刘裕春、楼毅	南非	2013.08	湿地管理培训	21 天
刘 强	美国	2014.11	森林可持续经营监测与信息管理技术培训	21 天
何时珍	俄罗斯	2014.11	森林保护和可持续经营技术培训	21 天
傅宾领	加拿大、德国	2014.11	中国林业科技代表考察团	8 天
吴文跃、聂祥永、毛行元	加拿大	2015.10	山地造林信息遥感监测与信息采集培训	14 天

（续表）

姓名	国家（地区）	时间	出国（境）事项	出国（境）时间
马鸿伟、王金荣	新西兰	2016.01	森林资源调查、评估和可持续经营管理培训	15 天
周固国	香港	2016.04	2016 年国家林业局第一期香港湿地保护研讨会	8 天
陈火春	美国	2016.12	国家（沙漠）公园建立等培训	14 天
林　辉	德国	2017.11	林业公共服务模式、机制等培训	14 天
朱　磊	美国	2017.12	森林资源调查监测	14 天
刘道平、邱尧荣、黄磊建、凌飞、郑云峰	德国和芬兰	2018.04	森林资源恢复和利用技术研讨会	7 天
张现武	香港	2018.06	湿地保护管理研讨会	7 天
于　辉	澳大利亚	2018.09	湿地生态修复管理和法律制度建设培训	14 天
陈国富、过珍元、	澳大利亚	2018.11	土壤森林修复技术培训	14 天
张志宏	澳大利亚	2018.11	联合国森林文书培训	21 天
钱　红	德国	2018.11	林业生态工程绩效评价培训	14 天
朱　磊	日本	2019.09	自然保护地管理培训	14 天
康　乐	美国	2019.09	国家公园科学建设与有效管理培训	14 天
刘强、肖舜祯、徐旭平、杨健	芬兰、德国	2019.09	森林康养林生态监测技术交流	7 天
于　辉	日本	2019.11	森林康养产业发展模式和产业标准交流	14 天
郑　宇	意大利	2019.11	旱区生态系统管理培训	14 天
刘道平	英国	2019.11	林草种质资源普查与保护培训	14 天
何时珍、初映雪、罗细芳、杨铁东	英国	2019.12	湿地保护和恢复监测技术交流	5 天
王涛、徐鹏	阿根廷	2019.12	荒漠化防治与生态修复培训	14 天

财务资产管理是一个单位管理的基础，是单位内部管理的重点环节。它是一种价值管理，渗透和贯穿于单位经济活动之中。单位的生产、经营等每一环节均离不开财务的反映和调控，单位的经济核算、财务监督，更是单位经济活动的有效制约和检查。

第一节　机构人员

华东院从建院初期就设立了财务资产管理工作机构，主要负责年度事业经费预决算、财务收支的宏观控制与管理、经济业务的会计核算和账务管理、住房公积金日常管理等工作，机构名称在不同时期有差异，有行政股、队长办公室、财务供应科、行政科、计划财务科、财务资产处、计划财务处等（图4-27）。1952—1970年，部门职工6～10人不等，刘宗琪、王培勇、杨云章、丁国宝等担任过部门负责人。1980年后，财务资产管理部门设置及人员配备逐步完善，2019年4月设立计划财务处，配备有职工6人，具体见表4-15。

图4-27　计划财务处职工集体照

表4-15　财务资产管理工作机构及人员一览

时间	机构名称	主要负责人	职工人数（人）
1980.12—1983.12	行政科	刘宗琪	16
1984.01—1984.10	办公室	朱寿根	20
1984.11—1986.02	办公室	江一平	20
1986.03—1988.12	办公室	王桃珍	25
1989.01—1991.02	办公室	王兆华	30
1991.03—1993.02	计划财务科	王兆华	12
1993.03—1994.01	行政处	周　琪	23
1994.02—1999.06	行政处	丁文义	20
1999.08—2000.03	行政处	申屠惠良	18
2000.04—2002.02	财务资产处	申屠惠良	7
2002.04—2017.04	财务资产处	蔡旺良	7
2017.05—2019.03	财务资产处	黄磊建	8
2019.04 至今	计划财务处	黄磊建	6

第二节　会计核算

一、会计核算的演变

会计核算是以货币为主要计量单位，通过确认、计量、记录和报告等环节，对特定主体的经济活动进行记账、算账和报账，为相关会计信息使用者提供决策所需的会计信息，它贯穿于经济活动的整个过程，是会计最基本和最重要的职能。

（一）**会计制度的调整。**华东院属于国家林业和草原局直属的二级预算单位，一直以来均是执行国家事业单位相关的会计制度。随着会计制度改革的不断深入，1998年1月起执行财政部颁发的《事业单位会计制度》，2013 年 1 月起执行修订后的《事业单位会计制度》，2019 年 1 月起执行财政部颁发的《政府会计制度》。

（二）财政资金国库集中支付改革。2003 年 9 月，国家林业局成为财政部实行财政资金国库集中支付改革的试点单位。华东院按照上级要求，将财政资金纳入国库集中体系管理，开设预算单位零余额账户，资金支付实行财政直接支付和财政授权支付，财政拨款经费全部纳入零余额账户核算，并保留原有基本户等其他银行账户。财政资金实行国库集中支付，会计核算也相应增加了零余额账户用款额度等相关科目。

（三）财务核算软件的变革。1980—1998 年，华东院采用传统的手工记账方式。从 1999 年起财务核算告别手工记账，执行会计电算化核算。会计电算化后，提高了会计核算的水平和质量，减轻了会计人员的劳动强度，工作效率得到明显提高。起初会计核算采用《安易》单机版财务软件，2007 年升级为《用友》单机版财务软件，2010 年升级为《用友 U813.0》财务管理信息软件，并一直沿用至今。

2017 年起，为适应新的政府会计制度改革及内控建设的需要，华东院正式启用 OA（A8–V5.6）协同办公软件。该办公软件的启用为财务管理信息系统化奠定了控制全员、全过程特点，建立健全了单位组织架构、关键岗位控制、会计机构和会计人员、信息化建设等单位层面现状；覆盖预算、采购、收支、工程、资产与合同六大业务，实现财务网上报账、网上授权审批、资产、工资信息查询，生产质量管理体系、存货管理，合同管理模块运行；固化了管理行为，减少人为因素影响；做到了报销留痕，责任可查，借助信息系统确保了经济活动信息化的落地，为无纸化办公和电子化管理奠定了坚实基础。

（四）财务核算支付方式的变革。2013 年之前，华东院财务核算支付方式多采用现金和银行转账两种。为进一步深化和完善国库集中支付制度改革，减少现金支付结算，加强财政监督，根据《财政部 中国人民银行关于加快推进公务卡制度改革的通知》等文件精神，遵照国家林业局的工作要求，华东院推行公务卡管理制度，为职工在中国农业银行办理中央预算单位公务卡，并从 2013 年 1 月起，全面推行公务卡结算。2019 年 1 月起，全面实行无现金业务支付。

二、会计核算工作内容

（一）事业会计。主要承担华东院财政拨款经费、创收项目经费、基本建设项目经费会计核算工作。

（二）公司会计。院属企业按照企业化、市场化规则运作，院属企业均具有独立的法人主体和会计主体，按公司法规定进行经营管理，照章纳税。院财务资产管理部门对院投资并控制的公司进行会计核算（图 4–28）。

图 4–28 忙碌中的计划财务工作（2022 年 4 月）

第三节 计划财务管理

一、预算和计划管理

（一）预算管理。华东院的预算管理是由院财务资产管理部门依据年度事业发展计划和国家林业和草原局下达的预算控制指标，以业务发展计划、工作计划、采购计划、专项计划为基础，坚持落实过紧日子政策，厉行节约、优化结构，精打细算，做好各类资金统筹，对各种财务及非财务资源进行分配、考核、控制，以便有效地组织和协调事业活动和经营活动。本着积极稳妥、收支平衡、确保重点的原则，在院长的领导下，职能处室充分协商、统筹兼顾、认真编制职能范围内支出方案，由财务资产管理部门汇总、编制年度收支计划。

（二）计划管理。华东院的年度收支计划包括基本支出计划、项目支出计划和基本建设投资计划。根据现行的责任划分，财务资产管理部门是基本支出计划的责任处室，生产技术管理部门是业务类项目支出计划的责任处室，行政后勤管理部门是基本建设投资计划、维修类项目支出计划的责任处室。根据国家林业和草原局下达的"一上""二上"预算控制数，各职能处室调整完善基本支出预算、项目支出预算、

基本建设投资计划，经院领导审核同意后向国家林业和草原局规划财务司报送"一上""二上"部门预算。基本建设投资计划，按照基本建设管理程序，由基本建设职能部门编制上报。国家林业和草原局下达年度投资计划后，由财务资产管理部门监督，职能部门组织实施。

二、收入管理

（一）收入的内容。华东院收入主要包括财政补助收入、上级补助收入、事业收入、经营收入、附属单位上缴收入和其他收入。

（二）收入的管理。华东院实行收支两条线管理制度。开展业务活动，依法取得的各项收入，全部纳入单位预算管理，由院财务资产管理部门统一核算。1980—2021年，华东院收入呈稳健增长态势，各年收入汇总见表4-16、图4-29。

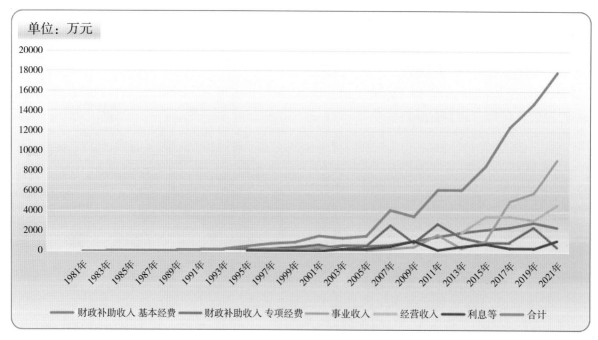

图4-29　1980—2021年收入情况

表4-16　1980—2021年主要收入汇总　　　　　　　　　　　　　　　　　　单位：万元

时间	财政补助收入		事业收入	经营收入	利息等其他收入	合计
	基本经费	专项经费				
1980 年	2.50	0.00	0.00	0.00	0.00	2.50
1981 年	12.00	0.00	0.00	0.00	0.00	12.00

（续表）

时间	财政补助收入		事业收入	经营收入	利息等其他收入	合计
	基本经费	专项经费				
1982 年	42.28	0.00	0.00	0.00	0.00	42.28
1983 年	62.00	0.00	0.00	0.00	0.00	62.00
1984 年	68.44	0.00	0.00	0.00	0.00	68.44
1985 年	70.15	0.00	0.00	0.00	0.00	70.15
1986 年	109.56	0.00	0.00	0.00	0.00	109.56
1987 年	88.65	0.00	0.00	0.00	0.00	88.65
1988 年	113.50	0.00	0.00	0.00	0.00	113.50
1989 年	148.70	0.00	0.00	0.00	0.00	148.70
1990 年	175.09	0.00	0.00	0.00	0.00	175.09
1991 年	199.94	0.00	0.00	0.00	0.00	199.94
1992 年	250.47	0.00	0.00	0.00	0.00	250.47
1993 年	260.50	0.00	0.00	0.00	0.00	260.50
1994 年	372.69	0.00	0.00	0.00	0.00	372.69
1995 年	204.00	162.00	82.11	0.00	80.85	528.96
1996 年	243.50	151.00	144.23	0.00	87.38	626.11
1997 年	250.80	272.50	184.67	0.00	85.28	793.25
1998 年	256.00	249.00	202.78	0.00	82.87	790.65
1999 年	290.00	435.00	153.00	0.00	48.85	926.85
2000 年	315.80	320.00	187.93	0.00	57.37	881.10
2001 年	358.00	677.50	465.00	0.00	58.11	1558.61
2002 年	429.50	368.00	193.69	0.00	186.56	1177.75
2003 年	622.80	265.40	202.38	0.00	247.66	1338.24
2004 年	554.00	712.00	0.00	0.00	162.02	1428.02
2005 年	551.00	594.00	144.26	0.00	273.93	1563.19
2006 年	587.60	733.00	146.14	0.00	273.81	1740.55
2007 年	657.25	2632.00	310.71	0.00	534.94	4134.90
2008 年	775.00	2152.00	396.27	0.00	951.65	4274.92
2009 年	1055.30	904.53	481.73	0.00	1076.08	3517.64
2010 年	1456.11	2048.30	1194.45	0.00	303.63	5002.49
2011 年	1496.26	2786.00	1686.81	0.00	192.18	6161.25
2012 年	2182.53	1468.00	939.16	1060.80	606.12	6256.61
2013 年	1916.14	1430.00	357.00	1897.85	533.77	6134.76
2014 年	1954.23	1114.00	999.81	2612.63	1215.61	7896.28
2015 年	2207.41	925.00	1083.63	3521.94	785.13	8523.11
2016 年	2383.51	811.55	1696.13	4719.00	634.83	10245.02
2017 年	2441.42	1000.00	5025.76	3531.31	379.21	12377.70

（续表）

时间	财政补助收入		事业收入	经营收入	利息等其他收入	合计
	基本经费	专项经费				
2018 年	2523.90	1051.60	5624.27	2760.52	338.63	12298.92
2019 年	2904.52	2463.00	5836.91	3174.69	330.64	14709.76
2020 年	2764.00	1702.00	7942.38	2923.78	665.78	15997.94
2021 年	2441.02	484.00	9137.06	4665.40	1122.12	17849.60

三、支出管理

（一）支出的划分。华东院各项支出，按经费来源渠道划分为财政拨款基本支出、财政拨款专项支出、事业支出及经营支出；按支出经济分类划分为工资及福利支出、商品和服务支出、对个人和家庭的补助支出、其他资本性支出、基本建设支出。

（二）支出的财务核算管理。为适应财务核算要求，华东院采用按项目、分部门核算，财政专项经费支出核算到财政预算科目的目级科目，专项经费支出专款专用。

（三）支出的管理。包括人员支出管理、公用经费支出管理、对个人和家庭的补助支出管理。华东院人员支出主要为编制内在职人员、长期聘用人员按照相关政策依据列支的包括基本工资、津补贴、绩效工资、其他补助、社会保障缴费、其他工资福利支出等。公用经费支出主要包括商品和服务支出、其他资本性支出。对个人和家庭的补助支出主要包括离退休费、抚恤金、生活补助、医疗费补助、其他对个人和家庭的补助支出等。

1980—2021 年，华东院支出呈持续增长态势，各年支出汇总见表4-17、图4-30。

表4-17　1980—2021年支出汇总　　　　　　　　　　　　　　　　单位：万元

时间	财政拨款支出		自有资金支出	合计	时间	财政拨款支出		自有资金支出	合计
	基本经费	专项经费				基本经费	专项经费		
1980 年	2.29	0.00	0.00	2.29	2001 年	358.00	1005.40	86.44	1449.84
1981 年	12.02	0.00	0.00	12.02	2002 年	429.50	292.00	296.68	1018.18
1982 年	38.61	0.00	0.00	38.61	2003 年	622.80	377.44	184.42	1184.66
1983 年	57.40	0.00	0.00	57.40	2004 年	554.00	596.87	86.57	1237.44
1984 年	63.07	0.00	0.00	63.07	2005 年	551.00	572.67	258.36	1382.03
1985 年	67.54	0.00	0.00	67.54	2006 年	587.60	613.13	241.88	1442.61
1986 年	105.41	0.00	0.00	105.41	2007 年	657.25	2060.19	502.31	3219.75
1987 年	79.66	0.00	0.00	79.66	2008 年	775.00	2055.02	467.29	3297.31
1988 年	98.60	0.00	0.00	98.60	2009 年	1055.30	1838.07	516.56	3409.93
1989 年	179.73	0.00	0.00	179.73	2010 年	1456.11	1412.73	2051.12	4919.96
1990 年	140.25	0.00	0.00	140.25	2011 年	1496.26	2830.54	892.63	5219.43
1991 年	185.75	0.00	0.00	185.75	2012 年	2182.53	1473.33	1532.66	5188.52
1992 年	201.85	0.00	0.00	201.85	2013 年	1916.14	1430.00	2455.01	5801.15
1993 年	235.54	0.00	0.00	235.54	2014 年	1954.23	979.69	3400.07	6333.99
1994 年	357.27	0.00	0.00	357.27	2015 年	2207.41	758.93	3778.98	6745.32

（续表）

时间	财政拨款支出		自有资金支出	合计	时间	财政拨款支出		自有资金支出	合计
	基本经费	专项经费				基本经费	专项经费		
1995 年	204.00	94.11	30.36	328.47	2016 年	2402.10	1014.40	6346.85	9763.35
1996 年	240.78	249.88	0.00	490.66	2017 年	2441.42	1000.75	8313.27	11755.44
1997 年	250.80	365.23	61.96	677.99	2018 年	2523.90	1083.40	8261.06	11868.36
1998 年	256.00	473.46	45.41	774.87	2019 年	2904.52	1210.86	8162.56	12321.29
1999 年	290.00	596.85	37.00	923.85	2020 年	2764.00	2439.99	8733.41	13937.40
2000 年	315.8	501.22	60.06	877.08	2021 年	2441.02	970.86	11865.33	15277.21

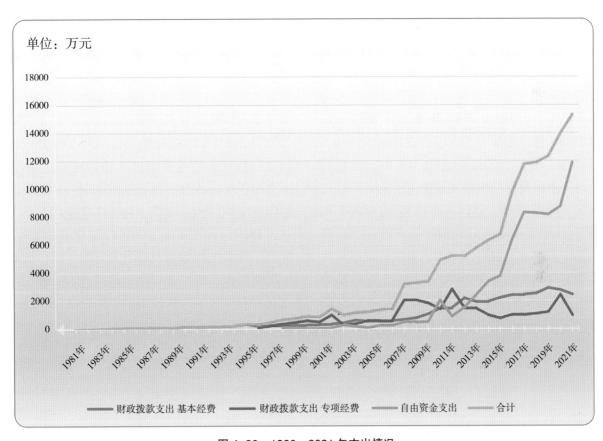

图 4-30　1980—2021 年支出情况

四、资产管理

国有资产是事业单位履行职能的物质基础和保障，在执行政策方面，华东院按照国务院《行政事业性国有资产管理条例》和院相关规章制度，积极做好资产配置计划和预算申报等工作。随着内控管理制度不断完善，资产管理的信息化程度也不断提高，除了应用资产管理信息系统外，还应用内控协同 OA 办公系统，用两个系统支撑资产管理活动，实现了资产购置、验收、领用、保管、盘点、处置等日常管理工作流程的电子化。每年按照相关要求，对各类资产全面梳理，核实基础数据，往来款项清晰，做到账账相符、账实相符、账表相符。同时，积极推进资产管理与预算管理的结合，实物管理与价值管理的结合，实现资产的科学合理配置，维护国有资产安全完整，提高国有资产使用效益。

五、制度建设

华东院历来高度重视规章制度的建立，尤其是财务资产方面的规章制度。一是转发上级相关文件，二是结合本单位实际制定相应的规章制度，并且在实施过程中不断修定完善，使得财务资产管理行为越来越规范。

1980年8月，华东院转发中国人民银行金华支行《关于工资基金和奖金监督支付意见的通知》，使得工资等支付逐步规范。1982年1月，转发林业部《关于中央级行政事业单位工作人员疗养费用开支规定的通知》，进一步明确疗养费用的开支范围，为保障职工身心健康打下良好基础。1984年12月，转发财政部《关于修改差旅费会议费开支规定的通知》，1989年2月结合实际制定出台《关于出差外业人员差旅费标准的补充规定》。1989年3月，制定《财务管理（暂行）办法》《关于职工医药费包干办法》，更好地服务业务开展，保障职工合法权益。1991年3月，制定计划财务科领导岗位职责和主管会计、出纳员、记账员等岗位职责。2000年3月，印发《财务管理制度》和《财务公开办法》，对预算管理、收入管理、支出管理、结余管理和财务公开内容、公开形式、公开时间等作了规定。2012年9月，印发《关于推行公务卡制度实施方案的通知》，对公务卡的开立、使用范围、结算程序等作了规定。

2016年3月，按照国家林业局事业单位内控体系建设要求，华东院全面梳理预算、采购、收支、工程、资产和合同6大业务，瞄准内部管理薄弱环节和重要业务开展内部控制工作，制定《会计人员岗位责任制》《收入管理制度》《内部会计控制关键岗位责任制的规定》《财务公开工作规定》《资产管理制度》《政府采购实施管理办法》等规章制度。2018年起，又相继修订《关于规范差旅伙食费和市内交通费收交管理有关事项的通知》《业务部门技术经济责任制实施办法（试行）》《对外技术合作管理办法》《工作签报制度（试行）》《公开招聘暂行办法》等规章制度。同时还制定40余项重要工作流程图，并且把规章制度和流程图编印成《内部控制手册》和《工作流程汇编》。通过制度建设，提高了财务信息化管理水平，提高了财务工作效率，有效地防范了财务管理中的风险点，经过几年来的内控建设，成为国家林业和草原局内部控制制度建设典型单位。

第六章　后勤管理

后勤管理主要是对包括物资、财物、环境、生活以及各种服务项目在内的事务工作的管理，具有极强的保障性和基础性。华东院后勤管理主要围绕物业服务、食堂餐饮、基建维修、周转房管理、车辆管理五大领域展开，经过多年努力，通过直接管理、专业输入、联合互动等模式，逐步形成了以楼宇运行与维护、供电、给排水、环境卫生、庭院绿化、职工食堂等为主的管理和保障体系。华东院一代又一代的后勤人将重担扛在肩上，牢记使命，勤奋耕耘，不断提高水平，为各项事业健康发展作出了应有贡献。

第一节　机构人员

1952—1970 年，承担后勤管理工作的内设机构为行政股、队长办公室、行政科等，职工 12 ~ 25 人，刘宗琪、王培勇、杨云章、丁国宝等人担任过负责人（图 4-31）。

1980 年后的后勤管理机构及人员见表 4-18。

表 4-18　后勤管理机构及人员一览

时间	机构名称	主要负责人	职工人数（人）
1980.12—1983.12	行政科	刘宗琪	19
1984.01—1984.10	办公室	朱寿根	20
1984.11—1986.02	办公室	江一平	20
1985.02—1986.02	基建办公室	江一平（兼）	6
1986.03—1988.12	办公室	王桃珍	25
1989.01—1991.02	办公室	王兆华	30
1991.03—1991.04	办公室	李永岩	30
1991.05—1993.02	办公室	苏文元	30
1993.03—1994.01	行政处	周　琪	23
1993.03—1994.01	基建办公室	王兆华	5
1994.02—1999.06	行政处	丁文义	20
1999.08—2000.03	行政处	申屠惠良	18
2000.04—2002.02	行政处	李永岩	12
2002.03—2004.02	行政处	申屠惠良	13
2004.03—2010.04	办公室	申屠惠良	15
2010.05—2011.02	办公室	马鸿伟（兼）	16
2011.03—2013.02	办公室	楼　毅	15
2013.03—2016.04	办公室	刘　强	10
2016.05—2017.01	后勤服务中心	凌　飞	3
2017.02—2019.03	后勤服务中心	杨铁东	5
2019.04 至今	行政后勤处	王　宁	5

图 4-31　行政后勤处职工集体照

第二节　物业管理

办公楼及附属用房的供电供水、机电设备、公共设施的正常运行及养护，安全保卫、环境卫生、庭院绿化、消防管理、车辆停放、院内交通等无一不是华东院物业管理和服务的根本。

迁杭之前，华东院金华院区的物业管理工作是由后勤管理部门的工作人员直接承担的，包括办公楼及营业房的水电、通讯等各种公共设施、设备的维护维修，院内防火、保卫等综合治理，院内住户水电费用定期提报，庭院卫生、绿化等工作（表4-19）。在维护环境、改善院容院貌方面，坚持自力更生，每年春季植树种草；常年每周组织一次职工参加义务劳动，清除院内垃圾、杂草、乱石，并对各种树木进行修枝整形，尽可能地营造良好的办公、生活环境。

图4-32　照明设施维护中（2022年4月）

表4-19　金华院区物业管理场地及区域　单位：平方米

场地	面积	备注
办公楼	3285	6层
综合经营楼	1824	4层
招待所	1273	7层
综合楼（小高层）	3377	1～3层
仓储用房	500	6号楼底层
地下车库	863	
老干部活动中心	510	
附属用房等场地	1800	含篮球场

表4-20　杭州院区物业服务区域及事项　单位：平方米

服务辖区	面积	服务内容
南楼及附属用房	5455	室内外公共区域、屋顶清洁卫生；交通、车辆行驶及停泊管理，安全监控和巡视、树木草坪养护等
北楼及附属用房	7645	
庭院	7423	
地下车库	3434	

2011年迁杭初期，华东院与杭州市江干区九堡街道红苹果社区服务管理处签订安保服务协议，由管理处负责杭州院区安保工作，包括庭院交通秩序、治安巡查、环境维护等（图4-32）。

2015年，华东院探索和推进后勤服务的社会化改革，聘请杭州市盛全物业服务股份有限公司作为物业服务的合作机构，并与其签订物业服务合同。通过社会化、专业化、精细化服务，院区环境始终保持安全、整洁、有序。

杭州院区电梯、消防设施、空调、办公家具等维护保养、巡查检测等工作，华东院则委托第三方专业机构承担，确保设备、设施安全平稳运行（表4-20）。

第三节　食堂管理

职工食堂是单位事业发展的重要组成部分，承担着为职工提供饮食保障的重要任务。后勤管理部门在办好职工食堂上聚合力、凝心智，不断优化用餐环境，改善就餐质量，为职工打造舌尖上的幸福。

华东院金华院区的第一处职工食堂（餐厅兼礼堂）建于1958年，面积300多平方米。1970年六大队解散后，归金华地区第三招待所使用。1983年，华东院从金华地区第三招待所收回后，重新作为职工食堂，就餐规模约120人（图4-33）。

金华院区的第二处职工食堂（餐厅兼礼堂）建于1963年，面积500多平方米。1987年8月，华东院对其改建后作为职工食堂，就餐环境有了较大改善，就餐规模约 150 人。随后，食堂添置了饺子机、压面机、蒸饭车、烤箱等设备，新增了饺子、面条、面包等主食品种。1992 年 11 月起，停办职工食堂，停办期间给予职工一定的伙食补贴。

2011 年迁杭初期，工作日职工的中、晚餐由华东院统一外采、配送。2012—2015 年，在院内搭建临时食堂，工作日职工的中、晚餐在临时食堂用餐，主副食品种相对简单。

2015 年 12 月，华东院将附属用房改造为职工食堂，并启动厨房及餐厅装修工程，添置相应设备，餐厅安装中央空调。2016 年 7 月开始，改造后的食堂为职工提供工作日一日三餐的自助餐服务，餐厅 200 多平方米，可同时供 120 人就餐（图 4-34）。

2018 年 3 月，为加强民主化管理，提高餐饮服务质量，华东院依托院工会成立食堂管理委员会，定期抽查食堂卫生、听取职工意见。5 月，手机客户端《智慧食堂》上线，由此开启了刷脸就餐的时代。

2020 年 1 月，并设院内食品小超市，职工可以在超市内选购商品。之后，华东院又通过连通南北楼附楼扩建餐厅，进一步改善了就餐环境。

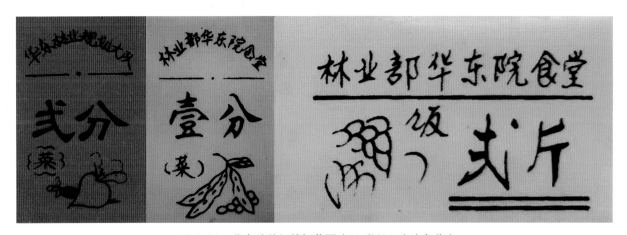

图 4-33　华东院曾经的饭菜票（20 世纪八九十年代）

图 4-34　华东院职工餐厅一角（2022 年 4 月）

第四节 后勤服务

后勤服务涉及方方面面，是单位有效发挥职能、各项工作顺利开展的重要支柱，更是高质量发展不可或缺的动力。

20世纪80年代，华东院的后勤服务采用供给型与计划型管理，以自办为主，自成体系，形成了"小而全"的后勤服务模式。服务门类多种多样，服务人员多为在职人员，后勤保障的管理职能与事务职能也未分离。到了20世纪90年代，较为系统化的后勤行政型管理体制有了雏形，管理人员从经验型向专业化转变，多个服务岗位通过参加专业培训、获得专业资质达到了相应要求，多项工作向制度化、规范化、标准化推进。2000年以后，随着医疗保险制度、住房制度、社会保障等方面改革逐步完善，社会服务行业的迅速崛起，后勤服务不再搞"小而全"和"包办"。

一、基础生产生活保障

华东院的后勤服务最主要是为完成生产任务服务，一切为了生产成为后勤服务的根本。因此，每年的后勤服务主要是围绕当年生产任务开展的。20世纪八九十年代，华东院承担大小兴安岭森林调查工作，物资、车辆、膳食、医务等人员也奔赴生产一线，把后勤服务工作做到大小兴安岭，为森林调查提供良好服务。在开展森林资源监测年代，后勤服务重点是采购必要的仪器和物资（包括防护用品、药品等），为生产人员提供保障。

整洁、优美、和谐的院区环境是广大干部职工的期望，也是后勤管理的目标。为此，在日常工作中，后勤服务均是围绕这一目标开展的。从金华院区的绿化提升、单身职工宿舍电扇安装、冷饮供应、电视天线安装、浴室改建等，到杭州院区的运动场所设立、健身器材添置、自来水净化设施安装等等，无不是为了提高干部职工的幸福感和荣誉感。

二、车辆服务

自1980年以来，华东院先后购置小客车、卡车、面包车、越野车、大客车等多种型号的公务用车。不同时期拥有车辆数量不同，最少时3辆，最多时达11辆。专门设立了驾驶班，驾驶员3～7人不等，吴有存、周伟、高云龙、刘凯伟、余海贵、吴云江、高陈等先后担任过驾驶员。

20世纪80年代，华东院就车辆管理制定了《车辆使用及收费管理办法》，之后多次进行了完善，形成了1997年、2002年、2007年、2011年版本。《办法》为规范车辆管理、提高使用效率等发挥着重要作用。20世纪八九十年代，华东院多名驾驶员被评为区、市级安全驾驶员，做到多年安全行驶无事故。

2011年7月，为方便职工迁杭后的工作和生活，华东院开始运行往返杭州至金华的周末班车；2016年9月，取消周末班车，改为报销部分火车票费用。

2018年6月，公务用车改革，华东院出台了《业务用车改革实施办法》《公务用车使用管理办法》《院属公司车辆管理办法》，进一步强化了管理。

三、托幼服务

单位办内部托幼机构，既可以让职工安心工作，又可以大大提升员工幸福感。1987年5月，华东院为解决青年职工的后顾之忧，建立了内部幼儿园，提供幼儿照护服务，招收对象为本院职工两岁半以上的幼儿。

建园初期，聘请职工家属刘月辉为托幼服务人员，入园幼儿10余人；1990年7月，选派职工王勇健作为幼儿园管理员兼服务员，制定了《幼儿园入托制度》，明确了幼儿在园时间，在园用餐次数及标准；同月，聘用了潘巧红、丰美娟2名幼儿教师，扩大了场地，添置了相关教具和设备。扩大后的教室达到了150平方米，活动场所达到300平方米

图 4-35　华东院幼儿园一角（1991 年）

（图 4-35）。

1993 年 6 月，幼儿园又增设了 80 平方米的休息区，解决了留园小朋友的午睡问题。此时，在园孩子达到 20 多人。

1994 年下半年，随着社会托幼服务的日益完善，华东院内部幼儿园停办。

四、医疗服务

由于林业调查工作的特殊性，医疗服务从建队开始就随着队伍的发展而发展。20 世纪 50—70 年代，六大队单独设立科室一级的卫生所，有职工 2～5 人，王景泉、孔宪君等人担任过卫生所负责人。生产科室（中队）还设有 1 名专（兼）职卫生员。卫生所的主要职能是为职工提供医疗服务。

1980 年后，华东院在后勤管理部门设卫生所（前期称医务室），为职工及家属提供预防、医疗、计划生育等服务。戴润成、徐贞玉、顾黛英、郑云仙、王勇健等先后在卫生所任医生或护士。卫生所场所从 30 平方米逐步扩大到 120 平方米，专门制定有《卫生管理条例》等规章制度。卫生所同时负责每年外业人员常备药品采购与配发、职工体检、职工健康档案建立等工作。

2004 年 1 月，随着在职职工和退休人员参加社会医疗保险，为鼓励医务人员面向社会、走向市场，华东院卫生所开始实行内部经营承包责任制。

2013 年 9 月，随着卫生所医生到龄退休，加上社会医疗服务的日益完善，华东院卫生所停办。

五、安防综治工作

华东院始终重视安防综治工作，无论在什么时期，在什么驻地，均主动与所在市（区）、街道、社区相关部门联动，积极开展工作，履行义务，努力形成覆盖治安、安全、交通、环境、卫生等领域的综合治理格局。

20 世纪 80 年代中期开始，华东院组织职工参加驻地派出所夜间巡逻，强化院区治安，之后每年组织消防安全培训，开展防灭火演练，努力提高职工处置火灾等突发事故的能力。驻金华期间，由于办公与居住在同一个大院，院经常组织消防安全检查，发现隐患及时排除，确保安全。20 世纪八九十年代，华东院的综治工作多次得到驻地有关部门的表彰。

2011 年迁杭之后，华东院针对院区新环境，进一步加强安防管理，配置较好的消防、监控等设施，坚持每年组织安防培训，开展应对突发事件演练等。多年来，华东院没有发生较大的安防综治事件，为全院各项工作的顺利开展提供有力保障。

由于缺少历史资料，本章记录的离退休干部工作是指 1980 年后华东院的离退休干部服务和管理工作。

华东院始终重视离退休干部工作，自 1983 年 12 月办理第一例离休手续开始，就将离退休干部工作纳入重要工作议程，先是安排兼职管理人员，之后设专职管理人员，直至成立专门离退休干部管理机构。截至 2022 年 3 月底，全院共有离退休干部 101 人，管理机构为人事处。

第一节　机构人员

不同时期，因离退休干部数量与结构的不同，华东院离退休干部管理机构和人员也有所不同。分别经历了政治处、人事科设兼职管理人员，政工处、党委办公室、人事处设专职管理人员，直至设立离退休干部处、离退休办公室专门管理机构等几个阶段。

1983 年 12 月，离退休干部管理职能归属政治处，有兼职离退休干部管理人员 1 名。1989 年 1 月，政治处分设为党委办公室和人事科，离退休干部管理职能归属人事科，有兼职管理人员 1 名。1993 年 3 月成立政工处，离退休干部管理职能归属该处，有专职管理人员 1 名；1994 年 3 月，政工处分设出党委办公室，有专职管理人员 1 名。2000 年 4 月政工处改为人事处，设专职管理人员 1 名。

2011 年华东院整体搬迁到杭州市。同年 3 月，成立离退休干部处，与金华院区管理处合署办公，办公地点设在金华院区。离退休干部处的职能是负责离退休人员的日常服务管理工作，为他们提供力所能及的学习娱乐活动和卫生医疗保健服务。设处长 1 人、副处长 1 人、医疗保健和日常服务管理 3 人。2019 年 4 月，成立离退休办公室，与人事处合署办公，金华院区管理处协助离退休办公室做好金华院区离退休干部服务与管理工作（表 4-21）。

表 4-21　离退休干部工作机构及人员一览

时间	机构名称	主要负责人	管理人员数量（人）	备注
1983.12—1984.01	人事保卫科	黄吉林	1	
1984.03—1986.02	政治处	钱雅弟	1	
1986.03—1988.12	政治处	沈雪初	1	
1989.01—1993.02	人事（劳动）科	沈雪初、李志强	1	
1993.03—1994.03	政工处	毛行元	1	
1994.03—2000.03	党委办公室	毛行元	1	
2000.03—2011.03	人事处	卢耀庚	1	
2011.03—2019.05	离退休干部处	杨　健	5	与金华院区管理处合署
2019.05—2021.12	离退休办公室	陈国富	5	与人事处合署，金华院区管理处协助
2021.12 至今	人事处	陈国富	5	金华院区管理处协助

第二节　制度建设

离退休干部工作主要体现在离退休干部的服务与管理上。根据党和国家有关政策和规定，结合浙江省及金华市、杭州市地方人民政府制定的相关文件和管理办法，华东院指定离退休干部工作部门开展工作。主要包括：

一、全面落实离退休干部制度

认真贯彻落实党和国家以及省、市有关方针、政策，按照属地管理原则，积极做好离退休干部的服务与管理工作。

（一）按照规定办理离退休手续。 按照国家相关法规，为符合条件的职工办理职工离退休手续。自1983年12月起，至2022年3月31日止，共办理离退休职工131名（表4-22）。

表4-22　1983—2021年办理离退休情况一览　单位：人

序号	时间	离休	退休	小计
1	1983 年	1	0	1
2	1984 年	0	2	2
3	1985 年	0	2	2
4	1986 年	0	0	0
5	1987 年	1	1	2
6	1988 年	0	2	2
7	1989 年	1	4	5
8	1990 年	2	0	2
9	1991 年	0	6	6
10	1992 年	0	7	7
11	1993 年	0	4	4
12	1994 年	0	4	4
13	1995 年	0	4	4
14	1996 年	0	1	1
15	1997 年	0	1	1
16	1998 年	0	9	9
17	1999 年	0	1	1
18	2000 年	0	5	5
19	2001 年	0	5	5

（续表）

序号	时间	离休	退休	小计
20	2002 年	0	4	4
21	2003 年	0	2	2
22	2004 年	0	5	5
23	2005 年	0	1	1
24	2006 年	0	3	3
25	2007 年	0	3	3
26	2008 年	0	0	0
27	2009 年	0	3	3
28	2010 年	0	0	0
29	2011 年	0	0	0
30	2012 年	0	2	2
31	2013 年	0	2	2
32	2014 年	0	2	2
33	2015 年	0	1	1
34	2016 年	0	4	4
35	2017 年	0	6	6
36	2018 年	0	8	8
37	2019 年	0	9	9
38	2020 年	0	7	7
39	2021 年	0	5	5
40	2022 年 3 月	0	1	1
合计		5	126	131

（二）落实离退休相关政策。 针对离退休干部不同情况，国家先后出台了多项政策与规定，如新中国成立前参加工作的离休干部待遇、高级专家离退休政策、离休干部健康休养规定等。根据实际情况，华东院逐件逐人落实相关政策。

（三）健全离退休党员的组织生活制度。 完善党员组织生活建设，坚持开展思想政治工作，加强党性锻炼和党风建设，让老同志珍惜光荣历史，保持党的优良传统。

自1992年起，华东院专门设立了离退休党支部，由离退休干部管理部门的主要负责人担任支部书记。异地安置的离退休党员，组织关系转至其居住地社区党组织。党支部有专门的活动室，定期开展党组织活动。离退休党支部分别在 1998 年、2015 年、2017 年、2019 年获得院级先进党支部称号，1998 年还获得金华市直机关先进基层党组织称号。

（四）建立生活待遇资金保障机制。 建立生活待遇资金保障机制，开设离退休干部资金专列支出事项，留出足够资金保证离退休干部生活待遇得到落实。

二、统计上报制度

离退休干部统计年报是一项重要工作，它为国家制定老干部工作的方针、政策和主管部门领导决策提供重要依据。自 1983 年以来，华东院一直坚持离退休干部年度统计上报制度，为上级机关和部门提供及时准确的人员信息。

三、走访慰问制度

华东院每年召开两次以上离退休干部座谈会，由主要领导向离退休干部通报工作，与他们沟通思想，联络感情，并听取意见和建议，促进事业健康发展。

每年元旦、春节和重阳节等重要节日，给离退休人员发放慰问金。至 2021 年，发放慰问金标准为离休人员 2000 元 /（人·年），退休人员 800 元 /（人·年）。遇有离退休人员生病住院，华东院领导或职能部门领导均会前往慰问，慰问金标准为 300 元 /（人·次）。

四、活动场所

华东院努力建设离退休干部活动场所，组织开展有益的文体活动。1983—1991 年，由于离退休干部人数不多，加上绝大多数离退休干部住在单位大院内，所以没有单独设立离退休干部活动场所，与在职职工共用相关场所。2011 年，在金华院区新建一幢三层的老干部活动中心，建筑面积 400 多平方米，设有书画室、阅览室、乒乓球室、麻将室等，配备相应活动器材；每年为阅览室订阅《中国绿色时报》《浙江日报》《金华日报》《金华晚报》《老

年健康》等报纸杂志 20 余份。

2019 年，华东院将金华院区老礼堂改造成老干部活动中心，建筑面积 400 多平方米，乒乓球室、麻将室、阅览室、演艺舞台等活动设施于当年年底投入使用。

华东院离退休干部室外活动场所条件逐年得到改善。金华院区庭院绿化多次进行提升改造，一号楼前绿地改造工程于 2019 年结束，增加活动场地 300 余平方米，增设了户外活动器材。2021 年金华院区原橘园地块改造工程完成，改建成为门球场地，为离退休干部活动提供更多的室外活动场所。

五、活动经费保障

华东院本着就高不就低的原则，按规定编报预算，每年安排离退休干部活动经费，由职能部门掌握使用。至 2021 年，执行的活动经费标准为离休人员 2000 元 /（人·年），退休人员 1200 元 /（人·年）。

六、困难补助

华东院生活困难的离退休干部可以向单位申请困难补助。离退休干部逝世后，职能部门协助亲属办理丧事，做好善后和遗属工作。

第三节　待遇保障

离退休干部待遇保障遵循"一个不变"和"二个原则"。"一个不变"，即老干部离休、退休以后"基本政治待遇不变"。"二个原则"，一是从优原则：离休干部生活待遇"略为从优"；二是分享原则：随着经济社会的不断发展，在职人员增加工资和收入时，离退休人员相应增加离退休费，使老同志与在职人员一同分享改革开放和社会主义现代化建设的成果。

一、政治待遇落实

华东院每年组织离退休干部参观改革开放

和现代化建设的新成就，使老同志们开阔视野，加深对党的路线、方针、政策的理解。组织离退休党员定期过组织生活，开展党日活动。

坚持重大节日走访慰问。每年的春节和重阳节，华东院领导亲自走访慰问老干部，关心他们的生活，征求他们的意见（图4-36）。

二、生活待遇保障

2018年之前，离退休金由华东院发放。随着我国社会保障体制改革的逐步完善，自2018年起，退休人员退休金由社会保障机构发放。无论哪个部门发放退休金，离退休干部生活待遇均能得到充分保障。

（一）**离退休费与补贴**。离退休时的离退休费标准严格按照国家、省、市等文件执行，各项福利、生活等补贴逐人逐项进行核算与发放。随着工资改革与完善，离退休费标准亦多次作出调整，华东院均及时按照相关文件精神给予落实，安排资金及时发放。离退休补贴类别复杂，种类繁多，如食品价格补贴、生活费最低保证数提高、生活补贴、计划物资供应、退休补贴加发、护理费、生活补贴调整、交通费、通信费等，亦逐一进行兑现。

在提高在职职工福利待遇的同时，华东院考虑到离退休干部"共享"改革成果的问题，给予离退休干部适当的生活补助。至2021年，执行的补助标准为离休人员15000元/（人·年），退休人员13000元/（人·年）。

以2020年为例，发放离退休干部离休费、生活补贴费、护理费，以及养老金、生活福利等各类费用合计10532208元，人均达到109710元。

（二）**住房与用车**。在住房分配、车辆使用等方面，华东院给予离退休干部适当照顾。一直以来，离退休干部没有专门车辆，必要时单位车辆可随时使用。

（三）**医疗与服务**。华东院建有离退休干部体检制度，定期进行健康检查（图4-37）。2014年以前，每两年对离退休干部进行一次

图4-36 华东院领导为离休干部杨云章颁发"中国人民志愿军抗美援朝出国作战70周年"纪念章（2020年10月）

图4-37 华东院卫生所医生为老干部看病（2009年）

健康体检；2014年之后，每年进行一次健康体检。2014年之前，建有卫生所，先后有副主任医师、主治医师、护士等5人，为离退休人员提供卫生医疗保健服务。实施医保新政后，离休干部医药费全额由院承担，退休干部由医保结算。

为了获得更好的医疗资源和保障，2013年华东院将全部离退休干部医保转移到浙江省省级医保。根据医保规定，部分医药费需要到省级医保机构报销，工作人员定期赴杭州为退休干部报销医药费。

（四）**丧葬与抚恤**。离退休干部逝世后，华东院按照国家和浙江省现行政策及时发放丧葬补助费和一次性抚恤费。

（五）**遗属与遗孀**。对无生活来源的遗属

或遗孀，根据相关政策文件，华东院给予一定生活补助。

第四节　活动开展

华东院离退休干部管理部门定期组织开展适合老年人的各类活动，主要有党支部活动、健康讲座、户外活动、联谊活动、文艺表演等。通过开展这些活动使得老同志间加强联系，增加养身知识，扩大视野，愉悦身心，让他们老有所乐。

一、组织学习

华东院定期组织老干部、老党员以多种形式参加理论学习，宣传党和国家的大政方针，了解国际国内政治经济形势；收听收看专题报告，向他们教授养身、防诈骗等知识（图4-38）。

二、支部党建活动

组织开展主题党日活动，加强党员理想信念教育，丰富党支部组织生活。华东院每年有计划地组织安排离退休党员开展党日活动（图4-39），持续强化党员意识，提醒党员时刻牢记党员身份，增强对党组织的信任度和向心力。有时还同在职支部联合开展活动。

三、户外活动

华东院每年至少组织一次户外活动，近距离体验美丽乡村建设成果，领略丰富多彩的地方文化，分享国家改革开放成果。

四、联谊活动

华东院不定期地与金华市有关单位和部门开展联谊活动，如与金华市老干部活动中心、金华市婺城区城北街道红湖路社区等单位联合开展活动。

图4-38　离退休干部在学习（2020年9月）

图4-39　离退休党员参加主题党日活动（2020年7月）

五、文艺活动

华东院根据离退休干部兴趣爱好和特长，组织开展文艺活动。每逢春节，举办新春团拜会，为广大的离退休干部提供一个展示他们兴趣爱好的平台（图4-40）。文艺节目形式多样，有诗歌朗诵、集体舞蹈、乐器演奏、戏曲表演等，节目自编自导自演，充分展现离退休干部良好的精神状态。

图4-40 退休职工在新春团拜会上表演精彩节目
（2020年1月）

六、书画摄影展

华东院不定期地组织开展离退休干部书画摄影作品展，为书画摄影爱好者提供展示才华的平台。丰富他们的文化生活，展示深厚的文化底蕴，以书画之神韵、光影之精彩表达离退休干部对生活的热爱（图4-41）。

七、其他活动

华东院老干部活动中心设有阅览室、台球桌、乒乓球桌、麻将室等，全天候向离退休人员开放，还不定期地举办竞赛活动，丰富离退休干部的精神文化生活，促进他们的身心健康。这些都体现了组织对老同志的关心关爱。

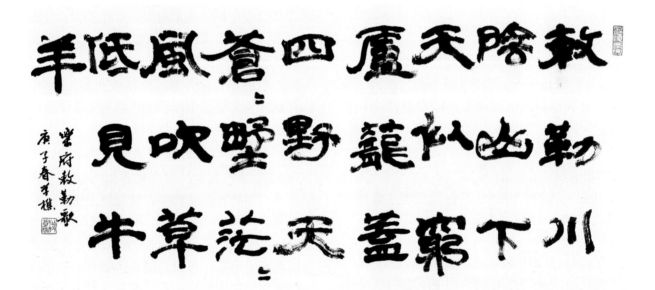

图4-41 游学樵书法作品（2020年春）

第八章　档案资料管理

第一节　文书档案

文书档案是由在日常行政管理事务活动中产生的，由通用文书转化而来的那一部分档案的习惯称谓，包括常用的决定、公告、通告、通知、通报、报告、请示、批复、函、简报、纪要、信件等，是华东院传达上级指示精神、发布重要决定、出台重要规章制度、安排部署工作、汇总工作情况、沟通外界信息等内容的重要基础材料，是回溯院内重大事件的重要依据和宝贵的历史资料，具有重要的历史文献价值，是华东院发展历史中的重要组成部分。

一、机构、人员、制度

（一）机构。华东院从建院开始至今，文书档案的管理一直是由综合政务部门履行，设机要秘书专职岗位，对文书档案进行统一管理，负责日常文书档案的接收、甄别、整理、转递、应用、归档等业务。目前，办公室是文书档案的归口管理部门。

（二）人员。1980年后，文书档案管理归口部门与管档人员见表4-23。

表4-23　文书档案管理归口部门与管档人员一览

时间	归口部门名称	管档人员
1980—1982年	人保科	王厚重、王亚民、王桃珍
1982—1986年	办公室	王桃珍、王桂兰
1986—2001年	办公室、行政处、政工处	王桂兰
2001—2005年	政工处、人事处	唐庆霖
2005—2019年	办公室	马婷
2019年至今	办公室	张溪芸

（三）制度。华东院文档按照使用类型一般分为生产业务类和行政党务类，按照是否涉密分为涉密类和非涉密类。1990年前在《各处室工作职责》中就明确了综合政务部门负责文秘管理工作，主要包括院外文件收发、登记、传阅，院内文件审核、送签、打字、校印、文件立卷、归档等。在《岗位职责》中专门就"文秘岗位"和"打字员岗位"的职责作了规定。之后，结合工作实际，陆续出台了相应的管理制度，如《印章使用管理规定》《签报制度》《涉密测绘资料保密管理规定》《涉密计算机系统数据备份管理》《涉密存储介质保密管理》等一系列规章制度、管理办法，并编制成《管理制度汇编》。2016年之后，对相关管理制度进行了更新、补充和完善。

华东院综合政务部门严格按照相关制度，认真做好公文管理工作。一是将公文分涉密和非涉密两类，涉密公文由专人管理，专人处理，严格执行闭环管理。二是做好文件的收发工作，纸质来函来件检查是否破损，逐个登记，及时制好收文处理单，转交办主任请示拟办意见，经院领导审批后交相应部门签收办理；发文发函时，做好分管领导审阅、办审核以及签发文号登记。三是做好传阅工作，建立专门传阅卡册供领导阅文，根据分工和文件的急重缓分类，经领导批示后分送传阅。四是做好办文管理，一般情况下，要求在办公室查看并办理，机要文件尽量不外借；确因工作需要外借时，需经主管领导批准，并办理借阅登记手续，提出保密要求，规定时限归还。五是做好保存和归档工作，所有文件全部按收文号和日期入柜，并分类存放，严格管理；归档时按档案管理要求做到文件齐全、类目清晰、案卷规范、目录打印，按年度存放。六是严控涉密销毁程序，办公室严格按照浙江省保密局相关要求做好文件资料集中销毁。

按照办文人员、知悉范围等要求出发，严格规范文档的收文、登记、阅件等内部使用环节；按照批文流转程序进行文档的办文工作，专门的文档在专门的场所专人处理，确保国家秘密、工作秘密不泄露，重要工作及时完成。

二、档案保存

（一）档案数量。华东院 1980—2021 年文书档案共计 1048 卷，各个年度的文书档案数量见表 4-24。

表 4-24　文书档案数量统计　　　　单位：卷

时间	数量	时间	数量
1980 年	10	2001 年	30
1981 年	17	2002 年	29
1982 年	19	2003 年	37
1983 年	33	2004 年	26
1984 年	25	2005 年	25
1985 年	20	2006 年	21
1986 年	13	2007 年	22
1987 年	31	2008 年	19
1988 年	25	2009 年	21
1989 年	25	2010 年	16
1990 年	35	2011 年	19
1991 年	40	2012 年	16
1992 年	33	2013 年	21
1993 年	34	2014 年	13
1994 年	40	2015 年	13
1995 年	40	2016 年	16
1996 年	40	2017 年	13
1997 年	35	2018 年	16
1998 年	57	2019 年	17
1999 年	41	2020 年	17
2000 年	45	2021 年	18

（二）档案类别。按照年度统一登记、分类，按卷归档。文书档案还按涉密和一般性文件分别处理，其中函文类文件细分为收文、收函、发文、发函；按照来源不同，又细分为中央、国家林业和草原局、省（市）、省院、协会等。

（三）设施设备。1980 年后，综合政务部门设有文书档案室（机要秘书室）一间，面积 10 多平方米，集办公、保存、查阅功能于一体，配备有保险柜、少量铁皮柜和简单的装订设备。随着条件逐步改善，文书档案室扩大到 20 多平方米，添置了档案柜。2011 年之后条件进一步改善，新置了档案柜、计算机，安装了防盗设施，专门配置了多功能的保密柜。通过专线进行文件接收和上传，并使用专用计算机和打印机进行打印。

每年的文书档案由机要秘书整理、编号、装订后，统一归到院档案室登记、收录、保存。涉密档案则按照保密要求，上交驻地省级保密管理部门进行统一销毁。

第二节　干部人事档案

干部人事档案是各级党委（党组）和组织人事等有关部门在党的组织建设、干部人事管理、人才服务等工作中形成的，反映干部个人政治品质、道德品行、思想认识、学习工作经历、专业素养、工作作风、工作实绩、廉洁自律、遵纪守法以及家庭状况、社会关系等情况的历史记录材料。它是教育培养、选拔任用、管理监督干部和评鉴人才的重要基础，是维护干部人才合法权益的重要依据，是社会信用体系的重要组成部分。作为宝贵的历史资料，具有重要的历史文献价值。华东院始终享有干部人事档案（含部分其他人事档案）的管理权限，是院档案的重要组成部分。

2005 年，华东院干部人事档案管理工作通过国家林业局验收，达到"干部人事档案目标管理三级单位"要求。

一、机构、人员、制度

（一）机构。 华东院从建院开始至今，始终管理着干部职工的人事档案，因队伍规模不大，没有设立专门的干部人事档案管理机构，通常在组织人事部门设立相应的专、兼职岗位，负责干部人事档案的接收、甄别、整理、归档、转递、利用等业务。目前，人事处是院干部人事档案的归口管理部门。

（二）人员。 1980年后，干部人事档案的归口部门与管档人员详见表4-25。

（三）制度。 1980年华东院恢复重建，随着队伍的不断壮大，干部人事档案数量逐年增多，国家也已经出台了干部人事档案管理的相关规定，华东院按照上级的要求，于1991年1月制定了《人事档案管理制度》。2000年12月制定了《人事档案管理人员职责》《人事档案保管制度》《人事档案收集鉴别归档制度》《人事档案查（借）阅制度》《人事档案转递接收制度》等，进一步完善了相应的管理制度。2003年开始，按照干部人事档案目标管理三级标准执行。

20世纪90年代末，国家对人事档案管理出台了一些新的政策，2000—2010年，当时华东院地处金华市，当地有关部门规定，招聘的高校毕业生档案必须交当地人才服务机构统一管理。针对新的情况，华东院采取备份的方式，保持干部人事档案的完整性。

2011年整体搬迁到杭州后，驻地有关部门不再强制要求招聘的高校毕业生档案必须交当地人才服务机构统一管理。为解决历史遗留问题，2019年，经与金华市人才交流服务中心联系，之前由他们代管的干部人事档案交还华东院。

二、档案保存

（一）档案数量。 华东院几个不同时期、不同类型档案数量见表4-26。

表4-25　干部人事档案管理归口部门与管档人员一览

时间	归口机构名称	管档人员
1980—1982年	人保科	黄吉林（兼）
1982—1984年	人保科、政治处	王亚民（兼）
1984—1986年	政治处	潘瑞林（兼）
1986—1988年	政治处	毛行元（兼）
1989—1992年	人事处、人事劳动科	王桃珍（兼）
1992—2000年	人事劳动科、政工处、人事处	朱淑姣（兼）
2000—2021年	人事处	唐庆霖（兼）
2021年至今	人事处	耿思文（兼）

表4-26　　干部人事档案数量统计　　　　　　　　　　单位：卷

时间	档案类型	数量	备注
1992.10	在职职工（正本）	186	三类人员合计
	在职职工（副本）	5	院级领导正本转到上级
	离退休职工（正本）	8	三类人员合计
	离退休职工（副本）	3	含院级领导正本转到上级
	死亡职工（正本）	4	
	死亡职工（副本）	1	
	其他（正本）	2	
2011.12	在职职工（正本）	113	
	在职职工（副本）	42	37卷作为正本使用
	离退休职工（正本）	60	
	离退休职工（副本）	5	

（续表）

时间	档案类型	数量	备注
2011.12	死亡职工（正本）	26	
	死亡职工（副本）	1	
	其他（正本）	3	
2021.12	在职职工（正本）	175	
	在职职工（副本）	6	
	离退休职工（正本）	92	
	离退休职工（副本）	7	
	死亡职工（正本）	39	
	死亡职工（副本）	2	
	其他（正本）	4	

注：三类人员按现行岗位设置的分类方法，名称为管理人员、专业技术人员、工勤技能人员。

（二）设施设备。1980—1986 年，没有专门的档案用房，配备有少量普通铁皮柜和防虫物品。

1987—2004 年，有了一间保存、查阅和办公三合一的档案室，面积 18 平方米，使用的是普通铁皮柜，数量 15 只，配备有防虫物品、电风扇、简易防盗门等。

2005—2010 年，档案室面积 18 平方米，保存、查阅二合一，在原设施的基础上，配备了灭火器、计算机、电钻（装订用）、温湿度计等。

2011—2013 年，档案室面积 24 平方米，保存、查阅二合一，使用的是普通铁皮柜，数量 20 只，配备有防虫物品、空调、防盗门、计算机、电钻等。

2014—2021 年，档案室面积 24 平方米，保存、查阅二合一，除部分普通铁皮柜仍在使用外，新添置了 5 件五层合一的档案柜，标准打孔器替换电钻，其他设备基本保持不变。

三、档案查阅情况

干部人事档案主要供干部人事部门查阅，如提拔干部的档案核查、发展党员的档案核查等。近年来，业务部门因工作需要通过有关部门查阅干部人事档案的情况逐年增加，如职称申报、工作聘用、项目投标等需要查阅学历（学位）证书、获奖证书、聘用合同等。

2011 年之前，年查阅和咨询干部人事档案平均约 50 次，无法提供电子信息。

2011—2021 年，年查阅和咨询干部人事档案平均约 150 次，可以提供电子信息。此次院史编纂过程中查阅档案达 50 余人次。

2017 年，国家林业局党组巡视组对华东院的专项巡视过程中，调用干部人事档案 30 余卷，查核华东院在招聘高校毕业生和提拔干部的工作中是否违反政策规定。2021 年国家林业和草原局党组巡视组对华东院党委的巡视过程中，调用干部人事档案 20 余卷，查核华东院干部人事相关工作。

此外，一些子女在办理父母遗留房产分配时，常回来查找干部人事档案中相关的材料。这些档案材料对当事人来说起到重要作用。

第三节　科技档案

科技档案作为宝贵的历史资料，具有重要的历史文献价值，是华东院档案的重要组成部分，不仅馆藏量最大，而且涉及内容最多、最复杂。尽管不同时期在管理、建设、利用等方面不同，但均能为各个时期的生产和工作提供服务。

一、机构、人员、制度

（一）机构。华东院从建院开始至1983年，虽然没有设立专门的科技档案管理机构，但是，这项工作始终有专门部门管，有专人做。1984年1月成立的科技情报室，其中一项重要职能就是管理科技档案和图书资料（图4-42）。1996年6月，华东院成立档案管理办公室，挂靠在生产技术处，负责除了干部人事档案外其他全部档案的管理工作。2019年4月，生产技术处更名为生产技术管理处（总工办），科技档案和图书资料的管理工作由生产技术管理处负责。现在的档案室由图书室和档案室组成，隶属于华东院生产技术管理处，负责全院档案（不含人事档案）的管理与使用，包括科技档案、图书资料、测绘资料的收集、整理与保管，同时负责文书档案、会计档案、基建档案的接收与保管。

（二）人员。1980年后，科技档案的归口部门与管档人员详见表4-27。

（三）制度。1985年3月，华东院印发了《科技档案暂行管理制度》，对档案的保管和借阅、科技档案的销毁作了规定。1986年4月，印发了《关于资料登记验收的通知》，对收集的资料进行登记、分类、存档等作了相关的规定。1989年5月，修订印发了《科技档案暂行管理制度》，对档案的内容和形成、科技档案的保管和借阅、科技档案的销毁等作了修订。1989年6月，印发了《关于加强生产和科研项目资料成果的进库归档管理的通知》。1991年3月，印发了《科技档案管理人员岗位职责》《资料管理人员岗位职责》，对相关管理人员的工作职责、工作要求作了规定；1996年9月，印发了《档案管理办法》，对档案管理的范围、归档要求、保管与使用、销毁等作了规定；1997年8月，印发了《档案管理达标定级汇编》，对档案进行定级自查；2000年5月，华东院对"九五"期间档案管理工作进行了全面总结，向国家林业局上报了《自查报告》；2006年3月，根据国家林业局有关档案管理的要求和档案管理实际，修订印发了《档案管理办法》；2011年10月，印发了《地形图卫（航）片等涉密测绘资料保密管理规定》，对涉密测绘数据的保管、使用作了规定；2014年2月，印发了《涉密测绘资料保密管理规定》，对地形图、卫（航）片、遥感卫星及其他基础地理信息等测绘数据的保密管理作了规定；2014年5月，印发了《生产项目质量管理办法》，修订印发了《档案管理办法》。

图4-42 华东院资料室一角（1985年）

表4-27 科技档案管理归口机构与管档人员一览

时间	归口机构名称	管档人员
1980.12—1983.12	办公室	曹佩文
1984.01—1989.01	科技情报室	汪艳霞、娄文英
1989.01—1994.08	总工办、生产经营处、生产技术处	余有杏
1994.08—2012.03	生产技术处	胡杏飞
2012.03—2019.04	生产技术处	罗勇义
2019.04—2019.10	生产技术管理处（总工办）	罗勇义
2019.10至今	生产技术管理处（总工办）	马秀

二、馆藏与设备

（一）馆藏。华东院 1984 年馆藏中文图书 2284 册，外文图书 159 册，中文期刊 225 种，科技资料 1920 份，外文科技资料 441 份。1992 年，新购科技图书（资料）1330 册。1994 年，新增图书 348 册，订购期刊 77 种。2011 年 4 月，单位迁杭时，对档案室馆藏资料进行了一次大规模的清理、除旧，并随单位搬迁至杭州。截至 2022 年 3 月底，图书资料 39500 册，大部分是从金华搬迁至杭州的，均已登记造册，放入图书展示架。按照国家林业局相关要求，从 2011 年开始，每年向国家林业局办公室报送档案统计年报，包括档案室的基本情况、档案接收使用情况和档案管理情况等。截至 2022 年 3 月底，档案室馆藏各类档案资料见表 4-28。

表 4-28 档案室馆藏情况统计

类型		数量	备注
纸质档案	案卷	8901 卷	其中含 30 年以上的档案 1912 卷
	底图	3764 张	
其他载体档案	照片档案	1632 张	
	缩微胶片	2 万幅	
实物档案	证书奖状	147 件	
图书档案	图书资料	39500 册	
档案编目情况	手工目录	18 册	
	机读目录	52116 条	

（二）设施。1980—1983 年，华东院在办公楼设一间档案室，面积约 25 平方米；1984—2010 年，在办公楼设 2 间档案室，面积约 70 平方米；2011 年迁杭后，档案室增加到 160 平方米，其中库房 136 平方米，查阅及装订室 24 平方米。2011 年前，档案室只有少量普通的书柜、铁皮柜和少量必备的除虫除湿物品；2011 年，全新购置档案密集架 17 组，可容纳 120 立方米案卷；图书展架 6 个，可容纳图书 4 万册；服务器 2 台，用来查询档案和

日常电子文档存储；通风设备 2 台，可以及时调节库房的温湿度，保证档案在一个最优的存储环境下；配备 2 台空调，用于保温、除湿；为了方便查阅、检索案卷，还专门配备计算机、打印机、高拍仪等设备，为档案的规范化管理提供了保证（图 4-43）。

图 4-43 华东院档案室一角（2022 年）

三、档案利用情况

（一）科技情报交流情况。1980 年后，科技情报工作从无到有，从小到大。1982 年加入全国林业调查规划科技情报网（后改名为信息网）并成立华东大区站，刊发《区站通讯》；到 1983 年，已经与 180 个单位交换科技情报 2150 册，藏书 700 册，技术档案与资料实现了卡片检索，并编出目录。1984 年科技情报室成立后，订阅科技期刊 257 种，科技报纸 24 种，有林业科技图书近 10000 册，交流单位发展到 190 多个，翻译出版了《铃木太七森林经理译文集》，协助北京林学院翻译日本西泽正久教授来华讲学的论文资料，出版了《译丛》。1986—1988 年，大区站开展专题情报调

研，编辑了《华东地区速生丰产林情报调研》。1987年科技情报室编译出版了美国《林业手册》。之后，主要通过编辑出版《华东森林经理》科技期刊与国内同行开展交流。

（二）科技档案利用。档案利用是科技档案管理业务中的重要环节，华东院的科技档案利用主要是工作与学术借阅查考。每年从质检、换证、项目招投标到成果产出；从财务审计到质量管理体系年度审核；从项目评奖到职称评

审，再到优秀成果展示等，档案室均提供了多种类型的档案，满足了不同使用者的需求。

2012年以前的档案利用统计不够详尽，2012年开始对档案的利用均有详细的登记。据统计，2012年至2022年3月，档案使用量为7073卷次，其中用来工作查考5220卷次、学术研究230卷次、经济建设1103卷次、宣传教育90卷次、其他430卷次，具体见表4-29。

表4-29 2012年至2022年3月档案利用（借阅）情况统计　　　　单位：卷次

借阅原因	2012年	2013年	2014年	2015年	2016年	2017年	2018年	2019年	2020年	2021年	2022年3月
工作查考	210	120	0	200	30	30	600	1130	1120	1514	266
学术研究	40	60	30	0	50	50	0	0	0	0	0
经济建设	25	25	53	0	550	450	0	0	0	0	0
宣传教育	15	25	0	0	20	30	0	0	0	0	0
其他	10	0	0	60	150	140	0	70	0	0	0
合计	300	230	83	260	800	700	600	1200	1120	1514	266

从以上的统计数据可以看出，档案借阅量呈现上升的趋势，原因有三点：一是由于档案的管理越来越规范，提升了职工借阅的体验；二是生产项目越来越多，档案也越来越多，可借鉴的成果种类相对丰富，满足了职工工作查考的需求；三是随着档案电子化的发展，简化了档案借阅流程，提高了档案的利用率。

（三）图书资料使用。1980年华东院开始设立阅览室，分批采购了多种图书，供职工阅读。由于阅览室场地和管理人员有限，只能分时段开放，每周一、三、五下午对本院职工开放半天。1985年起增设了资料室，工作日职工可以查阅科技资料。截至2021年年底，有图书阅览室2间，约70平方米，各类图书资料39500册，包含人文类和自然类两大基本学科，涵盖农学、林学、航天、信息、天文、哲学、政治、经济、心理等多种学科门类，每周一至周五全天对职工开放，有专

人管理。

1980—2022年，华东院图书资料的借阅方式大致经历了借书证阶段、借阅审批表阶段和无纸化借阅等三个阶段：

第一阶段：借书证阶段（1980—2005年）。每个职工均有一本借书证，每借阅一本图书资料，档案管理员会在借书证上填写相关信息并盖章。

第二阶段：借阅审批表阶段（2006—2020年）。职工借阅图书资料只需到资料室（档案室）填写借阅审批表相关信息，由相关处室负责人签字同意即可完成借阅手续。

第三阶段：无纸化借阅阶段（2021年至今）。2019年开始进行档案系统信息化建设，将所有图书电子目录导入档案管理系统，2021年1月开始试运行。职工在系统中查询借阅。

四、档案信息化建设

（一）归档形式的变化。2010年以前，华

东院科技档案归档只是单套制（纸质），归档流程线下进行。2011年开始，逐步由单套制向双套制（电子和纸质）发展，归档流程线下进行。2019年以后，全部转为双套制，特殊档案除外，归档流程是线上和线下同时进行，而且电子文档的归档全部在档案管理系统中进行。

（二）档案利用形式的变化。近年来，随着信息技术的发展，华东院档案管理的信息化也发生了跨越式的变化，借阅流程由原来的线下借阅转为线上借阅，提高了档案的借阅率，简化了借阅手续。

（三）全面提升档案信息化水平。随着科技信息时代的到来，档案的发展除了满足日常工作的需求，还应跟上档案信息化的步伐，加快对原有纸质科技档案的电子化和图书资料目录的电子化。自2019年开始，华东院全面启动科技档案信息化工作，共投入50万元，将馆藏的绝大部分科技档案电子化（扫描），同时建立院科技档案查询系统。截至2022年3月底，完成纸质档案电子化9694卷，其中合同档案60卷，基建档案52卷，文秘档案1174卷，项目成果档案5849卷，证书档案146卷，会计档案2413卷，建立39500册图书资料的电子目录。

电子化后的成果全部导入系统，方便职工借阅。档案电子化以后，所有档案的台账均可以在OA系统中查询并可以发起借阅，流程完成以后可以快速下载电子文档，信息化水平大大提高。借阅量至少超出建立系统前最高值的10%，且每年呈上升趋势，极大提升了职工的借阅体验，提高了信息化背景下的档案管理水平。

2011年4月，华东院整体搬迁至杭州，位于杭州市上城区德胜东路3311号的办公地称为杭州院区，原先位于金华市婺城区人民西路383号的办公地称为金华院区，由此有了金华院区的说法。

第一节　机构人员

2011年3月，华东院整体即将迁杭，为正常维护金华院区国有资产，加强居住金华离退休职工的服务管理，经主管部门批准，成立金华院区管理处和离退休干部处，实行两块牌子、一套人马的管理体制。2019年5月，华东院成立离退休办公室，与人事处合署办公，金华院区管理处协助离退休办公室做好金华院区离退休干部服务与管理工作。

2011年3月成立金华院区管理处时，有处领导、医疗保健、离退休干部日常服务与管理、水电及庭院管理（含国有资产经营）等5人，主要负责人为杨健。随着人员结构变化

图4-44　金华院区管理处职工集体照

和管理职能的调整，至2022年3月底，金华院区管理处实有职工4人（图4-44）。

第二节　制度建设

华东院始终重视金华院区的管理，把金华院区视作"华东院的大后方"，金华院区管理处加大工作力度，加强院区庭院和房产管理，确保国有资产安全及保值增值，竭力做好离退休老干部服务工作，排除后顾之忧。

一、制定和完善院区物业管理办法和运营模式

华东院在金华办公期间，院区业主全为本院职工，物业管理由院行政管理部门负责，所有物业管理费用由院承担。搬迁至杭州市后，情况慢慢发生了变化，至2020年年底，院区业主中华东院职工约占30%。随着物业管理由单位包办向社会化服务的转变，金华院区逐步引进物业公司管理。至2020年年底，实现了业主委员会自治管理的转型，金华院区管理处监督业委会工作，并协调物业管理相关工作。

二、制定和完善国有资产保值增值措施与制度

搬迁至杭州市后，华东院在金华院区的国有房产除留有小部分办公和活动场所外，大部分用于出租。为了加强房屋租赁管理，规范房屋租赁行为，提高国有资产使用效益及房屋出租工作的透明度，确保国有资产安全、保

值和增值，保护房屋租赁当事人的合法权益，2016 年 7 月，华东院制定了《房屋出租管理办法》。自 2011 年起，金华院区房屋出租金额逐年增加，至 2021 年年末，年租金收入近两百万元。

第三节　院区管理

金华院区管理工作主要包括两部分，一是金华院区国有资产的管理，二是金华院区庭院建设、维护与管理（图 4-45）。

一、国有资产的管理

金华院区可用于出租的房产有 96 综合楼等 8 幢商业用房和 11 套职工宿舍，建筑面积 12439 平方米，分别出租给不同的企业、个体户，以及金华本地市民，在确保国有资产保值增值的同时，也承担着促进金华市经济建设和服务民生的社会责任。房屋出租所得资金部分用于院属房屋的日常维护，确保房屋能安全正常使用。

二、金华院区基本建设维护与实施

金华院区基本建设新建项目规模不大，如局部绿化提升改造、房屋维修、老干部活动场地改造与建设、小区环境整治等。根据实际需要，金华院区管理处提出建设方案，经院批准同意后实施，并负责质量监督和项目验收。

三、日常事务管理

管理处负责华东院人事、财务、行政等涉及在金华的相关职能部门的如社保、银行、税务、通讯等的日常事务管理。

华东院及院属公司在未迁入杭州之前，其所有银行、税务、社保等业务均在金华办理，金华院区管理处受委托负责办理相关业务。至 2021 年年底，原先在金华登记注册的公司，或注销，或迁至杭州。

图 4-45　金华院区志愿者在行动（2022 年 4 月）

第十章　院办公司

为开拓市场，发展经济，先后创办了若干家院属公司，主要有：

一、浙江华东林业工程咨询设计有限公司

（一）公司成立与变更。 2001 年 10 月，华东院在金华市注册成立金华市华林林业工程咨询设计有限公司，注册资金 300 万元。经营范围为：营造林（甲级）、风景园林（乙级）工程规划、设计及咨询、计算机技术服务等。何时珍任董事长兼总经理，丁文义、古育平任董事，周琪、李志强、申屠惠良任监事。公司运作融入院生产经营中，与院两块牌子一套人马。

2003 年 3 月，公司改名为浙江华东林业工程咨询设计有限公司，注册资金增至 500 万元。

2019 年 12 月，公司地址由金华市婺城区变更为杭州市江干区。

2020 年 1 月，公司开始实体化运作并实施董事及高级管理人员变更。变更后，吴海平任董事长，何时珍、吴文跃任董事，刘强、马鸿伟任监事，吴文跃兼任总经理。截至 2021 年年底，公司共有员工 56 人。

（二）公司发展情况。 公司成立后，随着林业形势任务的需要及业务的发展，公司对规模和经营范围进行了可控扩张。2018 年 5 月，经营范围变更为营造林（甲级）、风景园林（乙级）工程规划、设计及咨询、计算机技术服务、汽车租赁等。

2020 年 9 月，全资收购上海成事林业规划设计有限公司。公司成立至 2021 年年底，共完成业务项目 1000 余项，产值上亿元。涉及森林资源调查监测、林业规划设计、生态监测评估、湿地监测评估、信息技术应用、碳汇计量监测、自然保护地监测评估等。

（三）公司资质情况。 截至 2021 年年底，公司持有住房和城乡建设部颁发的农林行业营造林工程、森林资源环境工程设计甲级资质，中国林业工程建设协会颁发的林业调查规划设计证书甲 B 资质，浙江省自然资源厅颁发的城乡规划丙级资质。公司于 2014 年 7 月通过 ISO9001：2015 质量管理体系论证，2021 年 4 月通过 GB/T 24001—2016 健康管理体系、GB/T 45001—2020 环境和安全管理体系论证。

二、上海成事林业规划设计有限公司

（一）公司成立。 2002 年 7 月在上海成立，注册资金 50 万元。经营范围为：林业调查和规划、设计、监理和咨询，造林绿化，技术服务等。2012 年 8 月，注册资金增至 150 万。

（二）股权变更。 2020 年 9 月，浙江华东林业咨询设计有限公司通过上海产权交易所收购上海成事林业规划设计有限公司，公司由浙江华东林业工程咨询设计有限公司 100% 控股。

（三）公司内设机构及人员。 公司设董事会，由朱磊、肖舜祯、李建华组成。聘请肖舜祯任总经理，吴建勋任副总经理。公司下设行政部、资源部、设计部，现有职工 14 人。

（四）公司持有资质。 2004 年 4 月，公司获国家林业局核发的林业调查规划设计乙级资质；2013 年第一次审核换证，同年 7 月获中国林业工程建设协会核发的林业调查规划设计乙级资质；2018 年 11 月通过第二次审核换证。

（五）主要业绩。 公司主要承担上海市森

林资源调查、营造林规划设计、林业工程项目咨询、技术培训与咨询服务等，为上海市林业局提供技术支撑，为地方林业建设和发展提供咨询服务。2021年公司开拓了上海周边业务，陆续承接江苏省启东市林木采伐项目，东台市、南通市森林火灾风险普查工作，公司的发展踏上新征程。

2013—2021年，公司累计承接各类项目437个，其中营造林规划设计类269个、资源调查类30个、林地征占用类89个、资产评估类17个、勘察设计类15个、专项核查类10个、森林火灾风险普查类2个、林木采伐设计类1个，其他4个。为上海市及江苏省生态文明和美丽乡村建设作出了应有贡献。

三、金华市华林实业公司

1992年9月成立，为华东院下属企业，注册资金100万元。经营范围为：计算机系统工程开发，食品、建材、木制品、工艺制品、装潢工程及化工原料等加工、批发、零售。公司地址位于金华市婺城区人民西路。公司聘请叶德敏为总经理，安置职工4名。

1993年10月，公司总经理暂由杨晶担任。1993年11月，傅宾领兼任公司法定代表人。

2005年3月，公司注销。

四、金华兴林公司

1992年9月成立，为华东院下属企业，注册资金80万元。经营范围为：主营木材及制品、林副产品、苗木；兼营干鲜果、水产品、复印、复制、照排、印刷和汽车运输。公司地址位于金华市婺城区人民西路。公司聘请丁文义为总经理，安置职工12名。

1994年1月，苏文元任总经理；1996年1月，冯利宏任总经理；1997年1月，郑诗强任总经理。

2003年3月，公司注销。

五、金华开发区华东摄影图片公司

1993年4月成立，为华东院下属企业，注册资金50万元。经营范围为：照片拍摄印制，航片制作，灯箱、图片、画册美工设计及制作，摄影器材批发、零售等。公司位于金华市婺城区新华街，聘请张子龙为总经理，安置职工2名。

1993年12月，院停办金华市华东摄影图片公司。之后，公司变更为金华市二轻企业集团公司下属企业。

六、金华华林物业有限公司

2010年12月成立，为华东院下属企业，注册资金50万元。经营范围为：物业管理、室内保洁服务等。公司位于金华市人民西路383号，作为金华院区房产管理的平台，法定代表人杨健。

2021年12月，公司注销。

七、杭州华林林业技术服务有限公司

2006年4月，在杭州市江干区注册成立，注册资金300万元，全部由浙江华东林业工程咨询设计有限公司出资。经营范围主要是林业技术服务、林业信息系统技术开发、计算机技术服务等。何时珍任法定代表人，李志强任监事。2014年3月，监事改由马鸿伟担任。2015年11月，法定代表人改由聂祥永担任。2018年5月，公司经营范围增加汽车租赁业务。2018年10月，法定代表人改由王宁担任。

2021年12月，公司注销。

第五篇

业务建设

第一章　森林资源调查与监测

第一节　业务发展历程和主要业务方向

森林资源调查监测紧随国家经济社会发展摸索、创新、完善和发展。在国家林业主管部门的领导和部署下，华东院始终将森林资源调查监测工作作为最重要的业务工作，服从和服务于国家经济社会发展的需要，为我国的林业调查监测事业作出了重要贡献。

华东院的森林资源调查监测业务发展历程和主要业务方向，大体分为森林资源调查、森林资源监测、综合监测与督查三个阶段。

一、森林资源调查阶段（1952—1989 年）

20 世纪 50 年代初开始，华东院主要工作是满足国家经济建设需求的以木材生产为主的森林资源调查，突出的是"调查"，掌握森林资源现状。其时，内设机构、技术装备和专业技术人员，几乎全部都是为森林资源调查服务的。1953 年二大队驻在营口时，4 个生产部门全部为调查中队，之后在抚顺、牡丹江、云南、金华时期，内设的生产部门也基本为调查中队，即使称作其他名称也是为调查服务的，这期间主要参与完成了大小兴安岭和长白山林区的森林经理调（普）查及施业案编制，完成了云南部分地区的林权调查、浙江省和福建省部分重点林区县的森林经理调查等。1980 年后设立的业务科室，大部分也仍是为完成森林资源调查的需要而设置的，这期间主要完成了浙江省的部分林场和大兴安岭、浙江省、福建省、黑龙江省等部分重点林区县（市、区、森工局）的森林经理（资源）调（复）查及森林经营方案编制。

二、森林资源监测阶段（1989—2018 年）

1989 年 2 月，林业部华东森林资源监测中心成立，主要工作转变为服务于国家林业加快"以木材生产为主向以生态建设为主的历史性转变"的森林资源监测，着眼于"加快转变"，突出的是"监测"，掌握森林资源动态变化。监测区域为福建、浙江、江西、江苏、安徽、山东、上海、河南 8 省（市）。这一阶段的大部分业务处室和专业技术人员均是为森林资源监测服务的。主要负责监测区域 8 省（市）每 5 年一次的森林资源连续清查和全国汇总的有关任务；监测区域 8 省（市）年度森林消耗量和消耗结构调查或森林采伐限额执行情况检查，营造林实绩综合核查，征收占用林地和森林资源管理"一张图"执行情况检查，国家退耕还林工程、天然林保护工程、公益林、林业重点生态工程核（检）查验收等森林资源管理成效的核（检）查工作。同时，为地方森林资源调查监测提供技术服务（图 5-1 ～图 5-5、表 5-1、表 5-2）。

图 5-1　西藏自治区森林资源连续清查野外工作中 1

（2001 年）

图 5-2　西藏自治区森林资源连续清查野外工作中 2
（2001 年）

图 5-3　退耕还林检查验收野外工作中（2003 年）

图 5-4　华东院在埃塞俄比亚开展竹林资源调查（2017 年）

图 5-5　森林资源调查监测野外工作中 1

表 5-1 华东监测区各省（市）森林资源清查沿革概况

省（市）	沿革概况
福建省	1952 年在建瓯等 11 个县进行了林野概况调查。1953—1957 年对 45 个林区县 6 万平方公里，采用人工调绘 1/10000 平面图，标准地法或目测法调查蓄积量。1962 年以内业为主汇总了全省森林资源。1972—1974 年以县为单位，统一调查方法和时间查清了全省及各县的森林资源。之后每 10 年进行一次全省森林资源二类调查。1978 年起在全省范围内系统布设样地（4 公里 ×6 公里）调查
浙江省	1950 年代开展地形图勾绘小班调查和踏查。1975 年开展地形图勾绘为主和个别县抽样控制的小班区划调查。1979 年、1986 年在 8.65 万平方公里内系统布设样地调查，1.53 万平方公里的小班数据参加汇总。之后每 10 年进行一次全省森林资源二类调查。1989 年起在全省范围内系统布设样地（4 公里 ×6 公里）调查，经过 1994 年、1999 年和 2004 年三期的 1/3 样地东移 3 公里替换
江西省	1951 年开始组建队伍在林区进行森林资源踏查试点，1960 年在全省推广航片区划小班成图，小班目测与实测相结合调查。1975 年在同一年度，用同一技术方法完成 92 个县级单位的森林资源清查，设置调查样地 82491 个，面积成数点 159723 个。之后每 5 年进行一次全省森林资源二类调查。1977 年，农林部在江西省开展建立森林资源连续清查体系试点，全省范围内系统布设 10455 个（4 公里 ×4 公里）地面固定样地调查，点定地类法确定样地地类。1996 年进行联合国援助项目（CPR/91/151）试点调查，抽取 1/4 地面固定样地（8 公里 ×8 公里），布设 83527 个（2 公里 ×1 公里）遥感判读样地进行试点调查
江苏省	1962 年开始进行森林资源调查。1979 年建立森林资源连续清查体系，分成片林、零星林、四旁树 3 个副总体，成片林 2 公里 ×1 公里系统布设样地，零星林随机抽样 1/70 个大队，四旁树在抽中的大队随机抽样 2 个生产队。之后每 10～20 年进行一次全省森林资源二类调查。2000 年起在全省范围内系统布设样地（4 公里 ×3 公里）调查
安徽省	1950 年对重点林区的 22 个县采用概查和线路踏查方法进行森林资源调查。1953—1957 年以专业队为主，实测成图、地形图勾绘小班、目测蓄积量和标准地调查相结合方法，对全省森林资源进行了第一次全面调查和汇总。1973—1976 年采用专业队伍和群众运动相结合的方法完成了全省森林资源清查，分别于 1976 年和 1978 年在全省 3.44 万平方公里林地范围内分四个总体系统布设 2802 个样地进行精度验证和复查。1984 年在全省四个类型县分四个总体全覆盖系统布设 6906 个样地进行调查，以外的 28 个非抽样总体县采用户抽样和线抽样抽取了 4500 户进行调查。之后每 10～20 年进行一次全省森林资源二类调查。1989 年起在全省范围内系统布设样地（4 公里 ×3 公里）调查
山东省	1962—1963 年，以县为单位，依靠场圃、社队力量和各级林业干部，全面调查与重点调查相结合，进行了全省第一次森林资源普查。1974—1975 年，以县为总体，面积调查利用国家 1/50000 比例尺地形图勾绘求算，林地蓄积系统抽样布设样地调查，四旁树蓄积分类型采取长方形、大型样地或样队，以分层抽样方法估测。1978—1979 年，在全省林地范围内系统布设 3841 个（2 公里 ×2 公里）固定样地进行调查，四旁树株数和蓄积采用随机抽取 403 个样队的方法估测。之后每 10 年进行一次全省森林资源二类调查。1988 年全省系统布设样地调查，共布设 38708 个（2 公里 ×2 公里）样地调查。1992 年起，全省样地减少至 9646 个（4 公里 ×4 公里）
上海市	1979 年起每 5 年进行一次全市森林资源二类调查，四旁树采用过以县为总体的系统抽样方法，林地各地类面积则采用小班调查方法。1999 年起在全市范围内系统布设样地（2 公里 ×1 公里）调查。2014 年系统布设样地调查控制精度，小班区划调查产出面积，抽样调查产出蓄积量
河南省	1950—1957 年对豫东沙区、伏牛山区、豫北地区的森林资源进行了概查。1962—1963 年，采用现有资料和补充典型调查方法，完成了全省森林资源汇总整理。1976 年在全省范围内，以县为总体，山区县系统布设样地进行调查，平原县以生产队为单元系统抽样，国有河道、公路、铁路采用线抽样，国有林场采用角规点抽样方法进行森林资源清查。之后每 10 年左右开展一次全省森林资源二类调查。1979—1980 年分三个副总体建立森林资源连续清查体系，14 个山区县和 89 个国有林场为第一副总体，总面积 3.40 万平方公里，2 公里 ×4 公里布点，实测 4580 个样地；44 个丘陵县（市）为第二副总体，总面积 5.68 万平方公里，4 公里 ×4 公里布点，实测 3422 个样地；71 个平原县（市）为第三副总体，总面积 7.62 万平方公里，以生产队为单位，用系统抽样方法抽取 1242 个生产队布点对林地调查；全省系统抽取 2262 个生产队进行四旁树调查；1988 年对森林资源连续清查体系进行了复查。1993 年分山区和平原两个副总体进行调查，山区副总体总面积 8.73 万平方公里，4 公里 ×4 公里布点，回收 5410 个样地；平原副总体总面积 7.97 万平方公里，8 公里 ×8 公里布点 1237 个样地群，实际回收 4937 个样地；1998 年进行了复查。2003 年起在全省范围内系统布设样地（4 公里 ×4 公里）调查

表 5-2　第九次全国森林资源清查华东监测区各省（市）方案概况

省（市）	福建省	浙江省	江西省	江苏省	安徽省	山东省	上海市	河南省	合计
调查年度	2018	2014	2016	2015	2014	2017	2014	2018	—
调查面积（平方公里）	121501	101800	166946	102660	138165	152221	6341	167000	956634
遥感样地数（个）	30376	54565	83553	51890	70130	40124	35685	41750	408073
遥感样地间距（公里）	2×2	2×1	2×1	2×1	2×1	2×2	0.5×0.5	2×2	—
宏观监测遥感大样地数（个）	321	270	429	264	358	400	19	422	2483
地面样地数（个）	5059	4253	2608	8536	11678	9646	3365	10355	55500
地面样地间距（公里）	4×6	4×6	8×8	4×3	4×3	4×4	2×1	4×4	—
地面样地形状	正方形	正方形	正方形	正方形	正方形	正方形	正方形	正方形	—
地面样地面积（公顷）	0.0667	0.08	0.0667	0.0667	0.0667	0.0667	0.0667	0.08	—
地面样地地类确定方法	优势地类法	点定地类法	点定地类法	点定地类法	优势地类法	点定地类法	优势地类法	优势地类法	—

三、综合监测与督查阶段（2018 年至今）

在国家生态文明建设和林业"加强森林、草原、湿地监督管理的统筹协调，大力推进国土绿化，保障国家生态安全"职能转变中，华东院的主要工作转变为新时期的综合监测与督查。重点体现在每年对监测区域各省（市）进行林草生态综合监测评价，参与"督查"。综合监测与督查区域为福建、浙江、江西、江苏、安徽、上海、河南 7 省（市），主要职责是会同监测区域各省（市）林业主管部门对森林、草原、湿地、荒漠及其附着的林草资源，以及其他土地上的林木资源，制定动态监测评价实施方案；指导森林资源管理"一张图"更新、林草湿数据与国土"三调"数据对接融合，并检查验收成果；牵头组织开展样地外业调查、质量检查、统计分析、成果编制；国家林草重点生态工程核（检）查验收，为国家林草资源监管、林长制督查考核以及碳达峰碳中和战略提供服务。同时，为地方森林资源调查、林草生态综合监测和督查自查提供技术服务。

四、内设机构及人员

1952—1970 年，内设 4～11 个调查中（区）队，李华敏、兰新文、郑旭辉、周崇友、吴继康、王克刚、何应武、汪家镛、王绍圣、纪文忠、李柏兴、宋春贵、郑跃庭等担任过中（区）队负责人。1980 年后的森林资源调查监测内设机构变化见表 5-3、表 5-4、图 5-6、图 5-7。

图 5-6　林草综合监测一处职工集体照

图 5-7　林草综合监测二处职工集体照

表 5-3　森林资源调查与监测机构及人员一览（一）

时间	机构名称	主要负责人	职工人数（人）
1981.12—1983.12	第一资源室	王克刚	25
1984.01—1986.02	调查规划一室	沈雪初	25
1986.03—1987.02	调查规划一室	韦希勤	26
1987.03—1988.12	调查规划一室	胡为民	26
1989.01—1993.02	资源监测一室	韦希勤	25
1993.03—2000.03	调查规划一室	马云峰	29
2000.04—2004.02	资源环境监测一处	马云峰	23
2004.03—2008.02	资源环境监测一处	李永岩	20
2008.03—2013.03	资源环境监测一处	刘强	25
2013.04—2019.03	资源监测一处	朱磊	25
2019.04—2021.12	森林资源监测一处	郑云峰	21
2021.12 至今	林草综合监测一处	郑云峰	22

表 5-4　森林资源调查与监测机构及人员一览（二）

时间	机构名称	主要负责人	职工人数（人）
1981.12—1983.12	第二资源室	李仕彦	25
1984.01—1984.11	调查规划二室	江一平	25
1985.02—1986.02	调查规划二室	黄文秋	25
1986.03—1988.12	调查规划二室	郑若玉	27
1989.01—1993.02	资源监测二室	陈家旺	25
1993.03—1994.02	调查规划二室	陈家旺	31
1994.03—1995.03	调查规划二室	王金荣	27
1995.04—2000.03	调查规划二室	李明华	25
2000.04—2013.03	资源环境监测二处	李明华	24
2013.04—2019.04	资源监测二处	王金荣	23
2019.05—2021.12	森林资源监测二处	罗细芳	22
2021.12 至今	林草综合监测二处	罗细芳	19

第二节　主要成果

据不完全统计，从 20 世纪 60 年代开始至 2021 年，华东院共完成提交森林资源调查与监测成果 1623 项，其中森林资源调查阶段 42 项，森林资源监测阶段 1262 项，综合监测与督查阶段 319 项（图 5-8、图 5-9），主要成果见表 5-5～表 5-7。

图 5-8　森林资源调查监测成果文本 1

图 5-9　森林资源调查监测野外工作中 2

表 5-5　森林资源调查阶段主要成果一览

完成时间	成果名称
1965 年	浙江省龙泉县（含现庆元县）森林资源调查成果
1967 年	浙江省云和县（含现景宁县）森林资源调查成果
1969 年	福建省光泽县森林资源调查成果
1982 年	浙江省金华市北山林场森林资源调查成果
	浙江省杭州湾、镇海和象山港、三门湾、乐清湾和旅门湾、温州、舟山岸段林业调查报告
1983 年	大兴安岭韩家园林业局新街基、查班河、十七站、外河、岔口林场森林经理复查成果
1984 年	福建省沙县八个乡森林资源调查成果
	浙江省龙泉县森林资源二类调查成果
	浙江省武义、龙游林场森林资源二类调查与建档成果
1985 年	福建省永安市速生丰产用材林调查规划设计说明书
1987 年	福建省三明市三元区、梅列区、永安市森林资源调查成果
	黑龙江省铁力林业局森林资源二类调查成果
	浙江开化示范林场森林经营方案
	华东集体林区、华东少林省区森林资源消耗量和消耗结构调查报告
	浙江等四省合资联营速生丰产用材林基地建设情况检查报告
	浙江等四省使用林业贷款营造速生丰产用材林基地建设情况检查报告
	浙江、安徽、江西、贵州四省飞播造林成效检查报告
	华东六省及湖北省人工造林更新实绩核查报告
1988 年	黑龙江省乌马河、双鸭山林业局森林资源二类调查成果
	江苏省森林资源一类清查外业质量检查验收和内业工作检查情况报告
	福建省森林资源连续清查第二次复查质量检查报告
1989 年	黑龙江省新青、红星林业局森林资源二类调查成果

表 5-6　森林资源监测阶段主要成果一览

完成时间	成果名称
1989 年	华东监测区立木蓄积消耗量及其消耗结构调查报告
	华东监测区 1988 年度人工造林更新实绩核查报告
1990 年	浙江省森林资源连续清查第二次复查成果汇编（1989 年）
	安徽省森林资源连续清查第三次复查成果汇编（1989 年）
	新疆、陕西、青海三北防护林地区森林资源清查分析报告
	新疆、青海 1989 年度人工造林更新实绩核查报告
1991 年	江苏省森林资源连续清查第二次复查成果汇编（1990 年）
	华东监测区林木资源消耗量及消耗量结构调查报告
	华东监测区 1990 年度人工造林更新实绩核查报告
	福建省 1988 年度人工造林更新保存状况试点调查报告

（续表）

完成时间	成果名称
1992 年	江西省森林资源连续清查第三次复查成果汇编（1991 年）
	华东监测区林木资源消耗量及消耗量结构调查报告
	华东监测区人工造林更新实绩核查报告
	华东监测区人工造林更新保存状况调查报告
	华东监测区森林资源监测数据更新及分析成果
	华东监测区林地变化典型调查报告
	华东监测区森林资源档案工作抽查报告
1993 年	山东省森林资源连续清查第四次清查成果汇编（1992 年）
	华东监测区林木资源消耗量及消耗量结构调查报告
	华东监测区森林资源监测数据更新分析成果
	华东监测区 1992 年人工造林更新实绩核查报告
	华东监测区 1990 年人工造林更新保存状况调查报告
	华东监测区林地变更非林地核查报告
	福建省永安市森林资源清查固定样地调查报告
1994 年	福建省森林资源连续清查第三次复查成果汇编（1993 年）
	河南省森林资源连续清查第三次清查成果汇编（1993 年）
	1994 年度消灭宜林荒山荒地核查成果分析报告
	华东监测区 1993 年林木资源消耗量及消耗量结构调查报告
	华东监测区 1993 年度人工造林更新实绩核查报告
	华东监测区 1990 年度人工造林更新保存状况调查报告
	华东监测区 1993 年度大中型建设项目征占用林地调查报告
	华东监测区平原绿化成效核查报告
	浙江省松阳县森林资源二类调查成果报告
1995 年	浙江省森林资源连续清查第三次复查成果资料（1994 年）
	安徽省森林资源连续清查第四次复查成果资料（1994 年）
	华东监测区 1994 年度林木资源消耗量及其结构调查报告
	华东监测区人工造林更新实绩核查报告
	华东监测区人工造林更新保存状况成果分析报告
	华东监测区征占用林地调查报告
	江苏省消灭宜林荒山荒地调查成果分析报告
	三北防护林体系建设二期工程成果检查验收报告
1996 年	江苏省森林资源连续清查第三次复查成果资料（1995 年）
	华东监测区 1995 年度林木资源消耗量及其结构调查报告
	华东监测区 1995 年度人工造林更新实绩核查报告
	华东监测区 1992 年人工造林更新保存状况成果分析报告
	华东监测区征占用林地调查报告

（续表）

完成时间	成果名称
1996 年	华东监测区平原绿化成果巩固情况调查报告
	安徽省 1995 年度林木采伐限额执行情况检查报告
1997 年	江西省森林资源连续清查第四次复查成果资料（1996 年）
	华东监测区 1996 年度林木资源消耗量及其结构调查报告
	华东监测区 1996 年度人工造林更新实绩核查报告
	华东监测区 1993 年人工造林更新保存状况成果分析报告
	华东监测区征占用林地调查报告
	华东监测区平原绿化达标验收调查报告
	华东监测区林木采伐管理情况检查报告
1998 年	山东省森林资源连续清查第四次复查成果资料（1997 年）
	华东监测区森林采伐限额执行情况核查报告
	华东监测区 1997 年度人工造林更新实绩核查报告
	华东监测区 1994 年人工造林更新保存状况成果分析报告
	华东监测区 1997 年征占用林地调查报告
	华东监测区平原绿化成果巩固情况调查报告
	浙江省开化示范林场第二期森林经营方案
1999 年	福建省森林资源连续清查第四次复查成果资料（1998 年）
	河南省森林资源连续清查第三次复查成果资料（1998 年）
	全国淮河太湖流域森林资源分析报告
	全国东南低山丘陵森林资源分析报告
	华东监测区 1998 年度人工造林更新实绩核查报告
	华东监测区 1995 年人工造林更新保存状况成果分析报告
	华东监测区森林采伐限额核查成果分析报告
	华东监测区 1998 年征占用林地情况调查报告
2000 年	浙江省森林资源连续清查第四次复查成果资料（1999 年）
	上海市森林资源连续清查成果资料（1999 年）
	安徽省森林资源连续清查第五次复查成果资料（1999 年）
	华东监测区 1999 年度人工造林更新实绩核查报告
	华东监测区 1996 年度人工造林更新保存状况调查报告
	华东监测区建设工程征占用林地期间和《森林法实施条例》颁布后征占用林地及森林植被恢复费收缴情况调查报告
	华东监测区 1999—2000 年森林采伐限额执行情况核查报告
	华东监测区 1999—2000 年伐区调查设计情况检查报告
2001 年	江苏省森林资源连续清查第四次复查成果资料（2000 年）
	华东监测区 2000 年度人工造林更新实绩核查报告
	华东监测区 1997 年度人工造林更新保存状况调查报告

（续表）

完成时间	成果名称
2001 年	华东监测区 1994 年和 1996 年飞播造林成效核查报告
	华东监测区占用征用林地情况和森林植被恢复费收缴情况调查报告
	华东监测区浙江省、福建省红树林调查质量检查报告
	山西、湖北、河南、重庆四省（市）2000 年度退耕还林还草工程检查验收报告
	森林分类区划界定试点核查报告
	河南省国家天然林保护工程区森林分类区划成果审查报告
	江西、安徽、山东三省国家级公益林分类区划界定成果核查验收报告
	河南省 2000 年封山育林实绩核查报告
	全国经济林资源现状及其动态变化分析报告
2002 年	江西省森林资源连续清查第五次复查成果资料（2001 年）
	华东监测区 2001 年度占用征用林地检查报告
	华东监测区 2001 年度营造林综合核查报告
	全国 2001 年度长防林工程营造林综合核查报告
	全国 2001 年度速丰林工程营造林综合核查报告
	华东监测区 1994 年度飞播造林宜播面积暨人工点播 2001 年成效情况核查报告
	华东监测区 2001 年度森林采伐限额执行情况检查报告
2003 年	山东省森林资源连续清查第五次复查成果资料（2002 年）
	华东监测区 2002 年度占用征用林地检查报告
	华东监测区 2002 年度森林采伐限额执行情况检查报告
	华东监测区 2002 年度营造林综合核查报告
	2002 年度全国长防工程营造林综合核查报告
	2002 年度全国速丰林工程营造林综合核查报告
2004 年	福建省森林资源连续清查第五次复查成果资料（2003 年）
	河南省森林资源连续清查第四次复查成果资料（2003 年）
	浙江、江苏、河南、吉林四省 2004 年重点公益林审查及认定核查报告
	华东监测区 2003 年度森林采伐限额执行情况检查报告
	华东监测区 2004 年营造林实绩综合核查报告
	2004 年全国长防工程营造林综合核查报告
	2004 年全国速丰林工程营造林综合核查报告
	浙江省第二期欠发达乡镇苗木种植项目 2004 年实施情况验收报告
2005 年	上海市森林资源连续清查第一次复查成果（2004 年）
	浙江省森林资源连续清查第五次复查成果（2004 年）
	安徽省森林资源连续清查第六次复查成果（2004 年）
	江西、河南二省 2004 年度退耕还林实施情况核查报告
	华东监测区 2004 年度森林采伐限额执行情况检查报告
	华东监测区 2005 年营造林实绩综合核查报告

（续表）

完成时间	成果名称
2005 年	2005 年全国长防工程营造林综合核查报告
	2005 年全国速丰林工程营造林综合核查报告
	华东监测区 2005 年占用征用林地检查报告
	浙江省第二期欠发达乡镇苗木种植项目 2005 年验收报告
2006 年	江苏省森林资源连续清查第五次复查成果（2005 年）
	全国森林资源监测工作定额和工作经费标准研究报告
	四川省天然林保护工程核查报告
	华东监测区 2006 年森林采伐限额执行情况检查报告
	华东监测区 2006 年营造林实绩综合核查报告
	2006 年全国长防工程营造林综合核查报告
	2006 年全国速丰林工程营造林综合核查报告
	华东监测区 2006 年占用征用林地检查报告
2007 年	江西省森林资源连续清查第六次复查成果（2006 年）
	河南省 2007 年天保工程重点公益林核查成果报告
	华东监测区 2007 年占用征用林地检查报告
	华东监测区 2006 年度采伐限额执行情况检查报告
	华东监测区 2007 年营造林实绩综合核查报告
	2007 年全国长防工程营造林综合核查报告
	2007 年全国速丰林工程营造林综合核查报告
	华东监测区二类调查、档案管理工作开展情况调研报告
	全国二类调查、档案管理工作开展情况调研报告
	华东监测区林业调查与监测基础数表编制修订工作开展情况调研报告
	全国林业调查与监测基础数表编制修订工作开展情况调研报告
	浙江省第二期欠发达乡镇苗木种植项目 2007 年实施情况验收报告
2008 年	山东省第七次森林资源连续清查成果（2007 年）
	河南、江西、安徽、四川四省 2008 年退耕还林工程退耕地还林阶段验收报告
	福建、安徽、江苏、河南四省 2008 年雨雪冰冻灾害损失调查评估报告
2009 年	福建省森林资源连续清查第六次复查成果（2008 年）
	河南省第七次森林资源连续清查成果（2008 年）
	全国林地林木权属、经济林资源发展情况、四旁林木资源、竹林资源状况分析报告、
	长江流域（含淮河太湖流域）防护林体系建设报告
	全国森林资源按气候带、淮河流域森林资源统计分析报告
	华东监测区森林资源档案管理工作情况调研报告
	山西省 2009 年退耕还林重点核查报告
	华东监测区 2009 年占用征用林地检查报告
	华东监测区 2008 年度森林采伐限额执行情况检查报告
	2009 年华东监测区暨各省营造林综合核查报告

（续表）

完成时间	成果名称
2009 年	2009 年全国长防工程营造林综合核查报告
	2009 年全国速丰林工程营造林综合核查报告
	甘肃、江西、安徽、河南、贵州五省 2009 年退耕还林工程阶段验收报告
	山西省 2009 年退耕还林重点核查成果
	福建省沙县森林资源二类调查成果
2010 年	第八次全国森林资源清查上海、浙江、安徽三省（市）森林资源清查成果（2009 年）
	华东监测区 2009 年度森林采伐限额执行情况检查报告
	华东监测区 2009 年度森林采伐限额执行情况检查遥感应用技术总结
	华东监测区 2010 年占用征用林地检查报告
	华东监测区 2010 年营造林实绩综合核查报告
	江苏省 6 个县（市、区）森林资源规划设计调查报告
	浙江省上虞市森林资源规划设计调查报告
2011 年	第八次全国森林资源清查江苏省森林资源清查成果（2010 年）
	2011 年华东监测区营造林综合核查报告
	2011 年全国长防工程营造林综合核查报告
	2011 年全国速丰林工程营造林综合核查报告
	2011 年安徽、江西、河南、山西四省退耕还林工程阶段验收（重点核查验收）报告
	华东监测区 2011 年占用征用林地检查报告
	华东监测区占用征用林地检查遥感技术应用总结报告
	华东监测区 2010 年度森林采伐限额执行情况检查报告
	华东监测区 2010 年度森林采伐限额执行情况检查遥感应用技术总结报告
	上海市森林资源规划设计调查报告
2012 年	第八次全国森林资源清查江西省森林资源清查成果（2011 年）
	2012 年华东监测区营造林综合核查报告
	2012 年全国长防工程营造林综合核查报告
	2012 年全国速丰林工程营造林综合核查报告
	2012 年安徽、河南、江西、山西、辽宁五省退耕还林工程阶段验收（重点核查验收）报告
	华东监测区 2011 年度中央财政森林抚育试点国家级抽查报告
	华东监测区 2012 年占用征收林地检查报告
	华东监测区 2011 年度森林采伐限额执行情况检查报告
	华东监测区 2011 年度森林采伐限额执行情况检查遥感应用技术总结
	浙江省慈溪市 2010 年度森林资源动态监测报告
	浙江省平阳县 2013 年度通道绿化造林补植检查验收报告
	福建省华安县森林资源规划设计调查报告
2013 年	第八次全国森林资源清查山东省森林资源清查成果（2012 年）
	华东监测区 2013 年林地管理情况检查报告

（续表）

完成时间	成果名称
2013 年	华东监测区 2012 年度林地年度变更试点汇总报告
	华东监测区 2013 年森林采伐管理情况检查报告
	2013 年安徽、河南、江西、山西、黑龙江五省退耕还林工程阶段验收（重点核查验收）报告
	2012 年度中央财政补贴试点九省（市）完成情况检查验收报告
	河南省栾川县林地年度变更成果国家级验收核查报告
	浙江省 2 个县（市、区）2012 年森林资源动态监测报告
	江苏省 3 个县（市、区、场）森林资源规划设计调查报告
2014 年	第八次全国森林资源清查福建、河南二省森林资源清查成果（2013 年）
	全国林地林木权属、人工林资源分析报告
	2014 年华东监测区营造森综合核查报告
	2014 年江西省退还林工程阶段验收（重点核查验收）报告
	华东监测区 2014 年林地管理情况检查报告
	华东监测区 2014 年林木采伐管理情况检查报告
	江苏省 2 个县（市、区）2014 年造林检查验收报告
	浙江省 5 个县（市、区）2013 年森林资源动态监测补充调查报告
	浙江省青田、苍南 2 个县 2013 年度中央立项木本油料产业提升项目造林检查报告
	浙江省平阳、永康 2 个县（市）2013 年森林抚育验收报告
	浙江省杭州市森林资源及生态状况监测报告（2013 年）
2015 年	第九次全国森林资源清查上海、浙江、安徽三省（市）森林资源清查成果（2014 年）
	2015 年华东监测区营造林综合核查报告
	华东监测区 2015 年林地管理情况检查报告
	华东监测区 2015 年林木采伐管理情况检查报告
	华东监测区 2014 年度林地变更调查国家级验收核查报告
	南方集体林区林下经济发展成效调研与监测报告
	江苏省 6 个县（市、区）林地变更调查报告
	上海市森林资源动态监测成果报告（2014 年）
	浙江省 25 个县（市、区）"十三五"期间年森林采伐限额编制成果报告
	浙江省 12 县（市、区）林地变更调查成果报告
	浙江省杭州市森林资源及生态状况监测成果报告（2014 年）
2016 年	第九次全国森林资源清查江苏省森林资源清查成果（2015 年）
	国家林业局森林资源清查与动态监测项目支出定额标准及编制说明
	华东监测区森林资源宏观监测报告（2015 年）
	华东监测区 2016 年林地管理情况检查报告
	华东监测区 2016 年林木采伐管理情况检查报告
	浙江省国家级森林公园监督检查省级督查报告
	2016 年华东监测区营造林综合核查报告

（续表）

完成时间	成果名称
2016 年	华东监测区 2015 年度中央财政补贴森林抚育项目国家级抽查报告
	浙江省 7 个县（市、区）林地变更调查报告
	浙江省 9 个县（市、区）年森林资源动态更新成果报告（2015 年）
	浙江省 3 个县（市、区）森林抚育项目验收报告
	浙江省衢州市城市森林绿地调查报告
	浙江省杭州市森林资源及生态状况监测成果报告（2015 年）
	江苏省无锡市滨湖区森林资源动态监测报告（2015 年）
2017 年	第九次全国森林资源清查江西省森林资源清查成果（2016 年）
	华东监测区八省（市）森林资源宏观监测报告（2016 年）
	华东监测区 2017 年林地管理情况检查报告
	上海、福建、江西、河南、安徽五省（市）2016 年度林地变更调查国家级核查验收报告
	华东监测区 2017 年林木采伐管理情况检查报告
	2017 年华东监测区人工造林及公益林监测报告
	浙江、安徽、福建、江西、山东、河南六省国家珍贵树种培育示范县建设成效国家级考评报告
	河北、福建、江西、湖南、广西五省（区）全面停止天然林商业性采伐试点工作实施情况汇总报告
	埃塞俄比亚本尚古勒 – 古马兹州 Assosa Kamashi 地区规模开发竹林资源调查报告
	上海市 2016 年森林资源动态监测报告
	浙江省 7 个县（市、区）森林资源动态监测成果报告（2016 年）
	浙江省 14 个县（市、区）2017 年林地变更调查报告
	浙江省 18 个县（市、区）森林资源二类调查报告
	浙江省省级森林公园开发建设和管理情况调查报告
	浙江省杭州市森林资源及生态状况监测成果报告（2016 年）
	江苏省 2 县（市、区）2016 年林地变更报告
	安徽省蒙城县林地年度变更调查成果报告（2016 年）

表 5-7 综合监测与督查阶段主要成果一览

完成时间	成果名称
2018 年	第九次全国森林资源清查山东省森林资源清查成果（2017 年）
	华东监测区八省（市）森林资源宏观监测成果（2017 年）
	2018 年华东监测区人工造林综合核查报告，
	2018 年华东监测区七省（市）国家级公益林监测报告
	2018 年度甘肃省前一轮退耕地还林工程国家核查报告
	2018 年度甘肃省新一轮退耕地还林国家级检查验收报告
	2018 年辽宁等九省（区）天然林保护核查情况报告
	山东省平度市、莱西市、即墨市 3 个市 2018 年度森林督查自查报告
	山东省青岛市林地动态消长科学发展考核调查报告

（续表）

完成时间	成果名称
2018 年	上海市林地变更调查报告
	上海市 2017 年森林资源年度监测报告
	上海市森林资源"一体化"监测体系研究成果报告
	浙江省杭州市森林资源及生态状况监测成果报告（2017 年）
	浙江省 18 个县（市、区）森林资源年度监测报告（2017 年）
	浙江省 15 个县（市、区）林地变更报告（2017）
	浙江省 19 个县（市、区）森林资源规划设计调查成果报告
	浙江省 25 个县（市、区）森林风景资源调查与评价报告
	江苏省 3 个县（市、区）林地变更调查报告（2017 年）
	安徽省森林资源年度监测及"森林资源一张图"应用试点成果报告
	河南省南召县国家级（省级）公益林落界、天然商品林区划界定和 2017 年林地年度变更报告
2019 年	第九次全国森林资源清查福建、河南二省森林资源清查成果（2018 年）
	华东监测区七省（市）及山东省 2017 年度林地变更调查国家级核查验收报告
	华东监测区七省（市）及山东省 2018 年森林督查成果检查报告
	2019 年江西、贵州二省新一轮退耕地还林国家级检查验收报告
	2019 年湖北、浙江、河南、福建、江西五省天然林保护情况核查报告
	江苏省 4 个县（市、区）森林资源管理"一张图"年度更新成果报告
	江苏省无锡市新吴区 2019 年森林督查暨森林资源管理"一张图"年度更新工作
	上海市森林资源管理"一张图"年度更新成果报告（2018 年度）
	浙江省 12 个县（市、区）2019 森林督查自查报告
	浙江省 20 个县（市、区）2018 年度森林资源年度监测自查报告
	浙江省杭州市森林资源及生态状况监测成果报告（2018 年）
	浙江省杭州市余杭区森林资源及生态状况监测报告
	山东省胶州市、平度市 2019 年森林督查自查报告
	安徽省林长制建设 LiDAR 技术辅助森林资源动态监测试点成果
	安徽省利辛县 2017 年度林地年度变更调查成果
	河南省信阳市浉河区森林督查自查报告
	福建省霞浦县第四次森林资源规划设计小班区划调查县级检查报告
	江西省乐安县第七次森林资源二类调查成果汇编
2020 年	2019 年华东监测区国家级公益林监测评价报告
	华东监测区 2018 年度森林资源管理"一张图"年度更新成果
	华东监测区 2019 年度森林督查成果
	2020 年新一轮退耕地还林国家级检查验收报告
	华东监测区 2020 年度森林督查成果
	华东监测区 2020 年国家级公益林监测评价报告
	江苏省森林资源连续清查验收报告

（续表）

完成时间	成果名称
2020年	浙江省温州市瑶溪风景名胜区摸底调查
	浙江省14个县（市、区）2020年森林督查自查报告
	浙江省16个县（市、区）2019年森林资源管理"一张图"年度更新成果报告
	浙江省18个"县（市、区）十四五"期间年森林采伐限额编制成果报告
	浙江省7个县（市、区）国有森林资源专项调查报告
	浙江省义乌市13个镇（街道)2020年森林督查县级自查报告
	河南省潢川县、渑池县森林督查自查报告
	江苏省无锡市3个区2020年森林督查暨森林资源管理"一张图"年度更新报告
	福建省漳浦县、云霄县2020年森林督查自查报告
	浙江省杭州市森林资源及生态状况监测成果报告（2019年）
	2019年度杭州市公益林监测报告
	2020年上海市森林资源管理"一张图"年度更新成果报告
	福建省永安市森林资源规划设计调查报告
	福建省沙县第四次森林资源规划设计调查报告
2021年	2021年度华东监测区森林督查成果
	2021年华东监测区7省林草生态综合监测评价成果汇编
	2020年度全国森林资源调查国家级质量检查报告
	2020年浙江省森林资源年度监测成果、试点技术总结、工作总结报告
	华东监测区林草湿数据与第三次全国国土调查数据对接融合工作报告
	江苏省无锡市林木种质资源清查报告
	浙江省杭州半山国家森林公园拟改变经营范围森林风景资源调查评估报告
	中华环境保护基金会敦煌市"蚂蚁森林"造林项目检查验收报告
	福建省霞浦县2020年林分修复项目监理验收报告
	福建省霞浦县2020年珍贵用材树种造林（配套不炼山林地清理）项目监理验收报告
	福建省霞浦县2020年村庄绿化项目监理验收报告
	江苏省新沂市国有林场资产评估业务约定书
	河南省新县2019年森林资源管理"一张图"年度更新调查
	上海市4个区森林资源规划设计调查成果报告（2020年）
	上海市金山区2019年森林资源年度监测报告
	上海市6个区2020年森林资源年度监测报告
	江西省永修县2020年森林资源管理"一张图"更新成果
	江西省永修县2020年度森林督查县级自查报告及相关数据库
	河南省渑池县2020年森林督查县级自查成果报告
	江苏省无锡市惠山区2019年森林资源管理"一张图"年度更新报告
	浙江省丽水市庆元县涉林垦造耕地问题整改恢复森林植被（生态修复）项目市级专项核查验收报告
	浙江省杭州市余杭区2020年森林督查县级自查报告以及杭州市余杭区2019年度森林资源监测自查结果报告

（续表）

完成时间	成果名称
2021年	2021年"蚂蚁森林"造林项目检查验收报告
	浙江省玉环市2020—2021年度枯死松树清理验收报告
	浙江省平阳县2018年度森林督查变化图斑自查成果
	长水机场至双龙高速公路工程调整林地保护等级专题报告
	江苏省淮安市自然资源和规划局绿化潜力调查报告
	浙江省衢州市柯城区土地综合整治项目林地审核（森林资源补充调查）报告
	2020年度上海市崇明区四旁林和苗圃资源调查成果报告
	亿利公益基金会"蚂蚁森林"造林项目检查验收报告
	上海市松江区森林资源2021年度监测报告
	福建省漳州市长泰区2021年度森林督查县级自查工作报告
	浙江省杭州市余杭区闲林街道宝寿山景区擅自改变林地用途技术鉴定报告
	浙江省宁波市东钱湖旅游度假区2021年森林督查自查报告
	浙江省杭州市6个区2020年度森林资源年度监测报告
	浙江省杭州市4个区林草湿数据与第三次国土调查数据对接融合成果报告
	浙江省安吉县2020年度森林资源年度监测成果报告
	浙江省金华市婺城区2020年度森林资源监测成果报告
	浙江省湖州市吴兴区2020年度森林资源监测成果报告
	浙江省平阳县2020年森林资源管理"一张图"年度更新成果报告
	浙江省绍兴市柯桥区2021年森林林地变化图斑县级自查报告
	浙江省绍兴市柯桥区2020年森林资源管理"一张图"年度更新成果报告
	浙江省湖州市南太湖新区2020年度森林资源监测成果报告
	浙江省绍兴市上虞区2021年森林林地变化图斑县级自查报告
	浙江省绍兴市上虞区2020年森林资源管理"一张图"年度更新成果报告
	河南省新密市2021年林地变化图斑调查报告
	2021年上海市林地年度变更调查成果报告
	2021年度上海市森林资源年度监测暨林地变更调查国家级质量检查报告
	2021年浙江省玉环市秋季松材线虫病疫情监测普查报告

第三节　典型项目简介

一、福建省永安市森林资源二类调查

福建省永安市是全国南方集体林区和福建省重点集体林区县（市），1985年、1996年、2007年、2017年华东院连续4次承担该市森林资源二类调查。通过该项工作，不仅查清了永安市森林资源，还为基层林业单位培养了一大批技术骨干，为该市林业建设作出了积极贡献。

1985年9月至1987年7月，华东院承担并完成了福建省永安市森林资源二类调查工作。在小班区划调查和样地调查阶段，派出

40 多名专业技术人员，外业工作历时 4 个多月，按照《福建省县（市）森林资源调查技术规定》（1983 年），完成全市总面积 441 万亩的森林资源调查。外业工作经省、地（市）联合质量检查组检查验收，达到优秀等级。在内业阶段，选派 5 名专业技术人员，历时一年半，完成各类用图绘制、数据统计和相关资料的编制工作，质量为优良。向永安市林业委员会提交了森林资源调查报告，包括小班调查卡片、县级连续清查标准地选设和测树记录表、以乡（镇）为单位的基本图、以乡（镇）为单位的林相图、以县（市）为单位的森林分布图、各类森林资源统计表和电算编码表、以市为单位的样地因子登记表的调查成果。

永安市森林资源二类调查成果，为该市在随后十年间的林业管理与生产起到了重要作用。

二、第七次全国森林资源清查（2004—2008 年）汇总

全国森林资源清查每 5 年完成一次汇总。第七次全国森林资源清查（2004—2008 年）汇总，华东院负责 4 个专项分析，2 个林业重点工程区域森林资源统计分析，2 个区域森林资源统计分析；华东监测区 8 省（市）全国汇总分析的森林资源统计；有关工程、区域和专项分析森林资源数据统计程序编写完善等工作。

2008 年 1 月至 2009 年 6 月，华东院选派 20 多名专业技术人员组成了汇总工作小组，制定了实施方案和分析方案，历时一年半时间，完成了第七次全国森林资源清查汇总工作，向国家林业局提交了《全国林地林木权属分析报告》《全国经济林资源发展情况分析报告》《全国四旁林木资源分析报告》《全国竹林资源状况分析报告》《长江流域（含淮河太湖流域）防护林体系建设工程区森林资源统计分析报告》《沿海防护林工程区域森林资源统计分析报告》《全国森林资源按气候带统计分析报告》《淮河流域森林资源统计分析报告》；

华东监测区 8 省（市）有关工程、流域、林区、经济区域、气候区划、林业区划和专项分析等森林资源统计表；全国有关工程、区域和专项分析森林资源数据统计完善程序及编写说明。

第七次全国森林资源清查汇总成果，为国家林业局发布全国森林资源数据提供了基础依据，为国家和各省（区、市）指导林业生产提供了重要依据。

三、河南省森林资源连续清查（2013 年）

河南省于 1963 年第一次完成了全省森林资源整理汇总。1976 年在全省范围内开展了第一次森林资源清查，采用以数理统计为基础的抽样调查方法，以县为总体进行。1980 年建立连续清查体系，将全省分为三个副总体，于 1988 年复查，1990 年补设固定标志。1993 年分为山区和平原两个副总体布设样地，1998 年复查。2003 年以全省为一个总体系统布设样地进行调查，同时，以全省为总体布设遥感判读样地，对全省湿地资源及沙化、沙漠化土地情况进行调查。2008 年清查时，补充增加了与林业和生态建设有关的调查内容，主要包括森林类别、生态公益林事权等级、保护等级、商品林经营等级、群落结构、林层结构、树种结构、自然度、植被覆盖度等调查因子，同时，全面应用 GPS 技术。

河南省森林资源连续清查（2013 年），根据《国家林业局关于部署开展第八次全国森林资源清查和做好 2009 年清查工作的通知》《国家林业局资源管理司关于做好 2013 年全国森林资源清查工作的通知》要求，以《国家森林资源连续清查技术规定》（2004 年）及其有关补充规定，《2013 年全国森林资源连续清查前期工作会议纪要》及《遥感图像处理与判读规范》（试行）等为主要技术依据，应用《国家森林资源连续清查综合信息系统》进行统计分析。

华东院负责方案审核和操作细则审批、技

术指导、质量检查、外业成果验收、内业统计分析、成果报告编制及印刷、卫片处理和专题图制作等工作。2012年10月至2014年3月，选派10多名专业技术人员参加清查工作，向国家林业局提交了工作方案和技术方案审核报告、第八次全国森林资源清查河南省森林资源清查成果（2013年）。

清查成果包括报告、统计表、森林资源遥感影像图、森林资源分布图、湿地资源分布图、沙化及荒漠化土地分布图、样地因子和样木因子数据库等。

项目成果为国家及河南省林业制定宏观决策，调整林业规划、计划，监督检查领导干部实行森林资源消长任期目标责任制，林业分类经营改革，促进林业生态环境建设等提供了科学决策依据（图5-10）。

图5-10 森林资源调查监测成果文本2

四、上海市森林资源一体化监测（2014年）

上海市于1979年、1984年、1989年、1994年开展了4次森林资源二类调查，1999年首次系统布设样地开展森林资源连续清查工作，2004年、2009年复查。

上海市森林资源连续清查（2014年），积极推进森林资源一体化监测，实现国家监测与地方监测"一盘棋"、森林资源"一套数"、森林分布"一张图"，以国家森林资源连续清查样地控制抽样精度，遥感图像区划调查产出森林资源面积、样地调查产出活立木总蓄积。按照《国家森林资源连续清查技术规定（2014）》，制定了《上海市2014年森林资源清查操作细则》，应用

《国家森林资源连续清查综合信息系统》进行样地数据统计分析，按照《上海市2014年森林资源清查内业处理方案》进行数据融合，成果报表利用融合后的2014年区划调查数据、技术标准转换以后的2009年规划设计调查数据以及前后期抽样控制样地数据联合计算。

华东院负责监测方案的审核和操作细则的审批、技术指导、外业质量检查、内业统计分析、成果报告编写上报。2013年10月至2015年6月，选派10多名专业技术人员，完成一体化监测工作，向国家和上海市林业局提交了第九次全国森林资源清查上海市2014年森林资源清查成果，包括成果报告、统计表、质量检查报告、工作总结报告、技术总结报告、样地位置图、小班更新图和数据库等。

上海市森林资源一体化监测（2014年），是全国省（区、市）森林资源一体化监测、国家与地方年度监测数据融合更新的第一次实践，为第九次全国森林资源清查汇总和上海市各级人民政府年度目标考核、林业政策制定、森林资源监管、发展规划编制等提供了依据。

五、杭州市森林及生态状况监测与公告项目

杭州市自2008年开始建立了森林资源及生态状况动态监测体系，通过抽样控制结合小班更新，区、县（市）联动实现年度出数，每年通过《杭州日报》向全社会公告。2013年开始，华东院承担杭州市森林及生态状况监测与公告项目，至2021年共完成了9年的监测工作。通过这项工作，完善了杭州市森林资源区、县（市）"一盘棋、一套数、一张图"的监测体系，为杭州市生态文明建设作出了积极贡献，也为全国在森林资源及生态状况一体化监测及年度出数工作作出了示范。

2013年，华东院承担项目后，完成了杭州市2709个固定样地的复位调查，对小班数据进行了全面的更新，并在2014年3月12日《杭州日报》发布了监测成果，为社会公

众及时提供数据，实现了年度出数的目标。之后在传承的基础上对监测方法进行了优化完善，细化了县级监测单位，改进了样地调查方法，布设遥感样地 13486 个，遥感影像判读变化图斑等。2016 年、2017 年结合浙江省新一轮森林资源规划设计调查，以区、县（市）为单位全面更新了森林资源管理"一张图"，结合市级检查、质量控制，汇总形成全市成果数据。2018 年开始以区、县（市）森林资源管理"一张图"为基础，依据前后两期遥感影像判读变化图斑，通过档案资料核对、实地验证、自然生长蓄积模型更新等方法，实现动态监测，并对杭州市级以上公益林生态状况进行专题分析，丰富了监测成果（图 5-11）。杭州市森林资源及生态状况监测成果不仅每年在《杭州日报》公告，而且作为森林增长指标考核、森林督查、"城市"大

图 5-11　杭州市森林资源及生态状况监测

脑和智慧林业平台数据发布、林长制考核、林地"标准地"建设等重要依据。通过项目的实施，申请登记了计算机软件著作权 10 余项，《2013 年、2014 年、2015 年杭州市森林资源及生态状况动态监测与公告项目成果汇编》获 2015—2016 年全国林业优秀工程咨询成果二等奖，《2013—2017 年杭州市森林资源及生态状况动态监测与公告》获 2019 年中国地理信息产业优秀工程银奖，《杭州市森林资源及生态状况智慧监测平台》获 2019 年中国优秀工程勘察设计计算机软件三等奖、2016—2017 年全国林业优秀工程勘察设计一等奖。

六、浙江省 2020 年森林督查

按照国家林业和草原局《关于开展 2020 年森林督查暨森林资源管理"一张图"年度更新工作的通知》要求，2020 年 1—12 月，华东院选派 20 多名专业技术人员，完成了浙江省森林资源变化图斑的遥感判读和数据库建立，进行了对督查和监测工作方案及操作细则的审核、视频技术培训、中间技术指导和质量检查、各县（市、区）自查成果的内业复核检查、抽取县（市、区）的现地复核、问题反馈，报告编写，向国家林业和草原局提交了浙江省 2020 年森林督查成果报告，包括森林督查结果统计表和典型案例 3 个。

成果报告为及时督促浙江省各级人民政府依法落实保护发展森林资源目标责任提供了依据。

第一节　业务发展历程和主要业务方向

林业规划设计随着国家经济社会发展和不同时期林业建设的需要而变化。在国家林业主管部门的领导和部署下，华东院的林业规划设计工作始终坚持服从和服务于国家经济社会发展的需要，为我国的林业建设作出了重要贡献。

华东院林业规划设计业务大体分为森林开发利用规划、林业生态建设规划、林草湿荒生态修复规划三个阶段，每个阶段的主要业务方向各有不同。

一、森林开发利用规划阶段（1952—1989 年）

这一阶段，华东院的林业规划设计业务，主要是在摸清林区森林资源现状后，为开发建设林区，满足国家经济社会建设的木材需求，而进行的森林开发利用规划。从 20 世纪 50 年代初至 20 世纪 60 年代，主要参与完成了大小兴安岭和长白山林区等重点国有林区森林开发利用规划，为合理确定森林年采伐量、出材量、调拨量，进行采集运贮、林产品加工以及局（场）址和附属工程建设提供可靠依据。期间，还完成了浙江省、福建省部分重点林区县的森林开发利用规划，为确定这些重点林区县的森林年采伐量、出材量、调拨量提供可靠依据。1980—1989 年，主要参与完成了黑龙江省部分重点国有林区（森工局）和浙江省、福建省、江西省部分重点林区县（市、区、林场）的森林开发利用规划，为相关单位合理开发建设提供规划设计技术服务。

二、林业生态建设规划阶段（1989—2018 年）

1989 年 2 月，林业部华东森林资源监测中心成立，华东院转变为服务于国家林业加快"以木材生产为主向以生态建设为主的历史性转变"的森林资源监测和国家林业重点生态工程核（检）查验收，林业规划设计也进入到林业生态建设规划为主的新阶段。这一阶段，主要负责全国沿海防护林体系建设可行性研究规划评估、全国滨海林业长远规划，参与完成了全国林地保护利用规划试点、全国矿山修复规划等。同时，为地方林业生态建设、林地保护利用、森林公园和森林旅游、湿地公园、城乡绿化美化彩化香化、森林防火、风景名胜区、农林特色产业等提供规划设计技术服务。

三、林草湿荒生态修复阶段（2018 年至今）

在林业"加强森林、草原、湿地监督管理的统筹协调，大力推进国土绿化，保障国家生态安全"职能转变和重要自然生态系统、自然遗迹、自然景观和生物多样性等自然保护地系统性保护工作中，华东院的林业规划设计工作转变成国家公园、自然保护区、自然公园等林草湿荒生态修复规划设计。同时，为地方提供林草湿荒生态修复和城乡绿化美化彩化香化等规划设计技术服务（图 5-12）。

四、内设机构及人员

林业规划设计始终是华东院的主要业务之一。因此，从建院初期就设立了专门从事规划设计的机构（图5-13）。1952—1970年，该项工作主要由总体室、综合室承担，有的调查中队也负责部分的规划设计任务，1980年后的林业规划设计内设机构见表5-8。

图5-12 林业规划设计野外工作中

表5-8 林业规划设计机构及人员一览

时间	机构名称	主要负责人	职工人数（人）
1981.12—1983.12	综合调查室	吴继康	22
1984.01—1986.02	专业调查室	郑若玉	16
1986.03—1987.02	综合设计室	陈家旺	30
1987.03—1991.02	规划设计室	江一平	26
1991.03—1993.02	专业规划设计室	沈雪初	28
1993.03—1994.01	园林工程设计室	徐太田	14
1994.02—1995.03	园林工程设计室	周 潮	14
1995.04—2000.03	园林工程设计室	王金荣	14
2000.04—2013.03	风景园林设计处	王金荣	18
2013.04—2019.04	规划设计处	楼 毅	17
2019.05—2021.12	规划设计处	徐 鹏	20
2021.12至今	生态规划咨询处	徐 鹏	12

图5-13 生态规划咨询处职工集体照

第二节 主要成果

据不完全统计，从 20 世纪 60 年代开始至 2021 年，华东院共完成提交林业规划设计成果 4024 项，其中森林开发利用规划阶段 18 项，林业生态建设规划阶段 3597 项，林草湿荒生态修复阶段 409 项，主要成果见表 5-9 ～表 5-11。

表 5-9　森林开发利用规划阶段主要成果一览

完成时间	成果名称
1965 年	浙江省龙泉县（含现庆元县）合理森林采伐量、出材量规划成果
1967 年	浙江省云和县（含现景宁县）合理森林采伐量、出材量规划成果
1969 年	福建省光泽县合理森林采伐量、出材量规划成果
1984 年	浙江省龙泉县合理森林采伐量、出材量规划成果
1985 年	浙江千岛湖森林公园开发建设可行性研究报告
	福建省永安市速生丰产用材林调查规划设计
1987 年	浙江千岛湖国家森林公园总体规划
	福建省三明市三元区合理森林采伐量、出材量规划成果
	福建省三明市梅列区合理森林采伐量、出材量规划成果
	福建省永安市合理森林采伐量、出材量规划成果
	黑龙江省铁力林业局木材年产量调整规划成果
	华东地区速生丰产林情报调研报告及资料汇编
1988 年	黑龙江省乌马河林业局木材年产量调整规划成果
	黑龙江省双鸭山林业局木材年产量调整规划成果
1989 年	黑龙江省新青林业局木材年产量调整规划成果
	黑龙江省红星林业局木材年产量调整规划成果
	浙江千岛湖国家森林公园近期建设初步设计说明书
	江西省泰和县速生丰产用材林基地造林总体设计

表 5-10　林业生态建设规划阶段主要成果一览

完成时间	成果名称
1992 年	全国滨海林业长远规划
	福建省厦门坂头森林公园总体规划
1993 年	浙江省白云森林公园总体规划
	浙江省南雁森林公园总体规划
	福建省福州国家森林公园总体规划
	福建省东山赤山海滨森林公园总体规划
	福建省厦门天竺山森林公园总体规划
1994 年	福建省长泰天柱山森林公园总体规划
	浙江省金华赤松黄大仙风景区总体规划
	浙江省金华市大佛寺风景名胜区总体规划

（续表）

完成时间	成果名称
1994 年	浙江金华九峰山风景名胜区总体规划
	浙江磐安花台山森林公园总体规划
1995 年	浙江省东阳市三都——屏岩风景名胜区总体规划
	浙江省常山虎山公园规划设计说明书
	浙江省遂昌湖山森林公园总体规划
	江西省陡水湖森林公园总体规划
	江西省乐平市 20 万亩果业工程总体规划
1996 年	浙江省金华市积道山风景区总体规划
1998 年	1996 年华东木材林产品交易市场可行性研究报告
	江西省宁都翠微峰国家森林公园总体设计
1999 年	浙江省金华市安地仙源湖风景区总体规划
	安徽省九华山国家森林公园双溪寺景区详细规划
2000 年	浙江省瑞安市集云山森林公园详细规划
2001 年	浙江省宁波市林木育苗基地建设项目总体设计
	福建省猫儿山国家森林公园总体设计
	中国花木城工程建设可行性研究报告
	浙江省象山特种野猎繁育中心建设可行性研究报告
	浙江省宁波市林木种子种苗工程可行性研究报告
2002 年	浙江东阳横店八面山森林公园可行性研究报告
	福建三明仙人谷森林公园总体设计
	浙江金华山茶种苗基地总体设计
	浙江省金华市污水处理厂环境绿化设计
	浙江千岛湖国家森林公园 2002 年基础建设项目总体设计说明书
	贵州省贵阳市观山公园详细规划
	贵州省贵阳市樱花儿童公园详细规划
	浙江省武义县郭洞风景区龙山生态林游览区详细规划
2003 年	浙江省天童国家森林公园基本建设项目可行性研究报告
	江苏徐州环城国家森林公园建设项目可行性研究报告
	浙江四海山拟建国家森林公园项目可行性研究报告
	浙江省宁波市森林防火重点火险区综合治理工程建设可行性研究
	福建省 2003—2010 年林业发展规划
	上海市森林植物检疫隔离试种苗圃总体设计
	浙江仙霞省级森林公园总体设计
2004 年	上海市森林植物检疫隔离试种苗圃基础设施建设项目可行性研究报告
	福建省三明市森林公园建设与发展规划
	浙东南沿海（漩门湾）现代农业示范项目初步设计
	河南省郑州市森林生态城总体规划（2003—2013 年）

（续表）

完成时间	成果名称
2005 年	河南省郑州市森林生态城建设工程可行性研究报告
	中国历史文化名村——郭洞保护规划
	浙江牛头山拟建国家森林公园总体规划
2008 年	上海市森林植物检疫隔离试种试种苗圃建设项目初步设计书
	浙江省香榧良种繁育中心建设项目初步设计
2009 年	浙江省油茶良种采穗圃建设项目可行性研究报告
	全国林地保护利用规划试点总结报告
	浙江省木本油料林种质资源库建设项目初步设计
	浙江双龙国家级风景名胜区旅游基础设施建设项目初步设计
	全国林业发展区划上海市三级区区划
	浙江千岛湖国家森林公园总体规划（2009—2020 年）
2010 年	上海市危险性林业有害生物监测预警与应急防控体系建设项目可行性研究报告
	上海市松材线虫病林业有害生物预防体系基础设施建设项目初步设计说明书
2011 年	浙江丽水市七百秧城市森林公园总体规划
	上海市林业"三防"体系建设规划
	上海市森林防火"十二五"建设规划
	浙江省余姚市平原绿化总体规划
	河南省郑州市"十二五"林业发展规划
	浙江省遂昌县竹产业循环经济试点基地建设规划 (2011—2020 年)
	浙江兰亭国家森林公园总体规划（2011—2020 年）
	浙江省衢州市森林城市建设总体规划
	浙江省杭州市三江两岸林业生态景观保护与建设规划
	浙江省丽水市七百秧城市森林公园景观林建设（一期）项目作业设计
	国家林业局竹子研究开发中心实验基地初步设计
2012 年	国家油茶核心种质（浙江）资源库建设项目可行性研究报告
	河南省郑州市森林城市建设总体规划
	"森林临海"建设规划（2011—2020 年）
	浙江省绍兴鉴湖休闲林场森林防火工程规划设计
2013 年	刚果（布）速生桉树工业原料林基地建设项目可行性研究报告
	江西省景德镇市 2014 年农业综合开发林下油料省沽油基地示范项目可行性研究报告
	浙江省金华市森林城市建设总体规划
	上海市林地保护利用规划（2010—2020 年）
	山东省青岛经济开发区林地保护利用规划（2010—2020 年）
	浙江四明山国家森林公园总体规划（2013—2020 年）
	浙江省义乌市林地保护利用规划

（续表）

完成时间	成果名称
2013 年	浙江省东阳市东白山香榧特色园建设总体规划
	浙江省义乌德胜岩省级城市森林公园总体规划（2013—2020 年）
	福建省泰宁九龙潭景区总体规划
	浙江省义乌市 2013 年度森林抚育作业设计
	浙江省温州市森林绿道建设总体规划（2012—2015 年）
2014 年	山东省东营市林地保护利用规划
	上海佘山国家森林公园总体规划（2013—2025 年）
	浙江省航空护林建设总体规划（2014—2025 年）
	江西省景德镇市国家森林城市建设总体规划（2014—2023 年）
	浙江省金华市木本油料产业发展规划
	福建天柱山国家森林公园总体规划
	国家油茶核心种质（浙江）资源库建设项目初步设计
	浙江省义乌市 2014 年度森林抚育作业设计（后宅等 9 个镇街道）
	2014 年度武义县低效林改造、迹地更新和树种结构调整造林作业设计（白洋等 11 个乡镇街道）
	浙江省兰溪市高效丰产林建设工程作业设计（黄店等 9 个乡镇街道）
2015 年	浙江省航空护林站建设项目可行性研究报告
	浙江省天台县低产林造林设计（20 个乡镇村标段）
	浙江省缙云县迎宾大道五都村段两侧山体珍贵彩色健康森林节点设计
	浙江省绍兴市汤浦水库库区网格化管理规划
	浙江华顶国家森林公园总体规划修编（2015—2025 年）
	重庆市武隆县仙女山国家森林公园总体规划
2016 年	浙江省森林公安基础设施建设规划
	江苏省无锡市"十三五"林业发展规划
	浙江省东阳市林业局国家香榧生物产业基地规划
	江西省景德镇国家森林公园总体规划（2016—2025 年）
	河南棠溪源国家森林公园总体规划
	浙江省杭州市萧山区义桥镇镇村级林道建设规划
	浙江省杭州市萧山区镇村级林道建设规划
	江苏省南通市国家森林城市建设总体规划 (2016—2025 年)
	江苏省连云港市高公岛等 4 个街道 2015 年度森林抚育作业设计
	江苏省连云港市赣榆区 2015 年度森林抚育作业设计
	江苏省连云港市赣榆区抗日山园艺场 2015 年度森林抚育作业设计
	江苏省连云港市国营南云台林场 2015 年度森林抚育作业设计
	江苏省连云港市花果山风景区管理处 2015 年度森林抚育作业设计
	浙江省温岭市珍贵彩色健康森林建设作业设计（2016 年）
	浙江省战略储备林珍贵树种基地建设义乌市林场造林作业设计

（续表）

完成时间	成果名称
2016 年	浙江省宁波市林场 2016 年度森林抚育作业设计
	浙江省金华市金东区 2016 年古树名木保护方案
	福建省厦门市"莫兰蒂"台风林业灾后恢复重建工作方案
2017 年	浙江省临海市珍贵彩色森林建设总体规划（2016—2020 年）
	江苏省苏州市现代林业"十三五"发展规划
	浙江省安吉县国家森林城市总体规划（2017—2026 年）
	山东省招远市三年"大绿化"工程建设规划（2017—2019 年）
	浙江省东阳市国家森林城市建设总体规划
	浙江省义乌市城西街道美丽乡村精品线路东黄线彩色健康林带建设项目设计
	浙江省义乌市望道省级森林公园彩色健康林带建设项目作业设计
	浙江省温岭市森林抚育暨珍贵彩色森林作业设计
	浙江省台州市椒江区 2017 年度森林抚育暨珍贵彩色森林作业设计
	福建省霞浦县城关高速互通口绿化项目规划设计方案
2018 年	江苏虞山国家森林公园总体规划（2017—2026 年）
	江苏省无锡市滨湖区珍贵彩色树种培育总体规划（2017—2025 年）
	浙江省新昌县国家森林城市建设总体规划（2017—2026 年）
	浙江省长兴县国家森林城市建设总体规划（2017—2026 年）
	浙江省云霄县云山里国家级森林康养基地建设总体规划（2018—2025 年）
	浙江千岛湖国家森林公园总体规划（2018—2027 年）
	浙江省杭州市拱墅区半山国家森林公园总体规划
	浙江省玉环市国家森林城市总体规划 (2018—2030 年)
	河南省濮阳市国家储备林基地建二期项目（台前县、范县）可行性研究报告
	浙江省玉环市 2018 年度中央财政森林抚育暨彩色健康森林建设作业设计
	浙江省桐庐县新合乡柴雅线（雪水岭隧道—外松山）色彩林业节点设计
	浙江省义乌市城西街道沪昆高速公路沿线珍贵彩色林带建设作业设计
	福建省霞浦县 Y907-920 小溪至亭下溪道路两侧绿化美化工程设计
	浙江钱江源国家公园生态保护与监测工程（森林保护与修复工程）初步设计
	江苏省无锡市锡山区 2015—2017 年森林抚育作业设计（安镇街道、锡北镇）
	浙江省永康市 2017 年度珍贵彩色健康森林作业设计
	河北省怀来县 2018 年造林绿化（京藏高速公路两侧绿化景观提升）工程设计
	浙江省台州市椒江区 2019 年珍贵彩色森林建设作业设计
	浙江省台州市路桥区桐屿街道埠头堂村苗圃作业设计
	浙江温州龙山公园风景林提升建设概念设计
	浙江省黄岩优能风电场森林植被恢复设计
	河北省张家口市桥东区 2018 年度造林绿化工程项目作业设计
	浙江省台州市黄岩区长潭水库消落带生态修复规划及施工设计

表 5-11　林草湿荒生态修复阶段主要成果一览

完成时间	成果名称
2019 年	山东省昌邑市苗木产业转型升级规划
	浙江省台州市路桥区金清镇海岛彩色风景林建设专项规划
	浙江省东阳市南山省级森林公园总体规划（2018—2027 年）
	浙江省缙云县森林古道保护开发利用规划（2018—2030 年）
	上海东平国家森林公园总体规划（2018—2027 年）
	上海共青国家森林公园总体规划
	浙江省象山县国家森林城市建设总体规划
	浙江省杭州市余杭区林区通道专项提升规划
	金丽温省级天然气管道金衢段配套管道工程东阳支线义乌段边坡治理及复绿工程设计
	浙江省大陈岛蓝色海湾生态修复工程海岛植被恢复设计
	浙江省新昌县十九峰景区林相改造初步设计
	丽水白云国家森林公园美丽林相工程（2019 年度）设计
2020 年	上海市"四化"森林建设总体规划（2019—2035 年）
	浙江省兰溪市国家级森林城市总体规划
	浙江衢州全旺龙门养心谷总体规划方案（2019—2023 年）
	浙江省嘉善县陶庄镇科普公园设计施工图
	江西省抚州市温泉景区金融小镇森林绿化美化彩化珍贵化建设作业设计
	青海省湟水规模化林场 2020 年林业生态专项债券建设项目作业设计
	浙江省泰顺县国家级森林城市总体规划
	浙江省绍兴市上虞区陈溪乡虹溪村美丽乡村精品示范村建设工程（Ⅱ标）作业设计
	浙江钱江源国家公园生态保护与监测工程（森林保护与修复工程）初步设计
	玉环久翔农业观光有限公司（百鸟园）建设项目可行性研究报告
	广东省国家林木种质资源库建设项目可行性研究报告
	浙江省杭州市余杭区长乐林场森林经营方案（2021—2030 年）
	浙江省天台县国家森林城市建设总体规划
	福建省柘荣县"十四五"期间年森林采伐限额编制工作报告
	浙江省缙云县森林古道修复工程设计（大洋古道、清风古道）
	浙江省杭州市萧山区新增国土绿化行动 2022 年实施方案编制项目
	浙江天台抽水蓄能电站专项地质勘探临时使用林地伐区作业设计书
	浙江省丽水市国土空间总体规划——森林资源保护利用专题
	浙江省江山市 2021 年新增百万亩国土绿化实施方案
	福建省沙县集体林森林经营规划
	浙江省义乌市 7 个镇（街道）2021 年度珍贵彩色森林建设项目作业设计
	浙江省宁海县国家森林城市建设总体规划（2019—2030 年）
	浙江省台州市黄岩区柔川景区山体林相改造设计
	2018 年张家口市宣化区利用银行贷款建设储备林基地项目勘察设计第四标段作业设计

（续表）

完成时间	成果名称
2020 年	浙江省义乌市江东街道青岩区块有机更新项目边坡治理工程伐区作业设计书
	浙江省金华市区饮用水源涵养生态功能区森林质量精准提升（森林抚育）规划（2021—2030 年）
	浙江省桐庐县新增百万亩国土绿化建设规划（2020—2024 年）
	河南省巩义市大河文化绿道设计
	河南省浚县黎阳故城遗址森林休闲公园总体规划（2020—2025 年）
	河南省"十三五"林业发展规划总结评估报告
	浙江省衢州市柯城区寺桥水库工程古树处置设计方案
	《柯城区林地保护利用规划（2010—2020）》局部调整方案
	河南石漫滩国家森林公园总体规划编制（2021—2030 年）
	浙江省磐安大盘山省级森林公园总体规划（2021—2030 年）
	浙江省浦江县枯死松木清理作业设计
	河南省黄河流域乡土树种国家林木种质资源库建设项目可行性研究报告
	上海市金山三岛海洋生态自然保护区总体规划（2021—2030 年）
	浙江省杭州市拱墅区"新增百万为国土绿化行动"五年规划
	浙江省宁波市鄞州区"百万亩国土绿化"五年规划及分年度实施方案
	江西省玉山县国家森林城市建设总体规划（2021—2030 年）
	福建省将乐县森林经营试点工作年度实施方案
	山东省蒙阴县退化公益林修复和森林质量提升工程可行性研究报告
	山东省蒙阴县森林保育工程可行性研究报告
	山东省蒙阴县生物多样性保护与有害生物防治工程可行性研究报告
	浙江省常山县林业发展"十四五"规划
	浙江省台州市黄岩区大寺基未来国有林场的规划
	江苏省徐州市国土空间科学绿化实施规划（2021—2025 年）
	河南省淅川县南水北调中线工程水源区国土绿化试点示范项目营造林作业设计
	浙江省富春未来城生态公园景观林改造项目可行性研究报告 / 改造初步设计
	浙江省湖州市吴兴新增百万亩国土绿化规划
	山东省沂南县生态脆弱区造林工程作业设计
	山东省沂南县退化林修复与森林质量提升工程作业设计
	山东省沂南县生物多样性保护与有害生物防治工程作业设计
	山东省蒙阴县退化林修复与森林质量提升工程作业设计
	山东省蒙阴县生物多样性保护与有害生物防治工程作业设计
	山东省沂水县退化林修复与森林质量提升工程作业设计
	山东省费县生物多样性保护与有害生物防治工程作业设计
	福建省龙岩市国土绿化试点示范项目实施方案（2021—2022 年）
	江西省崇仁县 2020 年度森林资源变化图斑现状调查报告
	浙江省安吉县新一轮林地保护利用规划数据融合分析专题研究报告

（续表）

完成时间	成果名称
2020年	浙江省玉环市2021—2022年度枯死松木采伐作业设计
	浙江省富春未来城植物景观规划研究
	浙江省杭州市余杭区森林经营规划（2020—2030年）
	浙江省浦江县松材线虫病疫情防控五年攻坚行动计划（2021—2025年）
	浙江松阳卯山国家森林公园规划范围调整报告
	浙江大溪国家森林公园范围调整及总体规划（2021—2030年）
	浙江嘉兴运河文化旅游度假区（二期）工程——莲泗荡水上游憩项目湿地景观提升工程项目建议书及可行性研究报告/初步设计
	浙江省青田县涉林垦造耕地生态修复造林作业设计
	江西省上饶市森林药材产业发展规划（2021—2025年）
	江西省上饶市油茶产业发展规划（2021—2025年）
	安徽省六安市裕安区林业发展"十四五"规划（2021—2025年）
	国家森林城市建设效益评估报告——以杭州市为例
	全国"十四五"林地定额测算研究

第三节　典型项目简介

一、浙江千岛湖国家森林公园总体规划

（一）浙江千岛湖国家森林公园概况。 千岛湖国家森林公园，1985年3月开始筹建，1986年10月经林业部批复设立，1990年6月经林业部批准晋升为国家级森林公园，总面积923.24平方公里（含水域），是目前国内最大的国家级森林公园。

（二）华东院参与建设的相关工作。 自1984年12月淳安县成立"千岛湖森林公园规划建设领导小组"起，华东院受托参与了森林公园建设的历次可研、规划工作。1985年6—12月，选派8名专业技术人员，历时7个月，编制完成《千岛湖森林公园开发建设可行性研究报告》；1987年5—11月选派7名技术骨干，历时7个月，编制完成《千岛湖国家森林公园总体规划》，包括规划文本和8个图件（图5-14）；1988年12月至1989年12月，选派7名专业技术人员，历时1年，

编制完成《浙江千岛湖国家森林公园近期建设初步设计说明书》，包括初步设计说明书文本以及附图、附表；2009年1—7月，选派5名专业技术人员，会同淳安县新安江开发总公司和淳安县林业局专业技术人员，历时7个月，编制完成《千岛湖国家森林公园总体规划（2009—2020年）》，包括规划文本和6个附件；2017年6—11月，选派11名专业技术人员，会同淳安县新安江开发总公司和淳安县林业局专业技术人员，历时6个月，完成《浙江千岛湖国家森林公园总体规划（2018—2027年）》修编，包括规划修编文本及3个专题报告和相关附件。

按照修编后的总体规划，千岛湖国家森林公园主题定位为以森林风景资源和生物多样性保护为核心，以"青山碧水、千岛百湾、溪谷石林、人文风光"为特色，以文化、休闲、度假、养生为亮点的滨湖型森林旅游体验胜地。公园分为中心湖区、东北湖区、东南湖区、西南湖区、西北湖区、汾口片区和枫树岭片区。预测2027年游客容量为1400万人次。

（三）获奖情况。华东院编制的千岛湖国家森林公园可研、规划、设计等成果，作为公园开发建设的主要依据，为公园发展作出了重要贡献，多项成果得到行业内认可并获得荣誉。如《千岛湖森林公园开发建设可行性研究》荣获 1987 年度林业部林业调查设计优秀成果三等奖，《千岛湖国家森林公园总体规划（2009—2020 年）》荣获 2010 年度全国林业优秀工程咨询成果二等奖。

二、郑州森林生态城总体规划（2003—2013 年）

2003 年 12 月，郑州市委、市人民政府出台了郑州市加快林业发展的决定，明确提出"把郑州建设成为山川秀美的森林生态城市"，并委托华东院编制森林生态城总体规划。2003 年 12 月至 2004 年 8 月，华东院 13 名专业技术人员与郑州市林业局 36 名工作人员组成项目组，编制完成《郑州森林生态城总体规划（2003—2013 年）》（图 5-15）。

《规划》将郑州市森林生态系统布设为"一屏、二轴、三圈、四带、五组团"的建设格局（一道黄河绿色生态屏障、沿两条国道建成的森林生态景观轴线、依托三层环城公路的森林生态保护圈、四条"井"字形防护林带、城市近郊五大核心森林组团），规划实施绿色通道、水系林网、大地林网化、中心城区绿化、林木种苗花卉、生物多样性保护、森林旅

图 5-14　浙江千岛湖国家森林公园总体规划

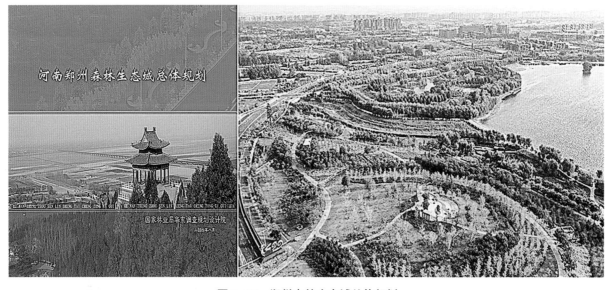

图 5-15　郑州森林生态城总体规划

游、核心森林等 8 项重点工程。

项目成果对规划期内建成"城在林中、林在城中、人在绿中、居在林中"的郑州森林生态城具有重要的指导意义。《规划》获 2005 年全国林业优秀工程咨询成果一等奖和全国优秀工程咨询成果二等奖。

三、浙江省遂昌县竹产业循环经济试点基地建设规划 (2011—2020 年)

2011 年 1 月，华东院受遂昌县发展和改革局、林业局邀请，承担《浙江省遂昌县竹产业循环经济试点基地建设规划（2011—2020 年）》编制工作。随即，选派 4 名技术骨干与遂昌县发展和改革局、林业局相关人员组成项目组，具体负责规划的编制工作。经过 6 个月的努力，于当年 7 月提交了规划成果。2011 年 7 月，浙江省发展和改革委员会在杭州主持召开《规划》成果评审会。与会的领导、专家一致认为《规划》编制依据充分，指导思想明确，目标定位准确，资料、数据翔实可靠，分析论证合理，指标特色突出，产业分析透彻，空间布局合理，内容全面，可考核性强，对探索有遂昌特色的竹产业循环经济模式具有十分重要的意义。2011 年 9 月，浙江省发展和改革委员会对遂昌县竹产业循环经济试点基地建设规划作了批复。

《浙江省遂昌县竹产业循环经济试点基地建设规划（2011—2020 年）》成果由正文、附表、附图等组成，正文包括基本情况、竹产业发展状况、规划总则、重点领域、主要任务、投资估算、实施规划保障措施等。《规划》将遂昌县竹产业发展分为近期（2011—2012 年）、中期（2013—2015 年）、远期（2016—2020 年）。按照《规划》，遂昌县竹林面积将从 2010 年的 2.133 万公顷，发展到 2020 年的 3 万公顷；竹产业年总产值将从 2010 年的 6.95 亿元，发展到 2020 年的 25 亿元。

《规划》成果直接为加快遂昌县竹产业循环经济试点基地建设，推动县域经济转型升级

起到了重要作用，为推动《浙江省循环经济试点基地建设指导意见》的实施作出了积极贡献。该项目获 2011 年全国林业优秀工程咨询成果二等奖。

四、温州市森林绿道建设总体规划 (2012—2015 年)

根据《温州市绿道网建设实施意见》精神，温州市拟按照"一年全面起步、两年基本建成、三年完善提高"的要求，用 3 年左右时间建成总长约 3536 公里，涵盖生态型、郊野型、都市型的绿道，串联市域主要的旅游景点与人文景观，形成结构合理、衔接有序、连通便捷、配套完善的绿道网络体系。作为温州市绿道网的三大组成之一，森林绿道是森林公园和森林休闲旅游区中连接各景区，沿着溪谷、山脊、风景线路等设立，可供行人或骑行者进入的景观游憩线路，包括步行道、自行车道等。2012 年 7 月，温州市林业局委托华东院编制《温州市森林绿道建设总体规划（2012—2015 年）》（图 5-16）。华东院随即抽调 9 名骨干会同温州市林业系统技术人员组成项目组，专司《规划》编制工作。经过 4 个月的紧张工作，于当年 10 月提交了规划稿。2013 年 5 月，《规划》成果通过了由温州市林业局组织召开的来自浙江省林业厅、浙江省森林旅游协会、浙江农林大学、浙江省亚热带作物研究所等单位的专家及相关部门的评审。2013 年 7 月，温州市人民政府对温州市森林绿道建设总体规划（2012—2015 年）作了批复。

《温州市森林绿道建设总体规划（2012—2015 年）》成果由正文和附图组成，正文包括背景与分析、总则、森林绿道布局规划、绿道设施规划、森林绿道周边环境建设、森林绿道功能开发策略、投资估算与效益分析、实施机制与保障措施等 8 章。重点规划了森林绿道网选点、森林绿道网选线、生态绿道控制宽度、森林绿道网布局、森林绿道路面建设、森林绿道与其他交通设施交叉的处理、服务设施工

自行车道　　　　　　游步道(排道)意向　　　游步道(块石铺装)意向

图 5-16 温州市森林绿道建设总体规划

程、森林绿道周边环境建设、森林绿道功能开发策略等重点内容。规划全市拟建设和改造提升森林公园、湿地公园等 90 个，建设游步道、登山健身步道等森林绿道 1020 公里。

《规划》成果直接为加快温州市森林绿道建设起到了重要作用，为推动温州市绿道网建设作出了积极贡献。该项目获 2014 年浙江省优秀工程咨询成果二等奖。

五、上海市危险性林业有害生物监测预警与应急防控体系建设项目可行性研究报告

2008 年 3 月，受上海市林业局委托，华东院成立由处领导带队的 7 人项目组，承担该项目的编制工作。项目历时 1 年有余，经多次召开项目座谈会、协调会、征求意见会，听取各级政府部门以及专家的意见。经补充、修订，于 2009 年 3 月 14 日通过由中国科学院、国家林业局、上海市出入境检验检疫局、上海市发展和改革委员会和上海市农业科学院等单位的专家以及有关部门的论证。

该项目以世博园区周边及上海市主要通道为重点区域，以亚洲型舞毒蛾和松材线虫等重大危险性林业有害生物为重点对象，加强预警监测，突出应急防控能力建设，健全应急防控机制。项目建设地点为上海市浦东新区、南汇区、奉贤区、宝山区、闵行区、嘉定区、金山区、松江区、青浦区和崇明县 10 个区（县）以及市林业病虫防治检疫站（浦东新区外环）。主要建设内容一是林业有害生物监测预警体系，包括林业有害生物监测预警管理办公网络系统，市林业有害生物检验检疫中心实验室、测报点与监测点，上海市水源涵养林有害生物监测预警中心；二是林业有害生物应急防控体系，包括药剂药械储备库和专用防治设备等。项目总投资 5998.9 万元，建设期 2 年，从 2009 年 1 月至 2010 年 12 月。

《可行性研究报告》由正文、附表、附图等组成，正文包括总论、项目建设的背景及必要性、项目建设条件、建设总则、项目建设方案、环境影响评价、投资估算与资金筹措、综合评价、结论与建议等 13 章。

《可行性研究报告》受到上海市林业局以及相关部门的高度认可，并作为建设项目立项的主要依据。

第三章　信息技术应用

20世纪80年代以来，信息技术的快速发展和广泛应用，引发了一场新的全球性产业革命。信息化成为当今世界经济社会发展的大趋势，信息化水平已是衡量一个国家和地区现代化水平的重要标志。抓住世界信息技术革命带来的机遇，大力推进信息化，是加快我国现代化建设的必然选择，也是加快现代化林业建设的必然选择。华东院始终重视以信息技术为重点的新技术建设与应用，经过多年努力，现已在激光雷达监测技术、"云臻+"系列智慧监测平台、林草生态预警与林长制综合管理智慧平台等三个方面取得较好成绩，为华东院的发展作出了重要贡献。

第一节　业务发展历程和主要业务方向

华东院自建立信息技术应用部门以来，大体经历了信息技术探索、引入、发展、完善、推广应用等阶段。

一、信息技术初创阶段（1983—1991年）

华东院恢复重建以来，高度重视新技术在林业调查规划设计中的应用。1985年在生产技术科内成立了电算组，成员有金子光、聂祥永、唐庆霖、夏志燕、孙文友等，配置了PC-1500和HX20袖珍计算机和Apple-II个人计算机。小组承担森林资源调查内业数据处理任务，先后完成了大兴安岭韩家园、黑龙江省铁力、乌马河、双鸭山、新青、红星等林业局的森林资源二类调查内业数据统计工作，改变了使用计算器手工计算填表、统计汇总的传统模式，效率成倍提高。电算组在技术创新方面也作出了很多贡献，其中主持完成的《森林资源微机多路通信数据采集传送系统》项目获林业部1989年科学技术进步三等奖。

随着遥感技术在林业调查中的应用兴起，华东院组织力量积极参加技术攻关。1986年，通过内部抽调、外部选调技术人员的方式，正式组建了遥感组，隶属生产技术科，成员有胡际荣、张茂震、李维成、吴荣辉、冯利宏、郭在标、张键等。

1986年承担了利用国土普查卫星图像进行黄河三角洲植树造林研究项目，这是华东院第一个独立完成的遥感类项目，项目成果获林业部1987年科技进步三等奖。1987年，华东院在安徽省休宁县开展TM遥感影像在森林资源调查中的应用研究，在影像处理、判读分类、蓄积量估算等方面有了重大进步，研究成果获联合国粮农组织专家的好评，并专程为此赴休宁实地考察。该成果获林业部1990年科技进步三等奖，该项目的成功实施为华东院争取参与联合国援助项目起到了关键作用。

1989年，华东院调整内设机构，成立电算遥感室，人员以生产技术科的电算组和遥感组人员为主组成。电算遥感室主要承担院内业数据处理、遥感技术应用等相关工作，开启了华东院信息技术研究和应用的蓬勃发展时代。

二、国外技术引进阶段（1992—1997年）

1992年9月至1997年9月，由林业部资源和林政管理司负责组织，4个部直属调查规划设计院共同实施的联合国开发计划署（UNDP）援助项目（CPR/91/151），共分5个子课题：

①优化全国森林资源调查方法（中南院牵头）；

②建成和完善国家森林资源信息数据库（华东院牵头）；

③研制森林生长与收获模型、森林资源消耗量模型（华东院牵头）；

④地理信息系统应用开发（西北院牵头）；

⑤应用卫星遥感技术监测森林资源、森林土地利用（规划院牵头）。

UNDP援助项目5个子课题中，华东院牵头负责2个子课题的研究。为完成课题，引进了世界上先进的Oracle数据库技术，在后续的项目推广应用中，进一步研发了基于Oracle数据库的《国家森林资源连续清查综合管理信息系统》，1999—2018年，在全国范围内成功应用了20年。

项目实施过程中，华东院同时引进遥感、地理信息系统和全球定位系统等国外新技术，并在联合国专家的指导下，逐步应用于国内的森林资源监测实践。

三、图形图像技术开拓阶段（1998—2001年）

UNDP援助项目的实施使得华东院在人才队伍建设、硬件设备更新、系统软件配置等方面得到了很大提升。为适应市场经济形势，弥补财政拨款不足，充分发挥人才潜力和设备优势，开展对外技术服务，实现创收增收的目的。1998年在电算遥感中心成立了图形图像创收小组，依托新技术的研究、应用、推广，为院创收探路。该小组由胡际荣牵头，由吴荣辉、林辉、黄先宁等组成，随着业务发展，2000年独立组建图形图像处。这是一个以创收为主、兼顾生产的技术团队，在当时的市场经济环境下，是华东院开展对外服务、实现创收增收的探路者，图形图像处在技术创新、开拓市场、对外服务方面进行了积极的探索，主要体现在以下几个方面。

（一）突破制图技术。图形图像处充分利用现有设备，积极学习先进技术，熟练掌握GenaMap、ErMapper、AutoCad、PhotoShop、ArcGIS等软件的应用，形成了具有特色的图形图像处理流程。利用GenaMap系统进行纸质图矢量化，AutoCad制作成果图，成功解决了制作土地利用现状图、规划图的关键技术，总结了一套行之有效的制图方法。在华东监测区首次使用计算机制作森林资源规划设计调查各类成果图，实现了技术上的突破，在林业领域取得了成功应用。

（二）开拓业务市场。图形图像处掌握计算机制图新技术后，克服各种困难，积极开展对外技术服务。在1998—2002年短短5年时间里，承担完成了兰溪市、武义县土地利用现状图及规划图制作，完成了金华市辖多个县（市）、台州市辖部分县（市）、绍兴市辖部分县、杭州市辖部分县、温州市辖多个县（市）、宁波市辖多个县（市）、上海市全域等的森林资源规划设计调查各类图件的制作及数据统计，为华东院业务的拓展和信息技术的推广应用作出了重要贡献。

（三）推进技术进步。为推动信息技术的深化应用，由单纯的图形矢量化跃升至地理信息系统建设，在较短时间里完成了《温州市森林防火指挥系统》的研建，使温州市森林防火工作上了一个新台阶。时任国家林业局党组成员、中国林业科学研究院院长江泽慧在温州考察时听取了项目工作汇报，并观看系统演示，给予了充分肯定，认为这是在数字林业框架下第一个成功应用实例。该项目获2001年温州市科技进步三等奖。

通过4年多的努力，华东院在遥感及地理信息技术应用方面取得了突破性的进展，同时为院探索了一条走向市场、创收增收的道路，影响深远。

四、3S技术普及推广阶段（2002—2012年）

随着国家林业建设"以木材生产为主向以

生态建设为主的历史性转变"，在森林资源监测中，利用遥感（RS）、地理信息系统（GIS）和全球定位系统（GPS）（简称"3S 技术"）科学地进行森林资源监测，已经成为了当时国内外相关专家和学者的研究热点之一。为了顺应时代的发展，华东院将计算中心、图形图像处合并，成立 3S 技术中心。随着遥感技术、地理信息系统和全球定位技术逐渐成熟，开始在森林资源连续清查、森林资源规划设计调查、国家级公益林区划界定等工作中大范围的推广、应用。

期间，3S 技术中心攻克多项技术难关。主要有：采用 COM 技术，基于 ArcGIS 的二次开发功能，实现 C/S 结构下系统开发；采用 Oracle 数据库技术，实现各类基础地理信息、遥感信息、森林资源海量信息的一体化管理；采用 WebGIS 技术改变传统的数据采集、分析处理和共享的模式，利用 Internet/Intranet 在广域网上实现空间数据和属性数据的一体化发布。多项技术瓶颈的突破，为 3S 技术中心依托技术创新，开展技术推广服务奠定了坚实的基础。

在科技攻关的基础上，综合应用 3S 技术、数据库技术、WebGIS 技术、模型更新预测技术、计算机网络技术等高新技术，先后完成了《宁波市森林防火指挥及网络信息发布系统》

《上海市林业地理信息系统》《苏州市森林资源管理信息系统》的研发。以地理信息系统为依托的《县级森林资源管理信息系统》业已在浙江省兰溪市、上虞市、义乌市等 10 多个县（市）投入使用，产生了较大的经济、社会效益。2006 年，华东院被国家林业局授予"全国林业科技工作先进集体"称号，这与大力推广和普及 3S 技术是分不开的。

在数据库技术开发应用方面，研发了基于 Oracle 数据库的《全国森林资源连续清查数据库系统》，后升级为《国家森林资源连续清查综合管理信息系统》，从 1999 年开始至 2018 年在全国推广使用。按照国家林业局工作安排，华东院一直承担该系统的优化完善、技术培训和系统维护工作。2010—2011 年，在持续维护和优化完善《国家森林资源连续清查综合管理信息系统》的基础上，编制了《国家森林资源连续清查数据处理统计规范（LYT1957—2011）》，成为华东院独立起草编制的第一个行业标准。

五、信息技术创新应用阶段（2013 至今）

2013 年，华东院进行了内设机构的调整，为适应新时期信息技术高速发展的需要，在 3S 技术中心的基础上，成立信息技术处（图 5-17）。2016 年，依托国家森林资源连续

图 5-17 信息技术处职工集体照

清查数据，编制了《江西省森林和湿地生态系统综合效益评估成果》，获 2017—2018 年度全国林业优秀工程咨询成果一等奖。2017 年，在安徽省开展激光雷达数据辅以光学遥感影像等，探索实现小班林木蓄积的产出途径，初步确立"基于激光雷达等多源数据的森林资源动态监测技术体系"，为激光雷达技术在林业中的实际应用奠定了基础。

2019 年，华东院重新调配技术人员，优化了信息技术处的技术人员结构，旨在深化信息技术的研究、应用，全面拓展信息技术的对外服务空间。同年，华东院根据信息技术处长期以来在信息技术方面的人才储备和技术储备，结合林业的发展现状，设定了三个创新方向：一是服务于华东监测区森林督查暨森林资源管理"一张图"年度更新的"云臻森林"系统平台建设；二是基于激光雷达等多源遥感的森林资源监测实践；三是森林防火监测预警体系研建等。为顺利完成设定的创新目标，相应成立了 3 个创新团队，在创新团队的共同努力下，经过 3 年的研发和实践，目前"云臻森林"系统平台产出了系列应用软件，在华东监测区广泛使用，成为森林督查暨森林资源管理"一张图"的基础数据支撑平台；激光雷达等多源遥感技术拓展了森林资源监测能力，为安徽省五级林长制考核提供客观、及时、有效的森林资源基础数据；森林防火智能感知系统的研发，充分运用云计算、大数据、物联网、人工智能、移动互联、北斗等新一代信息技术，推进了先进信息技术与森林防火业务深度融合，在大兴安岭地区试用，极大提升了森林防灾、减灾能力。2021 年院以联合体牵头人身份主持承担了大兴安岭林业集团公司森林防火综合调度系统建设项目，使该技术从理论研究迈入实践应用。

华东院凭借信息技术创新团队的运作和全体职工的共同努力，产出了《LiDAR 县域森林资源动态监测技术》《基于"互联网 +"的森林督查暨森林资源管理"一张图"信息系统》

等多项科技成果，开创了信息技术创新发展的新途径，为"人才强院、创新兴院"的发展理念贡献了力量。

六、内设机构及人员

信息技术处从初创至今，历时近 40 载，具有悠久的历史，内设机构几度变化，具体见表 5–12。

表 5–12　信息技术应用机构及人员一览

时间	机构名称	主要负责人	职工人数（人）
1985.02—1986.02	生产技术科（内设电算组、遥感组）	李仕彦	12
1986.03—1988.12	生产技术科（内设电算组、遥感组）	黄文秋	17
1989.01—1991.02	电算遥感室	郑若玉	26
1991.03—1993.02	电算遥感中心	项小强	24
1993.03—1997.03	UNDP 项目办公室	项小强	12
1993.03—1994.01	电算遥感中心	李维成	16
1994.02—1997.03	电算遥感中心	韦希勤	26
1997.04—1998.05	电算遥感室	韦希勤	26
1998.06—1999.03	电算遥感中心	韦希勤	26
1999.04—1999.07	电算遥感室	韦希勤	26
1999.08—2000.03	电算遥感室	聂祥永	26
2000.04—2002.02	计算中心	聂祥永	14
2000.04—2002.02	图形图像处	胡际荣	6
2002.03—2013.03	3S 技术中心	吴文跃	18
2013.04—2019.03	信息技术处	吴文跃	24
2019.04—2021.06	信息技术处	姚顺彬	20
2021.07—2021.12	信息技术处	张现武	21
2021.12 至今	信息技术处	徐旭平	16

第二节　主要成果

据不完全统计，截至 2021 年年底，华东院共完成提交信息技术应用类的主要成果 52 项，其中有 12 项成果获奖，详见表 5–13。

表 5-13　信息技术应用主要成果一览

完成时间	成果名称
1983 年	基于遥感和计算机技术的福建省森林资源动态监测试验研究成果
	遥感图像分析方法及其在林业中应用研究文集
1986 年	应用国土普查卫星图像进行黄河三角洲植树造林研究报告
1987 年	TM 图像在安徽省休宁县森林资源清查中的应用研究报告
1989 年	南方用材林基地国营林场管理信息系统研究报告
	森林资源微机多路通信数据采集传送系统
1998 年	TM 图像在芜湖市森林资源清查中的应用研究报告
	1997 年安徽省应用遥感图像调查森林资源统计成果
1999 年	安徽省 1997 年，河南省、福建省 1998 年森林资源地理信息系统成果
2000 年	国家森林资源连续清查 Oracle 数据库及其统计软件的优化、完善和系统维护成果
	浙江、安徽、上海、江苏四省（市）森林资源地理信息系统研建成果
	遥感技术在华东监测区连清、湿地、荒漠化监测中的应用研究成果
	1989—2000 年华东监测区各省（市）历年森林资源连续清查数据库研建成果
2001 年	长江中下游地区重点防护林建设工程建设区森林资源统计和数据库研建成果
	浙江省温州市森林资源数据更新系统
	2000 年 TM 图像数据库研制成果
	2001 年全国森林资源连续清查数据库系统研制成果
2002 年	山东省 2002 年森林资源地理信息系统项目工作报告
2003 年	2003 年森林资源连续清查数据库及其统计软件的优化、完善和系统维护成果
	华东监测区森林资源连续清查数据更新、查询成果
	1999—2003 年华东监测区森林资源监测地理信息系统的信息收集和建设工作总结成果
2005 年	2004 年浙江省、安徽省、上海市森林资源地理信息系统项目总结
	县级森林资源管理更新地理信息系统报告
2006 年	浙江省兰溪市、上海市崇明区森林资源管理地理信息系统成果
2007 年	国家森林资源连清综合管理信息系统优化完善工作总结
2009 年	华东监测区"七五"森林资源清查地理信息系统更新及遥感专题图制作（2004—2008 年）总结报告
2010 年	2009 年国家森林资源连续清查综合管理信息系统完善、技术培训和服务成果
	国家森林资源连续清查数据处理统计规范编制
	国家森林资源连续清查综合管理信息系统优化完善工作报告（2010 年度）
2012 年	国家森林资源连续清查综合管理信息系统优化完善工作报告（2011 年度、2012 年度）
2014 年	安徽省森林资源"一张图"GIS 系统成果
	安徽省 2013 年林地年度变更数据库及林地变更统计汇总成果
	森林资源连续清查样木位置自动成图软件成果
	森林资源信息野外采集系统
	浙江省乐清市 2014 年林地变更数据库
2016 年	浙江省金华市婺城区集体林权勘界及信息化建设项目质量检查验收报告

（续表）

完成时间	成果名称
2019 年	山东省 2018 年度经济社会发展考核林业指标影像判读报告
	浙江省绍兴市越城区、杭州市萧山区、金华市金东区公益林区划落界成果整合数据库成果
	安徽省林长制建设 LiDAR 技术辅助森林资源动态监测试点成果
2020 年	浙江省文成县林权勘界矢量数据成果
	安徽省林长制建设 LiDAR 结合其他遥感技术的全省森林资源年度出数及“一张图”应用报告
	江西省乐安县应用 LiDAR 等高新技术辅助森林资源监测试点项目成果汇编
	江西省宜春市袁州区 2020 年森林资源管理“一张图”年度变更调查数据库成果
	江西省宜春市袁州区，山东省平度市、胶州市，江苏省句容市 2020 年森林督查工作数据库成果
	浙江省永康市 2019 年度森林资源监测数据成果
2021 年	福建省林草湿与国土三调数据融合软件开发服务采购项目
	河南省嵩县试点区基于 LiDAR 等多源遥感数据的森林资源监测
	江西省吉安市国储林项目监测管理系统
	松材线虫调查和除治信息系统研发

第三节　典型项目及技术创新简介

一、TM 图像在安徽休宁森林资源清查中的应用

1987 年 12 月至 1988 年 12 月，华东院承担并完成了“卫星资料在森林资源二类调查中的应用试验”项目。试验区为安徽省休宁县，院选派 6 名技术人员参加。主要工作内容是：制作试验区 21.47 万公顷基础图像；开展卫片判读、现地勘察比对，通过图像色彩和地面状况的反复研究和论证，确立南方林区主要树种（组）的 TM 图像特征；建立色彩和蓄积量的相应关系，为判读和蓄积量求取提供了重要依据；提出机械布点与随机抽样相结合的多阶成数分层抽样估计技术；提交《TM 图像在安徽休宁森林资源清查中的应用研究报告》（图 5-18）。

项目为解决遥感技术应用于森林资源清查，特别是山区森林资源清查所存在的技术难题，独创性地提出了机械布点与随机抽样相结

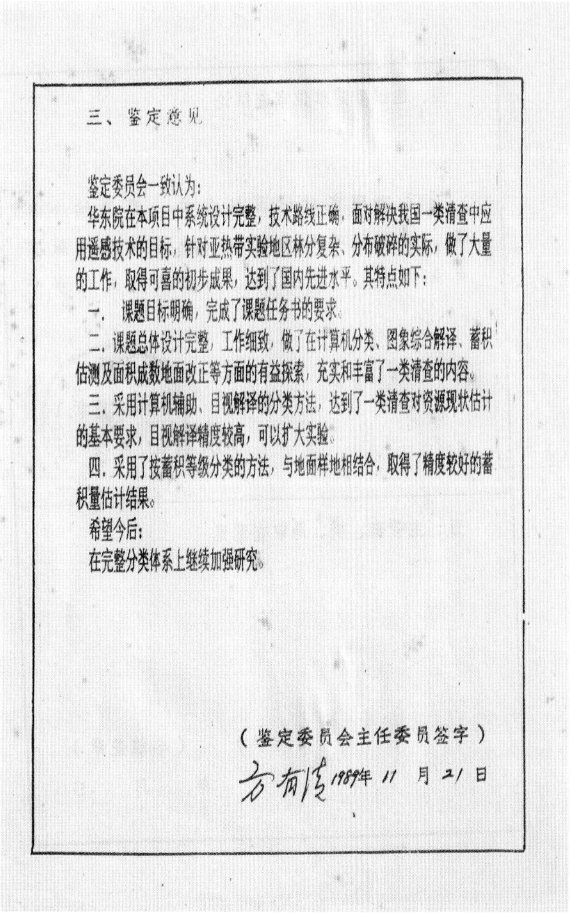
三、鉴定意见

鉴定委员会一致认为：

华东院在本项目中系统设计完整，技术路线正确，面对解决我国一类清查中应用遥感技术的目标，针对亚热带实验地区林分复杂、分布破碎的实际，做了大量的工作，取得可喜的初步成果，达到了国内先进水平。其特点如下：

一．课题目标明确，完成了课题任务书的要求。

二．课题总体设计完整，工作细致，做了在计算机分类、图象综合解译、蓄积估测及面积成数地面改正等方面的有益探索，充实和丰富了一类清查的内容。

三．采用计算机辅助、目视解译的分类方法，达到了一类清查对资源现状估计的基本要求，目视解译精度较高，可以扩大实验。

四．采用了按蓄积等级分类的方法，与地面样地相结合，取得了精度较好的蓄积量估计结果。

希望今后：

在完整分类体系上继续加强研究。

（鉴定委员会主任委员签字）

1989年 11 月 21 日

图 5-18　TM 图像在安徽休宁森林资源清查中的应用

合的多阶成数分层抽样估计技术，为南方地区影像判读求积开辟了新路。这是华东院早期遥感应用的成功案例，经专家评审项目成果达到国内先进水平。该项目获林业部1990年科技进步三等奖。

二、联合国援助项目成果

联合国援助项目的全称是联合国开发计划署（UNDP）援助项目"建立全国森林资源监测体系"（CPR/91/151）。林业部从1988年开始向UNDP申请援助项目"建立全国森林资源监测体系"，经过5年的努力，该项目作为林业部"八五"计划的重点工作和"振兴林业"申请援助项目的组成部分，于1992年9月得到UNDP纽约总部批准，开始正式实施。

在林业部联合国项目办的统一组织和协调下，通过国际先进软硬件的引进、国内外技术培训、国际国内专家指导，在4个部直属院的通力配合下，华东院按整体项目预定目标，研建了全国森林资源数据库，在小型机和SGI工作站上实现了国家级数据的存储、检索、处理和分析；研建了全国森林资源生长和收获模型，可以实现以省为单位的全国森林资源信息的年度更新。1997年，整体项目获了UNDP最终评估组的一致肯定和好评。随后，项目成果通过了林业部组织的科技鉴定，被认为"达到了国际先进水平"。

为了完成该项目，华东院专门成立了UNDP项目办公室，共有15名专业技术人员参加，历时5年完成。

联合国援助项目5个子课题中，华东院牵头负责数据库和数学模型2个子课题的研究。项目实施过程中，引进了世界上先进的Oracle数据库技术、生长收获模型技术以及遥感、地理信息系统和全球定位系统等国外先进技术，并先后公派出国15人次，累计培训1568人天，对后续信息技术的长足发展和技术管理人才的梯队建设起到了重要作用。

三、县级森林资源管理更新地理信息系统

2004年1月，华东院承担了《县级森林资源管理更新地理信息系统》的建设。院选派7名专业技术人员组成课题组，历时2年，于2005年12月完成了该项目。该系统基于国家林业局数字林业的标准和规范，利用3S技术建立信息平台，及时准确地监测森林资源动态变化，为林业主管部门进行林业建设和加强森林资源管理，提供高效的管理手段和科学准确的决策意见。系统在开发中充分考虑了地理信息系统的发展趋势，结合了林业信息化的最新成果。采用COM组件，建立ActiveX动态连接库，使林业的专题功能和ArcMap强大的基础功能融为一体，实现了系统的可扩充性、可维护性、实用性和安全性；采用地理信息系统的最新数据理念——地理空间数据库GeoDataBase来组织数据，保证了数据的安全性、一致性和可容纳性。

系统在上海、苏州、宁波、温州等市辖70多个县市使用，性能稳定，数据可靠，具有极大的应用价值。项目成果获2006年度全国林业优秀工程咨询成果三等奖（图5-19）。

四、连清信息系统研发相关成果

《全国森林资源连续清查数据库系统》是为了完成全国森林资源连续清查数据的存储、检索、处理和分析而开发设计的。它运用并丰富和发展了UNDP援助项目CPR/91/151中的数据库技术，是该项目数据库成果在实际生产中的推广运用。该系统于2000年通过了由国家林业局森林资源管理司组织的专家鉴定，与会专家一致认为该系统"是一个技术上领先、功能上实用、操作上方便、在林业系统国内领先的计算机应用系统"。

《国家森林资源连续清查综合管理信息系统》是在《全国森林资源连续清查数据库系统》基础上更新换代的产品。与原系统相比，新系统在采用的技术标准、系统支撑环境、用

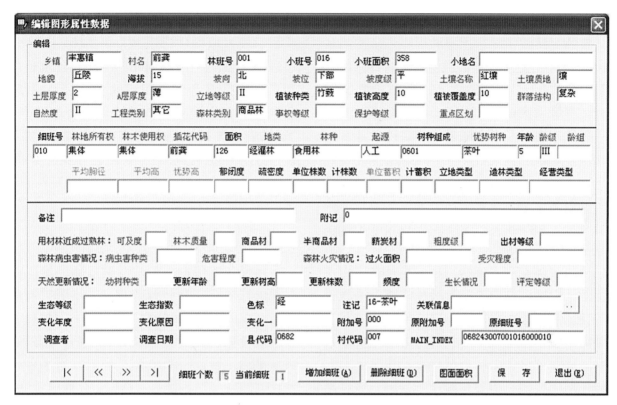

图 5-19 《县级森林资源管理更新地理信息系统》截图

户管理、数据检查和校验、数据预处理、报表统计以及用户界面等诸多方面均有了较大改进、提高和突破（图 5-20）。力求满足林业发展战略对国家森林资源连续清查的信息产出的数量和效率提出的更高的要求，能够提供内容丰富、运行高效和高时空分辨率的森林资源宏观监测信息。用户评价认为："系统不仅界面友好、易于操作，而且数据管理范围广、规模大，是一款功能较为完善、信息产出丰富、实用性很强的综合信息管理系统。它的研发必将对我国的连清体系的完善和发展起到重要的推动作用。"

这两个系统在全国范围内应用于国家森林资源连续清查的数据处理和统计分析，前者为第六次全国森林资源连续清查（1999—2003 年）数据汇总和清查成果的对外发布提供了客观、准确、翔实的基础数据；《连清综合信息系统》为第七次、第八次、第九次（2004—2018 年）全国森林资源连续清查的数据汇总和成果发布提供了更加丰富的基础数据和分析结果。

图 5-20 连清信息系统研发相关成果截图

《全国森林资源连续清查数据库系统》的主要研制人员为张茂震、姚顺彬；《国家森林资源连续清查综合管理信息系统》主要研制人员为姚顺彬等 11 人。2014 年获国家版权局颁发的软件著作权登记证书。

五、激光雷达应用成果

激光雷达具有与被动光学遥感不同的成像机理，它对植被空间结构和地形具有较强的探测能力，特别是在植被高度探测方面具有其他遥感技术无法比拟的优势。华东院从2017年开始探索激光雷达技术在森林资源监测中的应用，并在安徽省利辛县、金寨县和黄山市黄山区试点，采用低点云密度激光雷达数据，辅以光学遥感影像、森林资源清查成果、森林经营资料、数字高程模型等多源数据，建立了激光雷达点云数据反演林木蓄积量数学模型，探索实现小班林木蓄积的产出途径，初步确立"基于多源多尺度LiDAR的森林资源监测体系"（图5-21）。

2018年，华东院运用试点成果在黄山市黄山区启动实施"安徽省林长制建设激光雷达技术辅助森林资源动态监测试点"项目，采集了黄山区全域中高点云密度激光雷达数据，反演产出黄山区全域林木蓄积量，并与抽样控制样地总体蓄积量进行检验，数据高度吻合。

2019年，综合考虑数据采集成本、效率、精度等因素，华东院在安徽省分山区、丘陵、平原三种地貌类型采用典型抽样思路，激光雷达结合其他遥感技术实现全省出数。

《LiDAR县域森林资源动态监测技术》项目的主要研制人员共有15人，成果经国内著名专家鉴定，达到国内同类研究领先水平，获科学技术成果登记证书。《基于LiDAR等多源数据的广域森林资源动态监测体系研建与应用》项目的主要研制人员共有25人，成

果经国内著名专家鉴定，达到国内领先水平，获科学技术成果登记证书。获《激光点云分层多尺度融合高度提取软件》《LiDAR激光雷达点云数据综合变量提取软件（V1.0）》两项国家版权局颁发的软件著作权登记证书。"安徽省森林资源年度监测及'森林资源一张图'应用试点成果"获2020年度全国优秀工程咨询成果一等奖，入选国家林业科技推广成果库。

六、"云臻森林"软件开发

2019年，华东院为响应国家林业和草原局"统筹全国森林资源管理'一张图'年度更新、森林督查，推进全国森林资源保护利用管理规范化"的要求，部署开展"云臻森林"系统平台的研发。2020年在华东监测区全面使用，2021年对系统平台进行了全面的升级、完善，经过了严格的压力测试，系统平台的稳定性和用户体验感更加优越（图5-22）。

"云臻森林"系统平台通过厘清森林资源管理"一张图"和森林督查业务流程，从森林资源监测体系的组织体系和技术体系两方面对森林资源管理"一张图"、森林督查进行组织理顺和技术优化，依托现行各级林业行政主管部门，建立以省、市、县为主体的组织体系。明确了责任主体和责权利的划分，有效解决了森林资源管理"一张图"更新中存在的部门数据衔接不充分、数据之间不对应、数据交流不及时等问题。

2021年，华东院对"云臻森林"进行了全面的升级、完善。重构系统采用云计算和微服务架构技术，可以根据系统访问量动态配置计算资源，有效解决了高并发系统计算资源动态优化的问题；通过对矢量数据建立空间索引、栅格数据建立金字塔索引，合理利用数据高保真压缩技术，实现基于海量数据的高速访问；利用地图服务发布接口，现象矢量和栅格数据的自动发布更新，极大地提高了地图服务发布效率；运用领域驱动理念，设计字段级访

图5-21 激光雷达应用成果

问粒度的授权机制，从而可以实现不同权限的视图展示方式和权限角色的动态绑定。升级后的"云臻森林"在森林督查工作中的应用得到了用户的好评。

《基于"互联网+"的森林督查暨森林资源管理"一张图"信息系统》项目主要研究人员共有 17 人，经过国内著名专家的鉴定，认为项目成果总体达到国内同类研究领先水平，获 2018—2019 年度全国林业优秀工程勘察设计成果一等奖，并成功完成科学技术成果登记。获《县级森林资源一张图互联网管理系统 V1.0》《县级森林资源"一张图"平板系统 V1.0》《县级森林资源"一张图"手机软件 V1.0》《"云臻森林"移动端外业数据采集系统 V1.0》4 项国家版权局颁发的软件著作权登记证书。

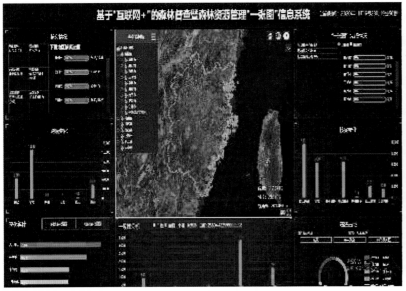

图 5-22 "云臻森林"软件开发截图

第四章　生态监测评估与碳汇计量

第一节　业务发展历程和主要业务方向

国家森林资源连续清查作为国家森林资源监测体系的主体，满足了不同时期林业发展和生态建设的需求，为生态监测和客观评估森林生态功能奠定了坚实基础。随着我国经济体制的改革与深化，生态环境保护意识逐渐增强，客观评估森林生态功能服务价值、科学计量林业碳汇状况是林业碳汇参与碳排放权交易、应对全球气候变化战略部署、推进国家生态文明建设的有力支撑。

华东院生态监测评估与碳汇计量的业务工作紧紧围绕生态文明建设的时代背景，密切服务生态建设和环境保护大局。纵观改革开放以来的生态文明建设历程，回顾院业务发展进程，大体可分为生态理念探索、生态理念实践、生态理念创新三个阶段。

一、生态理念探索阶段（1980—2000 年）

新中国成立初期，我国广大地区生态遭到严重破坏，环境恶劣。水土流失和沙尘暴等自然灾害频发，严重侵袭着人民群众的生命与财产安全。党和国家迅速号召开展植树造林、绿化祖国，开始了以造林防灾为主要内容的生态文明建设。

20 世纪 80 年代，随着经济社会发展，我国生态经济研究和生态经济建设快速起步，生态环境保护的意识逐渐增强。但在沿海许多地区，由于缺林少绿，台风和潮汐等自然灾害给当地环境造成严重损害，与对外开放、对内搞活经济的生态环境需求远不适应。1983 年，邓小平同志在视察大连时，多次指出要加快沿海的绿化步伐。1987 年 2 月，林业部在广东省湛江市召开全国沿海防护林建设经验交流会，探讨我国沿海防护林体系建设问题。会上，部领导指示华东院对沿海防护林体系建设工程项目作全面的、综合的可行性研究和评估。

1980—2000 年期间，华东院先后完成了《全国沿海防护林调查研究》《全国沿海防护林体系建设可行性研究》《沿海防护林工程全国汇总》《全国沿海防护林体系二期工程建设规划》，科学指导了我国沿海防护林体系的建设。一直到现在，全国沿海防护林工程体系建设的技术支撑及其示范和示范点工作的技术指导，相关技术规程规范的研究与编制，始终是华东院重要的业务方向之一。

二、生态理念实践阶段（2001—2012 年）

进入 21 世纪，加强生态建设、维护生态安全，成为人类面临的共同主题。2003 年 6 月，中共中央、国务院作出加快林业发展的决定，把林业放在了生态建设的首要地位，我国林业经历着由以木材生产为主向以生态建设为主的重要变革。自 2009 年起，国家林业局开展 15 个树种（组）生物量建模，华东院承担杉木（一）、杉木（二）、栎类、杨树、湿地松、木荷等 6 个树种各部位生物量、碳储量模型研建。

该阶段，华东院开始承担生态旅游、生态观光园、生态景观、生态城市、生态示范工程、生态保护修复等多种类型的生态工程建设规划项目，为地方生态建设提供咨询服务。

三、生态理念创新阶段（2013 年至今）

国家林业局碳汇计量监测中心和生态监测评估中心的先后成立，标志着新时期林业生态建设管理工作迈出从传统的林业资源监测管理向生态系统及其生态服务功能监测评估的历史性跨越。

这一阶段的业务方向以生态系统定位站建设、生态状况监测、生态服务功能价值评估、生态工程建设成效评估、生态影响评价、林业资产评估等为主。华东院利用有关部门在上海、杭州、南京、苏州等地设立的定位观测站，获取相关数据，开展监测评估工作。针对杭州市、苏州市森林生态状况开展了连续数年的动态监测，编制动态监测报告，为改善地方生态环境提出众多建设性的建议。

华东林业碳汇计量监测中心成立以来，主要致力于推进华东监测区各省（市）林业碳汇计量监测体系建设，完成了第一次、第二次 LULUCF（土地利用变化、土地利用变化与林业）碳汇计量监测技术指导、质量检查和成果验收等工作。派员参加林业碳汇项目开发、碳汇技术研讨、陆地碳计量国际合作、中美碳汇技术研讨、森林认证审核、碳审计师、碳排放管理师等专题培训交流累计 40 余人次。在我国实现碳达峰碳中和的目标愿景下，林业碳汇成为碳交易市场的重要补充。科学计量森林、湿地及草地生态系统的碳汇，充分发挥林业碳汇项目的碳抵减效能，是当前及未来一段时期的核心业务方向。

四、内设机构及人员

20 世纪 80 年代，华东院开始承接防护林建设和生态规划类项目，由于业务量相对较少，因此并没有设置独立的生态监测评估与碳汇计量业务部门。

2011 年 12 月，国家林业局华东林业碳汇计量监测中心成立。2012 年 2 月，国家林业局华东生态监测评估中心挂牌，标志着华东院林业生态监测评估与碳汇计量工作迈出新的一步。次年 4 月，华东院相应成立了生态监测处（碳汇计量监测处），主要承担华东监测区林业碳汇计量监测技术指导、质量检查和成果验收工作，承接生态监测、生态服务功能评估与生态安全评价等服务。自此，华东院生态监测评估与碳汇计量工作全面展开。

2019 年 5 月，华东院内设机构调整后，生态监测处（碳汇计量监测处）更名为生态工程监测评估处（碳汇计量监测处）（图 5-23、表 5-14）。

2021 年 12 月，华东院内设机构进一步完善，碳汇计量监测处单设，并加挂海岸带生态监测评价处牌子（图 5-24、表 5-15）。

图 5-23　生态工程监测评估处职工集体照

图 5-24　碳汇计量监测处（海岸带生态监测评价处）
职工集体照

表 5-14　生态监测评估与碳汇计量机构及人员一览（一）

时间	机构名称	主要负责人	职工人数（人）
2013.04—2019.03	生态监测处 （碳汇计量监测处）	李明华	14
2019.04—2020.12	生态工程监测评估处 （碳汇计量监测处）	李明华	16
2021.01—2021.12	生态工程监测评估处 （碳汇计量监测处）	肖舜祯	16
2021.12 至今	生态工程监测评估处	肖舜祯	16

表 5-15　生态监测评估与碳汇计量机构及人员一览（二）

时间	机构名称	主要负责人	职工人数（人）
2021.12 至今	碳汇计量监测处 （海岸带生态监测评价处）	洪奕丰	10

第二节　主要成果

20 世纪 80 年代至 2022 年 3 月，华东院共完成生态监测评估与碳汇计量项目成果 187 项，其中生态规划类 87 项，生态监测评估类 65 项，沿海防护林建设类 29 项，碳汇计量监测类 6 项（图 5-25），主要成果见表 5-16～表 5-18。

图 5-25　生态监测评估与碳汇计量野外工作中

表 5-16　生态规划类项目主要成果一览

完成时间	成果名称
2002 年	浙江省武义县郭洞风景区龙山生态林游览区详细规划
2003 年	福建省象山生态旅游区可行性研究报告
	浙江温州灵溪生态观光园总体规划
2005 年	浙江省台州市玉环县海山乡茅埏生态景观林总体规划
2006 年	浙江省衢州市柯城区林业生态建设规划
	浙江省钱江源百里生态景观总体规划
2007 年	浙江省温州市龙游区黄石山生态景观林总体规划
	浙江省绿地生态休闲林业观光园总体规划
2008 年	浙江省丽水市瓯江干流（玉溪—开潭段）生态景观带总体规划
	浙江省武义县石鹅生态旅游区总体规划
2009 年	福建省建宁县生态景观带建设规划
	浙江省遂昌县生态景观建设规划（2009—2020 年）
2010 年	浙江省永嘉县楠溪江流域森林生态景观建设规划（2009—2020 年）
	浙江省嵊泗县 2010 年度营造林作业设计（再造绿岛绿色生态廊道建设工程）
2011 年	浙江省杭州市三江两岸林业生态景观保护与建设规划
	浙江省丽水市南城新区七百秧区块、城市边坡生态修复一期工程
2013 年	宁夏回族自治区固原市西吉县月亮山水源涵养生态修复工程规划
	浙江省台州市玉环县龙溪乡 2013 年度嬉溪谷生态景观林设计
2017 年	上海市佘山国家旅游度假区生态空间建设规划
2018 年	浙江省义乌市生态廊道林业建设专项规划（2017—2020 年）
	浙江省台州市黄岩区长潭水库消落带生态修复规划及施工设计
2019 年	上海市浦东区老港镇林业生态空间建设规划（2018—2035 年）
	浙江省大陈岛蓝色海湾生态修复工程海岛植被恢复项目初步设计
	江西省抚州市受损山体生态修复规划
	广西壮族自治区罗成仫佬族自治县木栾屯特殊生态旅游扶持项目建设方案
2020 年	浙江省宁波市海曙区公益林调整方案
2021 年	浙江省衢州市江山乌木山郊野公园配套设施及生态修复工程
	浙江省缙云、遂昌、云和、景宁、龙泉、莲都、松阳 7 县（区）涉林垦造整改恢复森林植被（生态修复）项目专项核查验收

表 5-17　生态监测评估与碳汇计量监测类项目主要成果一览

完成时间	成果名称
2004 年	浙江省庆元县“关门岙”等山场林木资产评估报告
2007 年	国家林业生态工程重点区遥感监测评价报告
2010 年	安徽省黄山森林生态系统定位研究站建设项目可行性研究报告
	浙江省磐安县板坑林场森林资产评估报告

（续表）

完成时间	成果名称
2011 年	上海市森林生态系统服务功能及其价值评估报告
2013 年	2013 年全国林业碳汇计量监测建设福建、江西、山东 3 省碳汇专项调查质量检查报告
2014 年	上海城市森林生态系统定位观测研究站建设项目可行性研究报告
	江西省赣县区荫掌山林场、信丰县九龙林场商品林资源资产评估调查报告
2015 年	江苏省苏州市（2014 年度）森林生态系统生态环境定位监测报告
	江苏省苏州市（2014 年度）公益林生态功能与价值评估报告
	上海市城市森林生态系统定位观测研究站初步设计
2016 年	江苏省苏州市（2015 年度）森林生态系统生态环境监测报告
	江苏省苏州市（2015 年度）公益林生态功能与价值评估报告
	浙江省绍兴市新昌县鼓山苗圃林木资源调查与评估工作报告
	河南省、山东省、华东监测区 LULUCF 碳汇计量监测工作质量检查验收报告
2017 年	江苏省苏州市（2016 年度）森林生态系统生态环境监测报告
	江苏省苏州市（2016 年度）公益林生态功能与价值评估报告
	河南林业生态省建设及提升工程绩效评估报告
	浙江省平阳县国家生态公益林调整生态影响评价报告
2018 年	江苏省苏州市森林生态系统环境定位观测站升级项目系统测试和系统数据分析报告
	江西省森林生态系统综合效益评估报告
2019 年	江苏省南京市（2018 年度）森林生态服务功能与价值评估报告
	广西河池市森林生态系统综合效益评估报告
	浙江省杭州市萧山区、滨江区公益林建设成效评估报告
	2017 年 LULUCF 数据成果汇总与计量分析
2020 年	浙江省衢州市衢江区公益林建设成效评估报告
	江苏省盐城市沿海百万亩生态防护林工程建设绩效评估报告
2021 年	上海市崇明区碳中和示范区建设生态碳汇领域实施方案
	浙江利奇马台风对长潭水库消落带生态修复营造林影响评估报告
2022 年	福建省莆田市湄洲岛碳中和岛林业碳汇本底调查与固碳潜力评估

表 5-18 沿海防护林建设类项目主要成果一览

完成时间	成果名称
1981 年	全国沿海防护林调查研究报告
1982 年	对我国沿海防护林体系建设的初步意见（沿海防护林补充调查）
1987 年	全国沿海防护林体系建设可行性研究报告
1988 年	沿海防护林体系建设县级规划设计工作方法
1995 年	沿海防护林工程全国汇总（前后期）
1999 年	1998 年全国沿海防护林、东南低山丘陵分析报告
2000 年	全国沿海防护林体系二期工程建设规划（2001—2010 年）

（续表）

完成时间	成果名称
2001 年	浙江省宁波市沿海防护林体系建设可行性研究报告
2002 年	全国沿海防护林体系二期工程建设成果
2008 年	沿海防护林木耐湿、耐盐新品种开发与产业化基地建设项目申请报告
2009 年	福建省晋江市、浙江省余姚市沿海防护林体系建设总体规划
	浙江省台州市三门县、路桥区沿海防护林体系建设总体规划
2012 年	全国沿海防护林体系工程建设成效评估报告
	台州市沿海千里绿色长廊建设工程规划
2016 年	全国沿海防护林体系建设工程规划（2016—2025 年）
2018 年	浙江省绍兴市上虞区一线海塘沿海防护林初步设计
2020 年	海岸带生态保护和修复重大工程林草建设规划（2021—2035 年）
	海岸植被保护和修复研究

第三节　典型项目简介

一、全国沿海防护林体系建设项目成果

沿海防护林体系建设工程是我国针对沿海生态保护和修复特别设立的国家重点防护林工程，工程区范围覆盖全国沿海 11 个省（区、市）345 个县。工程建设对改善沿海地区生态状况、提升防灾减灾能力、构筑我国沿海绿色生态屏障具有重要意义。

党中央、国务院历来十分关心沿海地区防灾减灾工作，高度重视沿海防护林体系工程建设。华东院自 20 世纪 80 年代开始参与沿海防护林的调研及建设规划，1987 年完成《全国沿海防护林体系建设可行性研究》，获 1989 年林业部科技进步二等奖。1988 年完成《全国沿海防护林体系建设规划》，同年得到国家计委的批复，1989 年工程试点启动建设。2001年，在全面总结上期工程建设经验基础上，编制了《全国沿海防护林体系二期工程建设规划（2001—2010 年）》，获 2002 年度全国林业优秀工程咨询成果二等奖。2011 年组织人员对沿海防护林体系工程建设的前期管理、实施情况、建设成效及建设可持续性等内容进行全面、科学的分析评估，并编制了《评估报告》，先后获 2013 年度全国林业优秀工程咨询成果一等奖、2014 年度全国优秀工程咨询成果一等奖。

2014—2016 年，由华东院生产技术处牵头，抽调 7 名专业技术人员，历时 2 年多时间，编制完成《全国沿海防护林体系建设工程规划（2016—2025 年）》（简称《三期规划》）（图 5-26）。《三期规划》在对前期建设成效、经验及面临的主要生态问题分析评价的基础上，将工程区从北至南布局为 4 个建设类型区、13 个类型亚区。研究提出了构建由一级基干林

图 5-26　全国沿海防护林体系建设项目

带（消浪林带）、二级基干林带（海岸基干林带）、三级基干林带（海岸缓冲林带）和纵深防护林组成的沿海防护林体系结构。确定了基干林带造林、灾损林带修复、老化林带更新、困难立地造林、基干林带区位内退塘（耕）还林等重点建设工程，进一步完善和强化了全国沿海防护林体系建设。2017年5月4日，国家林业局、国家发展和改革委员会批准实施。《三期规划》已作为持续推进和指导沿海防护林体系建设的纲领性文件。《三期规划》先后获2015—2016年度全国林业优秀工程咨询成果一等奖、2018年度全国优秀工程咨询成果二等奖。

2020年6月，国家发展和改革委员会、自然资源部发布了《全国重要生态系统保护和修复重大工程总体规划（2021—2035年）》（简称《双重规划》）。为贯彻落实《双重规划》，推进"陆海统筹、系统修复"，统筹布局生态保护和修复重点工程，按照国家林业和草原局的工作部署，华东院参与了由自然资源部牵头的《海岸带生态保护和修复重大工程专项建设规划》编制，并牵头完成了海岸植被保护和修复专题研究，提交了《海岸植被保护和修复研究》。同期，还承担了《海岸带生态保护和修复重大工程林草建设规划（2021—2035年）》的编制工作，为今后较长时期实施海岸带生态保护和修复重大工程提供了依据和指导，为筑牢海岸带生态安全屏障、促进海岸带社会经济可持续发展提供了坚实支撑。

二、南京市森林生态服务功能与价值评估

2017—2018年，华东院组织技术力量用近2年时间完成了南京市森林资源规划设计调查工作。随后，基于本次资源调查数据成果，对南京市森林生态系统进行服务功能与价值评估（图5-27）。

按照国家林业和草原局行业标准，为获取本土化的评估参数，布设了45个典型森林植被样地，并对45个土壤样品中的氮、磷、钾以及土壤有机质进行实测。结合绿色国民经济核算体系，考虑森林生态资源的耗损，采用涵养水源、保育土壤、固碳释氧、积累营养物质、净化大气环境、调节温度、森林防护、生物多样性保护和森林游憩等9项生态指标，客观、科学、全面地评估了南京市森林生态服务功能的实物量和价值量。

项目在确定不同生态服务功能的具体计量公式时，利用森林资源规划设计调查小班的重要信息，计算得到各小班生态功能指数，对生态功能的计算公式进行系数调整，探索出一套基于森林资源规划设计调查数据的生态服务功能评价方法。通过小班生态功能指数，可以获取每个小班生态功能大小，体现出了不同小班生态功能的差异性，有助于精准监测、精准管理、精准抚育。借助ArcGIS平台，还实现了生态功能分布状况的可视化。

项目成果为南京市森林质量精准提升指明主攻方向，为政府和企业的发展决策提供了理

图 5-27 南京市森林生态服务功能与价值评估

论依据，对南京市贯彻落实"两山理论"、建设"美丽南京"具有重大指导意义。

三、LULUCF 碳汇计量监测项目成果

LULUCF 碳汇计量监测是全国林业碳汇计量监测体系建设的重要组成部分。目前已完成 2 个周期的计量监测，分别是 2014—2016 年全国首次 LULUCF 碳汇计量监测，获取了 2005—2013 年土地利用变化与林业碳汇数据；2017—2019 年第二次全国 LULUCF 碳汇计量监测，以 2016 年为计量监测时间点，汇总产出 2013—2016 年全国林地、湿地碳储量和土地利用变化引起的碳汇量等成果。

LULUCF 碳汇计量监测是以前后两期卫星影像反映的影像特征差异为依据，综合运用遥感区划解译、典型类型实测调查、变化模型更新等方法，开展土地利用变化与林业碳汇调查，采集林业管理活动水平年度数据。建立土地利用变化转移矩阵，运用生物量扩展因子法（BEF）、林下生物量关系模型、碳密度法等方法，计量两个年度间土地利用变化与林业碳汇量，分析造林绿化、森林经营、保护管理和湿地保护对提升林业碳汇能力的作用。

华东院主要负责华东监测区各省（市）监测方案的审核、技术指导、外业质量检查、内业统计分析、质量检查报告编写上报。为推进地方林业碳汇计量监测体系建设，不断提升林业应对气候变化、国际涉林议题谈判、参与碳交易等工作提供技术支撑。

四、上海市崇明区碳中和示范区建设生态碳汇领域实施方案

为应对气候变化，我国提出"二氧化碳排放力争于 2030 年前达到峰值，努力争取 2060 年前实现碳中和"等庄严的目标承诺。上海市作为改革开放的排头兵，创新发展的先行者，提出在 2025 年前实现碳达峰的目标。崇明作为上海重要的生态战略空间，多年来坚持走低碳发展之路，力争早日建成符合世界级生态岛定位的碳中和示范区。

2021 年 4 月，华东院组成 8 人的技术团队，历时 7 个多月，编制完成《上海市崇明区碳中和示范区建设生态碳汇领域实施方案》（图 5-28）。《方案》在对 2009—2020 年崇明区森林、湿地资源现状及其变化趋势分析评价的基础上，预测未来一段时期崇明区森林、湿地资源状况。从增汇条件、碳汇计量监测技术、政策法规环境、生态碳汇交易、管理水平、碳泄漏风险等六个方面详细阐明了崇明区生态碳汇领域目前面临的问题和挑战。研究提出了基线情景、现实情景、强化情景等三种情景下森林碳汇的目标与任务，确定了资源保护减少碳排放、绿化攻坚增加碳汇量、科学经营增强碳汇能力、碳汇交易实现价值转化等重点举措，进一步明确了崇明区碳中和示范区建设

图 5-28 上海市崇明区碳中和示范区建设生态碳汇领域实施方案

生态碳汇领域的实施路径。

《方案》采用异速生长方程法和一元材积表法，动态预测崇明区乔木林蓄积；采用《省级温室气体清单编制指南》的方法，测算崇明区森林和其木质生物质生物量碳储量变化以及森林转化碳排放；创新性地量化了森林抚育对森林碳汇能力的影响。

项目成果是崇明区森林、湿地资源保护发展的指导性文件，探索走出一条兼顾生态碳汇能力提升和生态产品价值实现的高质量保护发展之路，为上海、长三角、长江流域乃至全国碳中和工作提供崇明案例。

五、基于 LiDAR 等高新技术的森林碳储量监测

为全面贯彻新发展理念，做好碳达峰碳中和工作。以安徽省林长制建设需求为契机，2021 年，安徽省绩溪县和黄山市黄山区分别委托华东院开展基于激光雷达（LiDAR）技术的森林碳储量监测。为此，华东院抽调技术骨干组成项目组，经历时 3 个月工作，分别编制完成了《安徽省绩溪县森林碳储量计量监测报告》和《安徽省黄山市黄山区森林碳储量计量监测报告》（图 5-29）。

该项目以森林资源管理"一张图"数据为基础，结合激光雷达数据、样地实测数据、森林火灾普查样地数据，提取样地点云参数，构建生物量模型，计算乔、灌、草、枯、腐、土

壤各碳层比重，从而得到全口径森林生态系统碳储量。

《监测报告》深入剖析了项目区森林碳储量的起源、森林类别、树种、龄组和竹度等结构，从时间和空间上分析了项目区碳储量的动态变化，并对其时空分布特征和固碳潜力进行评价。最后从林长制考核指标体系建设、森林碳汇计量监测、林业碳汇项目开发等方面提出发展建议。

该项目为安徽省推行以高新定量遥感技术为主的森林碳储量计量监测提供示范，项目成果为该省林长制建设绩效评价和林业碳汇潜力评估提供技术支撑。

图 5-29　基于 LiDAR 等高新技术的森林碳储量监测

第一节　业务发展历程和主要业务方向

湿地与森林、海洋并称为全球三大生态系统，有"物种的资源库"和"地球之肾"的美誉，对于保护全球生物多样性具有难以替代的生态价值。1992 年，我国加入国际湿地公约，成为《湿地公约》第 67 个缔约方。党的十八大以来，我国更是高度重视湿地生态系统的安全，如今体制机制日趋完善，技术力量不断增强。《湿地保护修复制度方案》的印发，标志着我国湿地保护从"抢救性保护"转向了"全面保护"阶段。2021 年 12 月 24 日，首部国家层面专门保护湿地的法律——《中华人民共和国湿地保护法》由第 102 号主席令予以公布，自 2022 年 6 月 1 日起施行。《湿地保护法》的出台，是我国林草法治建设的一座里程碑。

在国家林草主管部门的领导和部署下，华东院一直将湿地监测评估作为重点工作之一，积极开展湿地保护工作研究和实践，为国家湿地保护管理宏观决策提供技术支撑，为地方湿地生态建设提供咨询服务。从华东院的业务发展历程和主要业务方向来看，大体分为湿地保护修复技术探索、湿地保护规划全面开展、湿地规划及监测评估三个阶段。

一、湿地保护修复技术探索阶段（2008—2012 年）

自加入湿地公约以来，在党和国家的全面部署下，我国积极参加国际交流，并于 1994 年，将"中国湿地保护与合理利用"项目纳入《中国 21 世纪议程》优先项目计划。1995 年，林业部专门制定《中国 21 世纪议程——林业行动计划》，提出了湿地资源保护与合理利用的目标和行动框架，随后组织启动了历时 8 年的第一次全国湿地资源调查。2009 年，国家林业局组织启动第二次全国湿地资源调查，并于 2014 年 1 月在国务院新闻办公室召开新闻发布会，公布调查结果。在全面摸清家底的基础上，全国各地陆续开展湿地保护修复技术研究，我国的湿地保护理念逐步形成，并作出"抢救性保护湿地"的重大举措。

2005 年 8 月，经中央机构编制委员会办公室批复同意，国家林业局决定成立国家林业局湿地保护管理中心（中华人民共和国国际湿地公约履约办公室），承担组织、协调全国湿地保护和有关国际公约履约的具体工作，并于 2007 年 4 月正式揭牌，各项湿地保护管理工作有序开展。

2008—2012 年，华东院先后完成了《浙江大荡漾湿地修复工程项目可行性研究报告》《重庆阿蓬江国家湿地公园总体规划》《浙江省衢州市湿地资源保护与利用规划》《浙江省绍兴县第二次湿地资源调查报告》《沈海高速公路复线宁德特大桥建设对宁德东湖国家湿地公园影响评价报告》《江苏省 2010 年沙化土地和湿地资源调查报告》《全国 2011 年湿地保护补助项目监测评估试点报告》等项目。在湿地资源调查、湿地保护修复、湿地生态影响及湿地补助政策等方面展开初步研究与探索并取得良好成效，为后期湿地工作开展打下坚实的基础。

二、湿地保护规划全面开展阶段（2013—2017年）

2013年，我国第一部专门针对湿地保护而制定的行政规章《湿地保护管理规定》正式颁布。以第二次全国湿地资源调查结果为基础，党中央、国务院完成了湿地保护的最新顶层制度设计，印发了《湿地保护修复制度方案》，开启了"全面保护湿地"的新篇章。

在此阶段，华东院承担了大量湿地保护利用规划、湿地公园总体规划、湿地保护小区建设方案、中央财政湿地补贴资金湿地保护与恢复项目实施方案等项目，为地方开展湿地保护修复提供技术咨询服务。期间，通过中央财政湿地保护补助项目监测评估和国际重要湿地生态系统评价项目，为国家湿地保护顶层设计提供技术支撑，促进湿地保护补助政策研究和生态系统评价技术水平大幅提高。

三、湿地规划及监测评估阶段（2018年至今）

从"抢救性保护"进入"全面保护"阶段后，湿地保护工作成效受到社会越来越广泛的关注。湿地保护进一步从理论研究落实到工作实践，并根据湿地类型、湿地面积等不同口径，实施分级管理、分类施策，逐步由粗放管理向精准保护转变。

在此阶段，华东院在湿地公园总体规划、中央财政湿地保护与恢复项目实施方案和湿地保护小区建设方案编制等湿地保护项目的基础上，着重开展国际重要湿地生态监测、湿地生态系统综合效益评估、湿地公园建设管理和生态状况监测评估、建设项目对湿地公园生态影响评估、湿地修复方案、湿地保有量平衡等方面的技术研究与项目实践（图5-30），筹备并参与完成国际重要湿地、

图5-30 湿地监测评估野外工作中

国际湿地城市申报等湿地履约工作，为国家和地方各级人民政府提供决策依据。

2019 年 3 月，华东院作为主任单位的中国林业工程建设协会湿地保护和修复专业委员会正式成立，并召开行业学术研讨会，旨在通过行业交流协作、互联互通互动，推动湿地保护修复和监测评价科学化管理和技术进步，促进湿地保护事业健康高效发展。随着湿地工作的广泛深入开展，湿地保护和修复，也将成为华东院未来一段时期核心业务工作方向。

图 5-31　湿地监测评估处职工集体照

四、内设机构及人员

2013 年以前，华东院湿地保护修复业务主要由风景园林设计处承担。2013 年，风景园林设计处更名为规划设计处，成为湿地保护修复业务的主要承担处室。2019 年，在原规划设计处技术力量基础上，根据专业化职能设置成立湿地监测评估处（图 5-31）。详见表 5-19。

表 5-19　湿地监测评估机构及人员一览

时间	机构名称	主要负责人	职工人数（人）
2019.04—2021.12	湿地监测评估处	楼　毅	15
2021.12 至今	湿地监测评估处	张现武	19

第二节　主要成果

据不完全统计，从 2008 年起，华东院共完成提交湿地保护修复成果 257 项，其中保护修复技术探索阶段 18 项，湿地保护规划全面开展阶段 135 项，湿地规划及监测评估阶段 104 项（图 5-32），主要成果见表 5-20 ~ 表 5-22。

图 5-32　湿地监测评估成果文本

表 5-20　湿地保护修复技术探索阶段主要成果一览

完成时间	成果名称
2008 年	浙江盛家漾湿地修复工程项目建议书
	浙江大荡漾湿地修复工程项目建议书
2009 年	浙江长兴仙山国家湿地公园总体规划
	浙江省衢州市湿地资源保护与利用规划
	浙江大荡漾湿地修复工程项目可行性研究报告
	浙江盛家漾湿地修复工程项目可行性研究报告
	重庆阿蓬江国家湿地公园总体规划
2010 年	浙江省金华市湿地资源保护与利用规划
	安徽省升金湖湿地生态科普中心（一期）建设项目可行性研究报告
	沈海高速公路复线宁德特大桥建设对宁德东湖国家湿地公园影响评价报告
	浙江省绍兴市湿地资源保护规划
2011 年	浙江省温州市湿地保护与利用规划
	江苏省 2010 年沙化土地和湿地资源调查报告
	浙江省绍兴县第二次湿地资源调查报告
	江西余干琵琶湖省级湿地公园总体规划
2012 年	全国 2011 年湿地保护补助项目监测评估试点报告
	江西省 2011 年度沙化土地和湿地资源调查报告
	浙江省杭州湾新区湿地资源调查报告

表 5-21　湿地保护规划全面开展阶段主要成果一览

完成时间	成果名称
2013 年	全国 2012 年湿地保护补助项目监测评估报告
	浙江兰溪赤山湖湿地公园建设项目建议书、可行性研究报告
	浙江云和梯田国家湿地公园总体规划
	江西峡江玉峡湖国家湿地公园总体规划
	安徽秋浦河源国家湿地公园湿地保护与修复建设项目可行性研究报告
	江西东江源国家湿地公园 2013 年中央财政湿地保护补助资金项目实施方案
	江西鄱阳湖南矶湿地国家级自然保护区 2013 年中央财政湿地保护补助资金项目实施方案
	江西药湖国家湿地公园 2013 年中央财政湿地保护补助资金项目实施方案
	福建省 2013 年沙化土地和湿地资源调查报告
	河南省 2013 年沙化、荒漠化土地和湿地资源调查报告
2014 年	中央财政补助资金 2014 年度湿地保护项目监测评估报告
	浙江磐安七仙湖湿地公园总体规划
	山东黄河三角洲湿地关键物种栖息地营造、优化工程可行性研究报告
	江西遂川五斗江国家湿地公园总体规划
	浙江长兴仙山湖国家湿地公园湿地保护恢复项目建议书 / 可行性研究报告

（续表）

完成时间	成果名称
2014 年	浙江天台始丰溪湿地公园总体规划
	河南邓州湍河国家湿地公园总体规划
	河南丹江库区国家湿地公园总体规划
	贵州黎平八舟河国家湿地公园总体规划
	浙江杭州西溪湿地国际重要湿地生态系统评价报告
	安徽滁州东陈圩湿地生态恢复工程项目可行性研究报告
	浙江武义熟溪湿地公园总体规划
	浙江省富阳市湿地保护利用规划
	浙江省衢州市衢江区乌溪江国家湿地公园初步设计
	江西赣州章江国家湿地公园 2014 年中央财政湿地补贴资金湿地保护与恢复项目实施方案
	江苏无锡惠山洋溪河 / 唐平湖湿地保护小区建设方案
	江苏无锡太湖十八湾湿地保护小区建设方案（示范）
2015 年	全国中央财政湿地保护补助资金项目 2015 年监测评估报告
	江苏盐城国际重要湿地生态系统评价报告
	辽宁大连斑海豹国际重要湿地生态系统评价报告
	辽宁双台河口国际重要湿地生态系统评价报告
	上海长江口中华鲟国际重要湿地生态系统评价报告
	浙江省玉环县湿地资源调查报告
	浙江杭州湾国家湿地公园总体规划
	陕西葱滩国家湿地公园总体规划
	贵州台江翁你河国家湿地公园总体规划
	浙江杭州西湖、拱墅、江干、滨江、桐庐、临安等 6 县（市、区）湿地保护规划
	浙江温州鹿城、龙湾、瓯海、瑞安、乐清、永嘉、平阳、苍南、文成、泰顺等 10 县（市、区）湿地保护规划
	浙江金华婺城、金东、武义、浦江、磐安、兰溪、义乌、东阳、永康等 9 县（市、区）湿地保护规划
	浙江衢州柯城、衢江、龙游、常山、江山、开化等 6 县（市、区）湿地保护规划
	浙江台州路桥、温岭、玉环、天台、仙居、三门等 6 县（市、区）湿地保护规划
	浙江绍兴越城、柯桥、上虞、新昌等 4 县（区）湿地保护规划
	浙江宁波北仑、余姚、宁海等 3 县（市、区）湿地保护规划
	浙江丽水龙泉市湿地保护规划
	浙江湖州市吴兴区、长兴县湿地保护规划
	浙江浦阳江国家湿地公园总体规划
2016 年	浙江省桐乡市湿地保护规划
	浙江省建德市湿地保护利用规划
	2015 年度全国中央财政湿地补贴项目监测评估与 2014 年度项目实施情况汇总报告

（续表）

完成时间	成果名称
2016 年	江西抚州梦湖国家湿地公园总体规划
	浙江省长兴县合溪水库湿地保护和生态建设规划
	杭绍台铁路工程项目对始丰溪国家湿地公园造成影响的情况分析报告
	浙江永康太平湖省级湿地公园总体规划
	江西万安湖国家湿地公园总体规划（2017—2021 年）
	浙江东阳江省级湿地公园总体规划
	2016 年度中央财政湿地补贴项目监测评估与全国湿地补贴项目实施情况汇总报告
	安徽升金湖重要湿地生态系统评价报告
	贵州红枫湖国家重要湿地生态系统评价报告
2017 年	2017 年度全国中央财政湿地补助项目监测评估报告
	青海柴达木盆地中的湿地生态系统评价报告
	浙江千岛湖湿地生态系统评价报告
	江西省景德镇市湿地保护规划
	浙江德清下渚湖国家湿地公园总体规划
	浙江绍兴鉴湖国家湿地公园总体规划
	江苏苏州昆山市"十三五"湿地保护规划
	浙江嘉兴海盐县湿地保护规划
	浙江兰溪兰江省级湿地公园总体规划
	浙江常山港流域国家湿地公园总体规划

表 5-22　湿地规划及监测评估阶段主要成果一览

完成时间	成果名称
2018 年	2018 年国际重要湿地生态监测报告
	安徽升金湖、福建漳江口红树林、江苏大丰麋鹿、江苏盐城、江西鄱阳湖、山东黄河三角洲、山东济宁南四湖等 7 处国际重要湿地生态监测报告
	2018 年度中央财政湿地补助项目监测评估与全国项目实施情况汇总报告
	浙江瑞安林垟省级湿地公园总体规划
	浙江云和梯田国家湿地公园总体规划
	浙江省浦江浦阳江国家湿地公园 2017 年中央财政湿地补助项目实施方案
	浙江衢州乌溪江国家湿地公园 2017 年中央财政湿地保护与恢复补助资金项目实施方案
	江西省森林和湿地生态系统综合效益评估
	浙江杭州西溪国家湿地公园总体规划
	浙江秀洲莲泗荡省级湿地公园总体规划（2018—2022 年）
	浙江三门—嵊州天然气管道工程始丰溪国家湿地公园生态影响评估报告
	浙江秀洲麟湖省级湿地公园总体规划
	浙江省杭州市西湖区湿地资源变更调查报告

（续表）

完成时间	成果名称
2018 年	江西修河国家湿地公园总体规划
	浙江婺城九峰省级湿地公园总体规划
	江苏省无锡市国家级、省级湿地公园评估报告
	浙江新昌黄泽江省级湿地公园总体规划
	浙江吴兴移沿山省级湿地公园总体规划
	江苏省张家港市湿地保护规划
	浙江桐乡白荡漾省级湿地公园总体规划（2019—2025 年）
2019 年	2019 年国际重要湿地生态监测汇总报告
	安徽升金湖、福建漳江口红树林、江苏大丰麋鹿、江苏盐城、杭州西溪、山东黄河三角洲、山东济宁南四湖、上海长江口中华鲟、上海崇明东滩等 9 处国际重要湿地生态监测报告
	浙江浦江浦阳江国家湿地公园 2018 年中央财政湿地补助项目实施方案
	浙江省浦江县通济桥水库分层取水工程对浙江浦江浦阳江国家湿地公园生态影响评价报告
	浙江杭州西溪国家湿地公园功能区划定方案报告
	义东高速东阳段工程对浙江东阳东阳江省级湿地公园生态影响评估报告
	浙江东白山省级高山湿地公园总体规划
	浙江德清下渚湖国家湿地公园 2018 年中央财政湿地保护与恢复项目实施方案
	广西壮族自治区河池市湿地生态系统综合效益评估报告
	浙江台州鉴洋湖省级湿地公园范围调整和功能区划定方案
	浙江兰溪金山头火炉山省级湿地公园总体规划（2020—2025 年）
	浙江衢江下中洲省级湿地公园湿地生态保护与修复 2019（暨 2020—2022）年省林业发展和资源保护资金项目实施方案
	浙江省绍兴市上虞区世纪新丘湿地修复方案
	浙江省绍兴市上虞区湿地保有量平衡方案
	浙江嘉兴运河湾国家湿地公园总体规划（2019—2025 年）
2020 年	浙江杭州西溪、上海长江口中华鲟、上海崇明东滩、山东黄河三角洲、山东济宁南四湖、江苏盐城、江苏大丰麋鹿、福建漳江口红树林、安徽升金湖等 9 处国际重要湿地生态监测报告
	浙江长兴仙山湖国家湿地公园、浙江云和梯田国家湿地公园 2 处国家湿地公园 2019 年中央财政湿地保护与恢复补助项目实施方案
	浙江宁波杭州湾国家湿地公园规划方案调整
	浙石油兰溪油库配套码头项目工程对兰溪兰江省级湿地公园生态影响评估报告
	江苏省无锡市湿地公园建设管理和生态状况监测评估报告
	浙江台州鉴洋湖省级湿地公园总体规划
	浙江诸暨白塔湖国家湿地公园总体规划
	2019 年无锡蠡湖、无锡梁鸿国家湿地公园中央财政湿地保护与恢复补助资金实施方案
	浙江兰溪港区香溪下杨货运码头工程对兰溪兰江省级湿地公园生态影响评估报告
	浙江德清下渚湖国家湿地公园 2020 年中央财政湿地保护与恢复补助资金项目实施方案
	河南济源万阳湖省级湿地公园评估报告

（续表）

完成时间	成果名称
2020 年	浙江绍兴上虞区烷烃资源综合利用一体化上虞项目湿地占补平衡方案
2021 年	常山县常山港治理二期工程对浙江常山港省级湿地公园生态影响评估报告
	河南原阳黄河省级湿地公园总体规划（2020—2025 年）
	江西遂川五斗江国家湿地公园功能区调整方案
	新建金华至建德铁路工程项目对浙江兰溪兰江省级湿地公园生态影响评估报告
	浙江省玉环市漩门湾拓浚扩排工程对浙江玉环漩门湾国家湿地公园生态影响评估报告
	351 国道浦江联盟至兰溪界段工程对浦江浦阳江国家湿地公园生态影响评估
	浙江慈溪渔光互补光伏项目湿地占补平衡方案
	山东东平湖市级湿地自然保护区总体规划（含功能分区调整论证报告、综合科学考察报告）
	浙江省杭州市湿地保护"十四五"规划
	山东省蒙阴县小微湿地生态修复工程可行性研究报告
	浙江省东阳市东白山省级高山湿地公园总体规划（2021—2025 年）
	浙江省衢州市衢江区省重要湿地生态保护绩效评价报告
	浙江省宁波市湿地保护修复工程规划（2021—2025 年）
	河南新乡平原黄河省级湿地公园总体规划（2022—2027 年）
	浙江台州鉴洋湖湿地生态保护修复 2022 年浙江省林业重点工作任务建设申报方案
	浙江嘉兴运河湾国家湿地公园生态保护和绿化提升规划
	浙江台州湾新区三山涂滨海湿地专项整治成效评价报告
	2021 年华东监测区国际重要湿地生态状况监测评估报告

第三节　典型项目简介

一、中央财政湿地保护修复项目抽样摸底

中央财政湿地保护修复项目，是以中央财政预算安排的资金，主要对林业系统管理的重要湿地开展湿地保护与恢复、退耕还湿、湿地生态效益补偿等湿地保护修复项目的建设资金补助，是国家林业和草原局、财政部根据国家林业生态建设总体要求和湿地保护现状，立足全局作出的顶层设计和决策部署。通过充分发挥政策引导作用，系统推进湿地保护修复项目实施，实现"全面保护与恢复湿地"的根本目标。该项目自 2010 年启动以来，补助资金规模不断扩大，由最初的每年约 2 亿元增加到

2014 年的 16 亿元，"十三五"以来资金量逐年攀升，2020 年已突破 18 亿元。

为全面掌握中央财政湿地保护修复项目实施情况，促进项目科学实施、规范资金使用、总结先进经验与做法、服务项目绩效评价，自 2011 年起，受国家林业和草原局湿地管理司（原国家林业局湿地保护管理中心）委托，华东院逐年开展项目监测评估（抽样摸底），至今已有 11 年，贯穿"十二五"和"十三五"两个时期。期间，项目抽样摸底范围涵盖了 29 个省（区、市），累计投入 150 余人次，完成年度、专题报告，统计数据、报表 100 余份。

2020 年，华东院派员 17 人次抽取了天津、江苏、四川、贵州、云南、甘肃等 6 个

省（市）15 处湿地共计 18 个项目进行抽样摸底，涉及项目金额 16080 万元，根据要求完成 6 个省（市）报告和《全国中央财政湿地保护修复项目抽样摸底年度报告》以及《全国中央财政湿地保护修复项目汇总年度报告》。2020 年是"十三五"收官之年，中央财政湿地保护修复项目实施的 10 年，也是湿地保护管理工作飞速发展进步的 10 年。在国家林业和草原局湿地管理司的总体部署下，华东院对中央财政湿地保护修复项目历年来的实施情况分类、分阶段作了有效总结，编制完成了《全国中央财政湿地补助项目"十三五"实施总结报告》《全国"十三五"期间湿地生态效益补偿项目实施情况专项调研汇总报告》《全国"十三五"期间退耕还湿项目专项调研汇总报告》《全国"十二五"末中央财政湿地生态效益补偿试点情况报告》《全国湿地生态效益补偿项目典型案例汇总报告》《地方湿地生态效益补偿探索实践情况汇编》等报告，并总结实施经验，起草了《中央财政林业草原项目库入库指南》及相关统计表，便于项目申报和管理（图 5-33）。

近年来，华东院在项目抽样摸底、全国汇总等常态化年度工作的基础上，提高站位，拓展研究，积极融入顶层设计。先后起草了《湿地生态效益补偿制度立法研究报告》《中央财政湿地生态效益补偿项目管理办法（试行）》《中央财政湿地生态效益补偿项目实施细则》《中央财政湿地保护修复项目实施指南》等专项报告和制度性文件，为国家湿地立法、湿地保护政策制定提供了大量技术支撑和决策依据。

二、国际重要湿地生态监测

自加入湿地公约以来，我国有序推进国际重要湿地指定与保护管理工作。截至 2021 年年底，我国已有 64 处湿地列入国际重要湿地名录。国际重要湿地生态系统状况越发受到社会广泛关注。

2013 年至 2017 年年底，按照国家林业局

图 5-33　中央财政湿地保护修复项目抽样摸底

湿地保护管理中心的统一部署。华东院投入近 80 人次，对湖南、湖北、江苏、浙江、广东、广西、辽宁、上海、河北、安徽、贵州、青海等 12 省（区、市）的 31 处重要湿地开展湿地生态系统评价工作，累计获取土壤样本 1380 个，检测样本数据 1380 套，收集调查问卷 1920 份，提交成果报告 31 个，为湿地生态系统评价指标体系的研究提供了大量基础数据。期间，华东院经对 15 处国际重要湿地评价成果总结梳理，参与编写了《中国国际重要湿地生态系统评价》专著，并于 2016 年由科学出版社出版发行。

2018 年起，华东院连年承担完成华东监测区国际重要湿地生态状况监测评估工作，年均投入 20 余人次，以湿地面积及较往年变化情况、水源补给状况、地表水水质、地表水富营养化程度、湿地植物及植被覆盖率、湿地鸟类多样性及分布、植物入侵状况、土地（水域）利用方式变化状况、社会情况和主要威胁影响等为指标开展监测评价（图 5-34）。至

图 5-34　国际重要湿地生态监测

2021 年，累计提交监测报告 38 个，为《中国国际重要湿地生态状况白皮书》的发布提供重要数据支撑。

华东院通过对监测结果的分析，及时准确地掌握了国际重要湿地生态系统现状与变化趋向，提高了国际重要湿地保护管理水平，并为各级人民政府和湿地管理机构开展湿地保护工作提供决策依据。

三、国家重要湿地认定和发布

《湿地保护修复制度方案》明确要求："国务院林业主管部门会同有关部门制定国家重要湿地认定标准和管理办法，明确相关管理规则和程序，发布国家重要湿地名录。"国家林业和草原局"三定"方案也明确提出要"管理国家重要湿地"。《湿地保护法》规定："国务院林业草原主管部门会同国务院自然资源、水行政、住房城乡建设、生态环境、农业农村等有关部门发布国家重要湿地名录及范围，并设立保护标志。"国家重要湿地认定和名录发布，是湿地分级管理的重要基础和必然需求。

受国家林业和草原局湿地管理司委托，华东院自 2017 年起对国家重要湿地认定和名录发布工作进行认真研究，并赴云南等地开展深入调研，总结各地发布省级重要湿地名录的经验和做法，历时近一年半，起草形成了《国家重要湿地认定和名录发布规定》。2019 年 1 月，国家林业和草原局发布《国家重要湿地认定和名录发布规定》，国家重要湿地申报工作正式启动。

2019 年 3 月起，华东院牵头组织国家林业和草原局相关直属院开展国家重要湿地认定和发布技术支撑工作，指导地方申报并开展材料审查和现地核实工作；同时，开展省级重要湿地发布情况和国家重要湿地申报情况月度调研并提交调研报告（图 5-35）。首批国家重要湿地申报过程中，华东院共完成申报材料程序性审查 128 处，技术性审查及现地核实 18 处。2019 年 11 月，国家林业和草原局湿地管理司在杭州组织召开专家论证会，提出 29 处首批国家重要湿地建议名录。2020 年 6 月，国家林业和草原局正式发布首批国家重要湿地名录（29 处），填补了我国国家重要湿地的空白，进一步完善了湿地分级管理体系。近期，根据《湿地保护法》，华东院协助国家林业和草原局湿地管理司开展《国家重要湿地认定和名录发布规定》修订工作，进一步推动国家重要湿地发布持续开展。

四、浙江大荡漾湿地修复工程项目可行性研究报告

浙江大荡漾湿地位于浙江与江苏两省交界的太湖西南岸，是太湖流域重要的湖泊湿地，其湿地生态系统具有典型性、脆弱性、丰富的生物多样性和生态区位的重要性。浙江大荡漾湿地修复工程项目是《太湖流域水环境综合治

图 5-35 国家重要湿地认定和发布

理总体方案》所确定的重点区域项目。项目范围主要水域包括大荡漾、周浜漾和陈湾漾，总面积为 1267.9 公顷。2007—2009 年，华东院承担了浙江大荡漾湿地修复工程技术咨询工作，组织 6 名专业技术骨干成立项目组，对项目必要性、可行性及实施方案进行研究探讨，完成了浙江大荡漾湿地修复工程项目建议书及可行性研究报告（图 5-36）。

　　项目通过对国家和区域湿地生态保护背景研究，基于项目区生态环境现状，经过方案比选，提出通过植被恢复、湿地恢复区土地整理、湖泊富营养化治理、湿地生态水管理、村庄搬迁、农业面源污染整治、有害生物防控、设施建设等措施与手段开展湿地修复工程，使项目区的矿山复绿率、针叶林改造率、农村生活污水处理率、畜禽养殖场搬迁率达到 100%；大荡漾湿地的水质由原来的 V 类提高到 III 类；生物多样性明显丰富；湿地生态系统趋于安全稳定，湿地生态功能和景观价值显著提高，形成较为完备的湿地保护管理体系、科研监测体系和宣传教育体系。通过对工程建设开展科学全面的研究评价，认为湿地修复工程的实施符合国务院对太湖流域进行的全面综合治理以及国家有关环境保护政策和当地相关规

图 5-36　浙江大荡漾湿地修复工程项目可行性研究报告

划的有关要求，不仅对大荡漾湿地提高水环境质量，恢复湿地生态系统，维持生物多样性，充分发挥该湿地的蓄水防洪、涵养水源、调节气候、净化环境和维护区域生态环境等多种功能具有重要作用，而且对改善整个太湖流域的水环境、实现太湖水质的根本好转有重要的现实意义，最终得出工程建设必要且可行的结论。

　　本项目是华东院首个启动的湿地领域业务项目，为全院湿地修复技术研究工作开展夯实了技术基础。项目成果对工程设计和实施提供了科学的指导和依据，并荣获 2010 年全国优秀工程咨询成果二等奖和 2010 年全国林业优秀工程咨询成果一等奖，受到业主、行业专家

和主管单位的一致好评。

五、重庆阿蓬江国家湿地公园总体规划

湿地公园是国家湿地保护体系的重要组成部分，是落实国家湿地保护管理策略的一项具体措施，是维护和扩大湿地保护面积直接且行之有效的途径之一。作为湿地保护、生态恢复与湿地资源可持续利用的有机结合体，湿地公园也是充分发挥湿地功能，特别是湿地生态服务功能的重要载体。2004年，我国湿地公园正式开始试点起步。2005年，国家林业局出台了《关于做好湿地公园发展建设工作的通知》，并批准了首批2个试点国家湿地公园，为湿地公园的发展提供了政策依据和行业指导。通过对国家政策的学习理解和对湿地公园建设的探索研究，2009年起，重庆市积极开展国家湿地公园创建工作。

2009年，华东院选派8名技术骨干组成规划编制技术团队，用近半年时间，集中攻坚，高质高效地编制完成了《重庆阿蓬江国家湿地公园总体规划》。重庆阿蓬江国家湿地公园地处乌江下游，位于黔江区和酉阳县境内，以河流湿地为主体的湿地生态系统具有完整性、典型性和丰富的生物多样性。景观资源以原生态山水为特色，融峡谷绝壁、秀水温泉、暗河溶洞为一体，集土（家）苗（家）风情于一身。《规划》基于翔实的现状调查，在定性定量评价了湿地生态环境及景观资源、客观分析了湿地公园建设的优劣势及面临的机遇挑战的基础上，科学布局，专项规划，在湿地保护保育、宣传教育、社区共建共管、生态旅游、植物景观、基础设施工程、土地利用协调、居民社会调控、科研与监测、组织管理、投资估算与建设顺序等方面提出了明确的规划目标和准确的建设内容。

经专家评审、现场考察、论证，2009年，重庆阿蓬江国家湿地公园获国家林业局批准同意试点建设，成为重庆市首批试点国家湿地公园。《规划》为湿地公园建设实施提供了科学

系统的指导和依据。本项目是华东院在《国家湿地公园总体规划导则》尚未发布阶段完成的国家湿地公园总体规划，项目组在编制期间做了大量的研究工作。《规划》在文本结构、建议方向和规划内容等方面，得到行业专家的高度评价，为全院湿地公园规划工作积累了宝贵的经验。

六、江西省森林和湿地生态系统综合效益评估

在国家强化湿地保护和恢复的明确要求下，2017年，江西省人民政府出台了《湿地保护修复制度实施方案》，提出了明确的湿地保护范围、措施和考核等制度体系。为更加科学地开展湿地工作，2017年起，华东院选派由院领导领衔的共9名技术骨干参与的项目组，历时2年，经分析、研究，形成《江西省森林和湿地生态系统综合效益评估》成果（图5-37）。

本次评估以2016年12月31日为评估基准日，从湿地生态效益、经济效益、社会效益三方面具体量化指标，分为10个一级指标、12个二级指标和15个三级指标。综合江西省湿地资源现状，运用生态学、经济学、湿地生态系统综合效益评估的理论与方法，计算产出江西全省各设区市和各流域的湿地生态系统综合效益。评估结果显示，湿地在固碳释氧、蓄水防洪、补充地下水、气候调节、水质净化、土壤保持、物种保育、提供湿地产品、开展湿地休闲娱乐和环境教育等十个方面发挥了巨大价值。2016年江西省湿地综合效益价值为1441.12亿元/年，相当于江西省生产总值的7.79%，其中生态价值尤为突出；全省湿地平均价值15.84万元/（公顷·年），在全国处于较高水平。

本次评估全面、快速、准确地掌握了江西省湿地现状、空间分布及变化趋势，为相关部门制定合理的湿地保护和利用对策提供了科学依据，整体提升了江西省的湿地保护管理水平。2018年5月30日，评估结果经由江西省

人民政府新闻办、省林业厅联合召开的江西省森林和湿地生态系统综合效益评估成果新闻发布会正式发布，让全社会更深入地了解湿地生态系统的综合价值，更充分地认识保护湿地资源的重要性、紧迫性，有利于调动更广泛的

力量参与湿地保护的积极性。评估成果与森林生态系统综合效益评估作为共同成果，获2017—2018年全国林业优秀工程咨询成果一等奖和2020年全国优秀工程咨询成果三等奖。

图 5-37　江西省森林和湿地生态系统综合效益评估

第一节　业务发展历程和主要业务方向

森林生态系统作为主要物种栖息地、自然景观和生物多样性的重要载体，是我国自然保护地的主要生态空间，在维护国家生态安全和保障经济社会可持续发展等方面发挥了重要作用。党的十八大以来，以习近平同志为核心的党中央站在中华民族永续发展的战略高度，对中国特色的自然保护地体系建设进行了总体部署和重新定位：以国家公园为主体的自然保护地是我国自然生态空间中最重要、最珍贵和最精华的部分，是生态建设的核心载体、中华民族的宝贵财富、美丽中国的重要象征。

在自然保护领域新的使命背景下，华东院自然保护地事业的业务工作紧紧围绕生态优先、绿色发展、和谐共生的基本原则稳步推进，大体可分为三个阶段：全面自然保护阶段、综合生态保护阶段、自然保护地新征程。

一、全面自然保护阶段（2000—2013年）

1956年，我国建立第一个自然保护区——广东鼎湖山自然保护区，正式揭开了我国自然保护事业发展的序幕。随着改革开放的推进，我国的自然保护事业稳步发展、与时俱进，森林公园、地质公园、湿地公园、海洋特别保护区（海洋公园）等多种类型自然保护地也相继建立并得到不断完善，实现了自然保护地数量从无到有、面积从小到大、类型从单一到多种的巨大变化，构筑了我国生态安全屏障。随着科学水平和基础研究的进步，我国针对多种类型自然保护地设立了法律法规和标准规范，为我国自然保护领域全面保护提供了强力保障。

此阶段，华东院自然保护地事业起步发展，主要工作是立足自然保护地调查摸底，开始对华东监测区的自然保护区等自然保护地进行可行性研究及总体规划编制，并为相关部门保护珍稀野生动植物资源的生境和栖息地提供技术支撑。

2000—2013年，华东院先后完成了《浙江省镇海棘螺自然保护区建设可行性研究报告》《福建省天宝岩自然保护区总体规划》《浙江庙山坞自然保护区总体规划》《江西阳际峰自然保护区总体规划》《安徽省黄山市珍稀野生动植物保护及自然保护小区工程建设项目可行性研究》等项目，积极投身华东地区的自然生态保护事业。

二、综合生态保护阶段（2014—2018年）

党的十八大以来，随着经济社会的快速发展和生态文明建设的持续推进，单纯自然保护已无法满足人民对美好生活的需要，生态保护和生物多样性保护的概念逐步取代单纯自然保护的概念。在基于自然资源禀赋的基础上，综合保护其承载的生物多样性和生态环境；在不损害生态系统的前提下，综合利用自然资源进行必要的基础设施建设和自然观光、科研教育，释放其生态效益，进而实现全面保护生态环境和经济社会平衡发展的和谐局面。

此阶段，华东院的自然保护地事业在广度上实现了从单纯自然保护区（保护小区）规划到生态系统评估、生态修复和生物多样性评价等多种业务方式的拓展；在深度上实现了从技术支撑到科学评价、理论研究和技术规范制定的综合深入;在宽度上实现了从华东监测区到全国范围的业务辐射。

2014—2018 年,华东院先后完成了《浙江古田山国家级自然保护区基础设施三期工程项目初步设计》《湖南东洞庭湖国家级自然保护区国际重要湿地生态系统评价报告》《安徽升金湖国家级自然保护区 2016 年中央财政湿地生态效益补偿试点项目实施方案》《长九(神山)灰岩矿物流廊道工程对升金湖自然保护区生物多样性影响评价报告》《贵州草海国家级自然保护区国家重要湿地生态系统评价报告》《台州市黄岩区长潭水库水资源二级保护区退耕还林总体规划设计》等项目。

三、自然保护地新征程(2019 年至今)

2019 年 6 月,中共中央办公厅、国务院办公厅印发《关于建立以国家公园为主体的自然保护地体系的指导意见》,明确建成统一规范高效的中国自然保护地体系的主要思路,着力解决交叉重叠、多头管理的问题,形成自然生态系统保护的新体制新模式,开启了我国自然保护地事业的新征程。2020 年 4 月,经国家林业和草原局批准,华东院加挂"自然保护地评价中心"牌子,为科学构建自然保护地评价体系创造了平台优势。

此阶段的业务方向主要是积极对外交流、深入政策制度研究,准确把握自然保护地事业的前沿动态。在对外交流方面,2019 年 10 月,华东院选派中层领导干部赴国家林业和草原局自然保护地管理司挂职锻炼,历时 2 年多,在综合锻炼、沟通连接等方面得到了全方位提升;2019 年 11 月,选派业务骨干参加北京大学世界遗产与自然保护地国际人才研修班交流学习,填补了华东院国际遗产领域的空白;2020 年7 月,抽调 3 名业务骨干参加全国自然保护地整合优化专班,历时 10 个月完成了福建、上海、山东、山西、内蒙古和西藏等 6 个省级整合优化预案的审核,充分体现了"忠诚使命、响应号召、不畏艰辛、追求卓越"的华东院精神,并在 2020 年年底全国自然保护地整合优化总结大会上得到国家林业和草原局有关领导的表扬,为华东院争得荣誉;2021 年 4 月,华东院派员赴国家林业和草原局国家公园工作专班,负责国家公园体制试点的总体规划审核,为加快推进第一批国家公园的正式设立贡献了一份力量。在政策制度研究方面,完成自然保护地管理司交办的《自然公园管理制度与标准体系建设服务项目》和国家林业和草原局办公室交办的《自然保护地差别化管控政策研究》等标准政策研究,为自然保护地的科学管理和标准体系构建作出了重要贡献;参与录制"全国自然保护地在线学习系统"和"海洋类型自然保护地""自然保护地先锋"等直播课堂,为普及全国海洋领域自然保护地建设和生态保护知识提供了基础性的政策研究(图 5-38)。

此外,华东院编制了自然保护地调查摸底、评估论证、整合优化技术方案,为华东监测区自然保护地整合优化提供了理论保障和全方位技术服务;承担了覆盖浙江、福建、江西、河南和安徽等省、市、县各级自然保护地的整合优化预案编制工作,培养了一支专业力量雄厚、理论功底扎实、实践经验丰富的自然保护领域团队。

四、内设机构及人员

20 世纪 80 年代初至 2000 年,华东院生产业务主要是以完成森林资源调查监测为主,少有涉及自然保护地领域。

2000 年以来,各相关业务处室陆续开展以自然保护区、森林公园和湿地公园等自然保护地的调查摸底和总体规划编制等工作,但并没有设置独立的自然保护地监测评估业务部门。

2018 年 3 月,十三届全国人大一次会议表决通过了国务院关于机构改革方案的决定,组建国家林业和草原局,加挂国家公园管理局牌子。针对国家林业和草原局内设机构设置情况,按照处室职能专业化的思路,2019 年 5月,华东院内设机构调整,整合优势力量成立

图 5-38 自然保护地监测评价工作中

了自然保护地及国家公园处，开启了华东院自然保护地事业的新篇章。2020 年 4 月，"国家林业和草原局自然保护地评价中心"的设立，为自然保护地事业开辟了新的平台，标志着华东院自然保护地事业迈出新的一步。2021 年 12 月，院内设机构进一步完善后，自然保护地及国家公园处更名为自然保护地（国家公园）处（图 5-39）。自然保护地（国家公园）处成立以来，积极对接国家林业和草原局自然保护地管理司等相关司局的政策调研、基础研究、人才交流等有关业务，并得到国家林业和草原局相关司局的高度认可；此外，主动承担华东监测区自然保护地领域的业务指导、技术

支撑，同时着力打造自然保护地评价体系的平台优势（表 5-23）。

图 5-39 自然保护地（国家公园）处职工集体照

表 5-23 自然保护地机构及人员一览

时间	机构名称	主要负责人	职工人数（人）
2019.05—2021.12	自然保护地及国家公园处	周固国	14
2021.12 至今	自然保护地（国家公园）处	康 乐	16

第二节 主要成果

2000 年至 2022 年 3 月，华东院共完成提交自然保护地监测评估类项目成果 69 项，

其中自然保护地调查规划类 41 项，自然保护地评价评估类 19 项（图 5-40），自然保护地综合利用类 9 项。主要成果见表 5-24 ～表 5-26。

图 5-40　自然保护地成果文本

表 5-24　自然保护地调查规划类项目主要成果一览

完成时间	成果名称
2001 年	浙江省镇海棘螈自然保护区建设可行性研究报告
	福建武夷山自然保护区森林分类区划界定核查报告
2002 年	福建省天宝岩自然保护区总体规划
2003 年	安徽省黄山市珍稀野生动植物保护及自然保护小区工程建设项目可行性研究报告
	浙江庙山坞自然保护区可行性研究报告及总体规划
2004 年	福建峨眉峰省级自然保护区总体规划
2006 年	浙江省凤阳山—百山祖国家级自然保护区生态旅游规划
2008 年	福建闽江源国家级自然保护区生态旅游规划
2010 年	江西阳际峰自然保护区总体规划（2009—2015 年）
2011 年	浙江南麂列岛自然保护区湿地资源环境调查评价报告
2012 年	福建尤溪九阜山省级自然保护区生态旅游规划
	福建闽江源国家级自然保护区总体规划修编（2013—2020 年）
2013 年	福建泰宁峨眉峰拟建国家级自然保护区总体规划
2015 年	浙江绍兴舜江源省级自然保护区总体规划（2016—2025 年）
	江苏无锡锡山九里河湿地保护小区建设方案
2016 年	江苏无锡江阴黄山湖、锡山兴塘、马山耿湾湿地等保护小区建设方案
2017 年	福建永泰藤山拟建国家级自然保护区总体规划
	江苏省江阴市长跃湖、无锡惠山福山和张村等保护小区建设方案
2018 年	江苏宜兴龙池省级自然保护区总体规划（2018—2027 年）
	江苏无锡锡山区白米荡、梁溪兴塘等湿地保护小区建设方案
	江苏无锡锡山红豆杉康养小镇湿地保护小区建设方案
2019 年	江苏省苏州市吴中区光福省级自然保护区总体规划（2018—2027 年）
2020 年	浙江温州瓯海区自然保护地调查摸底报告
	江苏无锡锡山嘉陵荡湿地保护小区项目建议书

（续表）

完成时间	成果名称
2021 年	河南石漫滩国家森林公园总体规划（2021—2030 年）
	黑龙江饶河东北黑蜂国家级自然保护区功能区划调整及总体规划
	山东黄河三角洲国家级自然保护区范围和功能区划勘界报告
	福建省自然保护地摸底调查技术方案
	福建省自然保护地评估论证术方案
	福建省自然保护地整合优化技术方案
	福建省自然保护地整合优化预案
2022 年	内蒙古白音敖包国家级自然保护区保护及监测设施建设项目可行性研究报告
	内蒙古高格斯台罕乌拉国家级自然保护区总体规划（2021—2030 年）
	河南伏牛山国家级自然保护区总体规划（2022—2030 年）

表 5-25　自然保护地评价评估类项目主要成果一览

完成时间	成果名称
2014 年	浙江景宁望东垟高山湿地自然保护区湿地保护恢复项目可行性研究报告
	湖南东洞庭湖国家级自然保护区国际重要湿地生态系统评价报告
	湖南南洞庭湖湿地和水禽自然保护区国际重要湿地生态系统评价报告
	江苏大丰麋鹿国家级自然保护区国际重要湿地生态系统评价报告
	浙江景宁望东垟高山湿地自然保护区湿地保护工程项目建议书
	江西鄱阳湖南矶湿地国家级自然保护区 2014 年中央财政湿地补贴资金湿地保护与恢复项目实施方案
2016 年	江西东江源国家湿地公园 2015 年中央财政湿地和林业国家级自然保护区补贴项目实施方案
	贵州草海国家级自然保护区国家重要湿地生态系统评价报告
	浙江南麂列岛自然保护区湿地生态系统评价报告
2017 年	安徽升金湖国家级自然保护区 2016 年中央财政湿地生态效益补偿试点项目实施方案
2018 年	浙江省台州市黄岩区长潭水库水资源二级保护区退耕还林总体规划设计
2019 年	重庆石柱水磨溪湿地县级自然保护区生态修复方案
	山东黄河三角洲国家级自然保护区 2017 年中央财政湿地生态效益补偿试点项目实施方案
2021 年	自然公园管理制度与标准体系建设服务项目
	自然公园内建设项目负面清单
	自然保护地差别化管控政策研究

表 5-26　自然保护地综合利用类项目主要成果一览

完成时间	成果名称
2011 年	江西省武夷山国家级自然保护区管理局 2012 年农业综合开发林业生态示范项目建议书
2014 年	浙江古田山国家级自然保护区基础设施三期工程项目初步设计
2016 年	长九（神山）灰岩矿物流廊道工程对升金湖自然保护区生物多样性影响评价报告

（续表）

完成时间	成果名称
2017 年	G220 线（原 S230 线）朱砂冲桥危桥改造工程对井冈山国家级自然保护区自然资源、自然生态系统和主要保护对象的影响评价报告
	福建龙栖山国家级自然保护区将乐县沙余线（X754）沙洲—余家坪公路工程使用林地保护利用规划调整方案
2018 年	福建上白石水利枢纽工程对浙江乌岩岭国家级自然保护区生物多样性影响评价报告
2020 年	河南伏牛山国家级自然保护区（嵩县段）庙眼旅游服务区等 6 个项目生态影响评价报告
2021 年	浙江杭州天目山珍稀植物园建设项目对天目山国家级自然保护区生物多样性影响评价报告
2022 年	福建上白石水利枢纽工程对浙江乌岩岭国家级自然保护区黄腹角雉的影响专题评价报告

第三节　典型项目简介

一、自然公园管理制度研究报告

为建立统一高效的自然公园管理机制，系统研究我国自然公园的管理制度。2021 年 3—9 月，受国家林业和草原局自然保护地管理司委托，华东院精选自然保护地领域的业务精干，从现有国家级自然公园（如风景名胜区、地质、森林、海洋、湿地、草原等）的申报和审批程序、功能区划、管理办法等入手，根据全国自然保护地整合优化最新成果，通过调研主要自然公园的管理现状，从法律制度体系、现有管理规则、资金保障体系、监督管理现状、自然保护地体系规则和自然公园功能分区建设角度深入研究，通过借鉴国外相关案例，并结合时代发展背景，对各类自然公园的新建、撤销、功能分区等提出较为统一的标准，编制完成了《自然公园管理制度研究报告》。

《研究报告》对我国自然公园管理存在的问题进行了系统的总结，并借鉴国外相关案例，从健全法规体系、建立统一的管理规则、加强自然保护地体系规划建设、完善多元化的投融资机制以及完善自然公园监督管理办法等提出了引领性的建议，为下一步我国自然公园的有效管理和标准化建设奠定了理论基础（图 5-41）。

外业调查

会议座谈

制定方案
搜集材料 ⟫⟫⟫ 交流座谈
现地调研 ⟫⟫⟫ 分析讨论
形成初稿 ⟫⟫⟫ 修改完善
产出成果

自然公园管理制度
研究报告

国家林业和草原局自然保护地管理司
国家林业和草原局自然保护地评价中心
二〇二一年五月

图 5-41　自然公园管理制度研究报告

二、福建省自然保护地整合优化预案

为贯彻落实《关于建立以国家公园为主体的自然保护地体系的指导意见》和自然资源部、国家林业和草原局关于自然保护区整合优化工作的部署，2020年3月，福建省林业局委托华东院编制《福建省自然保护地整合优化预案》。为科学、客观、规范编制预案，华东院组织技术力量编制了《福建省自然保护地调查摸底技术方案》《福建省自然保护地评估论证技术方案》和《福建省自然保护地整合优化技术指南》等规程方案，为全省自然保护地整合优化外业指导、质量检查及相关成果编制等工作提供了理论依据。为保障项目的有序开展，院成立了12人工作小组，耗时1年多，对接了9个设区市林业主管部门，摸清整合了89个县（市、区）360处总面积达74.90万公顷的自然保护地，最终编制完成《福建省自然保护地整合优化预案》（图5-42）。

《预案》从对福建省自然生态现状及保护价值、自然保护地现状摸底调查出发，通过分析自然保护地内存在的主要问题和矛盾冲突，剖析保护空缺情况，创新工作方法，按照实事求是、应保尽保的原则，统筹分析自然保护地的范围划定、功能分区调整和管理机构队伍建设情况，积极对接生态保护红线的划定工作。《预案》通过了省直部门评审，并最终通过了生态红线专班和整合优化专班的联审，得到相关部门领导和专家的一致肯定。

《预案》成果从根本上有效解决了福建省自然保护地的矛盾冲突和多头管理等问题，实现了空间布局合理、功能定位准确，保障了自然保护地面积不减少、强度不降低、性质不改变；有利于保护典型的自然生态系统和珍稀濒危野生动植物的天然集中分布区的完整性；有利于维持和恢复珍稀濒危野生动植物种群数量及赖以生存的栖息环境。

三、内蒙古高格斯台罕乌拉国家级自然保护区总体规划

内蒙古高格斯台罕乌拉国家级自然保护区位于内蒙古赤峰市阿鲁科尔沁旗北部，地处大兴安岭南部山区，属中纬度温带半干旱大陆性季风气候区。自然资源丰富，分布有森林、草原、草甸、湿地等生态系统，是以过渡型地

图5-42　福建省自然保护地整合优化预案

带森林、草原多样的生态系统为主的综合型自然保护区。主要保护对象为大兴安岭南麓山地典型的过渡带森林—草原生态系统，西辽河源头重要湿地生态系统，野生马鹿种群和大鸨、黑鹳等珍稀濒危物种及其栖息地，总面积106284公顷。

为科学推进重要生态系统保护和修复、重点野生动植物及其栖息地保护，全面提升自然保护区信息化和智慧化建设。2021年11月，保护区管理局委托华东院编制《内蒙古高格斯台罕乌拉国家级自然保护区总体规划（2021—2030年）》。为此，项目组在全面总结前期规划和分析评价保护区建设经验的基础上，围绕森林、草原、湿地生态系统，加强保护体系建设，引进高新技术，创新体制机制，提高保护管理水平，扩大宣传教育和交流合作，探索生态产品价值实现路径，努力将保护区建成保护管理信息化水平高、科研监测能力强、宣传教育一流的人与自然和谐的智慧型国家级自然保护区（图5-43）。

《总体规划》的实施有利于野生动物的生存、繁衍与种群扩张，同时对拯救珍稀濒危物种、保护生物多样性、维持生态平衡、促进人与自然和谐发展起重要促进作用；此外，丰富多样的自然资源和景观资源有利于生态科普、科学研究以及人文历史的宣传，极大地丰富了人民的精神生活，提高了社会公众的自然保护意识。

四、黑龙江省饶河东北黑蜂国家级自然保护区功能区划调整及总体规划

2021年4月，受黑龙江省饶河东北黑蜂国家级自然保护区管理局委托，华东院承接《黑龙江省饶河东北黑蜂国家级自然保护区功能区划调整及总体规划》编制任务，选派10名专业技术骨干组成工作专班，开展了对66万公顷保护区的本底资源补充调查、大纲制定、规划编制、征求意见、专家咨询等系列工作，集中讨论、高效办公，于当年7月编制完成了《总体规划》（图5-44）。

图5-43 内蒙古高格斯台罕乌拉国家级自然保护区总体规划项目

图5-44 黑龙江省饶河东北黑蜂国家级自然保护区功能区划调整及总体规划项目

《总体规划》通过对自然保护区的基本概况调查以及存在的主要问题和困难进行分析，对保护管理进行评估评价，从保护管理、科研监测、宣传教育、可持续发展、防灾减灾和基础设施建设等六个方面内容进行了系统规划，相应提出了六大重点工程，对保护区的基础设施和能力建设提出了可操作性、可实施的创新性建议。

项目成果有效指导了自然保护区重点工程的建设推进，对自然保护区生态保护及周边社区生态旅游、蜂产品及其生态加工业的可持续发展有着积极的促进作用；同时将进一步扩大蜜源植物的分布范围，提高保护区内的主要保护对象黑蜂的种群数量，在生物多样性保护、气候调节、水源涵养等多方面产生重要的生态效益。

目前，保护区管理局正按照《总体规划》开始实施功能区划调整和重点工程的建设。

五、天目山珍稀植物园建设项目对天目山国家级自然保护区生物多样性影响评价报告

天目山国家级自然保护区，总面积4284公顷，位于浙江省杭州市临安区境内，地处中亚热带北边缘的东南季风气候带，典型植被为亚热带常绿落叶针阔混交林，自然条件独特、生物资源丰富，是中国物种最丰富的地区之一。植物区系上反映出古老性和多样性，在生态文明建设中扮演着重要角色，在增进人民群众福祉中有着举足轻重的作用。

为响应国家生态文明建设，加快"绿水青山就是金山银山"的转换步伐，加强人民群众对天目山保护区珍稀植物的深入了解，增强生物多样性保护意识，进而协调生物多样性保护与经济发展之间的矛盾，受天目山保护区管理局委托，华东院编制《天目山珍稀植物园建设项目对天目山国家级自然保护区生物多样性影响评价报告》。2020年11月至2021年6月，项目组多次深入保护区现场调研、实地考察、采集数据，结合珍稀植物

园项目的特点、性质、建设规模和环境状况，在充分收集历史资料和认真听取有关部门意见的基础上，科学评估、全面论证，按照相关标准规范对森林生态系统类型自然保护区生物多样性影响评价的指标体系和权重值聘请专家打分，进而计算出生物多样性影响指数（BI），评估得出项目对天目山保护区生物多样性的影响较低。

《评价报告》基于生态保护优先的原则，对建设施工期和运营期的生态保护措施、野生动植物保护措施及其他措施，提出了针对性的对策和科学的建议。对于建设人员提高生物多样性保护意识和明确保护责任以及主管部门的行政许可提供科学的依据。

六、河南石漫滩国家森林公园总体规划（2021—2030年）

2021年3月，河南石漫滩国家森林公园管理处为系统整合旅游资源、扩大旅游辐射范围以及深层次挖掘和串联旅游活动，委托华东院编制《河南石漫滩国家森林公园总体规划（2021—2030年）》。为高效推进《规划》的编制，华东院成立了由院副总工把关质量、处领导作技术指导、9名技术人员组成的工作小组。项目组采取面上调查与重点调查相结合的方法，跋山涉水、攻坚克难完成了石漫滩林场7个林区共5333公顷的详细外业调查和基础材料收集，历时3个多月保质保量按时完成了任务（图5-45）。

《规划》基于社会现状、资源禀赋和森林风景资源评价，定性对森林公园发展的优劣势以及面临的机遇与挑战进行分析，通过对森林公园总体布局和发展战略创新，定性进行了容量估算和客源市场分析。对植被与森林景观、资源与环境保护、生态文化建设、森林生态旅游与服务设施、基础工程、防灾及应急管理、土地利用以及社区发展进行了系统的规划。

《规划》得到河南省相关部门的支持配合，

正按照相关程序报批。项目成果的实施将对公园范围内的森林生态系统和野生动植物资源的有效保护和对生态平衡、保持水土、涵养水源、调节区域气候等生态环境改善有着引导性的作用。

图 5-45　河南省石漫滩国家森林公园总体规划项目

第一节　业务发展历程和主要业务方向

建设生态文明，必须像保护眼睛一样保护生态环境，像对待生命一样对待生态环境。森林防火作为生态文明建设的安全保障，事关国土生态安全，关乎人民生命财产和森林资源安全，森林防火责任重于泰山。森林火灾突发性强、破坏性大、危险性高，是全球发生最频繁、处置最困难、危害最严重的自然灾害之一。党中央、国务院高度重视森林防火工作。党的十八大以来，习近平总书记亲自部署，亲自推动全国自然灾害综合风险普查工作，森林火灾风险普查作为一项重大的国情国力调查，是自然灾害防治能力提升重点工程之一，其在全国范围内全面推进，对于提高森林火灾防治能力具有重要意义。

在自然灾害防治的新使命背景下，华东院林草火灾监测评估事业的业务工作紧紧围绕保护优先、绿色发展、和谐共生的基本原则，进入林草火灾监测评估新的发展阶段（图5-46）。

一、林草火灾监测评估新领域

2009年，国务院批准实施了《全国森林防火中长期发展规划（2009—2015年）》；2016年，国家林业局、国家发展和改革委员会、财政部3部门联合印发《全国森林防火规划(2016—2025年)》，我国森林防火工作取得突出成效。2020年之前，华东院各业务处室承接了一批森林防火规划评估相关业务工作。

2021年12月，华东院内设机构进一步完善，新设立林草火灾监测评估处，并加挂野生动植物调查监测处牌子。以此为标志，华东院林草火灾

图5-46　林草火灾监测评估野外工作中

监测评估工作开启全新的发展阶段。此阶段的业务方向主要是负责林草火灾监测预警、调查、规划、评估，承担林草火灾风险普查、林草防火规划、林草防火感知系统研建、林草防灭火相关规程规范研究等工作和社会技术服务。

二、内设机构及人员

林草火灾监测评估处（野生动植物调查监测处）成立后，积极对接国家林业和草原局相关司局的政策调研、基础研究、人才交流等有关业务，得到了国家林业和草原局相关司局的高度认可。此外，该处主动承担华东监测区林草火灾业务的业务指导、技术支撑（图5-47、表5-27）。

图 5-47 林草火灾监测评估处（野生动植物调查监测处）职工集体照

表 5-27 林草火灾监测评估工作机构及人员一览

时间	机构名称	主要负责人	职工人数（人）
2021.12 至今	林草火灾监测评估处 （野生动植物调查监测处）	孙伟韬	9

第二节 主要成果

历年来华东院共完成林草火灾调查规划类和系统研建类项目 99 项，其中调查规划类 93 项，林草火灾系统研建类 6 项（图 5-48），主要成果见表 5-28、表 5-29。

表 5-28 林草火灾调查规划类项目主要成果一览

完成时间	成果名称
2003 年	浙江省宁波市森林防火重点火险区综合治理工程建设可行性研究
2005 年	浙江省宁波市森林防火物质储备库及物质储备建设项目可行性研究
	江西省上饶市重点火险区森林防火综合治理工程项目
2006 年	浙江省浦江县生物防火林带工程建设总体规划
	浙江丘陵区重点火险区综合治理工程可研
	浙江省宁波市 2006 年度国家森林防火物资储备库建设项目可研

（续表）

完成时间	成果名称
2011 年	上海市森林防火"十二五"建设规划
2012 年	浙江绍兴鉴湖休闲林场林区防火工程规划
2013 年	江西省幕阜山东南部森林重点火险区综合治理工程项目可行性研究报告
2014 年	江苏省江阴市定山森林防火综合治理工程规划报告
2017 年	浙江省森林消防发展规划（2017—2025 年）
2018 年	福建省清流县大丰山林区防火应急道路景观生态修复方案
	浙江省国家森林防火野外实训基地建设项目可行性研究报告
2020 年	江苏省新沂市森林防火中长期规划（2020—2030 年）
2021 年	浙江省森林防火"十四五"规划
	浙江省台州市森林防火"十四五"规划
	浙江省苍南县森林火灾风险普查、森林和草原火灾风险普查试点工作报告
	浙江省湖州市森林防火"十四五"规划
	浙江省台州市椒江区"十四五"森林防火规划
	浙江省宁波市森林防灭火"十四五"规划
	浙江省林业系统"引水灭火"能力提升工程三年行动方案
	浙江省泰顺县、龙港市，温州市及龙湾区（经开区）、瓯海区 2021 年森林火灾风险普查项目
	福建省古田县森林火灾风险普查森林可燃物标准地和大样地调查项目
	江苏省常州市新北区森林火灾风险普查项目
	2021 年上海市崇明区、奉贤区、青浦区、金山区第一次自然灾害综合风险普查（森林火灾）项目
	江苏省无锡市梁溪森林火灾风险普查项目
	江苏省宜兴市森林火灾风险普查项目
	浙江省龙游县森林火灾风险普查项目
	浙江省三门县、天台县，玉环市，台州市椒江区、黄岩区森林火灾风险普查和防火规划
	安徽省肥东县第一次全国森林火灾风险普查项目
	福建省柘荣县第一次森林火灾风险普查项目
	浙江省杭州市上城区、滨江区、钱塘区森林火灾风险普查项目
	浙江省宁海县、象山县，宁波市北仑区森林火灾风险普查项目
	浙江省绍兴市及新昌县、绍兴市柯桥区森林火灾风险普查项目
	浙江省缙云县、丽水市莲都区森林火灾风险普查项目
	浙江省宁波市镇海区森林火灾风险普查及森林防火"十四五"规划
	浙江省江山市、衢州市柯城区森林火灾风险普查项目
	浙江省浦江县，金华市婺城区森林火灾风险普查项目
	浙江省乐清市森林火灾风险普查和防火规划
	浙江省长兴县，湖州市及南浔区、吴兴区、南太湖新区森林火灾风险普查项目
	浙江省龙泉市森林火灾风险普查及防火规划

（续表）

完成时间	成果名称
2021 年	浙江省宁波市鄞州区森林火灾风险普查和森林防火"十四五"实施方案
	山东省费县森林火灾风险普查项目
	浙江省兰溪市森林火灾风险普查及防火规划
	安徽省霍山县森林火灾风险普查项目
	浙江省绍兴市上虞区森林火灾风险普查暨森林防火项目
	江苏省常州市金坛区 2021 年森林火灾风险普查项目
	江苏省常州市森林火灾风险普查项目
	江苏省宿迁经济技术开发区森林火灾风险普查项目
	江苏省宿迁市洋河新区森林火灾风险普查项目
	浙江省宁波市奉化区森林火灾风险普查及森林防灭火"十四五"规划
	江苏省江阴市森林火灾风险普查项目
	江苏省宿迁市宿城区森林火灾风险普查项目
	河南省驻马店市驿城区森林火灾风险普查项目
	江苏省常州市武进区森林火灾风险普查项目
	山东省平邑县森林火灾风险普查项目
	浙江省宁波市大榭开发区森林火灾风险普查暨森林防火"十四五"规划
	浙江省宁波市东钱湖旅游度假区森林火灾风险普查和森林防火"十四五"实施方案
	江西省庐山区域森林火灾高风险区综合治理项目可行性研究报告
2022 年	2022 年台州市森林火灾风险普查检查验收项目
	浙江省杭州市森林火灾风险普查项目
	浙江省金华市森林火灾风险普查项目
	江苏省溧阳市森林火灾风险普查项目
	河南省确山县森林火灾风险普查项目
	上海市嘉定区森林火灾风险普查项目

表 5-29　林草火灾系统研建类项目成果一览

完成时间	成果名称
2001 年	浙江省温州市森林防火和森林资源管理系统
2011 年	上海市森林火险预警系统建设项目可行性研究报告
2012 年	浙江省宁波市森林防火指挥信息系统
2015 年	浙江省森林防火数字通信系统二期建设项目可行性研究报告
2019 年	森林草原防灭火综合指挥平台（一期工程）项目建设可行性研究报告（代初步设计）
2021 年	大兴安岭林业集团公司森林防火综合调度系统建设项目（2021—2022 年）

图 5-48 林草火灾监测评估成果文本

第三节 典型项目简介

一、大兴安岭林业集团公司森林防火综合调度系统建设项目（2021—2022 年）

2021 年 9 月，大兴安岭林业集团公司为集合通信、指挥和调度为一体，结合森林防火感知"一张图"平台建设，打造"纵向贯通、横向互连、实时感知、精确指挥"的森林防火综合调度中心，委托华东院建设大兴安岭林业集团公司森林防火综合调度系统。为高效推进系统的建设，华东院成立了由院副总工质量把关、处领导技术指导、多名技术人员组成的项目组。采取现场驻扎与远程协同相结合的方法，专门派驻 2 名骨干至大兴安岭林业集团公司长期现场办公，方便沟通协调和及时解决问题，全力推进项目建设（图 5-49）。

该系统基于大兴安岭林业集团公司森林防灭火实际需求，构建实时感知、精准监测、高效评估为一体的森林防火智能管控平台，做到"森林防火一张图"，实现智能化数据采集、自

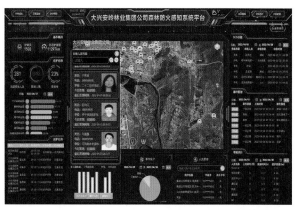

图 5-49 大兴安岭林业集团公司森林防火综合调度系统建设项目

动化数据处理、智慧化业务应用。森林防火感知系统，共有五个模块，分别是预防管理、预警监测、指挥扑救、通信保障和实训演练，其优势主要体现在"感"的灵敏和"知"的智能两个方面，为智慧科学决策提供基于实时数据的调度指挥服务支持。

项目成果的实施将完善大兴安岭林业集团公司森林火灾预防、扑救、保障三大体系，对辅助决策有着强有力的技术支撑。

该系统得到国家林业和草原局、大兴安岭林业集团公司的高度认可，系统建成后将接入国家统一信息平台。

二、浙江省森林防火"十四五"规划（2021—2025 年）

为贯彻落实《浙江省国民经济和社会发展第十四个五年规划和二〇三五年远景目标纲要》《全国森林防火规划（2016—2025 年）》《浙江省林业发展"十四五"规划》，2021 年 2 月，浙江省林业局委托华东院编制《浙江省

森林防火"十四五"规划（2021—2025 年）》。为保障项目的有序开展，华东院成立了由 10 名专业技术骨干组成的项目组，深入基层调研，对接 11 个设区市林业主管部门，开展专题研究，广泛听取了各地意见和建议。积极对接全国和省级相关规划，紧密衔接"森林智眼"、林火阻隔系统建设、"引水灭火"工程建设、千万亩森林质量精准提升、森林火灾风险排查等工作，精准谋划各项目标任务，最终编制完成《浙江省森林防火"十四五"规划（2021—2025 年）》。

《规划》从对浙江省森林防火现状、面临的新形势和存在的主要问题出发，以改革创新为动力，紧紧围绕生态文明建设，以保障人民生命财产和森林资源安全为根本，坚持"预防为主、积极消灭"的工作方针，加强基础设施和装备建设，完善科学防火体系，建立健全长效机制，全面提高森林火灾防控能力。《规划》中提出"建设高质量森林浙江，打造林业现代化重要窗口"的核心目标，成为全国森林防火工作的样板。

项目成果以全面提升林火综合防控能力，建立森林防火长效机制为突破点，构建完备的"五网"（预警监测网、通讯指挥网、林火阻隔网、引水灭火网、空陆护林网）"三化"（林火防控现代化、队伍建设专业化、管理工作规范化）森林防火体系。随着规划的有效实施，浙江森林防火将建成现代化防控体系，最大程度地减少森林火灾对森林资源和人民生命财产的危害。

第六篇

科技贡献

　　自 1980 年以来，华东院共有 147 项成果获得省部级以上奖励，其中获科技进步奖 25 项、优秀咨询成果奖 102 项、优秀工程勘察设计奖 20 项。据不完全统计，职工在国内公开出版的学术期刊上发表各类论文近 300 篇，主编或参编出版专著 21 部。

　　2000 年华东院开始评选优秀成果和优秀论文，共评出院级优秀成果 203 项，其中一等奖 38 项，二等奖 77 项，三等奖 88 项；院级优秀论文 120 篇，其中一等奖 21 篇，二等奖 41 篇，三等奖 58 篇。

　　2014 年之后，华东院共有 93 个项目获著作权证书、专利证书、科技成果登记证书和商标注册证书，其中 77 个项目获计算机软件著作权证书，10 个项目获专利证书，4 个项目获科技成果登记证书，2 个项目获商标注册证书。

第一章　　科技进步奖

华东院有 24 个项目获得了 26 项科技进步（类）奖，其中一等奖 6 项、二等奖 8 项、三等奖 10 项、四等奖 2 项，详见表 6-1。代表性获奖成果详见下文介绍。

表 6-1　科技进步类奖一览

序号	项目名称	奖项名称	等级	获奖时间	颁奖部门	获奖人
1	包兰铁路沙坡头地段固沙造林工程的设计与实施	林业部科技进步奖	一等	1987 年	林业部	唐壮如
2	遥感技术在森林资源动态监测中的应用	林业部科技进步奖	二等	1987 年	林业部	林　进
3	利用国土普查卫星图像进行黄河三角洲植树造林研究	林业部科技进步奖	三等	1987 年	林业部	黄文秋、胡际荣、郭在标、张键、冯利宏
4	华东地区速生丰产林情报调研	林业部科技进步奖	三等	1988 年	林业部	江一平、唐壮如
5	全国沿海防护林体系建设可行性研究	林业部科技进步奖	二等	1989 年	林业部	江一平、王克刚、李文斗、袁薇、张铭新
6	浙江开化示范林场森林经营方案编制	林业部科技进步奖	三等	1989 年	林业部	胡为民、周世勤、古育平、上官增前
7	森林资源微机多路通信数据传送处理系统	林业部科技进步奖	三等	1989 年	林业部	金子光、聂祥永、唐庆霖
8	南岭山地用材林基地森林立地分类评价及适地适树研究	湖南省科技进步奖	二等	1990 年	湖南省科学技术进步奖评审委员会	肖永林、葛宏立
9	立地质量的树种代换评价研究	湖南省林业科学技术进步奖	一等	1990 年	湖南省林学会、湖南省林业厅	肖永林
10	TM 图像在安徽休宁森林资源清查中的应用研究	林业部科技进步奖	三等	1990 年	林业部	胡际荣、张茂震、李维成、吴荣辉
11	江西省桃江岭梅花鹿保护区动植物考察	江西省科技进步奖	三等	1990 年	江西省科技进步奖评审委员会	杨　晶
12	浙江省马尾松速生丰产林技术研究	林业部科技进步奖	三等	1991 年	林业部	周琪、邱尧荣、张志宏
13	南方用材林基地国营林场管理信息系统研究	林业部科技进步奖	三等	1992 年	林业部	聂祥永
14	《中国林业地图集》的研究与编制	林业部科技进步奖	一等	1993 年	林业部	游学樵、鹿守知、程授时

（续表）

序号	项目名称	奖项名称	等级	获奖时间	颁奖部门	获奖人
15	森林资源更新预测系统	林业部科技进步奖	二等	1993年	林业部	项小强、徐太田、陈家旺、吴敬东
16	祁门县森林资源信息管理系统	黄山市科技进步奖	二等	1995年	黄山市科学技术进步评审委员会	陈大钊、陈文灿
17	中国森林立地类型研究	林业部科技进步奖	三等	1996年	林业部	邱尧荣
18	TM图像在芜湖市森林资源清查中的应用研究	安徽省科学技术进步奖	四等	1999年	安徽省科学技术进步奖评审委员会	韦希勤、吴荣辉
19	安徽省森林资源地理信息系统研制	安徽省科学技术进步奖	四等	1999年	安徽省科学技术进步奖评审委员会	傅宾领、胡际荣
20	集体林区森林经理应用技术体系研究	浙江省科学技术进步奖	二等	2001年	浙江省人民政府	何时珍
		浙江省林学会科技兴林奖	一等	2001年	浙江省林业厅、浙江省林学会	
21	浙江省森林资源与生态状况监测研究	浙江省林业厅等科技兴林奖	一等	2006年	浙江省林业厅、浙江省林学会	傅宾领、聂祥永、查印水
		浙江省科学技术奖	二等	2006年	浙江省人民政府	
22	全国森林资源和生态状况综合监测体系建设框架研究	第二届梁希林业科学技术奖	一等	2007年	中国林学会、梁希科技教育基金委员会	聂祥永、姚顺彬
23	上海市森林综合监测体系建设与应用	第十届梁希林业科学技术奖科技进步奖	三等	2019年	国家林业和草原局、中国林学会	李明华、肖舜祯
24	基于森林资源清查优化体系的生态系统监测技术	第十一届梁希林业科学技术奖科技进步奖	二等	2020年	国家林业和草原局、中国林学会	聂祥永

一、浙江开化示范林场森林经营方案编制

浙江省开化县林场是林业部首批批准建立的3个示范林场之一。

1986年4月至1987年12月，按照林业部《关于建立示范林场的通知》《关于印发〈示范林场调查设计座谈会纪要〉的通知》《关于桂花乐昌开化三个国营示范林场计划任务书的批复》精神，华东院派出30名专业技术人员，外业工作历时2个月，根据开化县林场的森林资源档案采用类型中心抽样进行森林蓄积量验证，并完成18.52万亩的森林资源复查。之后，又有10多名技术骨干用了一年半时间完成编写工作。

浙江开化示范林场森林经营方案编制成果，包括森林经营方案（由概况、森林资源现状与分析、经营方针与建设指导思想和目标、木材产量、森林经营、森林采伐利用、多种经营、科学实验和职工培训、附属工程和场址居民区改扩建、机构设置和人员编制、总概算和综合效益评价分析共11章组成）、附表（含森林资源统计表、小班调查因子规划设计一览表、城关分场经营小班设计表、速生丰产用材林基地造林及林分培育面积统计表、速生丰产林基地小班调查设计一览表）、总体设计布局图、原始材料（含小班调查卡片、固定样地调查卡片、角规测树记录）、附件（含合理森林结构调整数学模型等9个专题论证材料）

（图 6-1）。

编制成果为浙江省开化县林场的森林经营和林场建设提供了科学依据，获 1989 年度林业部科学技术进步三等奖。

二、全国森林资源和生态状况综合监测体系建设框架研究

为适应我国实施以生态建设为主的林业可持续发展战略和林业跨越式发展的需要，2004 年 12 月，国家林业局从局森林资源管理司、中南院、规划院、西北院、华东院、中国林科院、北京林业大学等单位抽调技术骨干组成课题组，开展森林资源和生态状况综合监测体系建设框架研究。该项研究旨在为国家宏观决策提供更为全面、科学的依据。华东院先后有 5 名技术骨干参与课题组工作，通过课题组 2 年的辛勤努力，形成了《全国森林资源

和生态状况综合监测体系建设框架研究》成果报告。

《森林资源和生态状况综合监测体系建设框架研究》的主要成果是：充分了解国外森林资源监测现状和发展趋势，找出我国综合监测体系建设与国外的差距，研究提出我国综合监测体系发展的总体战略思想、战略指导方针，确定体系建设的战略目标和战略重点；在理顺国家与地方森林资源和生态状况综合监测关系的基础上，构建适合我国国情、林情的综合监测体系建设总体框架，研究提出体系建设的保障措施，为我国森林资源和生态状况综合监测体系建设指明方向、奠定理论基础。这是中国林业监测史上的一次创新与突破，对我国后来的森林资源与生态状况监测的发展产生了积极的推动作用。该研究成果于 2007 年荣获第二届梁希林业科学技术奖一等奖（图 6-2）。

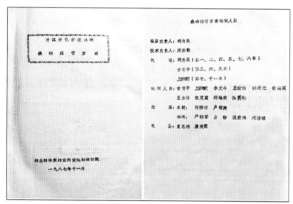

图 6-1　浙江开化示范林场森林经营方案编制

图 6-2　全国森林资源和生态状况综合监测体系建设框架研究

2002年国家有关部门开展优秀工程咨询成果奖评奖活动以来，华东院有88个项目获得了102项奖励，其中一等奖29项、二等奖37项、三等奖36项，详见表6-2。代表性获奖成果详见下文介绍。

表6-2　优秀工程咨询成果奖一览

序号	项目名称	奖项名称	等级	获奖时间	颁奖部门	获奖人员
1	全国沿海防护林体系二期工程建设规划	全国林业优秀工程咨询成果奖	二等	2002年	中国林业工程建设协会	江一平、陈大钊、郭在标、李文斗、唐庆霖
2	浙东南沿海（漩门湾）现代农业示范项目总体规划	全国林业优秀工程咨询成果奖	三等	2004年	中国林业工程建设协会	郑根清、凌飞、周固国
3	郑州森林生态城总体规划（2003—2013年）	全国林业优秀工程咨询成果奖	一等	2005年	中国林业工程建设协会	邱尧荣、傅宾领、郦煜、夏旭蔚
		全国优秀工程咨询成果奖	二等	2005年	中国工程咨询协会	
4	温州灵溪生态观光园总体规划	全国林业优秀工程咨询成果奖	二等	2005年	中国林业工程建设协会	毛行元、徐德成、王柏昌、肖舜祯
5	泉（州）三（明）高速公路（三明段）使用林地可行性报告	全国林业优秀工程咨询成果奖	三等	2006年	中国林业工程建设协会	毛行元、傅宾领、古育平、邱尧荣、郭在标
6	县级森林资源管理更新地理信息系统成果报告	全国林业优秀工程咨询成果奖	三等	2006年	中国林业工程建设协会	黄先宁、张伟东、姚顺彬、林辉、吴荣辉
7	浙江省宁海县城市生态林带建设工程规划	全国林业优秀工程咨询成果奖	三等	2006年	中国林业工程建设协会	李明华、沈勇强、肖舜祯、韦希勤、王世浩
8	实施林业野外工作津贴研究报告	全国林业优秀工程咨询成果奖	二等	2006年	中国林业工程建设协会	古育平、李文斗、胡杏飞、陈大钊、郭在标、姚顺彬
9	金华尖峰山景区生态建设工程可行性研究报告	全国林业优秀工程咨询成果奖	三等	2006年	中国林业工程建设协会	凌飞、朱勇强、王金荣、过珍元、姚贤林
10	浙江牛头山省级森林公园总体规划	全国林业优秀工程咨询成果奖	三等	2006年	中国林业工程建设协会	王金荣、朱勇强、凌飞、郑根清、姚贤林
11	浦江县生物防火林带工程建设总体规划	全国林业优秀工程咨询成果奖	三等	2006年	中国林业工程建设协会	王金荣、朱勇强、凌飞、汪全胜、郑根清
12	浙江省衢州市柯城区林业生态建设规划（2006—2020年）	全国优秀工程咨询成果奖	一等	2006年	中国工程咨询协会	古育平、陈大钊、郭在标、胡杏飞
		全国林业优秀工程咨询成果奖	一等	2006年	中国林业工程建设协会	

（续表）

序号	项目名称	奖项名称	等级	获奖时间	颁奖部门	获奖人员
13	浙江钱江源生态景观带总体规划	全国优秀工程咨询成果奖	二等	2007年	中国工程咨询协会	王金荣、凌飞、郑根清、朱勇强、过珍元、姚贤林
		全国林业优秀工程咨询成果奖	一等	2007年	中国林业工程建设协会	
14	宁波市森林防火指挥信息系统研究报告	全国林业优秀工程咨询成果奖	二等	2007年	中国林业工程建设协会	姚顺彬、林辉、黄先宁、张伟东、吴荣辉、王亚卿
		地理信息系统优秀工程奖	银奖	2007年	中国地理信息产业协会	
15	上海城市森林资源规划设计调查	全国林业优秀工程咨询成果奖	三等	2007年	中国林业工程建设协会	傅宾领、李明华、李英升
16	浙江省东阳香榧产业发展总体规划	全国林业优秀工程咨询成果奖	二等	2008年	中国林业工程建设协会	邱尧荣、吴文跃
17	浙江省遂昌县林地保护利用规划	全国林业优秀工程咨询成果奖	三等	2008年	中国林业工程建设协会	陈大钊、古育平、胡杏飞
18	全国林业发展区划上海市三级区区划报告	全国林业优秀工程咨询成果奖	三等	2009年	中国林业工程建设协会	李明华、刘强、李英升、左宗贵、沈勇强
19	浙江省木本油料林种质资源库建设项目可行性研究报告	全国林业优秀工程咨询成果奖	三等	2009年	中国林业工程建设协会	邱尧荣、郑云峰、郭在标
20	余姚市泗门镇森林城镇建设总体规划	全国林业优秀工程咨询成果奖	三等	2009年	中国林业工程建设协会	凌飞、过珍元、王金荣、沈娜娉、胡娟娟
21	浙江大荡漾湿地修复工程项目可行性研究报告	全国优秀工程咨询成果奖	二等	2010年	中国工程咨询协会	王金荣、凌飞、朱勇强、郑根清、汪全胜、王涛、姚贤林、初映雪、熊婍婧
		全国林业优秀工程咨询成果奖	一等	2010年	中国林业工程建设协会	
22	千岛湖国家森林公园总体规划（2009—2020）	全国林业优秀工程咨询成果奖	二等	2010年	中国林业工程建设协会	凌飞、过珍元、王金荣、徐鹏
23	《中国森林资源图集》编制	优秀测绘工程奖	金奖	2011年	中国测绘学会	何时珍
24	凉山州建设"美丽富饶文明和谐"安宁河谷林业发展规划	全国林业优秀工程咨询成果奖	二等	2011年	中国林业工程建设协会	傅宾领、李明华、张现武、孙永涛、左宗贵、李英升、沈勇强
25	浙江长兴仙山湖国家湿地公园总体规划	全国林业优秀工程咨询成果奖	二等	2011年	中国林业工程建设协会	王金荣、凌飞、朱勇强、王涛、初映雪、姚贤林
26	衢州市国家森林城市建设总体规划	全国林业优秀工程咨询成果奖	二等	2011年	中国林业工程建设协会	王金荣、过珍元、凌飞、李薇、郑根清、初映雪、孙庆来
		全国优秀工程咨询成果奖	三等	2012年	中国工程咨询协会	王金荣、过珍元、凌飞、李薇
27	浙江省遂昌县竹产业循环经济试点基地建设规划	全国林业优秀工程咨询成果奖	二等	2011年	中国林业工程建设协会	陈大钊、古育平、徐旭平
28	浙江省桐庐县富春江两岸景观林建设规划（2011—2012年）	全国林业优秀工程咨询成果奖	三等	2011年	中国林业工程建设协会	楼毅、邱尧荣、聂祥永、孙伟韬

（续表）

序号	项目名称	奖项名称	等级	获奖时间	颁奖部门	获奖人员
29	浙江省永嘉县楠溪江流域森林生态景观建设规划	浙江省优秀工程咨询成果奖	二等	2012年	浙江省工程咨询协会	胡建全、黄先宁、王亚卿、查印水
30	全国沿海防护林体系工程建设成效评估报告（2001—2010年）	全国林业优秀工程咨询成果奖	一等	2013年	中国林业工程建设协会	古育平、陈火春、刘道平、罗细芳、郑云峰、姚顺彬、胡建全、聂祥永
		全国优秀工程咨询成果奖	一等	2014年	中国工程咨询协会	
31	郑州市森林城市建设总体规划（2011—2020年）	全国林业优秀工程咨询成果奖	二等	2013年	中国林业工程建设协会	邱尧荣、傅宾领、黄先宁、孙伟韬、周蔚
32	上海市林地保护利用规划（2010—2020年）	全国林业优秀工程咨询成果奖	三等	2013年	中国林业工程建设协会	李明华、张现武、肖舜祯、左宗贵、李英升
33	杭州市三江两岸林业生态景观保护与建设规划（2011—2015年）	全国林业优秀工程咨询成果奖	三等	2013年	中国林业工程建设协会	邱尧荣、楼毅、聂祥永
34	全国高分辨率遥感数据处理、区划及林地"一张图"数据库建设	优秀测绘工程奖	白金奖	2011年	中国测绘学会	林辉
35	"森林临海"建设规划	浙江省优秀工程咨询成果奖	一等	2013年	浙江省工程咨询协会	孙伟韬、王亚卿、徐旭平、骆钦锋、周蔚
36	温州市森林绿道建设总体规划（2012—2015年）	浙江省优秀工程咨询成果奖	二等	2014年	浙江省工程咨询协会	邱尧荣、孙伟韬、黄先宁
37	金华市国家森林城市建设总体规划	全国林业优秀工程咨询成果奖	三等	2015年	中国林业工程建设协会	过珍元、王金荣、凌飞、初映雪、王涛
38	宁波市森林彩化工程总体规划（2014—2020年）	全国林业优秀工程咨询成果奖	三等	2015年	中国林业工程建设协会	张现武、左宗贵、郑根清、李明华、唐学君
39	西平生态园详细规划	全国林业优秀工程咨询成果奖	一等	2015年	中国林业工程建设协会	孙永涛、毛行元、朱磊、林辉、郑云峰、李国志、郦煜、孙庆来、卢卫峰
40	浙江横店八面山森林公园总体规划（2014—2025）	全国林业优秀工程咨询成果奖	一等	2015年	中国林业工程建设协会	胡娟娟、姚贤林、汪全胜、周固国、陈国富、李红、沈娜娉、初映雪
41	浙江省航空护林建设总体规划（2014—2025）	全国林业优秀工程咨询成果奖	二等	2015年	中国林业工程建设协会	楼毅、吴昊、沈娜娉、初映雪、汪全胜
42	浙江云和梯田国家湿地公园总体规划	浙江省优秀工程咨询成果奖	二等	2015年	浙江省工程咨询协会	王金荣、徐鹏、戴守斌、郑根清
43	杭州市萧山区骨干林道建设规划（2015—2020年）	浙江省优秀工程咨询成果奖	一等	2016年	浙江省工程咨询行业协会	孙永涛、郭含茹、陈伟、尹准生
		全国优秀工程咨询成果奖	三等	2018年	中国工程咨询协会	孙永涛、郭含茹、陈伟
44	神州通油茶产业科技（示范）园总体规划（2015—2019）	浙江省优秀工程咨询成果奖	三等	2016年	浙江省工程咨询行业协会	胡娟娟、楼毅、钱逸凡
45	武义县湿地保护规划（2014—2020）	浙江省优秀工程咨询成果奖	三等	2016年	浙江省工程咨询行业协会	徐鹏、张林、王涛

（续表）

序号	项目名称	奖项名称	等级	获奖时间	颁奖部门	获奖人员
46	浙江绍兴舜江源省级自然保护区总体规划（2016—2025年）	浙江省优秀工程咨询成果奖	三等	2016年	浙江省工程咨询行业协会	胡娟娟、钱逸凡、楼毅
47	全国沿海防护林体系建设规划（2016—2025）	全国林业优秀工程咨询成果奖	一等	2015—2016年	中国林业工程建设协会	陈火春、聂祥永、罗细芳、刘道平、胡建全、左宗贵、古力、刘俊
		浙江省优秀工程咨询成果奖	一等	2018年	浙江省工程咨询行业协会	陈火春、聂祥永、罗细芳、胡建全、左宗贵、古力、刘俊、刘道平、何时珍、刘裕春
		全国优秀工程咨询成果奖	二等	2018年	中国工程咨询协会	陈火春、聂祥永、罗细芳、胡建全、左宗贵、古力、刘俊
48	浙江杭州湾国家湿地公园总体规划（2016—2035年）	全国林业优秀工程咨询成果奖	一等	2015—2016年	中国林业工程建设协会	徐鹏、凌飞、王金荣、戴守斌、王涛、过珍元、张林、刁军、严冰晶
49	南通市国家森林城市建设总体规划（2016—2025年）	全国林业优秀工程咨询成果奖	一等	2015—2016年	中国林业工程建设协会	刘裕春、张现武、左宗贵、李英升、李明华、张伟东、肖舜祯、郑春茂、万泽敏、胡屾
50	浙江牛头山国家森林公园总体规划（2014—2025）	全国林业优秀工程咨询成果奖	二等	2015—2016年	中国林业工程建设协会	凌飞、戴守斌、刁军、徐鹏、赵国华、严冰晶
51	2013年、2014年、2015年杭州市森林资源及生态状况动态监测与公告项目成果汇编	全国林业优秀工程咨询成果奖	一等	2015—2016年	中国林业工程建设协会	洪奕丰、朱磊、林辉、郑云峰、陈建义
52	无锡市"十三五"林业发展规划	全国林业优秀工程咨询成果奖	三等	2015—2016年	中国林业工程建设协会	钱逸凡、楼毅、傅宇、胡娟娟
53	遂昌县森林休闲养生建设发展规划（2016—2025）	全国林业优秀工程咨询成果奖	三等	2015—2016年	中国林业工程建设协会	初映雪、楼毅、周固国、吴昊
54	浙江东阳江省级湿地公园总体规划（2017—2021）	浙江省林业优秀工程咨询成果奖	一等	2017年	浙江省林业工程建设协会	徐鹏、刘俊、王金荣、李领寰、郑根清、邢雅
55	义乌德胜岩省级森林公园总体规划（2016—2025）	浙江省林业优秀工程咨询成果奖	二等	2017年	浙江省林业工程建设协会	周固国、陈国富、沈娜娉、楼毅、郑彦超、胡娟娟、初映雪
56	绍兴市上虞区湿地保护规划（2014—2020）	浙江省林业优秀工程咨询成果奖	三等	2017年	浙江省林业工程建设协会	孙庆来、林辉、郑云峰
57	松阳县黄南水库工程古树名木处置方案	浙江省林业优秀工程咨询成果奖	三等	2017年	浙江省林业工程建设协会	卢佶、王金治、张金贵、陈新林
58	浙江浦阳江国家湿地公园总体规划（2017—2021）	浙江省优秀工程咨询成果奖	二等	2017年	浙江省工程咨询行业协会	徐鹏、张林、王金荣、戴守斌、邢雅
59	新昌县国家森林城市建设总体规划（2017—2026）	浙江省林业优秀工程咨询成果奖	一等	2019年	浙江省林业工程建设协会	楼毅、周固国、胡娟娟、姚贤林

（续表）

序号	项目名称	奖项名称	等级	获奖时间	颁奖部门	获奖人员
60	东阳市国家森林城市建设总体规划（2017—2026）	浙江省林业优秀工程咨询成果奖	一等	2019年	浙江省林业工程建设协会	孙伟韬、陈未亚、李领寰、王亚卿、徐旭平、周蔚、吴荣辉、李建华
61	埃塞俄比亚尚古勒—古马兹州规模开发竹林资源调查报告	浙江省林业优秀工程咨询成果奖	二等	2019年	浙江省林业工程建设协会	林辉、唐孝甲、王金治、尹准生、陈建义、洪奕丰、陈伟
62	浙江德清下诸湖国家湿地公园总体规划（2017—2030）	浙江省林业优秀工程咨询成果奖	二等	2019年	浙江省林业工程建设协会	戴守斌、徐鹏、林荫、郑宇、张林、孙善成、王景才
63	杭州市临安区森林资源规划设计调查成果报告	浙江省林业优秀工程咨询成果奖	二等	2019年	浙江省林业工程建设协会	郑云峰、孙清琳、张金贵、王洪波
64	台州市黄岩区长潭水库水资源二级保护区退耕还林总体规划	浙江省林业优秀工程咨询成果奖	三等	2019年	浙江省林业工程建设协会	孙伟韬、刘诚、陈未亚
65	浙江玉环市国家森林城市建设总体规划（2018—2030）	全国林业优秀工程咨询成果奖	一等	2017—2018年	中国林业工程建设协会	过珍元、盛宣才、郑宇、凌飞、邢雅、张林、孙善成、徐鹏、孙庆来、何佳欢
66	江西省森林和湿地生态系统综合效益评估成果	全国林业优秀工程咨询成果奖	一等	2017—2018年	中国林业工程建设协会	吴文跃、楼毅、周蔚、钱逸凡、姚顺彬、刘海、徐旭平、王亚卿
66		全国优秀工程咨询成果奖	三等	2020年	中国工程咨询协会	吴文跃、楼毅、周蔚、钱逸凡
67	上海市森林资源"一体化"监测体系研究	全国林业优秀工程咨询成果奖	一等	2017—2018年	中国林业工程建设协会	李明华、肖舜祯、张伟东、张现武、徐旭平
68	安徽省森林资源年度监测及"森林资源一张图"应用试点成果	全国林业优秀工程咨询成果奖	一等	2017—2018年	中国林业工程建设协会	刘道平、吴文跃、姚顺彬、陆亚刚、徐旭平、刘海、黄先宁
68		全国优秀工程咨询成果奖	一等	2020年	中国工程咨询协会	刘道平、陆亚刚、姚顺彬、张伟东、徐旭平、黄先宁、刘海、宋仁飞、陈伟
69	贵州省册亨县林业产业发展与扶贫规划（2016—2020年）	全国林业优秀工程咨询成果奖	一等	2017—2018年	中国林业工程建设协会	唐孝甲、郑云峰、朱磊、尹准生、洪奕丰、孙清琳、李国志
69		全国优秀工程咨询成果奖	三等	2020年	中国工程咨询协会	郑云峰、尹准生、洪奕丰、唐孝甲、卢估
70	浙中生态廊道林业建设专项规划	全国林业优秀工程咨询成果奖	三等	2017—2018年	中国林业工程建设协会	沈勇强、过珍元、徐鹏
71	浙江绍兴鉴湖国家湿地公园控制性详细规划	全国林业优秀工程咨询成果奖	三等	2017—2018年	中国林业工程建设协会	刘骏、初映雪、楼毅、周固国、陈国富
71		全国林业工程咨询青年工程师技能大赛	二等	2019年	中国林业工程建设协会	刘骏

（续表）

序号	项目名称	奖项名称	等级	获奖时间	颁奖部门	获奖人员
72	浙江杭州湾国家湿地公园总体规划（2016—2020年）	浙江省优秀工程咨询成果奖	三等	2018年	浙江省工程咨询行业协会	徐鹏、王金荣、张林、戴守斌、盛宣才
73	江西省湿地生态系统综合价值评估成果	全国林业工程咨询青年工程师技能大赛	三等	2019年	中国林业工程建设协会	钱逸凡
74	2013—2017年杭州市森林资源及生态状况动态监测与公告	中国地理信息产业优秀工程	银奖	2019年	中国地理信息产业协会	朱磊、陈伟、洪奕丰、林辉、郑云峰、张振中、尹准生
75	东阳市南山省级森林公园总体规划（2018—2027年）	浙江省林业优秀工程咨询成果奖	一等	2021年	浙江省林业工程建设协会	孙伟韬、徐鹏、陈末亚、李领寰、过珍元、黄先宁、吴迎霞
76	百丈崖林旅融合发展总体规划（2018—2025年）	浙江省林业优秀工程咨询成果奖	二等	2021年	浙江省林业工程建设协会	卢佶、郑云峰、王丹
77	浙江台州鉴洋湖省级湿地公园总体规划（2020—2025年）	浙江省林业优秀工程咨询成果奖	二等	2021年	浙江省林业工程建设协会	楼毅、钱逸凡、张现武、初映雪、朱勇强、左奥杰
78	浙江省兰溪市国家森林城市建设总体规划（2019—2030年）	浙江省林业优秀工程咨询成果奖	二等	2021年	浙江省林业工程建设协会	康乐、郑宇、过珍元、徐鹏、邢雅、严冰晶、盛宣才
79	2020年玉环市秋季松材线虫病疫情监测普查报告	浙江省林业优秀工程咨询成果奖	三等	2021年	浙江省林业工程建设协会	吕延杰、陈文灿、宋仁飞、陈怡桐
80	杭州西溪国家湿地公园总体规划（2019—2025年）	全国林业优秀工程咨询成果奖	一等	2021年	中国林业工程建设协会	孙永涛、郑云峰、郑根清、田晓晖、朱磊、孙清琳、卢佶、左松源
81	上海市"四化"森林建设总体规划（2019—2025）	全国林业优秀工程咨询成果奖	一等	2021年	中国林业工程建设协会	左宗贵、郭含茹、李明华、张现武、肖舜祯、张阳、高天伦、唐学君、刘俊
82	森林草原防灭火综合指挥平台（一期工程）项目建设可行性研究报告（代初步设计）	全国林业优秀工程咨询成果奖	一等	2021年	中国林业工程建设协会	马鸿伟、朱磊、洪奕丰、孙伟韬、陈伟、张林、孙庆来、过珍元、林辉、徐鹏
83	新一轮全国林地保护利用规划专题调研报告	全国林业优秀工程咨询成果奖	一等	2021年	中国林业工程建设协会	邱尧荣、郑云峰、卢佶、吴昊、张林、张国威、叶楠、吕延杰、洪奕丰、赵国华
84	宁波市森林防灭火"十四五"规划（2021—2025年）	全国林业优秀工程咨询成果奖	二等	2021年	中国林业工程建设协会	马鸿伟、陈伟、孙伟韬、姚顺彬、陈末亚、高超、马秀、李领寰、赵安琳
85	新昌县十九峰景区林相改造及色叶林总体规划	全国林业优秀工程咨询成果奖	二等	2021年	中国林业工程建设协会	楼毅、钱逸凡、李红、初映雪、张晓清、姚贤林、汪全胜、王晗、左奥杰、施凌皓
86	浙江省兰溪市国家森林城市建设总体规划（2019—2030年）	全国林业优秀工程咨询成果奖	二等	2021年	中国林业工程建设协会	康乐、郑宇、过珍元、徐鹏、邢雅、盛宣才、严冰晶、胡娟娟、刘雅楠、郑彦超

（续表）

序号	项目名称	奖项名称	等级	获奖时间	颁奖部门	获奖人员
87	泰兴市森林经营规划（2021—2050）	全国林业优秀工程咨询成果奖	三等	2021年	中国林业工程建设协会	郑宇、唐扬龙、孙善成、张然、黄奕超、周原驰、孙明慧、王景才
88	上海市浦东新区森林资源规划设计调查成果报告	全国林业优秀工程咨询成果奖	三等	2021年	中国林业工程建设协会	肖舜桢、吴建勋

一、安徽省森林资源年度监测及"森林资源一张图"应用试点成果

2017年，安徽省在全国率先探索实施林长制改革后，面对现有森林资源监测技术手段难以适应新时期管理要求的突出矛盾，华东院迅速组织由刘道平副院长牵头的10多位专家，组建院第一支科技攻关小组——"LiDAR等高新技术辅助森林资源动态监测"项目组。项目组攻关过程中，从2017年初期试点技术可行性并建立"基于LiDAR等多源数据的森林资源动态监测技术"，到2018年以当时最先进的激光雷达设备采集数据及同步系统抽样实地调查，验证新技术方法产出结果与传统监测方法高度吻合；再到2019年全省以山区、丘陵、平原典型县（区）激光雷达出数后更新的生长模型并推算全省落实到小班的蓄积数据，以及2020年提出条带激光雷达方案大幅降低项目成本。经过4年持续试点和探索，形成了与之对应的一系列报告及成果，主要有：《基于LiDAR条带和多光谱等多源数据的安徽省森林资源动态监测成果报告》《安徽省林长制建设LiDAR结合其他遥感技术的全省森林资源年度出数及一张图应用成果报告》《安徽省林长制建设LiDAR技术辅助森林资源动态监测试点成果报告》《安徽省森林资源年度监测及"森林资源一张图"应用试点成果报告》等，以及《激光点云分层多尺度融合高度提取软件》《激光雷达LiDAR点云综合变量批量提取软件》等多项软件著作权，《LiDAR县域森林资源动态监测技术》《基于LiDAR等多源数据的广域

森林资源动态监测体系研建与应用》科技成果登记。（图6-3）。

项目成果的应用，逐步深化和完善了安徽省的全国森林资源综合监测体系，有效衔接了省级宏观和县级微观监测，成功实现基于遥感、激光雷达技术的森林资源动态监测方法，实现森林资源年度出数，为五级林长制考核、双碳战略下的碳计量提供有效的数据基础。有多名国内知名专家在评审会上认为"项目成果达到国内领先水平"。该项目除安徽全省应用外，在江西省、河南省部分地区亦得到推广应用。

图6-3 安徽省森林资源年度监测及"森林资源一张图"应用试点成果

该项目获 2020 年度全国优秀工程咨询成果一等奖，也是国家林业和草原局 2021 年重点推广林草科技成果 100 项之一，项目攻关团队入选国家林业和草原局第三批林业和草原科技创新团队，获国家林业和草原局官网、中国绿色时报、搜狐网等多家媒体报道，形成全行业影响力。

二、浙江钱江源生态景观带总体规划

钱塘江是浙江省第一大水系，流域面积占全省土地面积的 60%。钱江源区域地处浙皖赣三省交界地带，是华东地区重要的生态屏障，其生态区位与形象地位极为重要。为贯彻落实浙江生态省建设规划，2005 年 11 月，开化县人民政府委托华东院开展以开化县境内 205 国道两侧的溪流、山体、村庄等为主的钱江源生态景观带建设规划。华东院随即组建由专家领衔的 7 名专业技术人员的项目专班，经过资料收集、现状调查、规划编制、征求意见、项目评审、修改完善等阶段，历时 13 个月，形成最终规划面积达到 164772 亩的《浙江钱江源生态景观带总体规划》成果（图 6-4）。

《总体规划》成果包括规划文本（由项目区基本情况、规划总则、生态景观带总体布局、生态景观分类建设规划、种苗组织、配套基础设施工程、建设规模与进度安排、投资估算及资金筹措、效益评价、项目组织与保障措施共 10 章组成）、附表（含生态景观建设模式表、生态景观规划统计表）、附图（含总体布局图、面上生态景观规划图、滨河绿廊景观规划图、道路绿化景观规划图、点上生态景观规划图、马尾松林杉木林改造效果图、茶园毛竹林改造效果图、滨河绿廊景观效果图、道路绿化景观效果图、面上生态景观林配置图）、附件等。

《总体规划》对开化县深入实施生态立县、特色兴县两大战略，创建长三角重要生态旅游休闲基地与浙江省人与自然和谐发展的示范基地，打造"钱江源头、生态开化"旅游品牌，推进社会主义新农村的建设具有重要意义。《总体规划》获 2007 年全国林业优秀工程咨询成果一等奖、全国优秀工程咨询成果二等奖。

图 6-4　浙江钱江源生态景观带总体规划

第三章 优秀工程勘察设计奖

华东院有 20 个项目获得了 22 项优秀工程勘察设计奖，其中一等奖 4 项、二等奖 6 项、三等奖 11 项、其他 1 项，详见表 6-3。代表性获奖成果详见下文介绍。

表 6-3 优秀工程勘察设计奖一览

序号	项目名称	奖项名称	等级	获奖时间	颁奖部门	获奖人员
1	森林效益评价和生物量调查方法研究	林业部林业调查设计优秀成果奖	二等	1987 年	林业部	肖永林、汪艳霞
2	福建省县级森林资源调查和档案管理沙县试点	林业部林业调查设计优秀成果奖	二等	1987 年	林业部	沈雪初、王克刚
3	千岛湖森林公园开发建设可行性研究	林业部林业调查设计优秀成果奖	三等	1987 年	林业部	郑旭辉、吴继康、袁薇、张书银、李文斗
4	全国沿海防护林调查研究	林业部林业调查设计优秀成果奖	荣誉奖	1987 年	林业部	沿海防护林调查组
5	浙江奉化市溪口国家森林公园杜鹃谷景区设计	国家林业局优秀设计奖	三等	1998 年	国家林业局	华东院
6	浙江金信东木镀膜有限公司环境工程设计	国家林业局优秀设计奖	三等	1998 年	国家林业局	华东院
7	金华市污水厂环境绿化	金华市优秀园林工程设计奖	三等	2003 年	金华市建设局、金华市勘察设计咨询协会	过珍元、朱世阳
8	重庆市九龙坡区广厦城 A、B 组团景观工程设计	金华市优秀园林工程设计奖	三等	2004 年	金华市建设局、金华市勘察设计咨询协会	周固国、姚贤林、强济东
9	福建省永安市竹子种苗繁育中心建设项目设计	国家林业局优秀工程勘察设计奖	二等	2008 年	国家林业局	邱尧荣、郑云峰、陈大钊
10	玉环县 2011 年度生态景观林建设作业规划	全国林业优秀工程勘察设计奖	三等	2011 年	中国林业工程建设协会	郑根清、熊婍婧、王金荣、凌飞、朱勇强、姚贤林
11	义乌环城生态风景林建设工程环城南路三期工程作业设计	全国林业优秀工程勘察设计奖	二等	2014 年	中国林业工程建设协会	过珍元、戴守斌、胡娟娟、蒲永锋、徐鹏、郑宇、王涛、马驰、吴昊
12	丽水市南城新区七百秧区城市边坡生态修复一期工程作业设计	全国林业优秀工程勘察设计奖	三等	2014 年	中国林业工程建设协会	戴守斌、王金荣、汪全胜、初映雪、胡娟娟、周固国、徐鹏
13	福银高速公路尤溪段森林生态景观通道建设造林绿化作业设计	全国林业优秀工程勘察设计奖	一等	2014—2015 年	中国林业工程建设协会	古力、陈大钊、郑云峰、左松源、李国志、卢卫峰、张国威、夏旭蔚

（续表）

序号	项目名称	奖项名称	等级	获奖时间	颁奖部门	获奖人员
14	浙江丽水七百秧城市森林公园详细规划	全国林业优秀工程勘察设计奖	三等	2014—2015年	中国林业工程建设协会	戴守斌、凌飞、熊琦婧、周固国、徐鹏、马驰、沈娜娉、胡娟娟
15	杭州市森林资源及生态状况智慧监测平台	全国林业优秀工程勘察设计奖	一等	2016—2017年	中国林业工程建设协会	朱磊、洪奕丰、陈伟、林辉、郑云峰、张振中、田晓晖、李国志、王金治
15		优秀工程勘察设计计算机软件奖	三等	2019年	中国勘察设计协会	
16	义乌市城西街道美丽乡村精品路线东黄线彩色健康林带作业设计	全国林业优秀工程勘察设计奖	二等	2016—2017年	中国林业工程建设协会	王金荣、郑宇、康乐、汪益雷、岑伯军
17	森林资源信息野外采集系统	全国林业优秀工程勘察设计奖	三等	2016—2017年	中国林业工程建设协会	陈伟、朱磊、林辉、洪奕丰、张振中、郑云峰、王金治
18	基于"互联网+"的森林督查暨森林资源管理"一张图"信息系统	全国林业优秀工程勘察设计奖	一等	2018—2019年	中国林业工程建设协会	黄先宁、马鸿伟、张振中、徐旭平、姚顺彬、徐志扬、张伟东
18		地理信息科技进步奖	二等	2021年	中国地理信息产业协会	马鸿伟、张振中、黄先宁、徐旭平、姚顺彬、陈伟、陆亚刚、张伟东
19	台州市黄岩区长潭水库消落带生态修复设计	全国林业优秀工程勘察设计奖	一等	2018—2019年	中国林业工程建设协会	孙伟韬、徐鹏、陈未亚、李领寰、林辉、沈娜娉、李国志、王金荣、张林、孙庆来、盛宣才、邢雅、凌飞
20	全国天然林保护核查管理系统	全国林业优秀工程勘察设计奖	三等	2018—2019年	中国林业工程建设协会	郑云峰、尹准生、孙永涛、蔡茂、刘诚、洪奕丰、左松源、郦煜

一、基于"互联网+"的森林督查暨森林资源管理"一张图"信息系统

森林督查暨森林资源管理"一张图"年度更新是森林资源动态监测和管理的基础性工作，为林木采伐、林地征占用、森林抚育、年度考核等相关工作提供基础数据和技术支撑。

2016年，华东院组织专业技术力量开发《华东监测区县级林地"一张图"在线实时查询系统》，并在安徽省进行试点。2017年开始不断对《查询系统》进行优化更新，并扩大试点范围。随着互联网、云计算和大数据技术的发展，结合森林督查和森林资源管理"一张图"年度更新业务需求，华东院抽调技术骨干组成专班，在《查询系统》基础上研发《基于"互联网+"的森林督查暨森林资源管理"一张图"信息系统》（图6-5）。

系统采用"四横两纵"的总体框架，其中"四横"为基础设施层、数据层、平台层和应用层，"两纵"为组织机构与安全保障体系、政策法规与标准规范体系。系统主要包含"三端一平台"，分别是网页端、手机端、平板端和服务平台。网页端提供数据分发、上传、审

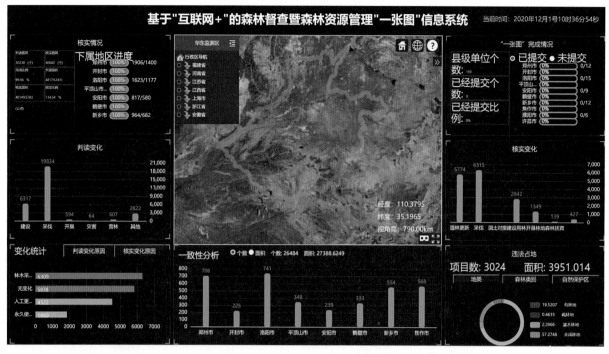

图 6-5　基于"互联网+"的森林督查暨森林资源管理"一张图"信息系统

核、存储、汇总等功能；手机端提供普通用户的数据采集需求；平板端提供专业人员特定业务数据采集需求；服务平台提供数据资源汇聚、地图服务支持和计算资源服务等功能。从而实现"一体系"监测、"一套数"评价、"一张图"管理，推动了森林资源"常态化、动态化、精细化"管理。

自 2019 年以来，《信息系统》先后应用到安徽、江苏、江西、福建、河南、上海等省（市）的森林督查和森林资源管理"一张图"年度更新工作。通过《信息系统》平台，外业调查、数据更新、数据分析、数据统计等均在云端完成，由原来人跑，变为数据"跑"，使各省（市）的业务工作效率提升40%以上。《信息系统》的应用，第一，避免了用户端程序的频繁更新，把涉及空间操作等技术难题由系统自动解决，使得数据流得到简化；第二，数据的更新、审核按各自职责进行，留下了工作日志，从而保证了项目质量；第三，让森林督查形成开展有序、过程可控、质量可靠、成果可信的模式。

中国林学会组织国内多名知名专家对项目进行了评审，认为项目成果总体达到国内同类研究领先水平。该项目获 2020 年度全国林业优秀工程勘察设计成果一等奖、2021 年度全国地理信息科学进步二等奖，同时获软件著作权 6 项。

二、福银高速公路尤溪段生态景观通道建设造林绿化作业设计

2014 年，华东院受福建省尤溪县委托承担《福银高速公路尤溪段生态景观通道建设造林绿化作业设计》的编制工作。选派 8 名专业技术人员组成《作业设计》项目专班，深入项目区实地调查了气候条件、立地条件、社会经济、林业生态现状，深入分析存在问题，历经 2 个多月，编制完成了由"作业设计说明书""作业区现状图""栽植配置平面图"三部分组成的《作业设计文件汇编》（图 6-6）。

《作业设计》依据国家生态文明建设要求，以森林景观生态学、群落生态学、植物学、地质学等理论为指导，以绿色发展、自然和谐的设计理念为核心，采取近自然配置的方式，针对福银高速尤溪段不同类型的路段设

计了造林绿化方式。《作业设计》遵循尊重自然、顺应自然、保护自然的生态文明理念，在理论上具有较大的开拓性、创新性。《作业设计》相关技术及指标符合实际，具备很强的针对性和可操作性。工程项目实施3年多来，取得了显著的综合效益，项目设计、建设全过程对于我国南部山区森林生态景观通道建设和进一步推动海峡西岸生态文明建设具有极大的示范推广意义。《作业设计》设计理念先进、科学，成果已达到国内同类成果的先进水平，项目建设效益显著，具有良好的示范推广意义。

《作业设计》获2014—2015年度全国林业优秀工程勘察设计一等奖。

图6-6 福银高速公路尤溪段生态景观通道建设造林绿化作业设计

第四章　著作权与发明专利

自 2014 年申请计算机软件著作权以来，华东院共有 93 个项目获著作权证书、专利证书、科技成果登记证书和商标注册证书，其中 77 个项目获计算机软件著作权证书，10 个项目获专利证书，4 个项目获科技成果登记证书，2 个项目获商标注册证书，详见表 6-4。代表性获奖成果详见下文介绍。

表 6-4　著作权与发明专利等一览

序号	项目名称	名称	发证时间	发证部门	证书号	获奖人员（著作权人/专利权人）
1	国家森林资源连续清查综合管理信息系统 V4.1	计算机软件著作权	2014 年	国家版权局	软著登字第 0706885 号	华东院
2	基于 WebGIS 的森林防火指挥信息系统 1.0	计算机软件著作权	2014 年	国家版权局	软著登字第 0707265 号	华东院
3	森林资源监测管理与查询系统 V1.0	计算机软件著作权	2016 年	国家版权局	软著登字第 1265986 号	华东院、林辉、陈伟
4	森林资源监测管理与查询系统安卓版手机软件 V1.0	计算机软件著作权	2016 年	国家版权局	软著登字第 1266122 号	华东院、朱磊、洪奕丰
5	森林资源连续清查样木位置自动成图软件 V1.0	计算机软件著作权	2016 年	国家版权局	软著登字第 1300853 号	华东院
6	森林资源信息野外采集系统 V1.0	计算机软件著作权	2016 年	国家版权局	软著登字第 1267444 号	华东院、林辉
7	森林资源快捷查询系统 V1.0	计算机软件著作权	2018 年	国家版权局	软著登字第 2707219 号	华东院、郑云峰、林辉、洪奕丰、陈伟
8	森林资源野外巡护系统 V1.0	计算机软件著作权	2018 年	国家版权局	软著登字第 2706924 号	华东院、林辉、郑云峰、陈伟、洪奕丰
9	森林资源与生态状况动态监测数据发布系统服务器端软件 V1.0	计算机软件著作权	2018 年	国家版权局	软著登字第 2707518 号	华东院、张振中、朱磊、洪奕丰、陈伟
10	森林资源与生态状况动态监测数据发布系统客户端软件 V1.0	计算机软件著作权	2018 年	国家版权局	软著登字第 2709154 号	华东院、张振中、朱磊、李国志、陈伟
11	资源数据综合分析与处理系统 V1.0	计算机软件著作权	2018 年	国家版权局	软著登字第 2709156 号	华东院、洪奕丰、陈伟、朱磊、张振中
12	影像切片与格式转换系统桌面端软件 V1.0	计算机软件著作权	2018 年	国家版权局	软著登字第 2707539 号	华东院、李国志、朱磊、洪奕丰、张振中
13	县级森林资源一张图互联网管理系统 V1.0	计算机软件著作权	2018 年	国家版权局	软著登字第 3156135 号	华东院
14	县级森林资源一张图平板系统 V1.0	计算机软件著作权	2018 年	国家版权局	软著登字第 3156206 号	华东院

（续表）

序号	项目名称	名称	发证时间	发证部门	证书号	获奖人员（著作权人/专利权人）
15	县级森林资源一张图手机软件 V1.0	计算机软件著作权	2018年	国家版权局	软著登字第 3153494号	华东院
16	森林资源规划设计调查数据处理系统 1.0	计算机软件著作权	2019年	国家版权局	软著登字第 3646724号	陈建义
17	上海市森林资源综合管理系统 V1.0	计算机软件著作权	2019年	国家版权局	软著登字第 4022638号	华东院、张伟东
18	LiDAR激光雷达点云数据综合变量提取软件 V1.0	计算机软件著作权	2019年	国家版权局	软著登字第 4354107号	华东院
19	常熟高新区城市绿地管理系统 V1.0	计算机软件著作权	2019年	国家版权局	软著登字第 4094688号	华东院、张伟东
20	森林电子围栏调查系统（安卓版）V1.0	计算机软件著作权	2019年	国家版权局	软著登字第 3770268号	陈伟
21	森林资源现状统计分析软件 V1.0	计算机软件著作权	2019年	国家版权局	软著登字第 4599585号	华东院
22	自然保护区巡护提醒系统（安卓版）V1.0	计算机软件著作权	2019年	国家版权局	软著登字第 3770263号	陈伟
23	森林资源调查分析统计平台	计算机软件著作权	2020年	国家版权局	软著登字第 5762698号	郑宇、田晓晖、康乐
24	森林蓄积量快速精准统计分析平台 V1.0	计算机软件著作权	2020年	国家版权局	软著登字第 5918654号	郑宇、卢卫峰、陈建义、王景才、黄奕超等
25	遥感影像获取和自适应批量处理平台 V1.0	计算机软件著作权	2020年	国家版权局	软著登字第 5911078号	郑宇、罗细芳、周原驰、岑伯军、蒲永锋等
26	自然保护地信息统计上报平台 V1.0	计算机软件著作权	2020年	国家版权局	软著登字第 5918633号	罗细芳、卢卫峰、王景才、黄奕超、孙明慧等
27	森林督查信息管理系统 V1.0	计算机软件著作权	2020年	国家版权局	软著登字第 5918591号	罗细芳、郑宇、周原驰、岑伯军等
28	天然林保护核查报送系统 V1.0	计算机软件著作权	2020年	国家版权局	软著登字第 5769732号	尹准生、郑云峰、唐孝甲、郦煜
29	天然林保护中心档案管理系统 V1.0	计算机软件著作权	2020年	国家版权局	软著登字第 5769733号	郑云峰、孙永涛、蔡茂、刘诚
30	公益林指标计算软件 V1.0	计算机软件著作权	2020年	国家版权局	软著登字第 5769734号	曹元帅、卢佶、孙清琳、张金贵
31	自然保护地数据分析平台 V1.0	计算机软件著作权	2020年	国家版权局	软著登字第 6000594号	郑宇
32	激光点云分层多尺度融合高度提取软件 V1.0	计算机软件著作权	2020年	国家版权局	软著登字第 6626810号	陆亚刚、宋仁飞
33	全国森林资源连续清查汇总软件 V1.0	计算机软件著作权	2020年	国家版权局	软著登字第 6353174号	华东院
34	森林步道辅助规划设计软件 V1.0	计算机软件著作权	2020年	国家版权局	软著登字第 6502665号	徐鹏、沈娜娉、邢雅、赵俊文、黄瑞荣
35	森林城市评估软件 V1.0	计算机软件著作权	2020年	国家版权局	软著登字第 6502664号	徐鹏、孙伟韬、王金荣、凌飞、盛宣才

序号	项目名称	名称	发证时间	发证部门	证书号	获奖人员 （著作权人 / 专利权人）
36	森林生态系统服务功能数字化评估系统 V1.0	计算机软件著作权	2020 年	国家版权局	软著登字第6137380 号	洪奕丰、郑宇、陈国富、李国志、朱安明、田晓晖
37	天然林保护资金管理系统 V1.0	计算机软件著作权	2020 年	国家版权局	软著登字第5902694 号	郑云峰、尹准生、卢佶、张国威、蔡茂、左松源
38	天然林管护效果外业核实系统 V1.0	计算机软件著作权	2020 年	国家版权局	软著登字第5902409 号	尹准生、卢佶、郑云峰、蔡茂、左松源、张国威
39	天然林资源信息野外采集系统 V1.0	计算机软件著作权	2020 年	国家版权局	软著登字第5902591 号	尹准生、郑云峰、卢佶、左松源、张国威、蔡茂
40	"云臻森林"移动端外业数据采集系统 V1.0	计算机软件著作权	2020 年	国家版权局	软著登字第6353877 号	华东院
41	浙江省县级森林资源更新管理系统登记 V1.0	计算机软件著作权	2020 年	国家版权局	软著登字第5842461 号	吴荣辉
42	自然保护地软件 V1.0	计算机软件著作权	2020 年	国家版权局	软著登字第6496172 号	徐鹏、孙伟韬、张林、陈未亚、孙庆来
43	自然保护地边界区划评估软件 V1.0	计算机软件著作权	2021 年	国家版权局	软著登字第7396995 号	王景才
44	自然保护地空缺分析评价软件 V1.0	计算机软件著作权	2021 年	国家版权局	软著登字第7399862 号	王景才
45	林地变更调查工作数据管理与服务平台 V1.0	计算机软件著作权	2021 年	国家版权局	软著登字第6918515 号	王涛、郑宇、陈国富、黄磊建、黄奕超
46	全电子化办公管理协同平台 V1.0	计算机软件著作权	2021 年	国家版权局	软著登字第6918493 号	王涛、黄磊建、陈国富、郑宇
47	湿地生态系统功能数字化评估软件 V1.0	计算机软件著作权	2021 年	国家版权局	软著登字第7028486 号	马鸿伟、洪奕丰、陈国富、王涛、田晓晖
48	森林资源管理"一张图"与国土三调数据整合信息系统	计算机软件著作权	2021 年	国家版权局	软著登字第7122192 号	张振中、黄先宁、姚顺彬、张伟东等
49	天然林资源保护管理平台 V1.0	计算机软件著作权	2021 年	国家版权局	软著登字第7678199 号	刘强、罗细芳、郑宇、唐扬龙、林琼瑚
50	森林资源监测智慧管理平台 V1.0	计算机软件著作权	2021 年	国家版权局	软著登字第7678200 号	刘强、罗细芳、郑宇、唐扬龙、林琼瑚
51	基于物联网的草原（草地）调查监测评价管理系统 V1.0	计算机软件著作权	2021 年	国家版权局	软著登字第7932159 号	古　力
52	华东草地生物量信息分析系统 V1.0	计算机软件著作权	2021 年	国家版权局	软著登字第7935539 号	古　力
53	南方草地优化管理决策系统 V1.0	计算机软件著作权	2021 年	国家版权局	软著登字第7928760 号	古　力
54	国家林草生态综合监测评价样木位置自动计算软件 V1.0	计算机软件著作权	2021 年	国家版权局	软著登字第8156631 号	朱海伦
55	森林资源数据分析处理软件 V1.0	计算机软件著作权	2021 年	国家版权局	软著登字第8157132 号	康乐、吴昊、郑彦超、严冰晶、万泽敏
56	自然保护地风景资源质量评价系统 V1.0	计算机软件著作权	2021 年	国家版权局	软著登字第8296504 号	周固国、胡娟娟、胡屾、张亮亮、吴嘉君

（续表）

序号	项目名称	名称	发证时间	发证部门	证书号	获奖人员（著作权人/专利权人）
57	自然公园保护强度划分软件	计算机软件著作权	2021 年	国家版权局	软著登字第 8799865 号	沈娜娉、徐鹏、孙庆来、盛宣才、夏志宇
58	森林碳储量测算软件	计算机软件著作权	2021 年	国家版权局	软著登字第 8799866 号	张林、吴迎霞、孙伟韬、赵俊文、楼一恺
59	森林城市实景三维数据采集软件	计算机软件著作权	2021 年	国家版权局	软著登字第 8799863 号	徐鹏、汪乃武、许佳明、王金荣、邢雅
60	林火阻隔系统智能布局软件	计算机软件著作权	2021 年	国家版权局	软著登字第 8799864 号	孙伟韬、陈未亚、黄先宁、黄瑞荣、章永侠
61	自然保护地监测评价系统 V1.0	计算机软件著作权	2022 年	国家版权局	软著登字第 9107737 号	康乐、胡娟娟、吴昊、刘雅楠、吴嘉君
62	自然保护地样地调查录入系统 V1.0	计算机软件著作权	2022 年	国家版权局	软著登字第 9107738 号	康乐、胡娟娟、吴昊、刘雅楠、吴嘉君
63	公益林生态价值综合评估 V1.0	计算机软件著作权	2022 年	国家版权局	软著登字第 9193171 号	曹元帅、卢佶、刘诚、王丹、胡杏飞
64	林地保护等级分级与管理系统 V1.0	计算机软件著作权	2022 年	国家版权局	软著登字第 9390605 号	郑云峰、王丹、逯登斌、郑德平、刘诚
65	林长制考核评分系统 V1.0	计算机软件著作权	2022 年	国家版权局	软著登字第 9181642 号	刘诚、王丹、郑根清、蔡茂、唐孝甲
66	森林火灾风险等级综合评估系统 V1.0	计算机软件著作权	2022 年	国家版权局	软著登字第 9384803 号	孙永涛、蔡茂、郦煜、张金贵、王洪波
67	森林资源监测结果统计分析系统 V1.0	计算机软件著作权	2022 年	国家版权局	软著登字第 9390606 号	尹准生、刘诚、胡杏飞、曹元帅、罗标
68	森林资源样地信息管理系统 V1.0	计算机软件著作权	2022 年	国家版权局	软著登字第 9090603 号	卢佶、郑云峰、郑根清、唐孝甲、吴俊清
69	天然林保护修复重要区域划分与管理系统 V1.0	计算机软件著作权	2022 年	国家版权局	软著登字第 9181644 号	蔡茂、唐孝甲、郦煜、尹准生、罗标
70	营造林核查验收数据管理系统 V1.0	计算机软件著作权	2022 年	国家版权局	软著登字第 9390604 号	张国威、卢佶、王博恒、余平、王柏昌
71	林业碳汇项目计量监测软件	计算机软件著作权	2022 年	国家版权局	软著登字第 9064096 号	洪奕丰、李国志、郭含茹
72	林业碳汇项目审定与核证软件	计算机软件著作权	2022 年	国家版权局	软著登字第 9064100 号	陆亚刚、许佳明、付逍遥
73	森林植被碳储量监测软件 V1.0	计算机软件著作权	2022 年	国家版权局	软著登字第 9073915 号	姚顺彬、刘俊、孙清琳
74	林业碳汇交易软件	计算机软件著作权	2022 年	国家版权局	软著登字第 9090032 号	林辉、张阳、赵森晖
75	林业碳汇计量监测系统	计算机软件著作权	2022 年	国家版权局	软著登字第 9046858 号	郭含茹、洪奕丰、许佳明
76	森林碳汇计量软件	计算机软件著作权	2022 年	国家版权局	软著登字第 9028226 号	郭含茹
77	森林火灾危险性评估小班危险性指数自动计算软件 V1.0	计算机软件著作权	2022 年	国家版权局	软著登字第 9553531 号	朱海伦、徐志扬、左宗贵、吴建勋、高天伦、刘龙龙、丁艳

（续表）

序号	项目名称	名称	发证时间	发证部门	证书号	获奖人员（著作权人/专利权人）
78	一种便携式树木直径测量装置	实用新型专利	2019 年	国家知识产权局	ZL 2018 2 1274342.2	华东院
79	一种林业野外调查标识桩	实用新型专利	2019 年	国家知识产权局	ZL 2018 2 1275253.X	华东院
80	一种曲面板片蒸发式冷凝器	实用新型专利	2019 年	国家知识产权局	ZL 2018 2 1275253.X	陈 伟
81	一种新型林业割草装置	实用新型专利	2019 年	国家知识产权局	ZL 2019 2 0424977.4	陈建义
82	一种测量古树名木胸径的装置	实用新型专利	2020 年	国家知识产权局	ZL 2019 2 2066657.9	华东院
83	森林资源调查用收纳包	外观设计专利	2020 年	国家知识产权局	ZL 2020 3 0476041.4	华东院
84	一种科普画报宣传用便携式展示结构	实用新型专利	2020 年	国家知识产权局	ZL 2020 20880765.X	胡洵瑀、楼毅、初映雪、钱逸凡、刘骏等
85	一种树木辅助支撑组件	实用新型专利	2021 年	国家知识产权局	ZL 2020 20954653.4	胡洵瑀、楼毅、初映雪、刘道平、陈火春等
86	一种湿地保护用鸟类栖息设备	实用新型专利	2021 年	国家知识产权局	ZL 2020 20880776.8	胡洵瑀、楼毅、张现武、傅宇等
87	一种森林生态修复装置	实用新型专利	2022	国家知识产权局	ZL 2019 10868387.5	陈建义
88	LiDAR 县域森林资源动态监测技术	科学技术成果	2019 年	浙江省科技厅	19059044	刘道平、姚顺彬、陆亚刚、张伟东、徐旭平等
89	基于 LiDAR 等多源数据的广域森林资源动态监测体系建研与应用	科学技术成果	2020 年	浙江省科技厅	DJ2180 0202 0Y0040	刘道平、姚顺彬、陆亚刚、张伟东、徐旭平等
90	上海市森林资源"一体化"监测体系研究	科学技术成果	2020 年	上海市科学技术委员会	9312020 Y070	李明华、肖舜祯、张伟东
91	森林资源及生态状况智慧监测平台	科学技术成果	2020 年	浙江省科技厅	DJ2180 0202 0Y0012	朱磊、洪奕丰、陈伟、林辉、张振中等
92	云臻森林	注册商标	2020 年	国家知识产权局	40112318	华东院
93	云臻华林	注册商标	2020 年	国家知识产权局	40101651	华东院

一、"云臻森林"移动端外业数据采集系统 V1.0

《"云臻森林"移动端外业数据采集系统》是在"两自动，一平台"思想指引下，在华东院原有《县级林地"一张图"系统》基础之上，依据《森林督查暨森林资源管理"一张图"更新技术规程》，综合运用"互联网+"、云计算、大数据和数据协同等技术研发出来的移动外业数据采集系统。系统具有差别化用户体验、多用户并发控制、数据协同、简单易用、管理方便等诸多优点。不仅解决了基层林

图 6-7 《"云臻森林"移动端外业数据
采集系统》著作权登记证书

图 6-8 《天然林保护核查报送系统》
著作权登记证书

业工作者缺乏专业技术的难题，又满足了各级领导对业务督导的需求，系统具备良好的延展性，适用于各类资源监管相关的工作。

该成果具有操作简便快捷、业务适应性强、多级协同作业、数据协同、角色定位等特点。

2020 年成果在安徽省、江苏省两省进行试点应用，2021 年成果推广至安徽省、江苏省、河南省、江西省、福建省和上海市。截至 2021 年 12 月，系统注册用户 6500 人，经受同步开展野外数据采集工作庞大、频繁数据流的考验，系统运行平稳、快捷，充分体现出云平台的网络优势，用户应用体验良好（图 6-7）。

二、天然林保护核查报送系统 V1.0

华东院尹准生、郑云峰、唐孝甲、郦煜等人研发的《天然林保护核查报送系统》，简称《天保报送系统》，是针对全国天然林资源保护核查建立的首个大型林业行业专业信息管理系统（图 6-8）。该系统以容器技术、数据库技术、3S 技术等信息化技术为手段，以《天然林保护修复制度方案》《全国天然林保护修复年度核查办法》、相关技术方案和操作细则等依据材料为指导，以近 20 年天然林保护核查过程中积累的内外业调查成果和专家知识库资料为输入，以政策措施情况、资源分析和利用、资源管护任务落实和成效、资金分配和使用、人员责任和保障等内容为输出，实现了全国天然林资源实时动态协同监管。受新冠肺炎疫情影响，传统天然林保护现地核查受到较大影响，该系统能够在实现天然林保护核查全覆盖的同时，建立国家、省、市、县多级协同联动工作机制，较好地成功转型完成了该项任务。2020 年 11 月，该系统荣获全国林业优秀工程勘察设计成果三等奖。据统计，目前应用该系统的省级单位有 32 家，市级单位 393 家，县级单位 3578 家，为全国林业信息化发展作出了示范，对今后进一步落实天然林保护修复相关制度政策、有效保护与管理天然林资源提供技术支撑。

第七篇

基本建设

第一章 金华院区建设

华东院金华院区位于金华市婺城区人民西路383号，占地面积23414平方米，建筑面积约3.5万平方米。基本建设大致分为六大队时期（1962—1970年）和华东院时期（1980—2021年）。

第一节 六大队时期

1962年3月，林业部决定将六大队调往华东地区。同年10月，六大队从云南迁至浙江省金华专区金华市，定名为林业部调查规划局第六森林调查大队。经林业部调查规划局、浙江省林业厅、金华地区（专区）行政公署、六大队等部门单位多次协商，队址选在金华市区西北一处靠近后城里的地方，距市中心人民广场约2公里，即原浙江省林业调查队队址处，现门牌号为金华市婺城区人民西路383号。彼时除了原浙江省林业调查队部分房舍外，周围均为低丘，地形起伏不平。刚到金华的前两年，部分人员住在距金华市区30多公里的兰溪冶炼厂，随着金华院区办公及宿舍楼的建成，在兰溪的人员陆续迁回至金华。

为节省国家基建投资，充分利用原有房舍，六大队在原浙江省林业调查队房舍的基础上进行扩建，彼时已有办公楼1500平方米，门房46平方米，食堂322平方米，厕所21平方米，占地面积6040平方米。1963年，经金华县人委同意再划拨建设用地24457平方米，全为岗地、坡地，彼时金华院区占地面积为30497平方米。

1963年6月，六大队向林业部申报了《林业部调查规划局第六森林调查大队设计任务书》，根据六大队编制300人规模，初步概算投资94.4万元，其中房屋建设76.04万元，技术装备投资18.36万元，房屋建设于1963年开工，计划5年建成。院区总体布局为公用区和住宅区。公用区拟建办公楼2100平方米，仓库、车库、油库、资料仪器室各1栋，公共厕所两座；住宅区建设家属宿舍6栋，食堂兼礼堂1栋，淋浴室1栋，公共厕所1座。另外在院区地势较高处建1座水塔和水泵房。计划购置的仪器设备有光学测量仪器、物理实验设备、调查用设备装备、复制仪器、文体福利设施以及交通运输工具等。

1963年7月，林业部对《设计任务书》作了批复，基本同意六大队建设计划，并根据勤俭办事业精神，将基本建设投资控制在80万元内。

从1963年开始，六大队在金华边生产边建设，先后新建成了办公楼、职工宿舍、食堂兼礼堂，以及其他附属用房等；按计划购置和配备了办公设施、仪器设备等。至1970年7月财产清算时统计，房屋建筑共计约11000平方米，资产总额为71.0万元，包括家属宿舍、办公楼、食堂、礼堂和水塔等；办公家具、交通工具、仪器设备、储备物资等固定资产32.1万元（图7-1、表7-1）。

1970年5月，林业部被撤销。随后不久，六大队在金华被解散，所属的土地、房产、仪器、设备等由金华地区革委会接收。之后金华地区在原址上建立了地区第三招待所。

图 7-1　华东院金华院区 3 号楼对比（左图为 1967 年，右图为 2022 年）

表 7-1　六大队 1970 年 7 月财产清查明细

编号	固定资产		单位	数量	金额（元）	备注
	类型	名称				
1		家属宿舍	平方米	5022	361443	
2		办公楼	平方米	3206	176362	
3		水泵房	平方米	20	3724	
4		食堂兼礼堂	平方米	586	41863	
5		淋浴室	平方米	102	10325	
6		资料仪器兼打字室	平方米	450	32733	
7		汽油库	平方米	52	3713	
8		汽车库	平方米	170	13075	
9		围墙	平方米	864	46545	
10		厕所	平方米	99	1979	
11	房产与建筑	水塔	座	1	7080	
12		自来水上水道	米	632	11158	
13		门房	平方米	46		
14		砖房	平方米	322		
15		厕所	平方米	21		
16		木工房	平方米	54		
17		水井房	平方米	44		
18		水塔（旧）	座	1		
19		锅炉房	平方米	28		
20		食堂储存室	平方米	25		
21		20 吨储水池	座	1		
22	仪器与设备	勘测仪器			124896	经纬仪、罗盘仪等
23		医疗器械			3884	

（续表）

编号	固定资产		单位	数量	金额（元）	备注
	类型	名称				
24	仪器与设备	交通运输工具			93674	载重汽车、吉普车、拖车等
25		备品			4101	
26		办公设备			71408	打字机、照相机、印刷机等
27		电工器材			12253	含计算机等
28		文体设备			6877	含电影放映机等
29		水暖物资			839	
30		食堂物资			322	
31		维修物资等			2761	

第二节 华东院时期

1980年1月，经国家农委批复，在浙江金华原六大队队址上建立林业部华东林业调查规划大队。同年4月，由夏连智牵头，选调部分原六大队职工参加筹建，至1985年年底筹建任务基本完成，期间金华地区第三招待所陆续向华东院移交土地与房产。

至1984年年初，除部分资产外，第三招待所将大部分土地与房产移交给华东院。移交的房产有：办公楼3154平方米、西南角小楼454平方米、宿舍北楼（现3号宿舍楼）1616平方米、宿舍南楼（现4号宿舍楼）1616平方米、礼堂434平方米、小食堂313平方米、厨房310平方米、车库209平方米、浴室102平方米、锅炉房77平方米、油库40平方米、水泵房43平方米、传达室83平方米、洗衣房88平方米、公共厕所42平方米、猪舍49平方米，合计建筑面积8630平方米。上述房舍除3号宿舍楼、4号宿舍楼、礼堂和浴室外，其余均已拆除。

1980年，华东院着手开始院区的基本建设，并向林业部申报了《计划任务书》。1980年12月，林业部对《计划任务书》作了批复，要求总投资控制在180万元以内，其中建安费121万元、仪器设备购置费43万元、开办费16万元。1986年3月，林业部核定追补建设项目总额190万元，建筑面积4000平方米。到1989年8月，林业部《关于追补建设项目调整概算的批复》将建设项目追补额度由190万元调整增加至241万元，建筑面积增加至4420平方米。

自1983年开始，先后新建或扩建了6幢宿舍楼，其中1号宿舍楼，建筑面积2137平方米，1984年7月交付使用；2号宿舍楼，建筑面积2084平方米，1986年4月交付使用；4号宿舍楼加层，加层建筑面积571平方米，1987年5月交付使用；5号宿舍楼，建筑面积2160平方米，1991年12月交付使用；6号宿舍楼，建筑面积3500平方米，1998年4月交付使用；7号宿舍楼，建筑面积13427平方米，2005年5月交付使用（图7-2）。

新建1幢办公大楼，建筑面积3244平方米，1990年年初交付使用；完成其他生活服务设施建设，包括内部招待所，建筑面积1234平方米，1986年7月交付使用；200吨倒锥壳式水塔，1986年交付使用；深水井，1986年交付使用；另有车库、围墙等（图7-3）。

随着金华市城区的扩大和人民西路的开通，1995年，华东院先后在沿街建设了2幢经营用房，即96综合楼，建筑面积1823平方米，1995年10月交付使用；平房经营楼，建筑面积402平方米，1997年12月交付使用。

图7-2 华东院金华院区办公楼（1986年）

图7-3 华东院金华院区一角（2020年）

因基本建设需要，除地方人民政府归还的土地之外，华东院恢复重建时期三次征用土地5272平方米，其中1982年建设1号宿舍楼征地1013平方米，1985年建设2号宿舍楼征地1592平方米，1987年建设5号宿舍楼及经营楼征地2667平方米。

2007年，华东院确定迁址杭州后，金华院区较大的基本建设项目基本停止，以房屋改造、维修维护、庭院绿化提升为主。2008年，在原厨房位置新建1幢老干部活动中心，建筑面积551平方米，当年年底交付使用。

2019年，华东院对大礼堂进行改造，增加了会议室、阅览室、乒乓球室、台球室等，添置了桌椅、投影仪、音响等设备设施，完成投资97.7万元，当年年底投入使用。2021年，原橘园地块改建成门球场，完成投资30.0万元，当年10月交付使用。

按照《浙江省"污水零直排区"建设行动方案》和《金华市人民政府办公室关于印发金华市"污水零直排区"建设实施方案的通知》精神，金华院区属于婺城区2019年污水零直排区建设工程范围。该工程建设单位为金华市婺城区住房和城乡建设局，施工单位为浙江晟民建设有限公司，2019年4月30日动工，2019年9月27日竣工，投资500多万元，全部资金由地方人民政府财政承担（表7-2）。

表7-2 1980—2021年基本建设明细 单位：万元

时间	计划投资					实际完成投资				
	合计	建安费	设备费	开办费	其他	合计	建安费	设备费	开办费	其他
1980年	55.00	55.00	0.00	0.00	0.00	55.00	55.00	0.00	0.00	0.00
1981年	7.40	0.00	6.57	0.83	0.00	7.41	0.00	6.58	0.83	0.00
1982年	46.46	30.83	3.20	12.43	0.00	46.26	30.86	2.81	12.59	0.00
1983年	46.30	20.30	25.46	0.54	0.00	41.00	14.70	25.80	0.00	0.50
1984年	26.40	10.00	10.20	1.20	5.00	33.29	13.77	16.99	1.23	1.30
1985年	43.00	42.00	0.00	0.00	1.00	54.80	44.88	5.15	0.00	4.77
1986年	78.00	40.00	27.00	0.00	11.00	71.99	50.43	18.30	0.00	3.26
1987年	81.00	26.00	40.00	0.00	15.00	87.36	23.74	48.42	0.00	15.20
1988年	42.00	11.00	29.00	0.00	2.00	64.00	45.00	16.00	0.00	3.00
1989年	94.00	81.20	10.80	0.00	2.00	79.00	73.00	6.00	0.00	0.00
1990年	170.61	29.20	75.30	0.00	66.11	184.20	48.00	75.10	0.00	60.70

（续表）

时间	计划投资					实际完成投资				
	合计	建安费	设备费	开办费	其他	合计	建安费	设备费	开办费	其他
1991 年	93.30	67.30	17.00	0.00	9.00	136.50	67.90	18.30	0.00	7.10
1992 年	68.00	13.00	41.00	0.00	14.00	50.00	16.20	37.00	0.00	0.80
1993 年	84.30	52.00	0.00	0.00	32.30	84.30	52.00	0.00	0.00	32.30
1994 年	44.10	16.00	0.00	0.00	28.10	28.18	28.18	0.00	0.00	0.00
1995 年	53.00	0.00	0.00	0.00	0.00	51.00	25.00	22.00	0.00	4.00
1996 年	45.00	40.00	0.00	0.00	5.00	45.00	19.00	26.00	0.00	0.00
1997 年	170.00	0.00	0.00	0.00	0.00	164.00	162.00	2.00	0.00	0.00
1998 年	148.00	139.00	0.00	0.00	9.00	148.00	148.00	0.00	0.00	0.00
1999 年	378.00	377.00	0.00	0.00	1.00	378.00	63.00	33.00	0.00	282.00
2000 年	99.60	0.00	40.20	59.40	0.00	99.60	0.00	40.20	59.40	0.00
2001 年	251.30	0.00	44.40	206.90	0.00	251.30	0.00	44.40	206.90	0.00
2002 年	50.37	0.00	40.37	10.00	0.00	50.37	0.00	40.37	10.00	0.00
2003 年	50.61	0.00	30.61	20.00	0.00	50.61	0.00	30.61	20.00	0.00
2004 年	65.71	0.00	65.71	0.00	0.00	65.71	0.00	65.71	0.00	0.00
2005 年	71.43	0.00	71.43	0.00	0.00	71.43	0.00	71.43	0.00	0.00
2006 年	66.02	0.00	66.02	0.00	0.00	66.02	0.00	66.02	0.00	0.00
2007 年	0.00	0.00	0.00	0.00	0.00	0.00	0.00	0.00	0.00	0.00
2008 年	85.16	85.16	0.00	0.00	0.00	85.16	85.16	0.00	0.00	0.00
2009— 2018 年	0.00	0.00	0.00	0.00	0.00	0.00	0.00	0.00	0.00	0.00
2019 年	97.70	97.70	0.00	0.00	0.00	97.70	97.70	0.00	0.00	0.00
2020 年	0.00	0.00	0.00	0.00	0.00	0.00	0.00	0.00	0.00	0.00
2021 年	30.00	30.00	0.00	0.00	0.00	30.00	30.00	0.00	0.00	0.00

华东院杭州院区位于杭州市上城区德胜东路3311号，占地面积7423平方米，建筑面积13100平方米，另有地下人防3434平方米。

自20世纪80年代中期开始华东院就谋划迁杭，由于当时条件不够具备，没能实现。进入21世纪，随着林业的地位和国家林业局直属院的作用越来越重要，迁杭的条件也逐渐成熟。2002年之后，杭州市和国家林业局相继批准华东院整体迁杭的申请，随后，开始在杭州市江干区（现为上城区）九堡街道征用土地，2008年12月杭州新址奠基，2011年4月杭州新址落成并整体搬迁，实现了华东院几代职工的夙愿。

第一节　立项与筹备

一、项目立项

2002年6月，华东院向杭州市人民政府提出迁杭申请；11月，得到杭州市人民政府同意。

2003年1月，华东院向杭州市发展计划委员会提交迁杭建设项目报告；8月，得到杭州市发展计划委员会批复，并同意在江干区（现为上城区）九堡街道新建办公用房及附属用房。

2005年1月，杭州市规划局划定华东院杭州新址建设用地红线，用地面积7423平方米，建筑面积13100平方米，另有地下人防3434平方米。

2006年1月，国家林业局同意华东院整体搬迁杭州；8月，国家林业局对"迁址工程

业务用房及院区基础设施建设项目可行性研究报告"作了批复。至此，迁址工程正式立项。

二、建设准备

2007年初，华东院杭州新址用地农居房开始拆迁；3月，杭州市国土资源局签发了《国有土地划拨决定书》；9月，华东院向国家林业局上报了新址建设项目初步设计；12月，国家林业局对初步设计作了批复。

2008年11月，完成农居房拆迁，并取得建设用地许可和建设项目规划许可；同月，通过公开招投标方式确定浙江省一建建设集团有限公司作为施工单位、杭州华清工程监理有限公司作为监理单位。

三、新址奠基

2008年12月19日，华东院在杭州新址举行奠基仪式。国家林业局党组成员、副局长张建龙，浙江省人大常委会副主任程渭山，国家林业局相关司局和有关直属单位领导，杭州市有关领导，浙江省林业厅领导等出席了奠基仪式，华东院全体干部职工参加了奠基仪式。杭州新址奠基，标志着华东院新址项目正式进入建设阶段。

第二节　工程建设

一、一期工程建设

华东院杭州新址业务用房及院区基础设施建设项目（一期工程）正式开工后，院选派

3名有工程施工管理经验的职工长驻工地，具体落实新址建设的各项工作。项目建设过程中，院领导多次到现场协调解决难题，院相关部门全力以赴、相互配合。在建设的关键阶段，实行每周例会制度，及时解决建设中出现的问题。建设、施工、监理等各方狠抓质量与安全，自始至终未发生质量与安全事故。经过广大建设者历时1年10个月的奋战，建成包含有监测楼8层7036平方米（其中附楼2层382平方米、地下人防1层1581平方米），总投资2938万元（其中工程费用1433万元、土地征用及补偿等其他费用1505万元）的一期工程（图7-4）。

二、新址落成搬迁

2011年2月，华东院开始筹备杭州新址落成庆典和整体搬迁工作，专门成立领导机构和工作机构。印制《宣传册》，在《中国绿色时报》刊发发展成就的文章，在院官网滚动展示各项建设成就、庆典各项工作安排等，为落成搬迁烘托氛围、营造气氛。

4月20日，华东院在杭州隆重举行新址落成仪式，国家林业局党组成员、中纪委驻国家林业局纪检组组长陈述贤，国务院三峡办公室党组成员、副主任雷加富，国家知识产权局党组成员、中纪委驻国家知识产权局纪检组组长肖兴威，浙江省人大常委会副主任程渭山，国家林业局相关司局和有关直属单位领导，杭州市有关领导，有关省林业主管部门领导等出席落成仪式，华东院全体干部职工参加落成仪式。杭州新址落成，标志着华东院新址项目（一期工程）正式建成。

2011年5月，华东院整体搬迁至杭州新址办公。

三、二期工程建设

2009年5月，华东院向国家林业局呈报《职工食堂单身职工宿舍及其他附属用房建设项目可行性研究报告》（二期工程）；8月，国家林业局作了批复。

2011年8月，通过公开招投标方式确定施工单位（杭州市第四建筑工程公司）和监理单位（杭州华清工程监理有限公司）。

2011年11月，二期工程正式开工建设。次年11月，主体工程结顶（图7-5）。

2013年3月，开始室外工程改造，主要建设院内与院外道路和管网衔接项目。至当年8月，建成通透围墙300米、院内道路3600平方米及相关管网等。

2014年5月，二期工程竣工，建成包含有综合楼12层9498平方米（其中附楼2层516平方米、地下人防1层1853平方米），总投资2561万元的二期工程。

图7-4 华东院杭州新址一期工程结顶（2009年）

图7-5 华东院杭州新址二期工程建设中（2011年）

第三节 院区其他建设

2015年3月，综合楼北面绿化工程开启，10月完工，建成2726平方米的绿地；12月，职工食堂餐厅及厨房装修工程开工，2016年7月完成并投入使用。

2017年5—7月，完成院区苗木种植、停车场铺装、篮球场塑胶铺设。

2017年7月，综合楼装修工程开工，至2018年5月完成，总投资987万元。

2019年8月，完成综合楼屋顶户外铭牌安装；10月，完成廊道绿化和景观改建。

2020年8月，修建非机动车停车棚，安装智能化充电桩；9月，对院内污水管网全面改造，达到污水零直排建设要求。

2021年1月，职工食堂改造项目开工，6月完成并投入使用（图7-6）。

图7-6 华东院杭州院区一角（2021年）

第三章 技术装备建设

第一节 硬件设备建设

仪器设备的类型、数量与质量是与不同时期国家经济建设、单位机构设置、业务职能、技术要求、经济能力等因素密不可分的。1952—1970 年，华东院主要任务是森林资源调查，同时限于国家的经济实力，所用仪器设备主要是罗盘仪和极少的经纬仪，其他设备有皮尺、生长锥、围尺、步行计、帐篷、马灯、求积仪、算盘等，出差交通工具主要靠汽车、马车及步行。

1980 年后，随着国家经济和科学技术发展，华东院技术装备有较大的提升，仪器设备无论从数量上还是质量上均有明显的增强。同时，新购置罗盘仪、经纬仪、水准仪、自平角规、立体镜、判读仪、求积仪、绘图仪、晒图机、土壤分析设备、航测成图仪等，调查技术手段也得到较快提升。数理统计抽样调查、遥感技术以及航测技术在林业调查监测等专业上的应用，大大提高了外业调查速度和质量，特别是随着信息技术及各类计算机的问世，简单计算机、多功能计算器逐步替代算盘和手摇计算机。1981 年华东院已配备 Ti-59 可编程计算器，主要用于数表的编制计算，以后逐步购置 PC-1500 计算机、Apple Ⅱ 微机系统、IBM-PC、Super-286AT 等各种型号、功能的计算机一批，大规模用在森林资源调查、生产和办公管理上。

进入 20 世纪 90 年代，伴随着我国改革开放的不断深入和科学技术的发展变化，华东院的仪器设备得到较为彻底的更新换代，计算机技术得到普及，主要技术设备进入以电子产品为主的新时期。如从 20 世纪 90 年代初的

IBM-286，逐步发展到 IBM-386、IBM-486、工作站，大型绘图仪、大幅面扫描仪、大幅面复印机；从 MS-DOS 操作系统发展到使用图形化的 UNIX 和 Windows 操作系统；以及已广泛应用于外业调查的 GPS 接收机、GPS 导航定位仪、差分 GPS、类型多样的测定仪等仪器设备。这对提高林业调查监测等工作质量，减轻外业劳动强度起到重要作用。

2010 年以后，为适应新形势、新任务、新要求，华东院在已有的监测技术研发和创新工作基础上，采购了一批高新空中监测和大数据处理设备，如机载激光雷达传感器、地面激光扫描仪、机载高光谱成像仪、机载高清相机、垂直起降固定翼无人机、旋翼无人机（图 7-7）、3D 虚拟仿真液晶显示墙、三维全息电子沙盘、全站仪、笔记本电脑、平板电脑、数码相机、测距仪、高精度测量系统基站、移动工作站等，并且技术装备更新也进入新常态。新装备的投入应用，为顺利完成各项工作任务起到了极为重要的作用。截至 2021 年年底，华东院的主要技术装备见表 7-3。

图 7-7 华东院无人机展示

表 7-3 主要技术装备一览

类别	序号	仪器类型	品名、型号	数量（台）
外业调查设备	1	定位仪	expionst600 等	72
	2	手持 GPS	佳明 ETREX	47
	3	罗盘仪	DQL-122	170
	4	测距仪	喜利得	95
	5	双筒望远镜	OUTLAND	1
	6	相机	索尼等	5
	7	gp 镜头		5
	8	亚米级移动智能终端	UG908、华测 LT700H 等	34
	9	无线高精度 GNSS 定位终端	MG20s	10
	10	北斗短报文移动终端		10
	11	高精度测量系统基站		1
	12	全站仪	KTS-442R10	5
	13	移动 RTK 高精度定位仪	K9	10
	14	小型无人机	大疆 Phantom 4 RTK 等	42
	15	中型无人机	大疆 M300、蜂巢六旋翼	6
	16	大型无人机	垂直起降固定翼等	2
	17	大地测量仪器	G907C	2
	18	平板电脑	华为 M6 等	245
	19	机载 LIDAR 传感器	吉鸥 GL-52P	1
	20	机载高清相机	RS1000	1
	21	机载高光谱成像仪	S185	1
	22	热红外成像镜头	Zenmuse ZXT2 A 19SR	1
	23	地面激光扫描仪	S350	1
	24	森林生态数据采集仪	Supcon	3
	25	便携式水质监测仪	Supcon	1
	26	便携式空气质量监测仪	Supcon	1
	27	服务器及磁盘整列	DELL X3850、DELL 7920、浪潮 NF8260M5、浪潮 AS2600G2	25
办公设备	28	台式机	戴尔联想等	166
	29	笔记本电脑	联想惠普等	92
	30	文件传真机	LSDERJETM1320F 等	7
	31	数据采集器		12
	32	交换机	DARS-5650-52C	11
	33	彩色电视机	KLV-40BX420	10
	34	一体机	惠普等	39
	35	激光打印机	奔图惠普等	36

（续表）

类别	序号	仪器类型	品名、型号	数量（台）
办公设备	36	绘图仪	爱普生 P8080	2
	37	工作站	惠普戴尔等	11
	38	碎纸机	三木	6
	39	投影仪	明基	4
	40	打印机	奔图等	28
	41	便携式计算机	宏基	70
	42	移动工作站	联想	57
	43	塔式工作站		2
实验分析仪器	44	噪声分析仪		1
	45	温度土壤记录仪	L66-TWS-1	1
	46	粉尘测试仪	BY7-PC-3A	1
	47	水质分析仪	HQ30D	1
	48	负氧离子检测仪	2K-BFO 等	3
	49	其他专用仪器仪表		7
系统展示设备	50	3D 虚拟仿真液晶显示墙	海康威视 & 北京度量等	1
	51	三维全息电子沙盘	HologramTable	1
	52	三维全息室	Holoverse Room	1
交通工具	53	公务用车	丰田、荣威、汉兰达	3

第二节　软件设备建设

华东院在全面使用新硬件设备的同时，软件设备也得到大范围的开发与应用，地理信息系统软件、遥感图像处理软件、数据管理软件、海量三维数据管理和转换软件、办公软件、财务管理软件、档案管理软件等的使用对现代林业工作产生不可估量的作用。近年来，华东院使用的软件设备见表 7-4。

表 7-4　软件设备一览

软件名称	用途
ArcGIS Map10.8	地理信息系统软件
ArcGIS Pro10.8	地理信息系统软件
ArcGIS Server10.8	地理信息系统服务器及开发软件
Erdas8.5	遥感影像数据处理分析软件
Oracle	数据库管理软件
Geoverse MDM	海量三维数据管理软件
Geoverse Convert	海量三维数据转换软件

（续表）

软件名称	用途
用友 U8	财务管理软件
DARMS	档案管理软件
LiDAR 360	激光雷达点云数据处理软件
Scene	地基激光雷达数据处理软件
Windows Server 2012	服务器操作系统
SQL server 2012	数据库软件
Mapping Factory	无人机数据处理软件
Cubert Utils Touch	高光谱数据预处理软件
PhotoScan	无人机数据后处理软件
Geo LAS	激光雷达数据预处理软件
水经注	网络高清底图下载

第八篇

人物介绍

华东院成立 70 年来，人才辈出，涌现出许多为新中国林草事业发展作出了突出贡献的代表人物。本篇以简介的形式予以记载，主要收录现任院领导、在院工作过且有相关记载的院领导、享受国务院特殊津贴专家、有突出贡献的中青年专家、"百千万人才工程"省部级人选和正高级专业技术人员。除现任院领导外，其余均按任职时间或获奖时间排序。

吴海平　党委书记、院长

吴海平，男，汉族，1965年9月生，山西方山人。1998年6月加入中国共产党，大学学历，高级工程师，现任华东院党委书记、院长。

1986年毕业于西北林学院林业专业，同年7月在林业部西北林业调查规划设计院参加工作，先后在资源室、监测室等业务部门工作。

1996年3月任西北院办公室副主任，2001年12月任办公室主任，2011年4月任西北院副院长，2016年3月兼任西北院纪委书记。在西北院工作期间多次获院先进工作者、优秀共产党员、优秀处级干部等荣誉称号。2006年获全国林业系统"四五"普法宣传教育先进个人荣誉称号。

2017年3月任国家林业局中南林业调查规划设计院常务副院长（正司局级），同年6月受国家林业局委派挂职贵州省黔南布依族苗族自治州州委常委、副州长。2019年6月获黔南州脱贫攻坚优秀共产党员、贵州省脱贫攻坚优秀共产党员荣誉称号。

2019年6月任华东院党委书记、副院长。

2021年8月任华东院院长。

2021年10月任华东院党委书记、院长。

刘春延　党委副书记、副院长（正司局级）

刘春延，男，满族，1969年4月生，河北围场人。1994年6月加入中国共产党。1991年7月河北林学院林学师资专业毕业后，分配到河北省塞罕坝机械林场工作，先后任塞罕坝机械林场总场场长助理，副场长，党委副书记、副场长，场长、党委副书记。2011年5月任国家林业局国有林场和林木种苗工作总站副总站长（副司局级）。2017年11月任东北虎豹国家公园管理局常务副局长、党组副书记（正司局级）。2020年3月任华东院副书记、副院长（正司局级）。2022年7月调任国家林业和草原局管理干部学院党委书记、国家林业和草原局党校副校长。

何时珍　副院长、总工程师

何时珍，男，汉族，1962年4月生，浙江东阳人。1986年3月加入中国共产党，大学学历，农学学士，正高级工程师，咨询工程师（投资），享受国务院政府特殊津贴专家。

1982 年 7 月毕业于浙江林学院林学专业，同年分配到华东队工作。历任资源监测一室副主任、资源监测二室副主任、生产技术处主任、副总工程师等职。1999 年 7 月任副院长、总工程师，2022 年 5 月退休。多次获院先进工作者、优秀共产党员、优秀管理干部，金华市直机关优秀共产党员，西藏自治区森林资源连续清查工作先进个人，全国第六、第七次森林资源清查工作先进个人等荣誉称号。

主要从事森林资源调查监测和院技术质量管理工作，主持或参与完成森林资源调查监测、林业规划设计等大中型项目 30 余项，其中多项获省部级以上奖励。

2000 年、2015 年参加中央党校国家机关分校（国家林业局党校）干部进修班学习；2017 年、2021 年分别参加中央党校厅局级干部进修班和专题班学习。2019 年 9 月，获"全国林业工程建设领域资深专家"荣誉称号。2021 年 2 月，获聘《自然保护地》第一届编委会常务副主编。领衔的成果和团队分别入选国家科技成果推广库、国家林业和草原局科技创新团队。

主要兼职有中国工程咨询协会林业专委会副主任委员、中国林学会国家公园分会副理事长、中国林业工程建设协会湿地保护和恢复专委会主任委员等。

刘道平　副院长

刘道平，男，汉族，1965 年 3 月生，四川德阳人。1995 年 6 月加入中国共产党，在职博士学历，农学博士，正高级工程师。1986 年 7 月于南京林业大学林业专业本科毕业后，分配到中国

林科院科信所工作。1992 年 3 月至 2016 年 5 月任林业部造林司主任科员、助理调研员、副处长（期间到广西壮族自治区百色市人民政府挂职一年半，任市长助理）、处长。2016 年 6 月至今任华东院副院长。

主要从事科技期刊编辑、新技术推广、森林培育、造林质量监管、国家公园、自然保护地、湿地保护与恢复、森林资源调查规划、林草湿综合监测、碳汇计量监测等业务管理工作。先后获国家科技进步二等奖 1 项，全国优秀工程咨询成果一等奖 2 项，全国林业优秀工程咨询成果一、二等奖 4 项，国家林业局优秀公务员荣誉称号 2 次。

刘强　党委副书记、纪委书记、工会主席

刘强，男，汉族，1969 年 10 月生，江西修水人。1992 年 5 月加入中国共产党，大学学历，高级工程师。1992 年 7 月毕业于南京林业大学林业专业，同年分配到华东院工作至今。先后

任资源环境监测二处副处长、资源环境监测一处处长、办公室主任等职。2019 年 1 月任华东院党委副书记、纪委书记，2019 年 7 月兼任工会主席。2014 年 1 月赴美国参加"森林可持续经营监测与信息管理技术培训团"学习；2015 年 4—7 月参加中央党校国家机关分校（国家林业局党校）干部进修班学习；2019 年 9 月赴芬兰和德国参加"森林康养林生态监测"技术交流。多次获院先进工作者、优秀共产党员、优秀管理干部，浙江省直机关优秀共产党员等荣誉称号。

主要从事森林资源调查监测、林业规划设计、林业工程咨询和院管理工作。主持或参与

完成多个森林资源调查监测、林业规划设计等大中型项目，获院优秀成果二等奖1项、三等奖3项，全国林业优秀工程咨询成果三等奖1项，在国内相关刊物上发表多篇论文。

2020年10月，受中组部委派赴海南省林业局挂职，任海南省林业局党组成员、副局长（海南热带雨林国家公园管理局副局长）。

马鸿伟　副院长

马鸿伟，男，汉族，1968年2月生，山东禹城人。1996年6月加入中国共产党，农业推广硕士学位，高级工程师。1988年6月毕业于东北林业大学森林防火专业。1988年6月至2007年4月，先后任黑龙江省大兴安岭地区新林区（林业局）防火办、资源科科员，韩家园林业局防火办科员、防火办副主任、木材销售科副科长、营林处主任，新林林场场长、新林区人大副主任、副区长等职务。2007年4月调至华东院工作，先后任资源监测一处副处长、办公室副主任、监察处处长、人事处处长等职，2019年1月任华东院副院长。2000年获全国营造林先进工作者荣誉称号，2014年后多次获院优秀管理干部、优秀共产党员荣誉称号。

主要从事森林资源监测评价、森林防火调查规划、林业信息系统研建等业务工作，以及行政后勤、监察、人事、财务等管理工作。主持或参与完成的业务工作多次获奖，其中全国林业优秀勘察设计成果一等奖1项，全国林业优秀工程咨询成果一等奖1项、二等奖1项，地理信息科技进步二等奖1项，计算机软件著作权1项，浙江省科技成果登记1项。

在国内权威核心期刊上公开发表学术论文3篇。主持或执笔完成工作方案、技术方案和相关专题报告10余篇。

郑云峰　副院长

郑云峰，男，汉族，1980年11月生，浙江衢州人，2002年1月加入中国共产党，大学学历，正高级工程师。2002年7月毕业于浙江林学院林业专业，同年在华东院参加工作至今。2013年4月至2018年2月任资源监测一处副处长（期间2015年6月至2017年5月主持工作），2018年2月至2019年3月任副总工程师（正处级）兼资源监测一处副处长，2019年4月至2022年6月任林草综合监测一处处长、院纪委委员，2022年6月任副院长（副司局级）。2018年4月赴德国和芬兰参加森林资源恢复和利用技术研讨会。2018年10月至2019年1月参加中央党校国家机关分校（国家林业和草原局党校）处级干部进修班学习。多次获院先进工作者、优秀共产党员、优秀管理干部、国家林业局直属机关优秀青年等荣誉称号。

主要从事森林资源调查与监测、林业规划设计、林业工程咨询和管理等工作。主持或参与完成多个森林资源调查与监测、林业规划设计等大中型项目。获全国优秀工程咨询成果三等奖1项，全国林业优秀工程咨询成果一等奖2项、二等奖1项，全国林业优秀工程勘察设计一等奖1项、三等奖1项，中国勘察设计协会优秀工程勘察设计计算机软件三等奖1项，中国地理信息产业优秀工程银奖1项，浙江省林业优秀工程咨询成果二等奖2项、三等奖2项，获院各等级优秀成果奖和论文奖10余项，获发明专利3项、软件著作权6项。在国内发表论文15篇，主编《杭州市森林资源动态监测理论与实践》，参编《森林资源可持续经营理论与实践研究》。

兼任中国林学会森林经理分会常务理事。

第二章 历任院领导简介

张立勋 大队长（1952）

张立勋，男，汉族，1922年7月生，北京人。1944年5月参加革命工作，1944年9月加入中国共产党。历任十四分区十三团八连班长、排长，热河军区军政干校区队长，热河省宁城县四区公安助理，宁城县九区区长，宁城县人民政府民政科科长。1950年6月任东北人民政府农林部造林局秘书科负责人；1950年12月任东北人民政府农林部林政局林野调查队队长；1952年12月任中央人民政府林业部林政局林野调查总队总队长；1953年起任林业部调查设计局森林调查第一、三大队大队长，四川省林业勘察设计院院长，四川省宜宾楠竹管理局局长，林业部调查规划局第九森林调查大队大队长，林业部西南林业勘察设计总队五大队大队长，云南省森林资源调查管理处处长，云南省林业科学研究所所长等职；1980年8月任林业部中南林业调查规划大队筹建领导小组负责人，1982年4月任林业部中南林业调查规划大队大队长、党委书记；1983年12月离职休养。2002年8月14日逝世。

李华敏 副大队长（1957.08—1970.10）

李华敏，男，汉族，1929年1月生，吉林长春人。1950年6月进入东北农学院第一期森林调查训练班学习，毕业后在东北人民政府农林部林政局林野调查队工作，1954年5月加入中国共产党。先后任东北人民政府农林部林政局林野调查队小队长、林业部调查设计局森林调查第二大队副中队长、中队长；1956年3月至1957年5月赴苏联莫斯科、列宁格勒等地学习；1957年8月任六大队副大队长；1970年六大队解散后任黑龙江省牡丹江林海铁矿副矿长、矿长、党委副书记等职；1981年8月任黑龙江省第一森林调查大队筹备处负责人，1984年4月任黑龙江省第一森林调查大队党委书记，1989年1月退休。获林野调查队一等工作模范、二等先进工作者等荣誉称号。

长期从事森林经理调查、林业规划设计、林业生产业务和管理等工作。主持或参与主持《营造东北西部农田防护林带计划》《长白山森林经理施业案》以及大小兴安岭多个林业局的森林经理调查等。2017年7月16日逝世。

李海晏 党委（总支）副书记（1960.10—1970.10）

李海晏，男，汉族，1927年9月生，吉林大安人。1947年7月加入中国共产党，1948年5月在吉林大安县参加中国共产党领导的地方武装，之后在大安县大赉镇等

地方人民政府工作。1954年起任林业部调查设计局森林经理第二大队中队副政治指导员、政治指导员；1960年10月任六大队党总支副书记、工会主席。1961年至1962年9月任六大队驻腾冲片负责人；1962年10月任六大队党总支副书记、工会主席；1970年六大队解散后任黑龙江省牡丹江林海铁矿党委委员、工会主席；1982年离休。多次在森林调查大队、林海铁矿获工作模范、先进工作者等荣誉称号。1991年10月12日逝世。

刘纯一　总支书记、大队长（1963.09—1964.12）

刘纯一，男，汉族，1921年7月生，山东临沭人。1943年1月参加革命工作，1943年11月加入中国共产党。抗日战争期间，曾任山东省青云区武装干事、武装部副部长；解放战争时期，曾担任过山东省沂东区武装部部长；新中国成立后，先后任浙江省新丰区区委书记、浙江省嘉兴专署农林科股长、浙江省特产局蚕种厂厂长、浙江省林业厅森林调查大队大队长等职务。1958年10月至1963年9月任浙江省林业厅基建处处长；1963年9月至1964年12月任六大队大队长兼总支书记；1965年1月至1968年10月任林业部西南林业勘察设计总队六大队大队长兼总支书记；1968年11月至1975年4月任林业部西南林业勘察设计总队革委会政工组长；1975年4月至1979年3月任云南省林业勘察设计院副院长；1979年8月至1980年3月任林业部西南林业勘察设计院领导小组成员；1980年3月至1984年8月任林业部西南林业勘察设计院副院长；1984年10月12日批准离职休养，享受司局级政治、生活待遇。2007年12月14日逝世。（引自《国家林业局昆明勘察设计院院志》）

夏连智　党委书记（1966.03—1970.10），大队长、党委书记（1982.04—1983.09）

夏连智，男，汉族，1931年10月生，山东昌邑人。1944年10月参加革命工作，1945年10月加入中国共产党。解放战争时期，历任渤海军区三分区昌潍独立营战士、副班长，上海警备区后勤部政治指导员、副教导员。新中国成立后，任上海警备区卫生部协理处副协理员，公安部高级干部学校政治教员。1958年5月被保送至中国人民大学学习两年半，1961年初调任解放军防化兵学校政治教研室主任。1966年3月转业至六大队任党委书记。1970年六大队解散后调往兰溪县，先后任兰溪棉纺厂党委书记、兰溪瓷厂党委书记。1980年5月受林业部委派开始筹建华东队；1981年作为筹建领导小组负责人，领导华东队筹建工作；1982年4月任华东队大队长、党委书记，期间组织领导全国沿海防护林调查研究、华东六省一市基本情况调查研究、金华市北山林场森林资源调查和大兴安岭林管局韩家园林业局森林经理复查等生产业务工作。在淮海战役中荣立三等功一次，1953年获三级解放勋章。1983年9月25日逝世。

郑旭辉　副大队长（1982.04—1983.10）、大队长（院长）（1983.11—1987.08）

郑旭辉，男，汉族，1931年10月生，河北滦县人。1951年9月东北农学林训班毕业后在东北人民政府农林部林政局林野调查队参加工作，

1983 年 4 月加入中国共产党，高级工程师。先后任二大队副中队长、业务科副科长，云南省林业综合设计院技术组组长，六大队业务科副科长等职。1970 年六大队解散后到金华电机厂当工人，1973 年 12 月任金华地区林业局技术员。1981 年作为筹建领导小组成员参与华东队筹建工作，1982 年 4 月任华东队副大队长，1983 年 11 月任华东队大队长，1986 年 11 月任华东院院长，1987 年 8 月任华东院调研员。曾获林野调查队劳动模范、金华电机厂先进工作者等荣誉称号。

主要从事森林经理调查、林业规划设计、林业生产业务和管理等工作。主持或参与主持黑龙江省带领实验局森林经理调查、镜泊湖森林公园规划、黑龙江省西部防护林规划、云南省南盘江流域林业调查研究、金华地区森林资源清查、全国沿海防护林调查研究、千岛湖森林公园开发建设可行性研究等工作。执笔或参与编写《镜泊湖森林公园规划》《云南省南盘江流域林业调查研究》《浙江省金华地区森林资源清查报告》《金华地区历年林业统计资料汇编》《全国沿海防护林调查报告》等。1991 年 7 月 17 日逝世。

杨云章 副大队长（1982.04—1983.10）、党委书记（1983.11—1986.03）

杨云章，男，汉族，1930 年 7 月生，山东莱阳人。1946 年 12 月参加革命工作，1948 年 10 月加入中国共产党。1946 年 12 月在莱阳县十三区中队任战士，1947 年 7 月至 1953 年 1 月任华野九纵队 25 师 75 团 4 连副班长、班长、文化干事、副政治指导员，1950 年 11 月至 1952 年 11 月参加抗美援朝战争，1953 年 1 月至 1954 年 8 月任解放军第三炮兵学校学员，

1954 年 9 月至 1964 年 4 月任解放军炮兵工程学院教员，1964 年 5 月至 1970 年 10 月任六大队行政科代科长、机关党支部书记，1970 年 11 月至 1973 年 8 月任浙江省浦江县水电局党组成员、浦江县内务办公室副主任，1973 年 9 月至 1980 年 12 月任金华地区农业办公室干部、地区林业局党组成员、森工站站长、支部书记。1981 年 1 月作为筹建领导小组成员参与华东队筹建工作，1982 年 4 月任华东队副大队长，1983 年 11 月任华东队党委书记，1986 年 3 月任华东队调研员，1990 年 12 月离休。在解放战争时期参加的昌潍战役、淮海战役、渡江战役、上海战役中，被授予甲级战斗模范称号，抗美援朝战争中两次获朝鲜政府颁发的军功章，1956 年获国防部颁发的解放奖章，2019 年获中共中央、国务院、中央军委颁发的"庆祝中华人民共和国成立 70 周年"纪念章，2021 年获中共中央颁发的"光荣在党 50 年"纪念章。

周崇友 副大队长（副院长）（1982.04—1991.03）

周崇友，男，汉族，1932 年 2 月生，天津武清人。1951 年 9 月东北农学院林训班毕业后在东北人民政府农林部林政局林野调查队参加工作，1984 年 11 月加入中国共产党，高级工程师。先后任二大队副中队长，六大队中队长、业务科科长，黑龙江省林业厅调查设计局第三大队中队长，云南省林业综合设计院森林调查七大队技术负责人，六大队中队长，林业部西南林业勘察设计总队六大队技术负责人，金沙江森工管理局森工组副组长、防火办副主任，云南省森林资源调查管理处六大队负责人等职。1981 年作为筹建领导小组成员参与华东

队筹建工作，1982年4月任华东队副大队长，1986年11月任华东院副院长，1991年3月任华东院调研员，1992年5月退休。曾获林野调查队劳动模范、先进生产者等荣誉称号。

主要从事森林经理调查、林业规划设计、林业生产业务和管理等工作。主持或参与主持大小兴安岭多个林业局森林经理调查，云南省金沙江林区迹地普查，昆明市海口、方旺林场总体设计，全国沿海防护林调查研究，千岛湖森林公园开发建设可行性研究等工作。执笔或参与编写《森林经理内业资料汇编》《林业局总体设计方案资料汇编》等。2016年9月20日逝世。

林进　副大队长（副院长）（1983.11—1987.07）、院长（1987.08—1993.03）

林进，男，汉族，1942年10生，福建漳平人。1982年8月加入中国共产党，大学学历，正高级工程师，享受国务院政府特殊津贴专家。1964年7月毕业于福建林学院采运专业，同年8月在吉林省大石头林业局参加工作，1965年起在林业部调查规划局第七森林调查大队、第九森林调查大队、湖南省林业勘察设计院从事技术管理工作。1980年起在林业部中南林业调查规划大队工作，任生产技术科科长。1983年11月任华东队副大队长，1986年11月任副院长，1987年8月任华东院院长，1993年3月调任林业部资源和林政管理司副司长。

长期从事森林资源调查和林业规划、生产技术管理工作，主持的全国沿海防护林规划等多项重大项目获林业部科技进步奖。发表《深化林权制度改革加强森林科学经营》等10余篇论著。

曾任中国林学会常务理事、中国林学会森

林经理分会理事长等职。

钱雅弟　党委书记（1986.03—1994.12）

钱雅弟，男，汉族，1937年12月生，上海松江人。1961年12月加入中国共产党，大学学历，高级政工师。1962年8月北京师范大学历史专业毕业后在北京公安总队外使大队参加工作，先后任北京公安总队外使大队干事、公安部队政治部秘书、陕西独立师政治部秘书、陕西独立师一团三营副政治教导员、陕西省军区教导队政治处副主任、周至县人武部副政委等职。1984年2月转业至华东队任党委委员、政治处主任，1986年3月任华东队党委书记，1986年11月任华东院党委书记，1994年12月任华东院调研员，1998年1月退休。1986年、1991年分别当选为中共金华市第一次、第二次代表大会代表。获华东队优秀共产党员等荣誉称号。

长期从事党的建设和思想政治工作，自编学习教材40余万字，在《金华共青团》《华东森林经理》等刊物发表《谈"青年突击队（手）"活动》《加强思想政治工作是提高劳动生产率的保证》《我谈思想政治工作》《围绕中心任务加强党委建设》等文章。2021年获中共中央颁发的"光荣在党50年"纪念章。

黄文秋　副院长（1987.08—1999.07）

黄文秋，男，汉族，1939年11月生，安徽濉溪人。1985年3月加入中国共产党，大学学历，正高级工程师，享受国务院政府特殊津贴专家。1964年8月毕业于安徽农学院林学专业，同年在六大队参加工作。1965 年选派参加西南林业大会战，在林业部西南林业勘察设计总队六大队任小队长、副中队长。1982 年起在华东队工作，历任资源监测室副主任、调查规划二室副主任、生产技术科科长，1987 年 8 月任华东院副院长，1999 年 7 月任华东院调研员，2000 年 2 月退休。

主要从事森林资源调查监测、林业规划设计和技术质量管理工作。主持和参加 20 多个林业局的森林资源调查和道路勘察设计工作，领导和组织有关省（市）森林资源连续清查、营造林实绩核查、"三北"防护林建设情况检查、"灭荒"检查等工作，主持 UNDP 援助中国林业项目在华东院的实施。参加的"腾冲区域遥感应用技术"项目获中国科学院重大科技成果一等奖和国家科技进步二等奖。主持和领导的遥感在林业领域的应用试验，获航天部科技进步一等奖和林业部科技进步三等奖。

傅宾领　副院长（1991.03—1994.11），院长、党委书记（1994.12—2009.07），院长、党委副书记（2009.07—2016.03），党委书记、副院长（2016.03—2019.01）

傅宾领，男，汉族，1958 年 12 月生，浙江金华人。1986 年 3 月加入中国共产党，大学学历，农学学士，正高级工程师，咨询工程师（投资），高级职业经理人，享受国务院政府特殊津贴专家。1979 年 9 月参加工作，1982 年 1 月毕业于浙江林学院林业专业，随即分配到华东队工作。历任生产技术科副科长、总工办副主任，1991 年 3 月任华东院副院长，1993 年 4 月主持华东院行政工作，1994 年 12 月任华东院院长、党委书记，2009 年 7 月任华东院院长、党委副书

记，2016 年 3 月任华东院党委书记、副院长，2019 年 1 月退休。先后参加过中央党校国家机关分校（林业部党校）领导干部进修班，加拿大森林资源监测，德国、奥地利森林资源与生态环境监测和巴西森林与生态信息采集及管理等考察培训班的学习。1996 年获林业部有突出贡献的中青年专家称号；获全国森林资源清查工作先进个人、中国林业年鉴贡献奖等荣誉称号。

主要从事森林资源监测、林业调查规划设计、林业生态监测评估、碳汇计量监测和林业工程咨询等组织管理工作，获浙江省科学技术二等奖 1 项，全国优秀工程咨询成果二等奖 1 项，全国林业优秀工程咨询成果二等奖 2 项、三等奖 2 项。

江一平　副院长（1993.04—1999.07）

江一平，男，汉族，1942 年 1 月生，福建福州人。1980 年 12 月加入中国共产党，大学学历，正高级工程师，享受国务院政府特殊津贴专家。1964 年 7 月毕业于福建林学院林业专业，同年分配到六大队工作。1970 年六大队解散后到浙江常山轴承厂工作，任车间主任。1980 年 10 月起在华东队工作直至 2002 年 2 月退休，先后任调查规划二室副主任、办公室主任，规划设计室主任、总工办主任等职，1993 年 4 月任副院长，1999 年 7 月任调研员。1992 年获林业部有突出贡献的中青年专家称号，1992 年被评为浙江省先进林业科技工作者，多次获院先进工作者荣誉称号。

长期从事森林经理和林业规划设计及管理工作。1980 年以后，先后主持或参与主持浙江省龙泉县森林资源二类调查，华东地区速生丰产林情报调研，全国沿海防护林体系建设可

行性研究，福建福州、厦门坂头、漳州天柱山等森林公园总体规划和武夷山自然保护区旅游规划等。获林业部调查设计优秀成果荣誉奖1项，林业部科技进步二等奖1项、三等奖1项，全国林业优秀工程咨询成果二等奖1项。

周琪　党委副书记（1994.12—1997.04），党委副书记、工会主席（1997.05—2000.02），党委副书记、纪委书记、工会主席（2000.03—2009.10），党委副书记、纪委书记、副院长、工会主席（2009.11—2018.12）

周琪，男，汉族，1958年3月生，江苏无锡人。1987年12月加入中国共产党，大学学历，高级工程师。1982年1月毕业于南京林学院森保专业，同年2月分配到华东队工作。先后任专业调查室副主任、计划财务科副科长、行政处主任、政工处主任，1994年12月任华东院党委副书记，1997年5月兼任华东院工会主席，2000年3月兼任华东院纪委书记，2009年11月兼任华东院副院长。1996年10月至1997年1月参加中央党校国家机关分校（林业部党校）领导干部进修班学习；2004年10月至2005年1月参加中央党校国家机关分校（国家林业局党校）领导干部进修班学习；2003年10月赴加拿大参加森林资源与生态监测技术培训班学习；2010年1月赴英国参加森林资源调查监测培训班学习。1996年获全国林业行业思想政治工作优秀工作者荣誉称号，1998年获国家林业局有突出贡献的中青年专家称号，2003年被金华市总工会授予优秀工会工作者荣誉称号。2018年12月退休。

主要从事院党务、纪检、工会和森林资源调查监测技术质量管理工作，获林业部科技进步三等奖1项。

丁文义　副院长（1999.07—2018.02）

丁文义，男，汉族，1958年1月生，浙江缙云人。1995年3月加入中国共产党，在职大学学历。1981年7月毕业于浙江林业学校林业专业，同年分配到华东队工作。先后参加大兴安岭韩家园林业局森林经理调查，福建省沙县、三明市三元区、永安市的二类森林资源调查，黑龙江省双鸭山林业局、新青林业局森林经理调查。1989年1月起先后任办公室副主任、兴林公司总经理、行政处主任等职，1999年7月至2018年2月任华东院副院长。

2000年12月赴德国参加森林经理培训班学习；2001年10月至2002年1月参加中央党校国家机关分校（国家林业局党校）领导干部进修班学习；2005年12月赴加拿大参加森林资源管理培训班学习；2012年3月赴美国参加政府公共管理培训班学习。2018年2月退休。

主要从事森林资源调查监测和院行政政务管理工作，2008年获中国林学会第六届劲松奖。

刘裕春　党委书记、副院长（2009.07—2016.03），院长、党委副书记（2016.03—2018.12）

刘裕春、男、汉族，1958年3月生，湖北孝感人。1986年1月加入中国共产党，中央党校研究生学历，农学学士，高级工程师。1982年1月毕业于中南林学院林学专业，随后在林业部西北华北东北防护林建设局（简称"三北局"）

参加工作，先后任三北局营林科技处副处长、办公室副主任、北方林业开发总公司副总经理。1985年3月至1987年1月分别在陕西省定边县林业局、白泥井乡人民政府挂职。1995年6月起先后任三北局党组成员、北方林业开发总公司总经理、副局长等职。2001年4月起兼任国家林业局"三北"防护林工程管理办公室副主任。2002年1月任国家林业局西北林业调查规划设计院副院长（主持行政工作）、党委副书记，2003年8月任西北院院长、党委副书记。2009年7月任华东院党委书记、副院长，2016年3月任华东院院长、党委副书记。2018年12月退休。

主要从事防护林建设工程管理、森林资源监测和林业工程建设咨询等工作。先后参与或组织完成三北防护林体系建设二期、三期、四期工程建设规划，防沙治沙工程规划，三北防护林体系建设二期、三期、四期工程效益评估；参与编制多项三北工程建设技术标准和管理办法；组织完成多项森林资源监测、森林资源调查和林业建设咨询项目，有40多项成果获省部级奖励。

先后两次参加中央党校短期培训班学习。2000年被国家林业局聘任为国家西部生态环境建设专家咨询委员会委员，担任中国地理学会沙漠分会第七届理事会副主任委员、陕西省勘察设计协会第四届理事会常务理事，2006年当选中共陕西省第九次代表大会代表。

于辉　常务副院长（2017.09—2018.11），院长、党委副书记（2018.11—2020.03）

于辉，男，汉族，1971年4月生，黑龙江孙吴人。1993年4月加入中国共产党，大学学历，正高级工程师。1993年7月北京林业大学木材加工专业本科毕业，并在中国林科院人事教育处参加工作，先后任中国林科院人才交流与开发中心副主任，中国林科院团委书记（1999年11月至2000年12月到江西省铜鼓县挂职任县委副书记），中国林科院人事教育处副处长、处长。2013年1月任国家林业局竹子研究开发中心主任、党委副书记。2017年9月任华东院常务副院长（正司局级），2018年11月任华东院院长、党委副书记。2020年3月调任大兴安岭林业集团公司党委书记、总经理。兼任联合国南南项目合作专家、国家林业局青年联合会副主席。

主持或主要参加完成国家重点研发计划课题、林业公益性行业专项、浙江省科技项目等科研项目9项，获得国家发明专利5项、实用新型专利6项。发表学术论文14篇，其中SCI收录7篇。

第三章　专家简介

唐壮如

唐壮如，男，汉族，1932 年 9 月生，江苏溧阳人。1986 年 3 月加入中国共产党，大专学历，副译审，享受国务院政府特殊津贴专家。1952 年毕业于江苏师范学院俄语专业，同年分配到林业部工作。1952—1959 年在林业部华南垦殖局、森林航空测量大队、森林综合调查队、森林经理一大队、森林经理三大队、西北固沙造林设计大队等单位担任苏联专家翻译。1960—1981 年回原籍，恢复工作后，在当地中学教英语。1982 年到华东队工作直至 1992 年 10 月退休。1984 年、1985 年、1990 年获院先进工作者荣誉称号，1988 年获林业部资源和林政管理司"优秀林业科技信息工作者"荣誉称号。

主要从事林业科技情报采编、英俄文翻译等工作。主译或参与翻译并正式出版的有美国《林业手册》、苏联《林业工作者手册》《森林经理原理》等。参与主编《华东森林经理》《华东林业调查规划科技情报大区站网刊》等。1989 年参加中国森林资源考察团赴苏联考察。

1987 年参与"包兰铁路沙坡头地段固沙造林工程的设计与实施"项目，获林业部科技进步一等奖。1988 年主持"华东地区速生丰产林情报调研"项目，获林业部科技进步三等奖。1987 年获中国林学会第二届劲松奖。

王克刚

王克刚，男，汉族，1933 年 8 月生，天津人，高级工程师，享受国务院政府特殊津贴专家。1951 年 9 月东北农学林训班毕业后在东北人民政府农林部林政局林野调查队参加工作。1951—1970 年先后在林野调查队、二大队、六大队任调查员、小队长、副中队长、代中队长等职。1970 年六大队解散后到浙江省衢县物资局、水电局、农垦局工作。1980 年 12 月起在华东队工作直至 1993 年 9 月退休，先后任第一资源室负责人、调查规划一室主任工程师、生产技术科主任工程师、副总工程师兼总工办主任等职。多次获劳动模范、"五好"职工、先进工作者等荣誉称号。

主要从事森林经理调查、林业规划设计业务和管理等工作。主持或参与主持森林经理调查、林区林权落实、全国沿海防护林调查研究、县级森林资源调查等工作。执笔或参与编写施业案说明书、资源调查报告等十余部。参与完成的"福建省县级森林资源调查和档案管理沙县试点"项目获 1987 年林业部林业调查设计优秀成果二等奖；参与主持的"全国沿海防护林体系建设可行性研究"项目获 1989 年林业部科技进步二等奖。1987 年获中国林学会第二届劲松奖，1988 年获浙江省林学会颁发的"林业战线工作二十五年以上的林业工作者"荣誉称号。2007 年 3 月 8 日逝世。

江一平

江一平，男，汉族，1942年1月生，福建福州人。1980年12月加入中国共产党，大学学历，正高级工程师，享受国务院政府特殊津贴专家。1964年7月毕业于福建林学院林业专业，同年分配到六大队工作；1970年六大队解散后到浙江常山轴承厂工作。1980年10月起在华东队工作直至2002年2月退休，先后任调查规划二室副主任、办公室主任、规划设计室主任、总工办主任等职。1993年4月任副院长，1999年7月任调研员。1992年获林业部有突出贡献的中青年专家称号。

长期从事森林经理和林业规划设计及管理工作。1980年以后，先后主持或参与主持大兴安岭韩家园林业局外河、岔口林场的森林经理复查，浙江省龙泉县森林资源二类调查，华东地区速生丰产林情报调研，全国沿海防护林体系建设可行性研究，华东监测区、全国少林省（区）立木蓄积消耗量及其消耗结构调查，福建福州、厦门坂头、漳州赤山、长乐大鹤、漳州天柱山等森林公园总体规划和武夷山自然保护区旅游规划等。1981—1982年参加全国沿海防护林调查研究，获林业部调查设计优秀成果荣誉奖；主持的"华东地区速生丰产林情报调研"项目获1988年林业部科技进步三等奖；参与主持的"全国沿海防护林体系建设可行性研究"项目获1989年林业部科技进步二等奖；主持的"全国沿海防护林体系二期工程建设规划"项目获2002年全国林业优秀工程咨询成果二等奖。

黄文秋

黄文秋，男，汉族，1939年11月生，安徽濉溪人。1985年3月加入中国共产党，大学学历，正高级工程师，享受国务院政府特殊津贴专家。1964年8月毕业于安徽农学院林学专业，同年在六大队参加工作。1965年选派参加西南林业大会战，在林业部西南林业勘察设计总队六大队任小队长、副中队长。1982年起在华东队工作，历任资源监测室副主任、调查规划二室副主任、生产技术科科长。1987年8月任华东院副院长，1999年7月任华东院调研员。2000年2月退休。

主要从事森林资源调查监测、林业规划设计和技术质量管理工作。主持和参加20多个林业局的森林资源调查和道路勘察设计工作，领导和组织有关省（市）森林资源连续清查、营造林实绩核查、"三北"防护林建设情况检查、"灭荒"检查等工作，主持UNDP援助中国林业项目在华东院的实施。参加的"腾冲区域遥感应用技术"项目获中国科学院重大科技成果一等奖和国家科技进步二等奖。主持和领导的遥感在林业领域的应用试验获航天部科技进步一等奖和林业部科技进步三等奖。

曾任中国林学会森林公园和森林旅游分会常务理事，华东地区森林经理研究会理事长，黄山国家风景名胜区森林和风景资源清查、管理工作专家顾问。1984年获中国林学会首届劲松奖，1988年被列入《中国林业专家大词典》。

肖永林

肖永林，男，汉族，1938年3月生，上海嘉定人。1985年8月加入中国共产党，中专学历，高级工程师，享受国务院政府特殊津贴专家。1957年8月毕业于南京林校，同年分配到

林业部调查规划局第八森林经理大队工作，后转至林业部调查规划局第九森林经理大队、林业部西南林业勘察设计总队五大队工作。1982年11月起在华东队工作直至1998年4月退休，先后任专业调查室主任工程师、专业规划设计室主任工程师、调查规划一室主任工程师等职。1983年、1992年获院先进工作者荣誉称号。

长期从事森林资源调查监测、林业规划设计、专业调查等工作。先后主持或参与主持林业规划设计、专业调查、测树制表等项目。主持的"森林效益评价和生物量调查方法研究"项目获1987年林业部林业调查设计优秀成果二等奖；参加的"南岭山地用材林基地森林立地分类评价及适地适树研究"项目获1990年湖南省科技进步一等奖；参与主持的"立地质量的树种代换评价研究"项目获1990年湖南省林业科学技术进步一等奖。1984年获中国林学会颁发的首届劲松奖，1988年获浙江省林学会颁发的"林业战线工作二十五年以上的林业工作者"荣誉称号。

徐太田

徐太田，男，汉族，1934年9月生，浙江遂昌人。1984年4月加入中国共产党，中专学历，高级工程师，享受国务院政府特殊津贴专家。1954年8月毕业于浙江省衢州林校，随后在林业部调查设计局森林经理二大队参加工作，之后随单位改为六大队转战牡丹江、云南、金华等地，先后任调查员、小队长等职。1970年六大队解散后到衢县杜山坞煤矿、衢县五七大学、衢县林业局等单位工作。1981年1月起在华东队工作，先后任第一资源室负责人、资源监测室主任工程师、调查规划二室主任工程师、园林工程设计室主任、副总工程师等职。

1984年获院先进工作者，1985年获院优秀共产党员荣誉称号。1994年11月退休。

主要从事森林资源调查、林业规划设计等生产业务与管理工作，主持完成多个县级森林资源二类调查，多次担任森林资源监测项目负责人，执笔编写的成果报告及工作报告多次受到有关单位肯定。参与完成的《森林资源更新预测系统》项目获1993年林业部科技进步二等奖。1987年获中国林学会第二届劲松奖，1988年获浙江省林学会颁发的"林业战线工作二十五年以上的林业工作者"荣誉称号。1990年被北京林业大学聘为信息专业综合教学实习指导教师。

陈家旺

陈家旺，男，汉族，1941年4月生，福建福清人。1984年4月加入中国共产党，大学学历，高级工程师，享受国务院政府特殊津贴专家。1965年8月毕业于福建林学院林学专业，同年9月分配到六大队工作，任小队长。1970年六大队解散后到浙江省常山县农药厂工作，任班长、供销科副科长。1980年9月起在华东队工作直至2001年5月退休，先后任资源监测室副主任、综合设计室主任、专业调查室主任、资源监测二室主任、调查规划二室主任、副总工程师等职。

主要从事森林资源调查监测、专业调查等工作。多次主持森林资源连续清查、专业调查等业务工作，担任省级森林资源连续清查、消耗量调查、营造林实绩核查、专业调查项目负责人，并执笔编写成果报告及工作报告。参与完成的《森林资源更新预测系统》项目获1993年林业部科技进步二等奖。1987获中国林学会第二届劲松奖。

汪艳霞

汪艳霞，女，汉族，1941 年 1 月生，安徽休宁人。大学学历，高级工程师，享受国务院政府特殊津贴专家。1964 年 8 月毕业于安徽农学院林学专业，同年在六大队参加工作。1965 年选派参加西南林业大会战，在林业部西南林业勘察设计总队六大队工作，任副小队长、小队长。1982 年起在华东队工作直至 2001 年 2 月退休，1994—2000 年任副总工程师，1983 年、1992 年、1993 年获院先进工作者荣誉称号。

主要从事森林资源调查监测、林业规划设计、专业调查和技术质量管理等工作。主持和参与云南省碧汇公路等勘察设计，中甸、宁蒗林业局等 10 多个大型森工林业局的森林资源调查，以及海口、方旺等国营林场的立地类型调查。主持的"森林效益评价和生物量调查方法研究"项目获 1987 年林业部林业调查设计优秀成果二等奖。任副总工期间，分管华东监测区年度人工造林实绩核查和保存率调查技术管理工作；组织实施浙江等省平原绿化调查，安徽、浙江、江西、江苏、山东 5 省"灭荒"检查等项目，编写技术细则与总报告，负责技术培训与检查指导；参加汇总年度全国人工造林实绩核查和保存率调查成果工作。1984 年获中国林学会首届劲松奖。

邱尧荣

邱尧荣，男，汉族，1962 年 11 月生，江苏丹阳人。无党派人士，大学学历，正高级工程师，享受国务院政府特殊津贴专家。1982 年 7 月毕业于南京农学院土壤农化专业，同年分配到华东队工作至今，先后任调查规划一室主任工程师、副总工程师等职。任金华市政协第二届、第三届、第四届委员，多次获得院内外先进个人荣誉称号。

主要从事森林资源调查监测和技术质量管理工作，主持或参与完成大中型林业项目的可研、规划及设计方面工作 60 余项。先后获林业部科技进步三等奖 2 项，全国优秀工程咨询成果二等奖 1 项，全国林业优秀工程咨询成果奖一等奖 1 项、二等奖 4 项、三等奖 2 项，浙江省优秀工程咨询成果二等奖 1 项。

主持或参加编写《使用林地可行性报告编制规范》《全国营造林实绩综合核查办法（暂行）》《全国森林采伐限额执行情况检查方案》等多个部门标准、规章、规范。在国内重要刊物上发表 30 多篇具有较高学术价值的论文。

担任《中国森林立地类型》编委、国家林业和草原局工程系列专业技术资格评审委员会委员、浙江省林业高级专业技术职务任职资格评审专家、国家林业局征占用林地评审专家、全国林业工程领域资深专家等职。

聂祥永

聂祥永，男，汉族，1960 年 11 月生，贵州黔西人。无党派人士，大学学历，农学学士，正高级工程师，享受国务院政府特殊津贴专家。1982 年 7 月毕业于北京林学院，同年分配到华东队工作。先后任电算遥感室副主任、电算遥感中心副主任、计算中心主任、副总工程师、生产技术处处长等职。曾参加国家农业教育科研项目外语培训、瑞典农业科学大学数据库技术和国家森林资源清查技术培训、加拿大山地造林信息遥感监测与信息采集培训。2008 年 8

月至 2010 年 8 月到重庆市挂职，任黔江区人民政府区长助理。多次获院先进工作者和优秀管理干部，国家林业局森林资源监测工作先进个人，全国第六次、第七次森林资源清查工作先进个人等荣誉称号。

主要从事森林资源调查监测、林业计算机开发应用研究和生产技术质量管理工作。主持或参与完成森林资源调查监测、林业规划设计、林业信息系统开发等大中型项目 100 余项。获省部级科技进步二等奖 1 项、三等奖 2 项，梁希林业科学技术一等奖 1 项、二等奖 1 项，全国优秀工程咨询成果一等 1 项、二等奖 1 项，全国林业优秀工程咨询成果一等奖 1 项、三等奖 2 项等。参编出版专著 7 部、技术标准 3 个，发表论文 30 余篇。

兼任全国森林资源标准化技术委员会副秘书长、全国林业信息数据标准化技术委员会委员、中国林学会计算机应用分会常务理事、中国林学会森林经理分会理事、国家林业局全国森林资源清查专家组成员等。1995 年获中国林学会劲松奖。2015 年获中国林业建设工程领域资深专家荣誉称号。2020 年 12 月退休。

韦希勤

韦希勤，男，汉族，1955 年 7 月 生，浙江东阳人。1986 年 1 月加入中国共产党，大学学历，农学学士，正高级工程师，享受国务院政府特殊津贴专家。1975 年 8 月参加工作，1982 年 1 月毕业于北京林学院林学专业，随后在华东队工作。先后任调查规划一室副主任、资源监测一室主任、电算遥感中心（室）主任、副总工程师等职。1994 年 5—11 月赴美国学习抽样设计与调查技术。多次获院先进工作者、优秀管理干部，黑龙江省森工总局森林经理复查先进工作者，国家林业局森

林资源监测工作先进个人，全国退耕还林工程 2008 年度阶段验收先进个人等荣誉称号。

主要从事森林资源调查监测、林业信息技术和技术质量管理工作。主持完成大中型森林资源调查监测项目 20 余项，其中"TM 图像在芜湖市森林资源清查中的应用研究"获 1999 年安徽省科技进步四等奖，"浙江省宁海县城市生态林带建设工程规划"获 2006 年全国林业优秀工程咨询成果三等奖。

先后在《世界林业研究》《数理统计与管理》《林业资源管理》等学术期刊上独立发表论（译）文 30 多篇，其中多篇文章具有较高学术价值。

2013 年被聘为国家林业局工程系列专业技术资格评审委员会委员。2015 年 8 月退休。

何时珍

何时珍，男，汉族，1962 年 4 月 生，浙江东阳人。大学学历，正高级工程师，咨询工程师（投资），享受国务院政府特殊津贴专家。

1982 年 7 月毕业于浙江林学院林学专业，同年分配到华东队工作至今。1999 年 7 月任副院长、总工程师。先后参加过北京林业大学外语培训中心英语培训班、美国科罗拉多州立大学计算机系统分析与设计培训班的学习。

主要从事森林资源调查监测和院技术质量管理工作，主持或参与完成森林资源调查监测、林业规划设计等大中型项目 30 余项，其中多项获得省部级以上奖励。《集体林区森林经理应用技术体系研究》获浙江省科技进步二等奖，《中国森林资源图集》编制获全国优秀测绘工程金奖，《全国沿海防护林体系建设工程规划（2016—2025 年）》获浙江省优秀工程

咨询成果一等奖。

参与编写《中国森林资源》《中国森林资源报告（2005）》《中国森林资源和生态状况综合监测研究》《中国森林资源连续清查体系的发展机遇与完善策略——森林资源连续清查体系理论与实践座谈会论文集》等著作。在国内重要刊物上发表10多篇具有较高学术价值的论文。

2015年获全国林业工程建设领域资深专家荣誉称号，获聘全国森林资源标准化技术委员会副主任委员、国家林业和草原局工程系列专业技术资格评审委员会委员、全国林业优秀工程勘察设计及咨询成果奖评审专家、安徽省林业局首届专家咨询委员会委员、崇明世界级生态岛建设林业总工程师等。

傅宾领

傅宾领，男，汉族，1958年12月生，浙江金华人。1986年3月加入中国共产党，大学学历，农学学士，正高级工程师，咨询工程师（投资），高级职业经理人，享受国务院政府特殊津贴专家。1979年9月参加工作，1982年1月毕业于浙江林学院林业专业，随即分配到华东队工作。历任生产技术科副科长、总工办副主任，1991年3月任华东院副院长，1993年4月主持华东院行政工作，1994年12月任华东院院长、党委书记，2009年7月任华东院院长、党委副书记，2016年3月任华东院党委书记、副院长，1996年获林业部有突出贡献的中青年专家称号。2019年1月退休。

主要从事森林资源监测、林业调查规划设计、林业生态监测评估、碳汇计量监测和林业工程咨询等组织管理工作。先后主持或参与主持大型项目8项，指导或参与工作的大、中型

项目8项。其中主持完成的"安徽省森林资源地理信息系统研制"项目获安徽省科技进步四等奖；作为主要骨干参加完成的"浙江省森林资源与生态状况监测研究"项目获浙江省科学技术二等奖。曾获全国优秀工程咨询成果二等奖1项、全国林业优秀工程咨询成果二等奖2项和三等奖2项；在国内学术技术刊物上发表论文6篇。

沈雪初

沈雪初，男，汉族，1941年11月生，江苏昆山人。1966年11月加入中国共产党，大学学历，高级工程师。1964年8月毕业于南京林学院林学系，随后在林业部调查规划局第五森林调查大队参加工作；1965年1月在林业部西南林业勘察设计总队四大队工作。1982年4月调到华东队工作，先后任调查规划一室副主任、政治处主任、人事处主任、工会副主席、党委委员、专业规划设计室主任、调查规划二室主任工程师、调研员等职。1994年获林业部有突出贡献的中青年专家称号，1983年、1984年获院先进工作者荣誉称号。

主要从事森林资源调查监测等生产业务与管理工作，主持完成多个县级森林资源二类调查，多次担任森林资源监测项目负责人，主持完成的"福建省县级森林资源调查和档案管理沙县试点"项目获1987年林业部林业调查设计优秀成果二等奖。先后在《云南林业调查规划》《生态学》《浙江林业科技》《华东森林经理》等学术期刊发表论文多篇。1987年获中国林学会第二届劲松奖。2001年1月30日逝世。

周琪

周琪，男，汉族，1958年3月生，江苏无锡人。1987年12月加入中国共产党，大学学历，高级工程师。1982年1月毕业于南京林学院森保专业，同年2月分配到华东队工作。先后任专业调查室副主任、计划财务科副科长、行政处主任、政工处主任，1994年12月任华东院党委副书记，1997年5月兼任华东院工会主席，2000年3月兼任华东院纪委书记，2009年11月兼任华东院副院长。1998年获国家林业局有突出贡献的中青年专家称号。2018年12月退休。

主要从事院党务、纪检、工会和森林资源调查监测技术质量管理工作，主持完成的"浙江省马尾松速生丰产林技术研究"项目获1991年林业部科技进步三等奖。

先后发表《森林植被类型与昆虫类群数量典范相关初步研究》《杉木马尾松立地指数对等转换》《分层抽样下的森林资源清查数据年度更新探讨》等文章。

过珍元

过珍元，男，汉族，1969年5月生，浙江嵊州人。无党派人士，大学学历，农业推广硕士，正高级工程师，2014年度国家林业局"百千万人才工程"省部级人选。1991年7月毕业于浙江林学院经济林专业，同年分配到华东院工作至今。先后任资源监测二处主任工程师、副总工程师等职。

主要从事自然保护地（国家公园）、天然林保护、国家储备林、森林城市及生态林业规划设计咨询等技术管理工作。主持编制80多项大中型林业生态工程规划，其中《浙江钱江源生态景观带总体规划》获全国林业优秀工程咨询成果一等奖，全国优秀工程咨询成果二等奖；《浙江杭州湾国家湿地公园总体规划》《玉环国家森林城市总体规划》获全国林业优秀工程咨询成果一等奖；《千岛湖国家森林公园总体规划》获全国林业优秀工程咨询成果二等奖；《衢州国家森林城市总体规划》获全国林业优秀工程咨询成果二等奖，全国优秀工程咨询成果三等奖；此外，还获得全国林业优秀工程勘察设计成果二等奖1项，全国林业优秀工程咨询成果三等奖4项。参加编制全国造林技术标准《防护林造林工程投资估算指标》，发表论文20余篇，8次获中国林学会和省市优秀论文奖。现为中国林学会国家公园分会理事，中国林业工程建设协会森林城市分会副主任委员，中国施工企业信用评估专家、中国国际工程咨询总公司专家库专家、《自然保护地》期刊执行副主编。2021年获中国林业建设工程领域资深专家荣誉称号。

林辉

林辉，男，汉族，1970年3月生，浙江缙云人。无党派人士，大学学历，理学学士，正高级工程师，咨询工程师（投资），2016年度国家林业局"百千万人才工程"省部级人选。1992年7月毕业于浙江大学遥感地质专业，8月就职于华东院至今。先后担任资源监测一处主任工程师、副总工程师等职。

主要从事林业遥感、地理信息系统建设、森林资源调查监测和技术质量管理工作。先后5次参与全国森林资源连续清查汇总工作，主持华东监测区1998—2012年连续清查等工作的遥感图像处理，主持宁波、上海、义乌等地森林防火地理信息系统建设工作。探索移动地理信息系统在外业中的应用，在森林资源调查中充分应用遥感技术，积极推动林业信息化建设。2017 年主持"埃塞俄比亚本尚古勒—古马兹州规模开发竹林资源调查"项目。

获各类奖项 10 余次，其中"全国高分辨率遥感数据处理区划及林地'一张图'数据库建设"获中国优秀测绘工程白金奖，《宁波市森林防火指挥信息系统》《2013—2017 年杭州市森林资源及生态状况监测与公告》获地理信息协会优秀工程银奖，《杭州市森林资源及生态状况智慧监测平台》获中国优秀工程勘察设计三等奖。

在《西南林业大学学报》《计算机世界》等科技期刊发表论文 30 余篇。登记计算机软件著作权 10 项，起草标准 2 项。2021 年获中国林业建设工程领域资深专家荣誉称号。

罗细芳

罗细芳，男，汉族，1978 年 12 月生，江西南丰人。2001 年 1 月加入中国共产党，硕士研究生学历，农学硕士，正高级工程师。2018 年度国家林业和草原局"百千万人才工程"省部级人选。2004 年 7 月毕业于中国林业科学研究院森林培育专业，同年入职华东院工作至今。先后参加国家林业局管理干部学院处级干部培训班学习、中央党校国家机关分校（国家林业局党校）领导干部进修班学习。先后任生产技术处副处长、森林资源监测二处处长、林草综合监测二处处长，兼任中国林学会青年工作委员会常委、中国林业工程建设协会湿地保护和恢复专业委员会秘书等职务。

获全国退耕还林工程 2008 年度阶段验收

工作先进个人，华东院 2008 年、2010 年先进工作者，2010 年、2021 年优秀党员，2014 年、2018 年优秀党务工作者，2009—2010 年金华市直机关优秀党员，2014—2015 年浙江省直机关优秀党务工作者等荣誉称号。

主要从事林草资源调查、规划设计、工程咨询、监测评价、森林督查等工作，先后负责或参与完成的各类项目成果报告编写 130 多项，并多次获奖。其中，参与完成的《全国沿海防护林体系工程建设成效评估报告（2001—2010 年）》获 2014 年度全国优秀工程咨询成果一等奖，《全国沿海防护林体系建设工程规划（2016—2025 年）》获 2017 年度全国林业优秀工程咨询成果一等奖。公开发表学术论文 30 余篇。

朱磊

朱磊，男，汉族，1979 年 7 月生，贵州织金人。2004 年 5 月加入中国共产党，硕士研究生学历，农学硕士，正高级工程师，2019 年度国家林业和草原局"百千万人才工程"省部级人选。2005 年 6 月毕业于东北林业大学森林培育专业，同年入职华东院工作至今。先后任资源监测一处主任工程师、处长（期间于 1995 年 5 月至 1997 年 5 月到贵州省册亨县挂职，任县委常委、县人民政府副县长）、生产技术管理处处长等职，现任副总工程师、上海成事林业规划设计有限公司董事长、浙江华东林业工程咨询设计有限公司技术负责人。多次获院优秀共产党员、先进工作者、优秀管理干部等荣誉称号，2012—2014 年度国家林业局直属机关优秀青年，2019 年获第四届中国林业产业突出贡献奖。

主要从事林草资源调查监测、生态规划、工程咨询等工作。主持完成各类林草和生态项目 40 余项，牵头完成的"森林资源与生态状况智慧监测平台"通过国家科技成果认证，主持完成的多项成果获全国林业优秀工程咨询成果奖、全国林业优秀工程勘察设计奖、中国地理信息产业优秀工程奖。先后取得10项计算机软件著作权，在各类核心期刊上发表学术论文28篇，参与《中国林业发展区划》等著作编写。

兼任中国林业工程建设协会高新技术应用专业委员会副主任、中国林业期刊协会理事、浙江省林学会理事、浙江省工程咨询行业协会理事、浙江森林经理学会副主任、浙江林业工程协会副秘书长等。

肖舜祯

肖舜祯，男，汉族，1976年5月生，江西万安人。2002年4月加入中国共产党，硕士研究生学历，农学硕士，高级工程师。2020年度国家林业和草原局"百千万人才工程"省部级人选。

2002年7月毕业于江西农业大学森林培育专业，同年入职华东院工作至今。2008年取得咨询工程师（投资）资格，2011年取得森林认证——森林经营审核员资格。2010年至今先后任资源环境监测二处副处长、生态工程监测评估处（碳汇计量监测处）副处长、生态工程监测评估处处长。多次获院先进工作者、优秀共产党员、优秀管理干部等荣誉称号。

主要从事森林资源监测、林业调查规划设计、林业碳汇计量监测等工作，先后主持"上海市森林资源一体化监测"等大中型项目80多项，并多次获奖。其中，参与完成的"上海市森林综合监测体系建设与应用"获第十届梁希林业科学技术奖科技进步奖三等奖，《上海市"四化"森林建设总体规划（2019—2035）》获2021年全国林业优秀工程咨询成果一等奖，《南通市国家森林城市建设总体规划(2016—

2025)》获2017年全国林业优秀工程咨询成果一等奖，《上海市森林资源"一体化"监测体系研究》获2019年全国林业优秀工程咨询成果二等奖，另获全国林业优秀工程咨询成果三等奖2项。参与编写《上海市森林资源一体化监测探索与实践》，公开发表学术论文10余篇。

郑若玉

郑若玉，男，汉族，1939年2月生，浙江温岭人，大学学历，正高级工程师。1965年8月毕业于江西共产主义劳动大学林学系，随后在六大队参加工作，先后任技术员、小队长。1970年10月六大队解散后在浙江省常山县冶炼厂工作。1980年10月起在华东队工作，先后任专业调查室副主任、调查规划二室主任、调查规划三室主任、电算遥感室主任、副总工程师等职。华东院1982年、1983年、1989年先进工作者，1990年优秀管理干部。

主要从事森林资源调查监测、测树制表、信息技术等工作。主持完成多个县（林业局）森林资源二类调查、专业调查等工作，多次担任省级森林资源连续清查、消耗量调查、营造林实绩核查项目负责人，执笔编写的成果报告及工作报告多次受到林业部有关司局肯定。1987年获中国林学会第二届劲松奖。

1999年3月退休，2010年8月25日逝世。

古育平

古育平，男，汉族，1956年6月生，广东五华人。1991年1月加入九三学社，大学学历，工学学士，正高级工程师，咨询

工程师（投资），中国工程建设高级职业经理人。1973 年 8 月至 1978 年 3 月在五华县任民办教师，1981 年 12 月毕业于中南林学院采运机械专业，随后在华东队工作。先后任总工办副主任，生产经营处副主任，生产技术处副主任、主任、处长，副总工程师等职。曾多次获院先进工作者和优秀管理干部荣誉称号。2016 年 7 月退休。

长期从事森林资源调查监测、林业规划设计和技术质量管理工作。主持或参与完成《浙江开化示范林场森林经营方案》《福州国家森林公园总体规划》《上海市沿海防护林体系建设总体规划和湿地保护恢复规划》《全国沿海防护林体系工程建设成效评估》《全国森林资源清查与动态监测项目支出定额标准》《全国森林资源规划设计调查和档案管理工作调研》《全民义务植树尽责形式管理办法》《全国绿化评比表彰实施办法》修订等大中型项目 30 余项。先后获全国林业调查规划科技情报网优秀情报成果奖 1 项，林业部科技进步三等奖 1 项，全国优秀工程咨询成果一等奖 2 项，全国林业优秀工程咨询成果二等奖 2 项、三等奖 2 项。

翻译日文资料 17 万字，编译发表文章 4 篇，在国内重要刊物上发表较高学术价值的论文 13 篇。曾兼任中国林学会森林经理分会理事、中国系统工程学会林业系统工程专业委员、中国治沙暨沙业学会理事等职。

陈火春

陈火春，男，汉族，1963 年 12 月生，湖北浠水人。1996 年 12 月加入中国共产党，大学学历，农学学士，正高级工程师，咨询工程师（投资）。1986 年 7 月毕业于华中农业大学林业专业，同
年分配到华东队工作至今。先后任调查规划一

室副主任，资源环境监测一处副处长、主任工程师，副总工程师等职。2016 年 12 月赴美国参加"国家公园建立、管理及经营机制"引智团培训。多次获院先进工作者、优秀管理干部、优秀共产党员等荣誉称号。2004 年获国家林业局森林资源监测工作先进个人，2019 年获全国生态建设突出贡献先进个人等荣誉称号。

长期从事森林资源调查规划设计、森林资源与生态状况监测、生态修复、湿地资源监测和林业工程咨询工作。参与完成《中国森林资源与生态状况综合监测研究》《全国造林绿化规划纲要》等多个重大项目。主持完成《全国沿海防护林体系工程建设成效评估报告（2001—2010）》《全国沿海防护林体系建设三期工程规划》《全国重点公益林监测办法》《全国重点公益林监测指导性意见》等各类林业工程咨询设计项目百余项。获全国优秀工程咨询成果一等奖 1 项、二等奖 1 项，全国林业优秀工程咨询成果一等奖 2 项，浙江省优秀工程咨询成果一等奖 1 项，院优秀成果奖 10 项。先后发表论文 51 篇，参与编写出版著作 1 部。

兼任中国治沙暨沙业学会第四届理事会理事、全国营造林标准化技术委员会委员、中国林业工程建设协会工程设计专业委员会副主任、中国工程咨询协会林业专业委员会专家组成员、国家林业和草原局工程系列专业技术资格评审委员会委员等职。2013 年被聘为国家林业局森林资源资产评估咨询人员培训师资库授课专家，2017 年获中国林业建设工程领域资深专家荣誉称号。

刘春延

刘春延，男，满族，1969 年 4 月生，河北围场人，农学博士学位，生物学博士后，正高级工程师。

主要从事国有林场、林木种苗、国家公

园、林草资源调查监测等业务和管理工作。主持或参与完成"河北塞罕坝国家级自然保护区建设""规模化林场建设试点"《塞罕坝林场宣传方案》《国有林场改革实施方案》《国有林场扶贫实施方案》《华东院"十四五"发展规划》等重点项目和改革工作20余项。先后获河北省"三三三"人才工程二层次人才、"河北省十大杰出青年""绿色中国年度人物"等荣誉称号。作为主要策划人和监制人参与拍摄完成反映河北塞罕坝林场建设者感人事迹的电视剧《最美的青春》，获2019年全国"五个一"工程奖、第三十二届电视剧飞天奖和全国"关注森林活动二十年突出贡献奖"。主编《塞罕坝森林植物图谱》专著1部，发表《发展国有林场应当成为建设生态文明的重大国家战略——美国公有林管理对我国国有林场改革发展的启示》《关于国有林场功能定位的思考》《塞罕坝人工落叶松短期轮伐可行性分析》《塞罕坝——汗水浇灌的绿色明珠》等10余篇。

姚顺彬

姚顺彬，男，汉族，1968年8月生，湖北丹江口人。大学学历，工学学士，正高级工程师、OCP（Oracle认证专家）。1990年7月毕业于北京林业大学林业信息管理专业，同年7月到华东院工作。2004年以来，历任3S技术中心副主任、信息技术处副处长、碳汇计量监测处（海岸带生态监测评价处）副处长。获2001年西藏自治区森林资源连续清查工作先进个人、第六次森林资源清查工作先进个人、全国优秀林业科技工作者等荣誉称号。

主要从事森林资源连续清查、数据库及新一代信息技术应用等方面的工作。主持和参与主持完成了省级以上重大项目18项，包括：

"国家森林资源连续清查综合管理信息系统"研建及优化完善、江西省森林生态系统综合效益评估、"基于激光雷达和'互联网+'的森林资源年度监测体系"研建等。有关项目成果获得省部级以上奖励共11项，其中梁希林业科学技术奖一等奖1项，全国优秀工程咨询成果一等奖2项，全国林业优秀工程咨询成果一等奖2项、二等奖3项、三等奖1项，全国林业优秀工程勘察设计成果一等奖1项，地理信息系统优秀工程银奖1项。

先后在《林业资源管理》《南京林业大学学报》《中南林业科技大学学报》《浙江林学院学报》等学术期刊上发表论文16篇，参与编写《中国森林资源和生态状况综合监测研究》《中国森林资源清查》等专著2部；参与主持制定《国家森林资源连续清查数据处理统计规范》、主要树种《立木生物量模型及碳计量参数》系列行业标准4项；软件著作权5项。现为中国林学会会员，兼任中国林学会林业计算机应用分会理事。

王金荣

王金荣，男，汉族，1963年2月生，安徽青阳人。1987年12月加入中国共产党，大学学历，农学学士，正高级工程师，咨询工程师（投资）。1986年7月毕业于安徽农业大学林学专业，同月分配至华东队工作至今。先后任团委副书记、书记，资源监测二室主任，风景园林设计处处长，森林资源监测二处处长，副总工程师等职。1987年获金华市"青年能手"荣誉称号，多次获院级先进工作者、优秀管理干部等荣誉称号。2016年1月，赴新西兰参加森林可持续经营管理培训班学习。

主要从事森林（湿地）景观、森林资源监

测和林业生态工程咨询设计等工作。主持完成涵盖国家标准、行业规程规范起草，林业调查监测、湿地监测评估等项目100项。先后获全国优秀工程咨询成果、全国林业优秀工程咨询成果、全国林业优秀工程勘察设计成果、浙江省优秀工程咨询成果等奖项19项。

在国内重要刊物上发表20多篇具有较高学术价值的论文。兼任中国林业专家信息库专家、全国林业工程建设领域资深专家、浙江省湿地专家库专家、浙江省生态文化协会湿地文化分会副主任委员等职。

刘道平

刘道平，男，汉族，1965年3月生，四川德阳人。1995年6月加入中国共产党，在职博士学历，农学博士，正高级工程师。1986年7月于南京林业大学林业专业毕业后，分配到中国林科院科信所工作。1992年3月至2016年5月任林业部造林司主任科员、助理调研员、副处长（期间到广西壮族自治区百色市人民政府挂职一年半，任市长助理）、处长。2016年6月至今任华东院副院长。

主要从事科技期刊编辑、新技术推广、森林培育、造林质量监管、国家公园、自然保护地、湿地保护与恢复、森林资源调查规划，碳汇计量监测、海岸带生态监测、林草湿综合监测评价等业务管理工作。先后完成各类项目100多个，其中，主持制定《营造林总体设计规程(GB/T 15782)》等国家标准、行业标准、部门规章和规范性文件25项，主持参编长江流域、全国沿海防护林体系等全国性专项规划50多项。出版《营造林工程监理与实践》等专(编、译)著6部，参编《中国飞机播种四十年》等专著7部，发表《我国湿地生态状况评价研究》等学术论文30多篇，撰写各类报告建议

上百篇。参与的"长江中下游山地丘陵区森林植被恢复与重建技术"获国家科技进步二等奖1项，《全国沿海防护林体系建设工程成效评估报告(2001—2010年)》等2个项目获全国优秀工程咨询成果一等奖，《全国沿海防护林体系建设工程规划(2016—2025年)》等全国林业优秀工程咨询成果一、二等奖4项。2013年7月，被浙江农林大学聘为外聘教授。2014年4月，入选国家林业局林业政策解读专家库。

2019年9月获"全国林业工程建设领域资深专家"荣誉称号；2021年2月获聘《自然保护地》第一届编委会常务副主编。领衔的"基于多源多尺度LiDAR的森林资源监测体系研发"等两项科技成果入选2019年、2020年国家科技成果推广库。2021年该成果入选国家林业和草原局"2021年重点推广林草科技成果100项"；2021年作为院"基于激光雷达的森林资源监测创新团队"负责人，入选国家林业和草原局第三批科技创新团队。

主要兼职有中国工程咨询协会特邀常务理事、林业专委会副主任委员、林业标准化工作委员会委员，中国林学会国家公园分会副理事长，中国林业工程建设协会湿地保护和恢复专委会主任委员等。入选中国工程院、中国工程咨询协会、中国林业工程建设协会、中国国际工程咨询公司等单位咨询研究专家库，获聘国家林业和草原局职称评审、国家森林城市建设及浙江、海南等省自然保护地审核专家。

毛行元

毛行元，男，汉族，1962年11月生，福建闽清人。1985年1月加入中国共产党，在职大学学历，正高级工程师。1981年7月毕业于福建林业学校林业专业，同年9月分配到华东队工

作至今。先后在调查规划二室、资源监测室、党委办公室、监察处、资源环境监测一处、生产技术管理处等多个处室从事生产业务与管理工作，历任团委书记、主任、副处长、处长、党委委员等职。2000 年 4—7 月在中央党校国家机关分校（国家林业局党校）领导干部进修班学习，2015 年 10 月赴加拿大参加山地造林信息遥感监测与信息采集培训班学习。多次获院先进工作者、优秀管理干部、优秀共产党员、优秀党务工作者、金华市优秀团干部、市直机关优秀党务工作者、浙江省直机关优秀党务工作者、全国林业职工思想政治工作先进个人、全国林业系统普法宣传教育先进个人等荣誉称号。

主持或参与主持森林资源调查监测、林业规划设计等生产业务项目 80 余项，获全国林业优秀工程咨询成果一等奖、二等奖、三等奖各 1 项，国家林业局其他优秀成果一等奖、二等奖、三等奖各 1 项。在《森林与环境学报》《东北林业大学学报》等期刊发表学术论文 12 篇，在《中国绿色时报》等报纸发表文章（报道）10 余篇，为国家林业局及相关部门撰写各类调研报告 40 余篇；主编专著 1 部，参编专著 2 部。2008 年获中国林学会第六届劲松奖。2021 年被国家林业和草原局林业遗产与森林环境史研究中心聘为当代中国林业和草原历史研究领域研究员。

胡建全

胡建全，男，汉族，1963 年 11 月生，安徽绩溪人，大学学历，正高级工程师。1986 年 7 月毕业于安徽农业大学林学专业，同年分配到华东队工作至今。获全国第六次森林资源清查工作先进个人等荣誉称号。

主要从事森林生态监测评估、林业规划和

工程咨询等业务工作，主持或参加完成省级（或大中型）项目 20 多项，县级各类工程规划咨询项目 40 余项。其中有多个项目获得省部级以上奖励，《全国沿海防护林体系工程建设成效评估报告（2001—2010 年）》获全国优秀工程咨询成果一等奖；《全国沿海防护林体系建设工程规划（2016—2025 年）》获全国优秀工程咨询成果二等奖；《浙江省永嘉县楠溪江流域森林生态景观建设规划（2009—2020 年）》获浙江省优秀工程咨询成果二等奖等。

主笔或参与编写《全国沿海防护林体系工程建设成效评估报告（2001—2010 年）》《全国沿海防护林体系建设工程规划（2016—2025 年）》《厦门市"莫兰蒂"台风林业灾后恢复重建工作方案》《河南林业生态省建设及提升工程绩效评估报告》《全国经济林资源发展情况分析报告》等各类调查报告和工程咨询成果报告 100 余项。在国内重要刊物上发表论文 20 余篇。

李明华

李明华，男，汉族，1963 年 8 月生，江西南城人。1993 年3 月加入中国共产党，大学学历，正高级工程师。1986 年 7 月毕业于江西农业大学林学专业，同年分配到华东队工作至今。先后担任调查规划二室副主任、主任，资源环境监测二处处长，生态工程监测评估处（碳汇计量监测处）处长等职。多次被评为院先进工作者、优秀管理干部、优秀共产党员等荣誉称号。2001 年获西藏自治区森林资源连续清查工作先进个人，2004 年获上海市森林资源调查先进个人，2011 年获全国保护森林和野生动植物资源先进个人等荣誉称号。

主要从事森林资源监测、林业规划设计、

林业碳汇计量监测等业务工作，主持完成大中型项目100余项。多个项目获得省部级以上奖。其中"上海市森林综合监测体系建设与应用"获第十届梁希林业科学技术奖科技进步三等奖；《南通市国家森林城市建设总体规划(2016—2025年)》获全国林业优秀工程咨询成果一等奖；《凉山州建设"美丽富饶文明和谐"安宁河谷林业发展规划》《上海市森林资源"一体化"监测体系研究》获全国林业优秀咨询成果二等奖；另有5个项目获全国林业优秀咨询成果三等奖。

主编《上海市森林资源一体化监测探索与实践》专著1部。在国内重要刊物上发表《上海市主要造林树种的胸径—树高模型研究》《运用分水岭算法对航片数据的单木信息提取与识别》等20余篇具有较高学术价值的论文。

唐孝甲

唐孝甲，男，苗族，1962年8月生，湖南城步人。1985年6月加入中国共产党，大学学历，正高级工程师、咨询工程师（投资）、注册监理工程师。1985年7月毕业于中南林学院林业专业，同年7月分配到华东队工作至今。先后多次获院先进工作者、优秀共产党员荣誉称号。

长期从事森林资源调查规划设计、森林资源与生态状况监测、林业工程咨询及工程监理工作。主持并执笔完成大、中型森林资源及生态状况监测报告50多项，主持或主笔完成工程咨询项目100多项。多个项目获全国、省级、院级优秀成果奖，其中《贵州省册亨县林业产业发展与扶贫规划》获全国优秀工程咨询成果三等奖，《埃塞俄比亚尚古勒—古马兹州规模开发竹林资源调查报告》获浙江省林业优秀工程咨询成果二等奖。获计算机软件著作权1项；在《江西农业学报》《林业资源管理》《林业调查规划》《林业建设》《农业与技术》《华东森林经理》等期刊发表技术论文20余篇。

吴文跃

吴文跃，男，汉族，1962年12月生，浙江东阳人，无党派人士，大学学历，正高级工程师。1983年7月毕业于南京林学院林学专业，同年分配到华东队工作至今。先后任资源监测二室副主任、副总工、信息技术处处长、浙江华东林业工程咨询设计有限公司总经理等职。多次被评为院先进工作者、优秀管理干部。

主要从事森林资源调查监测、林业工程咨询等工作。曾主持完成森林采伐限额、人工造林更新和保存状况、国家级公益林区划界定、退耕还林（草）等专项检（核）查项目；主持完成第六至第九次全国森林资源清查华东监测区汇总工作；组织完成第七至第九次全国森林资源清查华东监测区各省清查的技术指导、质量检查及统计分析工作；负责完成华东监测区各省林地落界的技术指导和质量检查工作。主持开发的《安徽省县级林地"一张图"公网查询系统》和《基于机载LiDAR等多源数据的森林蓄积年度动态监测体系》通过国家图书馆科技查新；负责完成的"安徽省森林资源年度监测及'森林资源一张图'应用试点"项目被选入国家林业科技推广成果库。获全国林业优秀工程咨询成果一等奖2项、二等奖1项，浙江省科技兴林二等奖1项。参加多个林业行业标准制定，先后在有关学术期刊上发表论文10余篇。

张伟东

张伟东，男，汉族，1967 年 10 月生，浙江嵊州人，无党派人士，大学学历，工学学士，正高级工程师。1991 年 7 月毕业于北京林业大学林业信息管理专业，同年分配到华东院工作至今。先后任生态监测处（碳汇计量监测处）主任工程师、信息技术处副处长、生产技术管理处副处长等职。2001 年被授予西藏自治区森林资源连续清查工作先进个人，2005 年被授予第六次森林资源清查工作先进个人，多次获院先进工作者、优秀管理干部荣誉称号。

主要从事森林资源清查、规划设计调查、计算机软件研发、数学模型研建、林业碳汇计量监测、数据处理和标准规范编制等方面的工作。多次参加全国森林资源清查汇总，独立或参与编制（研发）国家森林资源清查汇总、森林资源规划设计系统、林地落界数据处理、国家森林资源清查综合管理信息系统等软件。参与林业行业标准《国家森林资源清查数据处理统计规范》的编制。主持完成华东监测区第一期、第二期 LULUCF 林业碳汇计量监测相关工作。作为主要人员参加激光雷达在森林资源监测中的应用、林业信息系统的研建、森林督查暨森林资源管理"一张图"、森林防火等方面的相关工作。获国家软件著作权登记 6 项，全国林业优秀工程咨询成果一等奖 1 项。

参与编写《上海市森林资源一体化监测探索和实践》专著，公开发表论文 8 篇。

李英升

李英升，男，汉族，1962 年 12 月生，江西万安人，研究生学历，农学硕士，正高级工程师。1988 年 7 月南京林业大学森林生态专业硕士研究生毕业，同年分配到中国林业科学研究院参加工作，

1989 年 1 月调入华东院工作至今。多次获华东院先进工作者荣誉称号，2004 年获上海市森林资源调查先进个人。

主要从事森林资源调查、生态监测评估、规划设计等业务工作，主持完成省级或区域性项目有 20 多项，其中有多个项目获国家级奖，如《南通市国家森林城市建设总体规划（2016—2025）》《凉山州建设"美丽富饶文明和谐"安宁河谷林业发展规划》《全国林业发展区划上海市三级区区划报告》等分别获全国林业优秀工程咨询成果一、二、三等奖。

参与编写《上海市森林资源一体化监测探索和实践》专著，在国内重要刊物上发表《江西省典型森林类型土壤碳贮量及碳汇能力研究》《生态公益林土壤有机碳含量分布特征与环境因子的研究》《上海市青浦区生态用地建设评价指标体系研究》等 10 余篇具有一定学术价值的论文。

张现武

张现武，男，汉族，1981 年 8 月生，河南嵩县人。2002 年 3 月加入中国共产党，硕士研究生学历，农学硕士，正高级工程师。2006 年 7 月毕业于南京林业大学水土保持与荒漠化防治专业，同年应聘到华东院工作至今。2019 年 4—7 月在中央党校国家机关分校（国家林业和草原局党校）处级干部进修班学习。先后任生态监测处副处长、湿地监测评估处副处长、副总工程师、副总工程师兼湿地监测评估处处长等职。多次获院先进工

作者、优秀共产党员、优秀管理干部等荣誉称号。

主要从事森林和湿地资源调查监测、生态监测评估、营造林和森林经营、自然保护地规划设计等业务工作，主持完成大中型项目 100 余项，其中获省部级以上奖项 6 项，如《南通市国家森林城市建设总体规划（2016—2025 年）》获全国林业优秀咨询成果一等奖。

参与编写《上海市森林资源一体化监测探索与实践》《营造林工程监理与实践》等专著 2 部，在国内外重要刊物上发表《Ecological contingency in species shifts: downslope shifts of woody species under warming climate and land-use change》《昆山市湿地保护与利用研究》等学术论文 27 篇。

赵国华

赵国华，男，汉族，1963 年 12 月生，安徽无为人。1993 年 5 月加入中国共产党，硕士研究生学历，农学硕士，正高级工程师，咨询工程师（投资）。1985 年 7 月毕业于安徽农学院

林学专业，同年分配到安徽省无为县林业局工作。1997 年 9 月至 2000 年 6 月在江西农业大学森林经理专业攻读研究生，2000 年 7 月起在华东院工作至今。

主要从事森林督查、森林资源调查监测和规划设计等业务工作，参与新一轮林地保护利用规划《县级林地保护利用规划编制技术规程》和《林地保护利用规划林地落界技术规程》的修订；主持完成省级（或大中型）项目有 10 多项，其中《浙江牛头山国家森林公园总体规划（2018—2024 年）》获全国林业优秀工程咨询成果二等奖。获实用新型专利 2 项，软件著作权 4 项。

在国内重要刊物上发表《福建省深化集体林权制度改革的对策研究》《遮光对杉木幼苗树干表面 CO_2 通量的影响》等 20 余篇具有较高学术价值的论文。

1952 年

12 月，中央人民政府林业部将东北人民政府农林部林政局林野调查总队（驻辽宁省营口市）收归林业部调查设计局直接领导，并命名为"中央人民政府林业部调查设计局林野调查总队"，张立勋任总队长。

1953 年

2 月，中央人民政府林业部将调查设计局林野调查总队分为"林业部调查设计局森林调查第一大队""林业部调查设计局森林调查第二大队"两个大队。关成发任二大队大队长，梁庭辉、谢根柱任副大队长。

8 月，梁庭辉任二大队大队长。

1954 年

1 月，林业部调查设计局森林调查第二大队更名为"林业部调查设计局森林经理第二大队"。是年夏，二大队迁至辽宁省抚顺市。

是年，建立中共林业部调查设计局森林经理第二大队支部委员会，梁庭辉同志任支部书记。

1956 年

4 月，二大队王志民、赵庆和、李华敏、兰新文、王振国、李魏、金凤德、李元林等 8 位同志受林业部调查规划局选派赴苏联学习。

5 月，建立中共林业部调查设计局森林经理第二大队总支部委员会，谢根柱同志任总支书记。

7 月，林业部调查设计局森林经理第二大队扩编为"林业部调查设计局森林经理第二大队""林业部调查设计局森林经理第六大队"两个大队。六大队迁至黑龙江省牡丹江市，梁庭辉任大队长，张英才任副大队长。随后，建立中共林业部调查设计局森林经理第六大队总支部委员会，梁庭辉同志任总支书记。

1957 年

8 月，李华敏任林业部调查设计局森林经理第六大队副大队长。

1958 年

4 月，林业部调查设计局森林经理第六大队下放到黑龙江省，更名为"黑龙江省林业厅调查设计局第一大队"。

1960 年

6 月，黑龙江省林业厅调查设计局第一大队（下放到黑龙江省的原部属六大队）调往云南，并入云南省林业综合设计院，更名为"云南省林业综合设计院森林调查六大队"。是年年底开始搬迁，分驻云南省腾冲县和洱源县两地。

10 月，李海晏同志任中共林业部调查设计局森林经理第六大队总支部委员会副书记。

1962 年

3 月，林业部决定收回在云南的原部属六大队，并将六大队调往浙江省金华市，定名为"林业部调查规划局第六森林调查大队"。

10 月，林业部调查规划局第六森林调查大队从云南迁至浙江省金华市。

1963 年

9月，刘纯一同志任林业部调查规划局第六森林调查大队大队长、党总支书记。

1964 年

4月，乔志明同志任中共林业部调查规划局第六森林调查大队总支部委员会副书记。

1965 年

8月，成立中共林业部调查规划局第六森林调查大队委员会。

1966 年

3月，夏连智同志任中共林业部调查规划局第六森林调查大队委员会书记。

1967 年

是年年底，林业部调查规划局第六森林调查大队革命委员会成立，乔志明、刘安培任副主任，王庆云、杜戎胜、宋尧唐、李忠业、孙昌琪任委员，下设政工组、后勤组、生产组和12个小队。

1970 年

林业部调查规划局第六森林调查大队被下放到浙江省。6月，浙江省革命委员会生产指挥组通知将六大队下放金华地区。

10月，林业部调查规划局第六森林调查大队在浙江金华地区撤销解散。

1980 年

1月14日，根据国家农委对林业部《关于恢复调整林业部调查规划机构队伍的请示报告》的批复精神，恢复、组建"林业部华东林业调查规划大队"，编制200人。

4月3日，林业部办公厅致函浙江省人民政府办公厅派夏连智到金华筹建林业部华东林业调查规划大队。

4月24日至5月4日，夏连智、周崇友在北京参加全国林业调查规划工作会议。

8月8日，金华地区行政公署与林业部调查规划局达成交还原林业部调查规划局第六森林调查大队房产的《协议书》。

是年，建立林业部华东林业调查规划大队临时党支部。

1981 年

1月，林业部调查规划局党委同意成立夏连智为负责人，杨云章、郑旭辉、周崇友、黄吉林为成员的林业部华东林业调查规划大队筹建领导小组。

8—9月，浙江林业学校、福建林业学校、浙江林业学校宁波分校43名中专毕业生陆续到华东队报到，这是恢复重建后第一批分配到华东队工作的中等专业学校毕业生。

12月29日至次年1月7日，林业部调查规划局党委副书记赵义龙同志到华东队检查指导筹建工作。

1982 年

2月，中南林学院、浙江林学院、南京林学院、北京林学院、福建林学院、东北林学院16名大学毕业生陆续到华东队报到，这是恢复重建后第一批分配到华东队工作的大学本科毕业生。

3月14日至4月10日，林业部调查规划局党委副书记赵义龙率工作组两次到金华，与金华地区行政公署有关领导协商解决房产问题，并与金华地区行署签订《补充协议》，基本解决了房产归还问题。

4月8日，林业部调查规划局任命夏连智同志为林业部华东林业调查规划大队大队长、党委书记，郑旭辉、周崇友、杨云章为副大队长。

1983 年

3月11日，林业部调查规划院院长吕军和副院长李留瑜到华东队检查指导工作。

11月9日，林业部党组任命杨云章同志为中共林业部华东林业调查规划大队委员会书记。

11月10日，林业部任命郑旭辉为林业部华东林业调查规划大队大队长，林进、周崇友为副大队长。

11月20日，林业部调查规划院院长吕军到华东队宣布新领导任命并检查指导工作。

12月14日，林业部调查规划局局长刘均一到华东队指导工作。

1984 年

1月19日，华东队召开1983年度总结表彰大会。

1月，周世勤同志当选为政协金华市（地辖市）第五届委员会委员。

3月23日，林业部调查规划院党委同意钱雅弟、朱寿根同志为中共林业部华东林业调查规划大队委员会委员。

11月3—13日，林业部财务司副司长桂流海到华东队检查指导工作，并主持在华东队召开的部直属单位基建财务会议。

11月5日，林业部办公厅通知华东队业务归口林业部资源司领导。

1985 年

1月28日，华东队召开1984年度总结表彰大会。

4月3日，林业部物资局副局长李强武到华东队检查指导工作。

5月15—16日，林业部副部王殿文长到华东队视察。

6月15日，林业部资源司副司长张华龄到华东队检查指导工作。

8月12—17日，华东队举办庆祝恢复重建五周年系列活动，主要有报告会、成果展、文体活动等。

9月，许淑英同志当选为政协金华市第一届委员会委员。

11月1—6日，林业部资源司副司长张华龄到华东队检查指导工作。

1986 年

1月27日，华东队召开1985年度总结表彰大会。

3月15日，林业部党组任命钱雅弟同志为中共林业部华东林业调查规划大队委员会书记，林进同志为委员；林业部任命杨云章为调研员。3月19日，林业部人事司有关领导代表部党组到华东队宣布调整决定。

10月25日，钱雅弟同志当选为中共金华市第一次代表大会代表。

11月4日，林业部批准华东队更名为"林业部华东林业调查规划设计院"。

11月，林业部资源司副司长张华龄到华东院检查指导工作，并给在华东院举办的林区风景资源与自然保护区调查设计技术学习班授课。

1987 年

3月3日，金华市绿化委员会授予华东院"绿化先进单位"称号。

3月底，林业部人事司副司长陈人杰到华东院检查落实知识分子政策工作。

3月30日，华东院召开1986年度总结表彰大会。

4月，毛行元同志当选为共青团金华市第一次代表大会代表。同月，李福菊同志当选为金华市第一次妇女代表大会代表。

5月，由华东院和中国林学会森林经理学会华东地区研究会主办的《华东森林经理》期刊第1期（创刊号）出刊。

8月16日，林业部任命林进为林业部华东林业调查规划设计院院长，黄文秋为副院长，郑旭辉为调研员。9月15日，林业部人事司副司长王瑞华代表部党组到华东院宣布调整决定。

9月14日，浙江省林业厅厅长范福生到

华东院调研。

11月28日，中共林业部华东林业调查规划设计院第二次大会召开，选举产生新一届党委班子和纪委班子。

1988 年

2月4日，华东院召开1987年度总结表彰大会。

6月6日，林业部印发《关于西北中南华东林业调查规划设计院实行院长负责制的通知》。

7月23日，林业部资源和林政管理司副司长施斌祥到华东院检查指导工作。

8月，钱雅弟同志当选为中共金华市直属机关代表大会代表。

9月22—24日，日本新潟大学教授高田和彦等学者到华东院讲学。

9月28日，金华市总工会批准华东院建立工会委员会。

10月，林业部宣传司、人民日报社、人民画报社、中央人民广播电台、中国林业报社、乡镇企业报社、民族画报社等中央6家新闻单位在华东院就"绿色万里海疆"宣传报道工作进行座谈，并在浙江沿海采访。

11月9—13日，联合国粮农组织代表托马斯博士到华东院考察遥感技术。

12月6日，华东院召开工会会员大会，选举产生第一届工会组成人员。

1989 年

1月9—12日，华东院召开第一次职工代表大会，讨论并通过《深化改革总体原则方案》。

2月22日，根据林业部《关于建立林业部区域森林资源监测中心》的通知，成立林业部华东森林资源监测中心。

8月9日，华东院团委举行共青团团员证颁发仪式，共青团金华市委副书记余筱燕等领导为64名团员颁发团员证。

9月20日，林业部资源和林政管理司副司长施斌祥到华东院检查指导工作。

1990 年

2月7日，监察部驻林业部监察局局长闫锡明到华东院检查指导工作。

2月21—23日，林业部宣传司、中央电视台《神州风采》栏目、人民日报社、解放日报社等新闻单位记者到华东院采访。

3月7日，林业部核定华东院事业编制为220人。

4月1日，林进同志当选为金华市婺城区第二届人大代表。

4月24日，林业部资源和林政管理司司长林龙卓到华东院检查指导工作。

6月27日，院长林进、党委书记钱雅弟、副院长黄文秋在北京参加林业部直属院院长、书记会议。

9月10—16日，林业部宣传工作研讨会在华东院召开，部宣传司王毓峰副司长、部分省林业厅（局）宣传工作负责人参加会议。

10月17—21日，院长林进在天津参加全国森林资源和林政管理工作会议。

10月25—27日，苏联森林经理设计企业公司代表团一行5人到华东院访问。

12月3—10日，以林业部人事劳动司副司长甄仁德为组长的部党组考核组到华东院开展院级领导1990年度考核。

12月30日，华东院举办庆祝恢复重建十周年报告会暨表彰大会。

1991 年

1月10—17日，院长林进在西安参加全国林业厅局长会议。

1月19—22日，院长林进、党委书记钱雅弟在北京参加林业部直属院院长、书记会议。

2月1日，华东院召开1990年度总结表彰大会。

3月31日，林业部任命傅宾领为林业部华东林业调查规划设计院副院长，周崇友为调研员。

4月5日，林业部副部长沈茂成在监察部驻部监察局、资源和林政管理司有关领导陪同下视察华东院，院长林进、党委书记钱雅弟分别作工作汇报。

4月8—12日，林业部人事司在华东院召开林业部职称改革工作会议。

5月3—6日，华东院召开第二次职工代表大会（第二次工会会员代表大会），选举产生新一届工会组成人员。

5月8日，钱雅弟同志当选为中共金华市第二次代表大会代表。

8月10日，中共林业部华东林业调查规划设计院第三次大会召开，选举产生新一届党委班子和纪委班子。

10月23—24日，林业部部长高德占在林业部资源和林政管理司司长林龙卓、浙江省林业厅厅长范福生等陪同下到华东院视察，院长林进、党委书记钱雅弟分别作工作汇报。金华市市长陈章方、副市长胡颂爵等到院拜访高德占一行。

11月28日，由林业部教育司、人民日报社、人民画报社、中国记协林业新闻工作者协会和华东院联合举办的"绿色万里海疆艺术摄影展览"在北京中国美术馆展出。

是年，华东院纪检监察工作受到林业部通报表扬。

1992 年

1月18日，华东院召开1991年度总结表彰大会。

3月24日，《中国林业报》以"山野吹来一缕清风"为题，报道华东院加强内外监督，抓好党风和廉政建设工作。

3月27—28日，UNDP援助项目专家组到华东院考察。3月29日，院长林进陪同专家组到安徽休宁考察华东院承担的TM遥感影像

在森林资源调查中的应用项目。

4月，王金荣同志当选为共青团金华市第二次代表大会代表。

4月8—10日，林业部全面质量管理达标验收组对华东院全面质量管理工作进行达标验收，华东院顺利通过验收。

5月4—12日，院长林进在江苏无锡参加由中国对外经济技术交流中心举办的UNDP援助项目会议及培训班。

11月9—12日，华东院党委在金华市委党校举办学习贯彻党的十四大精神培训班。

1993 年

1月12日，华东院召开1992年度总结表彰大会。

4月9日，林业部决定傅宾领副院长主持林业部华东林业调查规划设计院行政工作。

4月10日，林业部任命江一平为林业部华东林业调查规划设计院副院长。

6月10—12日，林业部人事劳动司副司长王志荣到华东院检查指导专业技术职务评聘和政府特殊津贴推荐工作。

6月24—27日，联合国粮农组织总部项目技术援助官员詹先生（Mr. K. Janz）在林业部资源和林政管理司项目办负责人陪同下到华东院考察。

9月，经建设部审查批准，华东院获工程总承包甲级资格。

10月15—17日，林业部资源和林政管理司司长施斌祥到华东院检查指导工作。

1994 年

1月13—19日，林业部资源和林政管理司副司长、UNDP援助项目办主任陈振杰在华东院主持召开信息需求调查分析、土地利用分类标准技术研讨协调会。

1月26日，华东院召开1993年度总结表彰大会。

4月15日，华东院召开第三次职工代表

大会（第三次工会会员代表大会），选举产生新一届工会组成人员。

4月，中共金华市委、金华市人民政府授予华东院"文明单位"称号。

5月24日，林业部资源和林政管理司副司长、UNDP援助项目办主任陈振杰和UNDP援助项目专家到华东院研讨相关工作。

5月25日，林业部人事教育司副司长张树森等3人到华东院考核院级领导班子。

6月3日，安徽省林业厅厅长周蜀生到华东院交流工作。

6月5—25日，UNDP援助项目专家利彻（Leech）到华东院开展生长模型建立工作。

8月27日，江西省林业厅副厅长严金亮到华东院交流工作。

10月25日，金华市文明办授予华东院"花园式单位"称号。

10月26日，华东院和中国林学会森林经理学会华东地区研究会、全国林业调查规划科技信息网华东大区站主办的《华东森林经理》期刊获全国首届林业调查规划设计优秀期刊奖。

10月26日，UNDP援助项目专家坦特（R. Tennt）到华东院开展数据库结构、设计、管理方面内容的讲学及咨询活动。

12月6日，林业部党组任命傅宾领同志为中共林业部华东林业调查规划设计院委员会书记，周琪同志为副书记；林业部任命傅宾领为林业部华东林业调查规划设计院院长，钱雅弟为调研员。

1995 年

1月14日，华东院召开1994年度总结表彰大会。

2月23—27日，林业部资源和林政管理司司长施斌祥代表部党组到华东院宣布院党政领导班子调整决定，并检查指导华东院工作。

3月21—22日，院长傅宾领、党委副书记周琪在北京参加林业部直属院院长、书记会议。

4月19日，中共林业部华东林业调查规划设计院第四次大会召开，选举产生新一届党委班子和纪委班子。

5月17日，华东院首届科学技术委员会成立。

6月8日，江苏省农林厅副厅长陆乃勇到华东院交流工作。

8月26—31日，美国计算机系统专家到华东院指导UNDP援助项目工作。

9月29日，江苏省农林厅副厅长陆乃勇到华东院商讨森林资源一类调查和"灭荒"验收工作。

10月11日，林业部财务司副司长傅金观到华东院检查专项经费使用及产业创收情况。

10月17—18日，林业部资源和林政管理司在华东院召开1995年全国林木资源消耗量及消耗结构调查汇总会议。

10月19—20日，林业部资源和林政管理司在华东院召开遥感技术在森林资源调查中的应用研讨会。

10月27—29日，UNDP援助项目咨询专家到华东院指导数据库和生产预测模型子课题工作。

11月11日，林业部人事教育司司长邝国斌到华东院检查指导工作。

1996 年

2月1日，华东院召开1995年度总结表彰大会。

5月10日，傅宾领同志当选为中共金华市第三次代表大会代表。

6月17日，林业部副部长刘于鹤在部资源和林政管理司及浙江省林业厅领导等陪同下到华东院视察，院长傅宾领作工作汇报。

11月22日至12月4日，林业部资源和林政管理司副司长翁宜民等5人参加在华东院举行的UNDP援助项目江西试点组装工作会。

11月30日，UNDP援助项目总顾问、联合国粮农组织驻华代表处高级项目官员、UNDP驻华代表处官员和林业部国际合作司项目官员到华东院检查 UNDP 援助项目工作。

12 月 21 日，林业部部长徐有芳在部计划司司长雷加富、办公厅副主任卓榕生、中国林业报社社长黎祖交、浙江省林业厅厅长程渭山等人陪同下到华东院视察，院长傅宾领作工作汇报。

1997 年

1 月 22 日，中共金华市委书记仇保兴一行走访华东院，并与全体中层以上干部座谈。

1 月 23 日，华东院召开 1996 年度总结表彰大会。

1 月 24 日，林业部资源和林政管理司司长施斌祥到华东院检查指导工作。

5 月 4—9 日，林业部考核组一行 3 人到华东院开展院级领导班子 1996 年度工作考核。

5 月 16 日，华东院召开第四次职工代表大会（第四次工会会员代表大会），选举产生新一届工会组成人员。

8 月 5—7 日，UNDP 援助项目评价组一行 6 人到华东院开展援助项目终期评价。

8 月 25—29 日，院长傅宾领在北京参加中国森林资源监测技术国际研讨会。

10 月 14 日，华东院北大门启用，并作为院正门，门牌号为人民西路 383 号。此前，院大门设在南面，门牌号为青年路 269 号。

10 月 14—16 日，林业部档案目标管理考评小组一行 7 人到华东院考评档案管理工作。

1998 年

1 月 16 日，华东院召开 1997 年度总结表彰大会。

12 月 31 日，国家林业局明确华东院为司局级事业单位。

1999 年

2 月 1—6 日，院长傅宾领在北京参加全国林业厅局长会议。

2 月 8 日，华东院召开 1998 年度总结表彰大会。

5 月 24 日，由中共金华市委组织部、市直机关工委相关领导组成的联合检查组到华东院检查党建工作。

7 月 8 日，华东院更名为"国家林业局华东林业调查规划设计院"。

7 月 29 日，国家林业局任命何时珍为国家林业局华东林业调查规划设计院副院长、总工程师，丁文义为副院长；任命黄文秋、江一平为调研员。8 月 11 日，国家林业局巡视组组长田志景代表局党组到华东院宣布调整决定。

11 月 19 日，浙江省林业厅副厅长陈国富到华东院交流工作。

2000 年

1 月 26 日，华东院召开 1999 年度总结表彰大会。

2 月 13—14 日，党委书记傅宾领、党委副书记周琪在北京参加 2000 年国家林业局党的建设和机关建设工作会议。

2 月 19—20 日，院长傅宾领在杭州参加全国林业厅局长会议。

3 月 9 日，中共国家林业局华东林业调查规划设计院第五次大会召开，选举产生新一届党委班子和纪委班子。

3 月 15—18 日，院长傅宾领、党委副书记周琪、副院长何时珍在福州参加全国森林资源和林政管理工作会议。

4 月 10—11 日，国家林业局"三讲"教育"回头看"检查组到华东院检查工作。

4 月 24 日，浙江省林业局副局长陈国富到华东院交流工作。

5 月 19—20 日，国家林业局森林资源管理司在华东院召开全国森林资源清查 Oracle 数据库及统计软件评审会议。

5 月 26 日，华东院召开第五次职工代表大会（第五次工会会员代表大会），选举产生新一届工会组成人员。

7月24—26日，党委书记傅宾领在杭州参加中共浙江省委十届四次全体（扩大）会议。

9月8日，浙江省林业局副局长叶胜荣到华东院交流工作。

11月24日，党委副书记周琪在杭州参加浙江省林业工作会议。

12月18日，党委书记傅宾领在杭州参加浙江省委工作会议。

2001 年

1月14日，国家林业局副局长马福在局森林公安局局长肖兴威、局人事教育司巡视员李葆珍、局森林资源管理司副司长王祝雄等陪同下到华东院视察，并慰问全院干部职工。

1月17日，华东院召开2000年度总结表彰大会。

2月15—17日，院长傅宾领在北京参加全国林业厅局长会议。

3月26日，华东院34名专业技术人员离金赴藏，参加西藏自治区森林资源连续清查。他们在藏工作70余天，于6月10—14日陆续安全回到金华。7月9日，《金华晚报》以"走西藏"为题作了专版报道。

5月15—19日，院长傅宾领、党委副书记周琪在广州参加全国森林资源和林政工作会议。

6月21—22日，安徽省林业厅副厅长刘永春一行到华东院交流工作。

7月19—20日，党委书记傅宾领在杭州参加中共浙江省委十届六次全体（扩大）会议。

9月18—21日，国家林业局人事教育司巡视员李葆珍等一行5人到华东院考核院级领导班子。

2002 年

1月23—25日，院长傅宾领在北京参加全国林业厅局长会议。

1月31日，党委副书记周琪在北京参加国家林业局直属机关党建工作会议。

2月1日，华东院召开2001年度总结表彰大会。

3月12日，副院长何时珍在杭州参加浙江省林业工作会议。

3月14日，国家林业局森林资源管理司副司长王祝雄到华东院检查指导工作。

5月31日，国家林业局副局长雷加富在局森林资源管理司副司长李忠平、浙江省林业厅厅长程渭山等人陪同下到华东院视察，院长傅宾领作工作汇报。

12月10日，国家林业局森林资源管理司司长肖兴威、副司长王祝雄到华东院检查指导工作。

2003 年

1月22日，华东院召开2002年度总结表彰大会。

3月7日，国家林业局副局长祝列克在浙江省林业厅厅长程渭山等人陪同下到华东院视察，院长傅宾领作工作汇报。

11月22日，国家林业局核定华东院事业编制为210人。

2004 年

1月12日，华东院召开2003年度总结表彰大会。

5月31日，副院长何时珍接受中央电视台《绿色时空》栏目组专题采访。

10月27—29日，党委书记傅宾领在杭州参加中共浙江省委十一届七次全体（扩大）会议。

2005 年

1月28日，华东院召开2004年度总结表彰大会。

3月下旬，上海市林业局副局长沈兰全到华东院调研。

4月21—22日，国家林业局人事档案达

标验收组到华东院就干部人事档案目标管理工作进行考评，华东院获干部人事档案管理三级单位。

6月2日，上海市林业局副局长崔丽苹到华东院调研。

2006 年

1月16日，国家林业局党组书记、局长贾治邦主持召开局长办公会议，同意华东院整体搬迁杭州。

1月23日，华东院召开2005年度总结表彰大会。

3月3日，华东院召开第六次职工代表大会（第六次工会会员代表大会），选举产生新一届工会组成人员。

3月18日，国家林业局局长贾治邦、副局长张建龙，浙江省副省长茅临生等领导在杭州听取华东院新址建设情况汇报。

4月25—26日，党委书记傅宾领在杭州参加中共浙江省委十一届十次全体（扩大）会议。

6月20—23日，国家林业局森林资源管理司副司长王祝雄一行到华东院检查杭州新址建设工作。

2007 年

2月9日，华东院召开2006年度总结表彰大会。

3月6—8日，华东院党委在金华市委党校举办中层领导干部理论培训班。

3月14日，中共国家林业局华东林业调查规划设计院第六次大会召开，选举产生新一届党委班子和纪委班子。

7月9日，中共金华市直机关工委党建工作检查组到华东院检查指导党建工作，党委书记傅宾领作工作汇报。

9月26—29日，院长傅宾领在杭州参加2007年度华东七省市林业厅局长联席会议。

9月29—30日，国家林业局森林资源管

理司副司长徐济德一行到华东院检查指导全国林地保护利用规划编制工作。

11月13—14日，院长傅宾领、副院长何时珍在北京参加全国森林资源管理工作会议。

12月6—7日，院长傅宾领在杭州参加浙江省林业工作会议。

2008 年

1月14—15日，院长傅宾领在北京参加全国林业厅局长会议。

1月28日，华东院召开2007年度总结表彰大会。

3月，按照金华市委、市政府关于开展"双千结对、共创文明"活动的要求，华东院与金华市婺城区汤溪镇溪东村结为共建友好单位。

4月14—15日，党委书记傅宾领在杭州参加中共浙江省委十二届三次全体（扩大）会议。

4月16日，国家林业局人事教育司副司长杨连清等3人到华东院考核何时珍副院长、丁文义副院长任职情况。

9月1—3日，中纪委驻国家林业局纪检组副组长、监察局局长樊德新，局直属机关党委、人事教育司有关部门领导一行3人到华东院检查指导党风廉政建设工作。

9月26日，党委书记傅宾领在杭州参加中共浙江省委十二届四次全体（扩大）会议。

10月21—23日，院长傅宾领在上海参加2008年度华东7省（市）林业厅局长联席会议。

10月31日，国家林业局人事教育司副司长高红电等2人到华东院考核院级领导班子。

12月11日，国家林业局党组书记、局长贾治邦在听取华东院杭州新址建设工作情况汇报后，就华东院的建设和发展作出指示。

12月19日，华东院杭州新址建设工程奠基仪式在杭州新址现场举行，国家林业局党组成员、副局长张建龙，浙江省人大常委会党组副书记、副主任程渭山，国家林业局相关司局和有关单位领导，杭州市有关领导，浙江省林业厅领导等出席奠基仪式，全院干部职工参加奠基仪式。

2009 年

1 月 8—9 日，院长傅宾领在北京参加全国林业厅局长会议。

1 月 16 日，华东院召开 2008 年度总结表彰大会。

4 月 13 日，金华市直机关党建工作第二片组会议在华东院召开，市委副秘书长、市直机关工委书记郑丽君，市直机关工委副书记王晓东，以及第二片组 13 家单位的机关党委专职书记出席会议。

5 月 6—8 日，党委副书记周琪在杭州参加中共浙江省委十二届五次全体（扩大）会议。

6 月 22—23 日，院长傅宾领在北京参加中央林业工作会议。

7 月 17 日，国家林业局党组任命刘裕春同志为中共国家林业局华东林业调查规划设计院委员会书记，傅宾领同志为副书记（兼）；国家林业局任命刘裕春为国家林业局华东林业调查规划设计院副院长（兼）。7 月 28 日，国家林业局人事司副司长蓝增寿代表局党组到华东院宣布任职决定。

8 月 14 日，院长傅宾领在杭州参加浙江省林业工作会议。

9 月 20—23 日，院长傅宾领在南京参加 2009 年度华东 7 省（市）林业厅局长联席会议。

11 月 14 日，以国家林业局人事司副司长高红电为组长的局党组第六督查组到华东院开展院级领导班子 2009 年度考核，并参加领导干部民主生活会。

11 月 30 日，国家林业局任命周琪为国家林业局华东林业调查规划设计院副院长（兼）。

12 月 29 日，党委书记刘裕春在北京参加国家林业局森林资源监督机构成立 20 周年总结暨森林资源监督工作会议。

2010 年

1 月 21—22 日，党委书记刘裕春在广州参加全国林业厅局长会议。

2 月 2 日，华东院召开 2009 年度总结表彰大会。

4 月 26—27 日，国家林业局发展规划与资金管理司巡视员高玉英率局重点工程检查组到华东院检查指导杭州新址建设工作。

6 月 29—30 日，党委书记刘裕春在杭州参加中共浙江省委十二届七次全体（扩大）会议。

7 月 12—14 日，院长傅宾领在河北省塞罕坝机械林场参加全国林业厅局长座谈会。

8 月 13 日，国家林业局原副局长李育材视察华东院杭州新址建设工地。

8 月 28 日，福建省林业厅副厅长张明接，党组成员、纪检组长黄文书等 13 人到华东院调研。

11 月 16—18 日，党委书记刘裕春在杭州参加中共浙江省委十二届八次全体（扩大）会议。

12 月 3—5 日，华东院党委在金华市金东区举办 2010 年度干部理论培训班，中共金华市委副秘书长、市直机关工委书记郑丽君应邀在培训班上作学习动员。

2011 年

1 月 7 日，国家林业局党组巡视组组长刘雪平等 4 人到华东院参加并指导 2010 年度院级领导班子民主生活会暨年度考核工作。

1 月 17 日，华东院召开 2010 年度总结表彰大会。

3 月中下旬，华东院开展首次处级干部岗位竞聘上岗工作。

4 月 20 日，华东院杭州新址落成庆典仪式在杭州新址现场举行。国家林业局党组成员、中纪委驻国家林业局纪检组组长陈述贤，国务院三峡委员会办公室党组成员、副主任雷加富，国家知识产权局党组成员、中纪委驻国家知识产权局纪检组组长肖兴威，浙江省人大常委会党组副书记、副主任程渭山，国家林业局相关司局和有关单位领导，全国各省（区、市）林业厅（局）、林业调查规划设计单位领导，杭州市有关领导出席庆典仪式，全院干部职工参加庆典仪式。

4月28日，国家林业局预算执行调研组郝雁玲秘书长到华东院检查指导工作。

8月26日，华东院党组织关系由中共金华市直属机关工作委员会转到中共浙江省直属机关工作委员会。

11月16—17日，党委书记刘裕春在杭州参加中共浙江省委十二届十次全体（扩大）会议。

12月6日，国家林业局同意在华东院成立国家林业局华东林业碳汇计量监测中心，与院实行两块牌子、一套人马的管理体制。

2012年

1月11日，华东院召开2011年度总结表彰大会。

2月3日，国家林业局同意依托华东院成立国家林业局华东生态监测评估中心，与院实行两块牌子、一套人马的管理体制。

2月17日，国家林业局气候办常务副主任、中国绿色碳汇基金会秘书长李怒云到华东院指导碳汇计量监测工作。

3月4日，国家林业局副局长张建龙在局农村林业改革发展司副司长李近如陪同下视察华东院，院长傅宾领作工作汇报。

3月24日，全国沿海防护林体系工程建设成效评估专家咨询会在华东院召开。中国工程院院士尹伟伦、中国科学院院士唐守正等专家学者出席会议。

4月23—25日，华东院党委在浙江省临安市举办2012年度干部理论培训班，中共浙

江省直机关工委副书记张小勇应邀在培训班上授课。

4月26日，国家林业局总工程师陈凤学到华东院视察。

6月8日，中共浙江省直机关工委省部属企事业单位党建工作第一协作组2012年上半年会议在华东院召开，院长傅宾领、党委书记刘裕春出席会议。

11月6日，华东院与杭州市江干区九堡镇结为党建共建单位。

12月5—6日，党委书记刘裕春在杭州参加中共浙江省委十三届二次全体（扩大）会议。

12月27—28日，院长傅宾领、党委书记刘裕春在北京参加全国林业厅局长会议。

2013年

1月17日，福建省林业厅副厅长张明接到华东院调研。

1月29日，华东院召开2012年度总结表彰大会。

5月7—8日，华东院党委在杭州市委党校举办2013年度干部理论培训班。

5月30—31日，党委书记刘裕春在杭州参加中共浙江省委十三届三次全体（扩大）会议。

8月27日，国家林业局人事司副司长丁立新等3人到华东院检查"六五"普法工作。

11月2日，国家林业局党组第一督导组组长叶智等3人到华东院指导党的群众路线教育实践活动并参加院级领导班子专题民主生活会。

11月27日，中共杭州市江干区委吸纳华东院为区域化党建共建第一批成员单位。

12月6日，国家林业局副局长孙扎根到华东院视察。

12月12日，华东院召开第七次职工代表大会（第七次工会会员代表大会），选举产生新一届工会组成人员。

2014 年

1 月 8 日，国家林业局人事司副司长郝育军到华东院开展院级领导 2013 年度考核工作。

1 月 17 日，华东院召开 2013 年度总结表彰大会。

4 月 15—17 日，华东院党委在浙江省临安市举办 2014 年度干部理论培训班。

5 月 13 日，华东院与杭州市江干区九堡街道九堡社区结为共建单位。

6 月 14 日，华东院与上海市林业局在杭州签署战略合作框架协议。

7 月 7—9 日，以国家林业局直属机关党委副书记、纪委书记柏章良为组长的国家林业局检查组一行 3 人到华东院检查贯彻落实中央八项规定精神情况。

8 月，华东院通过 ISO9001 质量管理体系认证。

11 月 1 日，国家林业局党组成员彭有冬到华东院视察。

2015 年

1 月 5—6 日，院长傅宾领、党委书记刘裕春在北京参加全国林业厅局长会议。

1 月 13—14 日，国家林业局监察局副局长周洪到华东院开展院级领导班子 2014 年度考核并指导院级领导班子民主生活会。

1 月 29 日，国家林业局副局长刘东生到华东院视察。

2 月 5 日，华东院召开 2014 年度总结表彰大会。

3 月 18 日，毛行元同志被推选为中共杭州市江干区九堡街道党员代表会议代表。

4 月 22 日，中共国家林业局华东林业调查规划设计院第七次大会召开，选举产生新一届党委班子和纪委班子。

5 月 11—13 日，华东院党委在杭州市富阳区举办 2015 年度干部理论培训班。

5 月 16 日，由原六大队部分老同志组织的"情系六大队，相约五十年"活动在金华院区举行，党委书记刘裕春出席。

2016 年

1 月 11—12 日，院长傅宾领、党委书记刘裕春在长沙参加全国林业厅局长会议。

1 月 15 日，以国家林业局直属机关工会联合会主席蒋周明为组长的国家林业局考核组一行 3 人到华东院指导院级领导班子民主生活会。

1 月 25 日，华东院召开 2015 年度总结表彰大会。

3 月 27 日，国家林业局党组任命傅宾领同志为中共国家林业局华东林业调查规划设计院委员会书记、刘裕春同志为副书记；国家林业局任命刘裕春为国家林业局华东林业调查规划设计院院长、傅宾领为副院长。5 月 6 日，国家林业局人事司副司长郝育军代表局党组到华东院宣布任职决定。

4 月 26—27 日，党委书记刘裕春在杭州参加中共浙江省委十三届九次全体（扩大）会议。

5 月 7—8 日，以国家林业局监察局局长张习文为组长的国家林业局"四风"问题检查组一行 4 人到华东院检查指导工作。

6 月 28 日，国家林业局任命刘道平为国家林业局华东林业调查规划设计院副院长。8 月 10 日，国家林业局人事司副司长王浩代表局党组到华东院宣布任职决定。

9 月 8—14 日，中央纪委驻农业部纪检组副组长刘柏林一行到华东院调研。

9 月 28 日，中共国家林业局华东林业调查规划设计院代表会议召开，增补刘道平同志为党委委员。

11 月 25—26 日，党委书记傅宾领在杭州参加中共浙江省委十三届十次全体（扩大）会议。

12 月 1—3 日，华东院党委在浙江省安吉县举办 2016 年度干部理论培训班。

12月27日，以国家林业局人事司副司长王浩为组长的国家林业局考核组等一行到华东院开展2016年度院级领导班子考核，中央纪委驻农业部纪检组副组长刘柏林到会指导。

2017年

1月19日，华东院召开2016年度总结表彰大会。

3月1日，浙江省人民政府副省长孙景淼到华东院视察。

4月10日，华东院与安徽省测绘局在合肥签署合作框架协议。

4月12日，以刘树人为组长的国家林业局党组第四巡视组一行5人进驻华东院，对华东院在坚持党的领导、加强党的建设、落实两个责任、选人用人、贯彻执行中央八项规定精神等方面进行为期2个星期的专项巡视。4月13日，华东院召开专项巡视动员大会。7月10日，巡视组向华东院反馈巡视意见。

4月24日，中国林科院新技术研究所党委书记、副所长白建华到华东院调研。

5月31日至6月2日，华东院党委在杭州市富阳区举办2017年度干部理论培训班。

6月8日，院长刘裕春在海口参加全国森林资源管理工作会议。

6月10—12日，党委书记傅宾领在杭州参加中共浙江省委第十四次代表大会。

7月25日，福建林业职业技术学院院长郑郁善到华东院交流座谈。

7月31日，江西环境工程职业学院院长熊起明到华东院交流座谈。

9月4日，国家林业局任命于辉为国家林业局华东林业调查规划设计院常务副院长（正司局级）。10月19日，国家林业局党组成员、人事司司长谭光明代表局党组到华东院宣布任职决定。

9月6日，国家林业局副局长李春良在局湿地保护管理中心主任王志高、副主任李琰和浙江省林业厅厅长林云举等陪同下到华东院视察。

9月26日，中共浙江省直机关工委督查组一行3人到华东院督查党建重点工作。

11月9日，党委书记傅宾领在杭州参加中共浙江省委十四届二次全体（扩大）会议。

12月5日，国际竹藤组织董事会联合主席、国际竹藤中心主任江泽慧到华东院调研指导工作。

12月25日，国家林业局副局长李树铭出席在华东院召开的局直属院2017年工作汇报会并讲话，局森林资源管理司司长徐济德、副司长张松丹，华东院以及上海专员办、规划院、中南院、西北院、昆明院党政主要领导参加会议。

2018年

1月4—5日，院长刘裕春、党委书记傅宾领在浙江省安吉县参加全国林业厅局长会议。

1月15日，党委书记傅宾领在杭州参加浙江省深化林业综合改革暨林业工作会议。

1月19日，以国家林业局直属机关党委副书记柏章良为组长的局考核组到华东院开展院级领导2017年度考核，并指导院党员领导干部民主生活会。

2月9日，华东院召开2017年度总结表彰大会。

3月16日，国家林业局科技司司长郝育军到华东院调研指导工作。

3月21日，毛行元同志当选为浙江省直机关工会第三次代表大会代表。

3月28日，财政部驻浙江财政监察专员办事处专员黎昭一行到华东院调研。

4月11日，华东院与中国林科院资源信息研究所在杭州签署战略合作框架协议。

4月18—24日，华东院组织以副院长刘道平为领队的代表团一行5人赴德国萨克森州、芬兰赫尔辛基参加森林资源恢复和利用技术研讨交流活动。

4月25日，上海市绿化和市容管理局局长邓建平、副局长顾晓君到华东院调研。

4月28日，中国绿色时报社常务副书记邵权熙到华东院调研。

5月22日，国家林业局发展规划与资金管理司副司长陈嘉文到华东院调研指导工作。

5月23—25日，华东院党委在杭州市富阳区举办2018年度干部理论培训班。

7月6日，中国林科院森林生态环境与保护研究所党委书记周霄羽到华东院调研。

7月19—20日，党委书记傅宾领在杭州参加中共浙江省委十四届三次全体（扩大）会议。

7月20日，安徽省六安市委副书记、金寨县委书记潘东旭到华东院考察。同日，华东院与金寨县人民政府在杭州签署战略合作协议。

7月24日，院长刘裕春、党委书记傅宾领在北京参加国家林业和草原局党组（扩大）会议。

9月19日，华东院更名为"国家林业和草原局华东调查规划设计院"，并明确为公益二类事业单位。

10月8日，华东院与飞燕航空遥感技术有限公司在杭州签署战略合作框架协议。

10月15日，国家林业和草原局科技司副司长黄发强到华东院组织召开长三角现代林业评测协同创新中心专家评审会。

10月26日，中国林业工程建设协会决定依托华东院成立中国林业工程建设协会湿地保护和恢复专业委员会。

11月2日，国家林业和草原局任命于辉为国家林业和草原局华东调查规划设计院院长；国家林业和草原局党组任命于辉同志为中共国家林业和草原局华东调查规划设计院委员会副书记。12月19日，国家林业和草原局党组成员、人事司司长谭光明代表局党组到华东院宣布任职决定。

11月13日，以中共浙江省委直属机关工委副书记吴晓宏为组长的省直机关党建工作督查组一行4人到华东院开展党建工作督查并召开座谈会。

11月26日，国家林业和草原局同意依托华东院成立国家林业和草原局长三角现代林业评测协同创新中心。

2019年

1月10—11日，院长于辉、党委书记傅宾领在合肥参加全国林业和草原工作会议。

1月17日，中国林科院分党组书记叶智到华东院调研并作学术报告。

1月21日，华东院在杭州举办2019年新春团拜会。

1月22日，华东院召开2018年度总结暨表彰大会。

1月25日，国家林业和草原局党组任命刘强同志为中共国家林业和草原局华东调查规划设计院委员会副书记、纪委书记；国家林业和草原局任命马鸿伟为副院长。3月13日，国家林业和草原局人事司副司长王浩代表局党组到华东院宣布任职决定。

2月22日，院长于辉、党委书记傅宾领在北京参加国家林业和草原局全面从严治党工作会议。

2月28日，院长于辉在杭州参加浙江省林业工作会议。

3月26日，华东院与浙江臻善科技股份有限公司在杭州签署战略合作框架协议。

4月24日，副院长马鸿伟在杭州参加中共浙江省委十四届五次全体（扩大）会议。

4月30日，华东院召开纪念五四运动100周年大会。

6月12日，华东院召开"不忘初心、牢记使命"主题教育动员部署会，国家林业局主题教育第一指导组组长柏章良一行到会指导。

6月17日，华东院与国家林业和草原局驻上海森林资源监督专员办事处在杭州签署强化合作框架协议。

6月28日，国家林业和草原局党组任命吴海平同志为中共国家林业和草原局华东调查规划设计院委员会书记；国家林业和草原局任命吴海平为副院长。8月27日，国家林业和草原局人事司副司长王浩代表局党组到华东院宣布任职决定。

7月9日，华东院召开第八次职工代表大会（第八次工会会员代表大会），选举产生新一届工会组成人员。

8月10日，华东院举办华东监测区自然保护地建设研讨会，国家林业和草草局自然保护地管理司司长杨超出席会议并作辅导报告。

8月20日，国家林业局"不忘初心、牢记使命"主题教育第一指导组组长柏章良一行到华东院参加并指导院级领导班子专题民主生活会。

8月30日，河南省新乡市副市长武胜军到华东院调研。

9月9日，国家林业和草原局党组成员、副局长李春良到华东院考察，院长于辉作工作汇报。同日，国家林业和草原局自然保护地管理司在华东院召开自然保护地优化整合工作会议，司长王志高出席。

9月26日，党委书记吴海平在长沙参加全国林业和草原科技工作会议。

9月27日，党委书记吴海平在广西罗城参加全国生态扶贫工作会议。

9月30日，国家林业和草原局通知，将山东省从华东院监测区中划出，作为国家林业和草原局林产工业规划设计院监测区。

11月10日，国家林业和草原局党组成员、副局长李树铭到华东院考察，院长于辉作工作汇报。

11月25—27日，华东院党委在浙江省长兴县举办2019年度干部理论培训班。

12月4—7日，副院长刘道平在西安参加第二届中国水土保持学术大会。

12月10日，院长于辉、副院长刘道平在福州参加全国森林资源管理工作会议。

12月13日，党委书记吴海平在杭州参加省委常委扩大会议。

12月26日，华东院召开2019年度院级领导班子年度考核暨述职述廉会议，国家林业和草原局考核组到会指导。

2020年

1月6日，中共国家林业和草原局华东调查规划设计院第八次代表大会召开，选举产生新一届党委班子和纪委班子。

1月9日，华东院与国家林业和草原局驻福州森林资源监督专员办事处在杭州签署合作框架协议。

1月13日，华东院在杭州举办2020年新春团拜会。

1月16日，华东院召开2019年度总结表彰大会。

3月6日，国家林业和草原局党组任命刘春延同志为中共国家林业和草原局华东调查规划规划设计院委员会副书记（正司局级）；国家林业和草原局任命刘春延为副院长。3月13日，华东院召开视频会议，国家林业和草原局党组成员、副局长李树铭代表局党组宣布任职决定。

3月11日，浙江省直机关工会授予华东院"先进职工之家"称号。

3月，吴海平同志主持华东院全面工作。

3月24日，浙江省林业局局长胡侠、副局长王章明一行到华东院调研。

3月25日，浙江省自然资源厅党组成员、副厅长盛乐山一行到华东院调研。

4月1日，江西省德兴市副市长陈河龙一行到华东院调研。

4月20日，国家林业和草原局同意在华东院加挂国家林业和草原局自然保护地评价中心牌子，与院实行两块牌子、一套人马的管理体制。

5月20日，华东院与上海市林业局在上海签署新一轮合作框架协议。同日，华东院与杭州市余杭区人民政府在杭州签署全面深化合作框架协议。

6月3日，华东院与浙江省林业局在杭州签署全面深化合作框架协议。

6月4日，国家新闻出版署批复华东院《华东森林经理》期刊更名为《自然保护地》。

6月17—18日，党委书记吴海平在杭州参加中共浙江省委十四届七次全体（扩大）会议。

6月28日，华东院与宁波市自然资源和规划局在宁波签署林业战略合作协议。

7月3日，华东院与江西省林业局在南昌签署全面深化合作框架协议。

7月14日，华东院院标获国家知识产权局颁发的商标注册证书。

7月16日，华东院"云臻"系列商标获国家知识产权局颁发注册证书。

7月17日，自然资源部第二海洋研究所所长李家彪、党委副书记梅显俊一行到华东院交流座谈。

7月27日，华东院与江西省上饶市林业局在上饶签署林业合作协议。同日，华东院与江西省景德镇市林业局在景德镇签署林业合作协议。

8月27日，华东院与自然资源部第二海洋研究所在杭州签署战略合作协议。

9月9日，华东院与二十一世纪空间技术应用股份有限公司在杭州签署合作框架协议。

10月9日，华东院与大兴安岭林业集团公司在杭州签署战略合作框架协议。

10月13日，根据中组部选派挂职干部部署安排，党委副书记、纪委书记刘强同志赴海南省挂职。

10月16日，国家林业和草原局党组成员、副局长李树铭在局防火司司长周鸿升等人陪同下到华东院视察，党委书记吴海平作工作汇报。

10月28日，华东院与安徽省林业局在杭州签署战略合作框架协议。

11月12—14日，华东院党委在浙江省桐庐县举办学习贯彻党的十九届五中全会精神暨2020年度干部理论培训班。

11月17日，华东院与北京正和恒基滨水生态环境治理股份有限公司在杭州签署战略合作协议。

11月20日，华东院与浙江大华技术股份有限公司在杭州签署战略合作协议。

11月25日，华东院与浙江农林大学在杭州签署合作框架协议。

12月3日，中共浙江省直机关工委副书记鲁维明到华东院检查指导党建工作。

12月28日，华东院与中国铁塔股份有限公司黑龙江省分公司在杭州签署战略合作协议。

2021年

1月5日，华东院与安徽天立泰科技股份有限公司在合肥签署战略合作框架协议。

1月6日，国家林业和草原局召开视频会议，副局长李树铭听取华东院2020年度工作汇报。

1月15日，中共浙江省委、浙江省人民政府授予华东院"文明单位"称号。

1月18日，华东院与南京林业大学在南京签署战略合作框架协议。

1月26日，党委书记吴海平在杭州参加全国林业和草原工作视频会议。

1月29日，华东院召开2020年度总结表彰大会。

3月19日，华东院与河南省巩义市林业局在杭州签署全面支持林草发展战略合作框架协议。

3月26日，华东院与国家林业和草原局驻武汉森林资源监督专员办事处在杭州签署沟通机制备忘录。同日，华东院与安徽省芜湖市人民政府在杭州签署战略合作框架协议。

5月19日，国务院发展研究中心研究员苏杨、南京林业大学教授汪辉应邀到院作自然保护地专题报告。

5月22日，华东院举办首届职工运动会。

5月26—27日，国家林业和草原局党史学习教育第五督导组组长文海忠一行到华东院督导工作。

6月21日，以郝雁玲为组长、董冶为副组长的国家林业和草原局党组第六巡视组一行6

人进驻华东院，对华东院党委开展为期2个月的常规巡视。同日，院召开专项巡视动员大会。11月10日，巡视组向华东院反馈巡视意见。

6月29日，华东院举行光荣在党50年纪念章颁发仪式，党委副书记刘春延为7名老党员颁发纪念章。

7月5日，华东院与江西省万载县人民政府在杭州签署林业合作框架协议。

7月16日，上海市农业科学院党委书记蔡友铭到华东院调研。

8月12日，由华东院和国家林业和草原局自然保护地评价中心主办的我国自然保护地领域第一份综合性学术期刊《自然保护地》第1期（创刊号）正式出刊。

8月20日，华东院第八届职工代表大会第二次会议审议通过《"十四五"发展规划》，首次凝练升华出"忠诚使命、响应召唤、不畏艰辛、追求卓越"的华东院精神。

8月23日，国家林业和草原局任命吴海平为国家林业和草原局华东调查规划设计院院长。

8月30日，华东院更名为"国家林业和草原局华东调查规划院"

9月8日，浙江省委直属机关工委副书记俞忠勤到华东院调研党建工作。

10月20日，华东院与浙江省缙云县人民政府在缙云签署全面深化合作框架协议。

10月26日，华东院与河南农业大学在郑州签署合作框架协议。

10月27日，国家林业和草原局党组成员、副局长彭有冬在局科技司司长郝育军等人陪同下到华东院视察，听取华东院科技创新工作专题汇报并参加科技司与华东院的合作框架协议签署仪式。

11月3日，华东院与国家海洋信息中心在天津签署战略合作协议。

11月15日，华东院组织召开2021年新任处级干部集体廉政谈话工作会议。

11月17日，国家林业和草原局人事司副司长王常青代表局党组到华东院宣布吴海平任

职决定，同时宣布院更名后院领导的任职决定。

11月17日，华东院激光雷达创新团队入选国家林业和草原局科技创新团队。

12月1—3日，华东院党委在嘉兴市南湖区举办学习贯彻党的十九届六中全会精神暨2021年度干部理论培训班。

12月3日，党委书记、院长吴海平，党委副书记、副院长刘春延，副院长马鸿伟以视频形式参加国家林业和草原局举办的新任司局长宪法宣誓活动。

12月7日，华东院举行处级干部宪法宣誓。

12月16日，华东院与上海市农业科学院在上海签署共建国家林业和草原局南方花卉种源工程技术研究中心框架协议。

12月30日，浙江省林业局局长胡侠、总工程师李荣勋到华东院交流座谈。

2022年

1月20日，华东院领导班子及各部门负责人参加全国林业和草原工作视频会。

1月21日，华东院召开2021年度总结表彰大会。

2月15日，华东院与浙江省公益林和国有林场管理总站共同完成的《浙江省现代国有林场建设探索与实践》一书由浙江人民出版社出版。

3月12日，华东院与海南大学签署合作协议。

4月29日，华东院领导班子在国家林业和草原局2021年度考核中获优秀，受到国家林业和草原局表彰。

5月12日，华东院与杭州市林业水利局在杭州签署战略合作框架协议。

6月2日，国家林业和草原局党组任命郑云峰为国家林业和草原局华东调查规划院副院长。6月23日，华东院召开视频会议，国家林业和草原局人事司副司长王常青代表局党组宣布任职决定。

附　录

附录 1　历任院行政领导一览

序号	时间	正职	副职	调研员	备注
1	1952.12—1953.01	张立勋			
2	1953.02—1953.07	关成发	梁庭辉、谢根柱		
3	1953.08—1956.07	梁庭辉	谢根柱		
4	1956.07—1957.08	梁庭辉	张英才		
5	1957.08—1960.06	梁庭辉	张英才、李华敏		
6	1960.07—1963.08		李华敏		
7	1963.09—1964.12	刘纯一	李华敏		
8	1965.01—1970.10		李华敏		
9	1981.01—1982.03				大队筹备领导小组，负责人：夏连智，成员：杨云章、郑旭辉、周崇友、黄吉林
10	1982.04—1983.09	夏连智	郑旭辉、周崇友、杨云章		夏连智任至 1983.09 逝世
11	1983.10		郑旭辉、周崇友、杨云章		
12	1983.11—1987.07	郑旭辉	周崇友、林进		
13	1986.03			杨云章	杨云章任至 1990.12 离休
14	1987.08		黄文秋	郑旭辉	郑旭辉任至 1991.07 逝世
15	1991.03	林进	傅宾领	周崇友	周崇友任至 1992.05 退休，林进 1993.03 调出
16	1993.04		傅宾领、江一平		傅宾领主持行政工作
17	1994.12			钱雅弟	钱雅弟任至 1998.02 退休
18	1999.07	傅宾领	何时珍、丁文义	黄文秋、江一平	何时珍兼总工程师，黄文秋任至 2000.02 退休，江一平任至 2002.02 退休，丁文义任至 2018.02 退休，何时珍任至 2022.05 退休
19	2009.07		刘裕春		
20	2009.11		周琪		周琪任至 2018.12 退休
21	2016.03	刘裕春	傅宾领		刘裕春任至 2018.12 退休，傅宾领任至 2019.01 退休
22	2016.06		刘道平		
23	2017.09		于辉（常务）		
24	2018.11				
25	2019.01	于辉	马鸿伟		
26	2019.06		吴海平		
27	2020.03		刘春延		同月于辉调出，吴海平主持全面工作
27	2021.08	吴海平			
28	2022.06		郑云峰		
29	2022.07				刘春延调出

附录 2 历任院党委（院级）领导一览

序号	时间	届别	书记	副书记	备注
1	1954—1960		梁庭辉		1954 年建党支部，1956.05 建党总支
2	1960—1962			李海晏	
3	1963—1964		刘纯一	李海晏、乔志明	乔志明 1964 年起任
4	1965			李海晏、乔志明	1965.08 建党委
5	1966—1970		夏连智	李海晏、乔志明	
6					1980—1983 年设临时党支部，支书：杨云章，支委：刘宗琪、黄吉林
7	1982.04		夏连智		任至 1983.09 逝世
8	1983.11		杨云章		
9	1984.03	一			
10	1986.03		钱雅弟		杨云章同月任调研员
11	1987.11	二	钱雅弟		
12	1991.08	三	钱雅弟		
13	1994.12		傅宾领	周　琪	钱雅弟同月任调研员
14	1995.04	四	傅宾领	周　琪	
15	2000.03	五	傅宾领	周　琪	
16	2007.03	六	傅宾领	周　琪	
17	2009.07		刘裕春	傅宾领	
18	2015.04		刘裕春	傅宾领、周琪	周琪任至 2018.12 退休
19	2016.03		傅宾领	刘裕春	傅宾领任至 2019.01 退休
20	2016.10	七	傅宾领	刘裕春	
21	2018.11			于　辉	刘裕春任至 2018.12 退休
22	2019.01			刘　强	
23	2019.06		吴海平		
24	2020.01			于辉、刘强	
25	2020.03	八	吴海平	刘春延	于辉同月调出
26	2022.07				刘春延调出

附录 3　内设机构及负责人沿革一览

（1980—2021 年）

附表 3-1　办公室

历史沿革	姓名	职务	任职时间	备注
生产办公室	郑旭辉	主任（兼）	1980.12—1983.12	
办公室	朱寿根	主　任	1984.01—1984.10	
	鹿守知	副主任	1984.01—1986.02	
	王荫棠	副主任	1984.01—1985.01	
	江一平	主　任	1984.11—1986.02	
	朱寿根	指导员	1984.11—1986.02	
	王桃珍	副主任	1986.03—1988.12	主持工作
	王兆华	副主任	1986.03—1988.12	
	王兆华	副主任	1989.01—1991.02	主持工作
	朱寿根	主任会计师	1987.03—1987.11	
	丁文义	副主任	1989.01—1992.08	
	李永岩	主　任	1991.03—1991.04	
	李岳云	副主任	1991.03—1993.02	
	苏文元	主　任	1991.05—1993.02	
行政处	周琪	主　任	1993.03—1994.01	
	李岳云	副主任	1993.03—1994.01	
	蔡旺良	副主任	1993.03—1998.08	
	丁文义	主　任	1994.02—1999.06	
	徐广英	副主任	1994.02—1995.03	
	申屠惠良	副主任	1995.04—1999.07	
政工处	卢耀庚	主　任	1999.02—2000.03	含文秘、保卫职责
行政处	申屠惠良	副处长	1999.08—2000.03	主持工作
	王海霞	副处长	1999.08—2000.03	
	李永岩	处　长	2000.04—2002.02	
人事处	卢耀庚	处　长	2000.04—2005.08	含文秘、保卫职责
行政处	申屠惠良	处　长	2002.03—2004.02	
办公室	申屠惠良	主　任	2004.03—2010.04	
	楼毅	副主任	2004.03—2008.02	
	杨健	副主任	2007.04—2011.03	
	马鸿伟	副主任	2008.03—2010.03	
	马鸿伟	负责人	2010.05—2011.02	监察处长兼临时负责人
	楼毅	主　任	2011.03—2013.02	
	杨铁东	副主任	2011.04—2017.01	
	刘强	主　任	2013.03—2018.12	

（续表）

历史沿革	姓名	职务	任职时间	备注
办公室	王 宁	副主任	2013.03—2016.04	
	王 涛	副主任	2017.02—2019.01	
		副主任	2019.01—2019.04	主持工作
		主 任	2019.05 至今	
	骆钦锋	副主任	2019.05 至今	

附表 3-2　党委办公室

历史沿革	姓名	职务	任职时间	备注
人事科	黄吉林	负责人	1980.12—1981.11	
人事保卫科	黄吉林	负责人	1981.12—1984.02	
政治处	钱雅弟	主 任	1984.03—1986.02	
政治处	沈雪初	主 任	1986.03—1988.12	
党委办公室	毛行元	副主任	1989.01—1991.03	主持工作
	毛行元	主 任	1991.03—1993.03	
政工处	毛行元	主 任	1993.03—1994.03	
党委办公室（工会办公室）	毛行元	主 任	1994.03—2002.03	
	李永岩	主 任	2002.03—2004.03	
	毛行元	主 任	2004.03—2019.04	
	杨铁东	主 任	2019.04—2021.12	
	马 婷	副主任	2021.08—2021.12	
党委办公室	杨铁东	主 任	2021.12 至今	
	马 婷	副主任	2021.12 至今	

附表 3-3　人事处

历史沿革	姓名	职务	任职时间	备注
人事保卫科	黄吉林	科长（兼）	1980.12—1983.12	
	王亚民	副科长	1982.03—1983.12	
政治处	钱雅弟	主 任	1984.03—1986.02	
	沈雪初	主 任	1986.03—1988.12	
人事处	沈雪初	主 任	1989.01—1991.02	
	李志强	副主任	1989.01—1989.05	
人事劳动科	李志强	科 长	1991.03—1993.02	
政工处	毛行元	主 任	1993.03—1994.03	
	周 琪	主 任	1994.03—1995.03	
	卢耀庚	副主任	1995.04—1997.04	主持工作
		主 任	1997.05—2000.03	

（续表）

历史沿革	姓名	职务	任职时间	备注
人事处	卢耀庚	处　长	2000.04—2013.09	
人事（监察）处	马鸿伟	处　长	2013.09—2016.04	
人事处	马鸿伟	处　长	2016.05—2019.02	
人事处 （离退休办公室）	陈国富	副处级	2019.03—2019.04	主持工作
		正处级	2019.05—2019.08	主持工作
		处　长	2019.09—2021.12	
人事处	陈国富	处　长	2021.12 至今	

附表 3-4　计划财务处

历史沿革	姓名	职务	任职时间	备注
行政科	刘宗琪	科　长	1980.12—1983.12	
	鹿守知	副科长	1982.03—1983.12	
办公室	朱寿根	主　任	1984.01—1984.10	
	鹿守知	副主任	1984.01—1986.02	
	王荫棠	副主任	1984.01—1985.01	
	江一平	主　任	1984.11—1986.02	
	朱寿根	指导员	1984.11—1986.02	
	朱寿根	主任会计师	1987.03—1987.11	
	王桃珍	副主任	1986.03—1988.12	主持工作
	王兆华	副主任	1986.03—1988.12	
	王兆华	副主任	1989.01—1991.02	主持工作
	丁文义	副主任	1989.01—1991.02	
计划财务科	王兆华	科　长	1991.03—1993.02	
	徐太田	副总工程师	1991.03—1993.02	
	周　琪	副科长	1991.03—1993.02	
行政处	周　琪	主　任	1993.03—1994.01	
	李岳云	副主任	1993.03—1994.01	
	蔡旺良	副主任	1993.03—1998.08	
	丁文义	主　任	1994.02—1999.06	
	徐广英	副主任	1994.02—1995.03	
	申屠惠良	副主任	1995.04—1999.07	
	申屠惠良	副处长	1999.08—2000.03	主持工作
	王海霞	副处长	1999.08—2000.03	
财务资产处	申屠惠良	处　长	2000.04—2002.02	
	王海霞	副处长	2000.04—2013.03	
	王海霞	副调研员	2013.04—2016.04	

（续表）

历史沿革	姓名	职务	任职时间	备注
财务资产处	蔡旺良	处长	2002.04—2017.04	
	黄磊建	副处长	2015.09—2017.04	
	黄磊建	副处长	2017.05—2018.01	主持工作
	黄磊建	处长	2018.02—2019.03	
	钱红	副处长	2018.02—2019.03	
计划财务处	黄磊建	处长	2019.04 至今	

附表 3-5　纪检审计处

历史沿革	姓名	职务	任职时间	备注
办公室	朱寿根	大队审计员	1986.03—1987.02	
人事处	李志强	行政监察员	1989.06—1991.02	
人事劳动科	李志强	监察员（兼）	1991.03—1993.02	
政工处	李志强	行政监察员	1993.03—1995.03	
监察室	李志强	主任	1995.04—2000.03	
监察处	李志强	处长	2000.04—2007.03	
	毛行元	处长（兼）	2007.04—2008.03	
	李志强	调研员	2007.04—2012.08	
	李永岩	处长	2008.03—2010.03	
	马鸿伟	处长	2010.04—2013.03	
人事（监察）处	马鸿伟	监察处长（兼）	2013.04—2015.08	
	马驰	副处长	2015.09—2016.04	
监察处	马驰	副处长	2016.05—2019.03	
	杨铁东	处长	2018.02—2019.03	留用后勤服务中心副主任
纪检监察处	马驰	副处长	2019.04—2020.04	主持工作
纪检审计处	马驰	副处长	2020.05—2021.07	主持工作
	马驰	处长	2021.08 至今	

附表 3-6　生产技术管理处（总工办）

历史沿革	姓名	职务	任职时间	备注
生产办公室	郑旭辉	主任（兼）	1980.12—1983.12	
生产技术科	林进	科长（兼）	1984.01—1985.01	
	李仕彦	副科长	1984.01—1986.02	
	黄文秋	科长	1986.03—1988.12	
	傅宾领	副科长	1986.03—1988.12	
	王克刚	主任工程师	1987.03—1988.12	

（续表）

历史沿革	姓名	职务	任职时间	备注
总工办	王克刚	主任（兼）、副总工程师	1989.01—1991.02	
	傅宾领	副主任	1989.01—1991.02	
	徐太田	副总工程师	1989.01—1993.02	
	李仕彦	副总工程师	1989.01—1993.02	
	江一平	主任（兼）、副总工程师	1991.03—1993.02	
	古育平	副主任	1991.03—1993.02	
	王恩民	副总工程师	1991.03—1993.02	
生产经营处	江一平	主任（兼）、副总工程师	1993.03—1994.01	
	古育平	副主任	1993.03—1994.01	
	陈大钊	副主任	1993.03—1994.01	
	王克刚	副总工程师	1993.03—1994.01	
	王恩民	副总工程师	1993.03—1994.01	
生产技术处	何时珍	主任	1994.02—1995.03	
	古育平	副主任	1994.02—1995.03	
	徐太田	副总工程师	1994.02—1994.09	
	王恩民	副总工程师	1994.02—1995.05	
	汪艳霞	副总工程师	1994.02—2000.03	
	陈家旺	副总工程师	1994.03—2000.03	
	古育平	主任、处长	1995.04—2010.03	
	郑若玉	副总工程师	1995.04—1997.03	
	何时珍	副总工程师	1997.04—1999.06	
	韦希勤	副总工程师	1999.08—2001.03	
	吴文跃	副总工程师	2000.04—2002.02	
	邱尧荣	副总工程师	2001.04—2010.03	
	聂祥永	副总工程师	2002.03—2010.03	
	韦希勤	副总工程师	2003.03—2010.03	
	聂祥永	处长	2010.04—2019.03	2010.04—2013.04 副总工岗位不属于行政职务
	楼毅	副处长	2010.04—2011.02	
	罗细芳	副处长	2011.04—2019.03	
	韦希勤	副总工程师	2013.05—2015.07	恢复为行政职务
	古育平	副总工程师	2013.05—2016.04	
	邱尧荣	副总工程师	2013.05—2019.03	
	陈火春	副总工程师	2014.01—2019.03	

（续表）

历史沿革	姓名	职务	任职时间	备注
生产技术处	林 辉	副总工程师	2016.08—2019.03	兼资源监测一处主任工程师
	郑云峰	副总工程师	2018.02—2019.03	兼资源监测一处副处长
生产技术管理处（总工办）	朱 磊	处 长	2019.04—2021.12	
	洪奕丰	副处长	2019.05—2021.12	
	陈火春	副总工程师	2019.04—2020.12	
	林 辉	副总工程师	2019.04 至今	
	过珍元	副总工程师	2019.05 至今	
	张现武	副总工程师	2021.01 至今	2021.07 起主要在信息技术处工作
	田晓晖	副处长	2021.08 至今	
	楼 毅	处 长	2021.12 至今	
	张伟东	副处长	2021.12 至今	
	朱 磊	副总工程师	2021.12 至今	
	郑 宇	副总工程师	2021.12 至今	

附表 3-7　科技管理处

历史沿革	姓名	职务	任职时间	备注
科技管理处	周固国	处 长	2021.12 至今	

附表 3-8　金华院区管理处

历史沿革	姓名	职务	任职时间	备注
金华院区管理处	杨 健	处 长	2011.03 至今	
	张志宏	副处长	2011.03—2017.07	
	张志宏	副处长	2019.04 至今	

附表 3-9　行政后勤处

历史沿革	姓名	职务	任职时间	备注
行政科	刘宗琪	科 长	1980.12—1983.12	
	鹿守知	副科长	1982.03—1983.12	
办公室	朱寿根	主 任	1984.01—1984.10	
	鹿守知	副主任	1984.01—1986.02	
	王荫棠	副主任	1984.01—1985.01	
	江一平	主 任	1984.11—1986.02	
	朱寿根	指导员	1984.11—1986.02	
	王桃珍	副主任	1986.03—1988.12	主持工作
	王兆华	副主任	1986.03—1988.12	

（续表）

历史沿革	姓名	职务	任职时间	备注
办公室	王兆华	副主任	1989.01—1991.02	主持工作
	朱寿根	主任会计师	1987.03—1987.11	
	丁文义	副主任	1989.01—1992.08	
	李永岩	主　任	1991.03—1991.04	
	李岳云	副主任	1991.03—1993.02	
	苏文元	主　任	1991.05—1993.02	
行政处	周琪	主　任	1993.03—1994.01	
	李岳云	副主任	1993.03—1994.01	
	蔡旺良	副主任	1993.03—1998.08	
	丁文义	主　任	1994.02—1999.06	
	徐广英	副主任	1994.02—1995.03	
	申屠惠良	副主任	1995.04—1999.07	
	申屠惠良	副处长	1999.08—2000.03	主持工作
	王海霞	副处长	1999.08—2000.03	
	李永岩	处　长	2000.04—2002.02	
	申屠惠良	处　长	2002.03—2004.02	
办公室	申屠惠良	主　任	2004.03—2010.04	
	楼毅	副主任	2004.03—2008.02	
	马鸿伟	副主任	2008.03—2010.03	
	马鸿伟	负责人	2010.05—2011.02	监察处长兼临时负责人
	楼毅	主　任	2011.03—2013.02	
	杨铁东	副主任	2011.04—2017.01	
	刘强	主　任	2013.03—2016.04	
	王宁	副主任	2013.03—2016.04	
后勤服务中心	凌飞	副主任	2016.05—2017.01	主持工作
	王宁	副主任	2016.05—2019.03	
	杨铁东	副主任	2017.02—2019.03	主持工作
行政后勤处	王宁	副处长	2019.04—2021.07	主持工作
		处　长	2021.08 至今	
	钱红	副处长	2019.04 至今	
	戴守斌	副处长	2019.05 至今	

附表 3-10　林草综合监测一处

历史沿革	姓名	职务	任职时间	备注
第一资源室	王克刚	主要负责人	1981.12—1983.12	
	徐太田	负责人	1981.12—1983.12	

（续表）

历史沿革	姓名	职务	任职时间	备注
调查规划一室	沈雪初	副主任	1984.01—1986.02	
	韦希勤	副主任	1984.01—1986.02	
		副主任	1986.03—1987.02	主持工作
	王克刚	主任工程师	1984.01—1986.02	
	王荫棠	副主任	1986.03—1987.02	
	胡为民	主　任	1987.03—1988.12	
	王恩民	主任工程师	1987.03—1988.12	
资源监测一室	韦希勤	主　任	1989.01—1993.02	
	李永岩	副主任	1989.01—1991.02	
	王恩民	主任工程师	1989.01—1991.02	
	何时珍	副主任	1991.03—1993.02	
	宗汉恂	主任工程师	1991.03—1993.02	
调查规划一室	马云峰	主　任	1993.03—2000.03	
	肖永林	主任工程师	1993.03—1997.03	
	苏文元	副主任	1993.03—1994.01	
	陈大钊	副主任	1994.02—1997.03	
	陈火春	副主任	1997.04—2000.03	
	邱尧荣	主任工程师	1997.04—2000.03	
资源环境监测一处	马云峰	处　长	2000.04—2004.02	
	陈火春	副处长	2000.04—2002.02	
	邱尧荣	主任工程师	2000.04—2002.02	
	毛行元	副处长	2002.03—2004.03	
	陈火春	主任工程师	2002.03—2010.03	
	李永岩	处　长	2004.03—2008.02	
	王金治	副处长	2004.03—2013.03	
	马鸿伟	副处长	2007.04—2008.02	
	刘　强	处　长	2008.03—2013.03	
	朱　磊	主任工程师	2010.04—2013.03	
资源监测一处	朱　磊	处　长	2013.04—2019.03	
	郑云峰	副处长	2013.04—2019.03	
	林　辉	主任工程师	2013.04—2019.03	
	王金治	副调研员	2013.04—2016.03	
		副处长	2016.04—2016.11	
	孙永涛	副处长	2018.02—2019.03	
森林资源监测一处	郑云峰	处　长	2019.04—2021.12	
	孙永涛	副处长	2019.04—2021.12	

（续表）

历史沿革	姓名	职务	任职时间	备注
森林资源监测一处	卢 佶	副处长	2019.05—2021.12	
	刘 诚	副处长	2021.08—2021.12	
林草综合监测一处	郑云峰	处 长	2021.12 至今	
	孙永涛	副处长	2021.12 至今	
	卢 佶	副处长	2021.12 至今	
	刘 诚	副处长	2021.12 至今	

附表 3-11 林草综合监测二处

历史沿革	姓名	职务	任职时间	备注
第二资源室	李仕彦	主要负责人	1981.12—1983.12	
	江一平	负责人	1981.12—1983.12	
调查规划二室	江一平	副主任	1984.01—1984.11	
	王世滨	副主任	1984.01—1984.11	
	周世勤	主任工程师	1984.01—1985.01	
	黄文秋	副主任	1985.02—1986.02	
	王荫棠	副主任	1985.02—1986.02	
	郑若玉	主 任	1986.03—1988.12	
	李永岩	副主任	1986.03—1988.12	
	徐太田	主任工程师	1987.03—1988.12	
资源监测二室	陈家旺	主 任	1989.01—1993.02	
	何时珍	副主任	1989.01—1991.02	
	宗汉恂	主任工程师	1989.01—1991.02	
	苏文元	副主任	1991.03—1991.04	
	郑诗强	副主任	1991.05—1993.02	
调查规划二室	陈家旺	主 任	1993.03—1994.02	
	郑诗强	副主任	1993.03—1994.01	
	沈雪初	主任工程师	1993.03—2000.03	
	王金荣	主 任	1994.03—1995.03	
	李明华	副主任	1994.02—1995.03	
		副主任	1995.04—1997.03	主持工作
		主 任	1997.04—2000.03	
	吴文跃	副主任	1996.04—2000.03	
资源环境监测二处	李明华	处 长	2000.04—2013.03	
	刘 强	副处长	2000.04—2008.02	
	王世浩	主任工程师	2000.04—2013.03	
	楼 毅	副处长	2008.03—2010.03	
	肖舜祯	副处长	2010.04—2013.03	

（续表）

历史沿革	姓名	职务	任职时间	备注
资源监测二处	王金荣	处 长	2013.04—2019.03	
	王 涛	副处长	2013.04—2017.01	
	过珍元	主任工程师	2013.04—2019.04	
	王世浩	副调研员	2013.04—2016.04	
		副处长	2016.05—2019.03	
	凌 飞	副调研员	2013.04—2016.04	
		副处长	2017.02—2019.03	
	徐 鹏	副处长	2016.08—2019.04	
	郑 宇	副处长	2018.02—2019.03	
森林资源监测二处	罗细芳	处 长	2019.05—2021.12	
	郑 宇	副处长	2019.04—2021.12	
	唐扬龙	副处长	2021.08—2021.12	
林草综合监测二处	罗细芳	处 长	2021.12 至今	
	唐扬龙	副处长	2021.12 至今	

附表 3-12　湿地监测评估处

历史沿革	姓名	职务	任职时间	备注
湿地监测评估处	楼 毅	处 长	2019.04—2021.12	
	张现武	副处长	2019.04—2020.12	
	初映雪	副处长	2019.04 至今	
	张现武	处 长	2021.12 至今	副总工程师兼

附表 3-13　自然保护地（国家公园）处

历史沿革	姓名	职务	任职时间	备注
自然保护地及国家公园处	周固国	处 长	2019.05—2021.12	
	康 乐	副处长	2019.05—2021.12	
	胡娟娟	副处长	2021.08—2021.12	
自然保护地（国家公园）处	康 乐	副处长	2021.12 至今	主持工作
	胡娟娟	副处长	2021.12 至今	

附表 3-14　生态规划咨询处

历史沿革	姓名	职务	任职时间	备注
综合调查室	吴继康	副主任	1981.12—1983.12	
专业调查室	郑若玉	副主任	1984.01—1986.02	
综合设计室	陈家旺	主 任	1986.03—1987.02	
	周 潮	副主任	1986.03—1987.02	
	胡为民	主任工程师	1986.03—1987.02	

（续表）

历史沿革	姓名	职务	任职时间	备注
规划设计室	江一平	主 任	1987.03—1991.02	
	周 潮	副主任	1987.03—1991.02	
	周世勤	主任工程师	1987.03—1991.02	
专业规划设计室	沈雪初	主 任	1991.03—1993.02	
	周 潮	副主任	1991.03—1993.02	
	肖永林	主任工程师	1991.03—1993.02	
园林工程设计室	徐太田	主 任	1993.03—1994.01	
	张书银	主任工程师	1993.03—1999.03	
	周 潮	副主任	1993.03—1994.01	
		主 任	1994.02—1995.03	
	王金荣	主 任	1995.04—2000.03	
	施德法	副主任	1995.04—1996.06	
	朱世阳	副主任	1997.04—2000.03	
风景园林设计处	王金荣	处 长	2000.04—2013.03	
	凌 飞	副处长	2000.04—2010.03	
		副调研员	2010.04—2013.03	
	朱世阳	主任工程师	2000.04—2013.03	
规划设计处	楼 毅	处 长	2013.04—2019.04	
	陈国富	副处长	2013.04—2019.03	
	周固国	主任工程师	2013.04—2019.04	
规划设计处（工程咨询评估处）	徐 鹏	处 长	2019.05—2021.12	
	孙伟韬	副处长	2019.05—2021.12	
生态规划咨询处	徐 鹏	处 长	2021.12 至今	

附表 3-15 生态工程监测评估处

历史沿革	姓名	职务	任职时间	备注
生态监测处（碳汇计量监测处）	李明华	处 长	2013.04—2019.03	
	肖舜祯	副处长	2013.04—2019.03	
	张伟东	主任工程师	2013.04—2019.03	
	张现武	副处长	2018.02—2019.03	
生态工程监测评估处（碳汇计量监测处）	李明华	处 长	2019.04—2020.12	
	肖舜祯	副处长	2019.04—2020.12	
			2021.01—2021.07	主持工作
		处 长	2021.08—2021.12	
	唐学君	副处长	2019.05—2021.12	

（续表）

历史沿革	姓名	职务	任职时间	备注
生态工程监测评估处	肖舜祯	处　长	2021.12 至今	
	唐学君	副处长	2021.12 至今	

附表 3-16　碳汇计量监测处（海岸带生态监测评价处）

历史沿革	姓名	职务	任职时间	备注
生态监测处 （碳汇计量监测处）	李明华	处　长	2013.04—2019.03	
	肖舜祯	副处长	2013.04—2019.03	
	张伟东	主任工程师	2013.04—2019.03	
	张现武	副处长	2018.02—2019.03	
生态工程监测评估处 （碳汇计量监测处）	李明华	处　长	2019.04—2020.12	
	肖舜祯	副处长	2019.04—2020.12	
			2021.01—2021.07	主持工作
		处　长	2021.08—2021.12	
	唐学君	副处长	2019.05—2021.12	
碳汇计量监测处 （海岸带生态监测 评价处）	洪奕丰	副处长	2021.12 至今	主持工作
	姚顺彬	副处长	2021.12 至今	
	陆亚刚	副处长	2021.12 至今	

附表 3-17　信息技术处

历史沿革	姓名	职务	任职时间	备注
生产技术科 （内设电算组）	李仕彦	副科长	1985.02—1986.02	
	黄文秋	科　长	1986.03—1988.12	
	傅宾领	副科长	1986.03—1988.12	
	王克刚	主任工程师	1987.03—1988.12	
电算遥感室	郑若玉	主　任	1989.01—1991.02	
	项小强	副主任	1989.01—1991.02	
	聂祥永	副主任	1989.01—1991.02	
电算遥感中心	项小强	主　任	1991.03—1993.02	
	聂祥永	副主任	1991.03—1993.02	
	胡际荣	副主任	1991.03—1993.02	
	李维成	主　任	1993.03—1994.01	
	唐庆霖	副主任	1993.03—1996.03	
	韦希勤	主　任	1994.02—1997.03	
	项小强	主任工程师	1994.02—1997.03	
	聂祥永	副主任	1996.04—1997.03	

（续表）

历史沿革	姓名	职务	任职时间	备注
电算遥感室	韦希勤	主　任	1997.04—1998.05	
	聂祥永	副主任	1997.04—1998.05	
	项小强	主任工程师	1997.04—1998.05	
电算遥感中心	韦希勤	主　任	1998.06—1999.03	
	聂祥永	副主任	1998.06—1999.03	
	项小强	主任工程师	1998.06—1999.03	
电算遥感室	韦希勤	主　任	1999.04—1999.07	
	聂祥永	副主任	1999.04—1999.07	
			1999.08—2000.03	主持工作
	项小强	主任工程师	1999.04—2000.03	
计算中心	聂祥永	主　任	2000.04—2002.02	
	王金治	副主任	2000.04—2002.02	
3S技术中心	吴文跃	主　任	2002.03—2013.03	
	胡际荣	副主任	2002.03—2002.06	
	王金治	副主任	2002.03—2004.02	
	姚顺彬	副主任	2004.03—2013.03	
	黄先宁	主任工程师	2004.03—2013.03	
信息技术处	吴文跃	处　长	2013.04—2019.03	
	姚顺彬	副处长	2013.04—2019.03	
			2019.04—2021.06	主持工作
	黄先宁	主任工程师	2013.04—2017.01	
	张志宏	主任工程师	2017.08—2019.03	
	张伟东	副处长	2019.04—2021.12	
	徐旭平	副处长	2019.05—2021.12	
			2021.12至今	主持工作
	张现武	副总工程师	2021.07—2021.12	主持工作
	陆亚刚	副处长	2021.08—2021.12	

附表 3-18　林草火灾监测评估处（野生动植物调查监测处）

历史沿革	姓名	职务	任职时间	备注
林草火灾监测评估处（野生动植物调查监测处）	孙伟韬	副处长	2021.12至今	主持工作

附表 3-19 ～附表 3-26 为 1984—2000 年曾设立的机构。

附表 3-19 资源监测室

历史沿革	姓名	职务	任职时间	备注
资源监测室	陈家旺	副主任	1984.01—1986.02	
	黄文秋	副主任	1984.01—1985.01	
	徐太田	主任工程师	1984.01—1986.02	
	项小强	副主任	1985.02—1986.02	

附表 3-20 专业调查室

历史沿革	姓名	职务	任职时间	备注
专业调查室	郑若玉	副主任	1984.01—1986.02	
	陈家旺	主任	1987.03—1988.12	
	肖永林	主任工程师	1987.03—1991.02	
	周琪	副主任	1989.01—1991.02	

附表 3-21 资源监测三室

历史沿革	姓名	职务	任职时间	备注
资源监测三室	郑若玉	主任	1991.03—1993.02	兼主任工程师
	马云峰	副主任	1991.03—1993.02	

附表 3-22 科技情报室

历史沿革	姓名	职务	任职时间	备注
科技情报室	项小强	副主任	1984.01—1985.01	
	许淑英	副主任	1984.01—1985.01	
	吴继康	副主任	1985.02—1988.12	
	江一平	主任	1986.03—1987.02	
	朱淑姣	主任	1987.03—1988.12	
	李文斗	副主任	1989.01—1991.02	
	朱淑姣	主任	1991.03—1992.08	
	李文斗	主任	1992.08—1993.02	

附表 3-23 基建办公室

历史沿革	姓名	职务	任职时间	备注
基建办公室	江一平	主任（兼）	1985.02—1986.02	
	周世勤	副主任	1985.02—1986.02	
	王兆华	主任	1993.03—1994.01	
	徐广英	副主任	1993.03—1994.01	

附表 3-24　成品制图室

历史沿革	姓名	职务	任职时间	备注
成品制图室	李仕彦	主　任	1986.03—1988.12	
	禹三春	副主任	1986.03—1988.12	

附表 3-25　经营处

历史沿革	姓名	职务	任职时间	备注
经营处	王兆华	主任、调研员	1994.02—2000.03	1997.04 任调研员
	李永岩	副主任	1994.02—1995.03	
	李永岩	主　任	1997.04—2000.03	

附表 3-26　图形图像处

历史沿革	姓名	职务	任职时间	备注
图形图像处	胡际荣	副处长	2000.04—2002.02	

附录4　人大代表、政协委员一览

序号	时间	人大代表或政协委员	姓名	备注
1	1984—1985 年	中国人民政治协商会议浙江省金华市第五届委员会委员	周世勤	地辖市
2	1985—1990 年	中国人民政治协商会议浙江省金华市第一届委员会委员	许淑英	
3	1990—1993 年	金华市婺城区第二届人民代表大会代表	林　进	
4	1990—1995 年	中国人民政治协商会议浙江省金华市第二届委员会委员	邱尧荣	
5	1995—2000 年	中国人民政治协商会议浙江省金华市第三届委员会委员	邱尧荣	
6	2000—2005 年	中国人民政治协商会议浙江省金华市第四届委员会委员	邱尧荣	
7	2005—2010 年	中国人民政治协商会议浙江省金华市第五届委员会委员	李文斗	
8	2012—2016 年	杭州市江干区第十四届人民代表大会代表	凌　飞	
9	2017—2021 年	杭州市江干区第十五届人民代表大会代表	凌　飞	
10	2022 年至今	中国人民政治协商会议杭州市上城区第一届委员会委员	郑　宇	

附录 5　院级以上先进集体一览

获奖时间	获奖名称	基层组织名称	颁奖单位
1982 年	华东队先进集体	第一资源室三组、第二资源室二组、综合调查室专业组	华东队
1986 年	华东院先进集体	调查规划二室	华东院
	全国林业调查规划设计先进集体	调查规划二室	林业部
1987 年	华东院先进科室	调查规划一室、政治处	华东院
	华东院先进班组	调查规划一室一小队、调查规划二室三小队、规划室沿海防护林组、专业室东北调查组、成品室绘图组、情报室《华东森林经理》编辑部、生产技术科电算组、政治处人保组、办公室司机班、办公室财务组	华东院
	华东院先进团支部	调查规划一室团支部	华东院党委
	黑板报竞赛三等奖	华东院团委	共青团金华市委
1988 年	全国林业调查规划科技情报网先进集体	科技情报室	全国林业调查规划科技情报网
	金华市绿化先进集体	华东院	金华市绿化委员会
1989 年	华东院先进党支部	资源监测一室党支部	华东院党委
	华东院先进集体	红星林业局二类资源调查组、遥感电算室、总工办	华东院
	华东院先进团支部	资源监测二室团支部	华东院党委
	金华市优秀团组织	华东院团委	共青团金华市委
	金华市颁发团员证先进团委	华东院团委	共青团金华市委
1990 年	华东院先进党支部	第七党支部	华东院党委
	华东院先进团支部	专业调查室团支部	华东院党委
	金华市先进团委	华东院团委	共青团金华市委
1991 年	华东院先进党支部	第六党支部	华东院党委
	华东院先进科室	遥感电算中心、计划财务科	华东院
	华东院先进团支部	第五团支部	华东院党委
	金华市卫生先进单位	华东院	金华市爱卫会
1992 年	华东院先进党支部	第五党支部	华东院党委
	华东院先进科室	资源监测一室、总工办	华东院
	金华市直机关先进基层党组织	第五党支部	金华市直机关工委
	华东院先进团支部	电算遥感中心团支部	华东院党委
	金华市先进团委	华东院团委	共青团金华市委
1993 年	华东院先进党支部	第一党支部	华东院党委
	金华市文明单位	华东院	中共金华市委 金华市人民政府

（续表）

获奖时间	获奖名称	基层组织名称	颁奖单位
1994 年	华东院先进党支部	第五党支部	华东院党委
	华东院先进科室	政工处、园林工程设计室	华东院
	华东院先进团支部	电算遥感中心团支部	华东院党委
	金华市直机关先进基层党组织	第五党支部	金华市直机关工委
	金华市先进团组织	华东院团委	共青团金华市委
	金华市花园式单位	华东院	金华市文明办
1995 年	华东院先进党支部	第五党支部	华东院党委
	华东院先进处室	生产技术处	华东院
	全国林业系统"二·五"普法先进单位	华东院	林业部
	金华市直机关先进基层党组织	第五党支部	金华市直机关工委
	金华市绿化达标单位	华东院	金华市人民政府
1996 年	华东院先进党支部	第五党支部	华东院党委
	华东院先进处室	政工处、调查规划二室	华东院
	金华市直机关先进基层党组织	第五党支部	金华市直机关工委
1997 年	华东院先进党支部	第三党支部	华东院党委
	华东院先进处室	调查规划一室、生产技术处	华东院
1998 年	华东院先进党支部	第七党支部	华东院党委
	华东院先进处室	电算遥感室、生产技术处	华东院
	金华市直机关先进基层党组织	第七党支部	金华市直机关工委
1999 年	华东院先进党支部	第五党支部、第六党支部	华东院党委
	华东院先进处室	电算遥感室	华东院
	全国森林资源林政管理先进单位	华东院	国家林业局
2000 年	华东院先进党支部	第六党支部	华东院党委
	华东院先进处室	财务资产处、资源环境监测二处	华东院
	金华市直机关先进基层党组织	第六党支部	金华市直机关工委
2001 年	华东院先进党支部	第二党支部	华东院党委
	华东院先进处室	生产技术处、资源环境监测二处	华东院
	西藏自治区森林资源连续清查工作突出贡献单位	华东院	国家林业局
2002 年	华东院先进党支部	第二党支部	华东院党委
	华东院先进处室	财务资产处、3S 技术中心	华东院
	金华市直机关先进基层党组织	第二党支部	金华市直机关工委
2003 年	华东院先进党支部	第二党支部	华东院党委
	华东院先进处室	生产技术处、3S 技术中心	华东院
2004 年	华东院先进党支部	第三党支部	华东院党委

（续表）

获奖时间	获奖名称	基层组织名称	颁奖单位
2004 年	华东院先进处室	财务资产处、风景园林设计处	华东院
	金华市直机关先进基层党组织	第二党支部	金华市直机关工委
2005 年	华东院先进党支部	第二党支部	华东院党委
	华东院先进处室	资源环境监测二处	华东院
	全国森林资源管理先进单位	华东院	国家林业局
	第六次全国森林资源清查工作先进单位	华东院	国家林业局
	干部人事档案目标管理三级单位	华东院	国家林业局
2006 年	华东院先进党支部	第五党支部	华东院党委
	华东院先进处室	3S 技术中心、财务资产处	华东院
	全国林业科技工作先进集体	华东院	国家林业局
2007 年	华东院先进党支部	第一党支部	华东院党委
	华东院先进处室	3S 技术中心、财务资产处	华东院
2008 年	华东院先进党支部	第二党支部	华东院党委
	华东院先进处室	办公室、资源环境监测一处	华东院
	金华市直机关先进基层党组织	第二党支部	金华市直机关工委
2009 年	华东院先进党支部	第五党支部	华东院党委
	华东院先进处室	财务资产处、3S 技术中心	华东院
	第七次全国森林资源清查工作先进单位	3S 技术中心	国家林业局
	金华市区"慈善一日捐"最佳组织单位	华东院	金华市慈善总会
2010 年	华东院先进党支部	第一党支部	华东院党委
	华东院先进处室	3S 技术中心、财务资产处	华东院
	金华市直机关先进基层党组织	第一党支部	金华市直机关工委
2011 年	华东院先进党支部	第二党支部	华东院党委
	华东院先进处室	资源环境监测一处、办公室	华东院
2012 年	华东院先进党支部	第三党支部	华东院党委
	华东院先进处室	风景园林设计处、办公室	华东院
2013 年	华东院先进党支部	第二党支部、第六党支部	华东院党委
	华东院先进处室	信息技术处、财务资产处	华东院
2014 年	华东院先进党支部	第一党支部、第五党支部	华东院党委
	华东院先进处室	资源监测二处、财务资产处	华东院
	中国林业年鉴组织奖	华东院	国家林业局
2015 年	华东院先进党支部	第二党支部、第九党支部	华东院党委
	华东院先进处室	信息技术处、财务资产处	华东院
	浙江省直机关先进基层党组织	第一党支部	浙江省直机关工委

（续表）

获奖时间	获奖名称	基层组织名称	颁奖单位
2016 年	华东院先进党支部	第三党支部、第六党支部	华东院党委
	华东院先进处室	资源监测一处、后勤服务中心	华东院
2017 年	华东院先进党支部	第五党支部、第九党支部	华东院党委
	华东院先进处室	资源监测一处、人事处	华东院
2018 年	华东院先进党支部	第一党支部、第二党支部、第六党支部	华东院党委
	华东院先进处室	规划设计处、财务资产处	华东院
2019 年	华东院先进党支部	第三党支部、第六党支部、第十一党支部	华东院党委
	华东院先进处室	森林资源监测一处、信息技术处、人事处、计划财务处	华东院
	全国生态建设突出贡献奖先进集体	规划设计处	国家林业和草原局
	国家林业和草原局优秀信息单位	华东院	全国林业信息化工作领导小组办公室
	浙江省直机关先锋支部	第一党支部	浙江省直机关工委
	浙江省直属机关纪念五四运动100 周年主题活动突出贡献集体	华东院团委	浙江省直机关团工委
2020 年	华东院先进党支部	第一党支部、第三党支部、第五党支部、第九党支部	华东院党委
	华东院先进处室	森林资源监测一处、森林资源监测二处、规划设计处、办公室、党委办公室（工会办公室）、行政后勤处	华东院
	浙江省直机关先进职工之家	华东院工会	浙江省直机关工会
	浙江省文明单位	华东院	中共浙江省委浙江省人民政府
2021 年	华东院先进党支部	第一党支部、第四党支部、第五党支部、第九党支部	华东院党委
	华东院先进处室	森林资源监测一处、规划设计处、生态工程咨询评估处、人事处、计划财务处、生产技术管理处（总工办）	华东院
	浙江省直机关先进基层党组织	华东院第九党支部	浙江省直机关工委
	全省松材线虫病防治工作和全面禁止非法交易、滥食野生动物工作突出贡献集体	华东院	浙江省人民政府
	乡村振兴与定点帮扶工作突出贡献单位	华东院	国家林业和草原局乡村振兴与定点帮扶工作领导小组办公室
	优秀领导班子	华东院领导班子	国家林业和草原局
2022 年	国家林草生态综合监测评价工作贡献突出单位	华东院	国家林业和草原局

附录6 院级以上先进（优秀）个人一览

获奖时间	获奖名称	获奖人员	颁奖单位
1982 年	华东队先进工作者	叶耀坤、王恩民、郑诗强、金子光、陈新林、苏文元、郑若玉、胡为民、张三妹	华东队
1983 年	华东队先进工作者	沈雪初、汪益雷、郑诗强、朱世阳、李志强、江一平、余友杏、李永岩、傅宾领、郑若玉、肖永林、汪艳霞、王世滨、戴润成、蔡旺良、张铭新、郭在标	华东队
1984 年	华东队优秀共产党员	钱雅弟	华东队党委
	华东队先进工作者	董直云、潘瑞林、蔡旺良、郑竹梅、干桃珍、徐太田、唐庆霖、岑伯军、沈雪初、王永明、胡为民、马灿亮、周琪、唐壮如、王永建、王子敬	华东队
	华东队优秀共青团员	李文斗、唐庆霖、毛行元、冯利宏	华东队党委
	福建省森林资源连续清查第一次复查先进工作者	毛行元	三明市林业委员会
1985 年	华东队优秀共产党员	李永岩、徐太田	华东队党委
	华东队先进工作者	郑诗强、冯利宏、陈金海、黄泽云、何时珍、马云峰、吴家根、王世滨、傅宾领、葛宏立、张书银、蔡旺良、王桃珍、李瑞泰、毛行元、董直云、凌飞、唐壮如、余友杏、王永建、吴有存、胡为民	华东队
	华东队优秀共青团员	马云峰、冯利宏、张六汀、李岳云	华东队党委
1986 年	华东院先进工作者	毛行元、李士玮、徐贞玉、王子敬、吴有存、王桃珍、傅宾领、王克刚、宗汉恂、黄泽云、汪益雷、朱世阳、罗勇义、李永岩、王永明、张六汀、岑伯军、古育平、周琪、王世浩、郭在标、胡际荣、李文敏、王章才、胡兴夏、王永建、凌飞、李岳云	华东院
	林业调查规划设计先进个人	胡为民、蔡旺良、郑诗强	林业部
1987 年	华东院优秀共产党员	苏文元、高元龙	华东院党委
	华东院先进工作者	王恩民、周潮、傅宾领、王桃珍、罗勇义、何时珍、汪益雷、余彩秀、周元中、王金荣、王积富、张六汀、胡杏飞、丁荣兴、古育平、卢鹰、李文斗、张书银、袁薇、葛宏立、王永建、李岳云、毛志鸣、卢耀庚、王亚民、胡兴夏、李志强、聂祥永、冯利宏、张铭新、杨忠义、徐贞玉、周伟、李士玮、吴有存、申屠惠良	华东院
	华东院优秀共青团员	郭在标、卢鹰、陈溪兴、余平、王金荣、胡杏飞	华东院党委
1989 年	华东院优秀共产党员	马云峰、何时珍	华东院党委
	华东院先进工作者	何时珍、郑若玉、傅宾领、江一平、李永岩、韦希勤、李文斗、马云峰、张书银、董直云、吴文跃、俞高双、胡为民、陈火春、陈大钊、陈金海、黄泽云、苏文元、李明华、余平、丁荣兴、罗勇义、汪益雷、王金荣、卢耀庚、唐庆霖、郭在标、胡杏飞、顾黛英、李岳云、邱尧荣、张毅彪、王亚民、王荫棠、余友杏、高元龙、周伟、徐贞玉、蔡旺良、李士玮、吴秉信、毛行元、申屠惠良	华东院
	华东院优秀共青团员	卢鹰、杨铁东、张志宏、查印水、王宁	华东院党委
	金华市优秀共产党员	马云峰	中共金华市委

（续表）

获奖时间	获奖名称	获奖人员	颁奖单位
1990 年	华东院优秀共产党员	傅宾领、马云峰、王恩民	华东院党委
	华东院优秀管理干部	郑若玉、毛行元、周琪	华东院
	华东院先进工作者	罗培芳、王桂兰、顾黛英、王桃珍、李仕彦、王章才、唐壮如、丁荣兴、俞培忠、江学才、陈金海、顾金荣、苏文元、项小强、郭在标、李维成、邱尧荣、张书银、马云峰、董直云	华东院
	华东院优秀共青团员	张志宏、俞培忠、郭在标、余平	华东院党委
	金华市总工会优秀工会积极分子	李福菊	金华市总工会
	金华市优秀团干部	毛行元	共青团金华市委
	金华市优秀团员	张志宏	共青团金华市委
1991 年	华东院优秀共产党员	马云峰、李维成	华东院党委
	华东院优秀管理干部	胡际荣、韦希勤、古育平、周琪	华东院
	华东院先进工作者	卢耀庚、王桃珍、余海贵、周伟、陈槐圭、徐贞玉、王永明、蔡旺良、徐广英、鹿守知、王荫棠、张子龙、唐庆霖、李建华、李维成、陈金海、张六汀、丁荣兴、沈勇强、罗勇义、李明华、唐孝甲、汪益雷、郭在标、张书银、张键，卢鹰、姚贤林、胡为民、王恩民	华东院
	华东院优秀共青团员	姚顺彬、李律己、卢鹰、王宁、陈溪兴、胡杏飞	华东院党委
	金华市优秀团干部	王金荣	共青团金华市委
	金华市优秀团员	姚顺彬	共青团金华市委
1992 年	华东院优秀共产党员	项小强、马云峰、王恩民	华东院党委
	华东院优秀管理干部	江一平、何时珍、李志强	华东院
	华东院先进工作者	杨铁东、陈联峰、俞培忠、余平、张六汀、沈勇强、胡志寅、蒲永锋、罗勇义、郭在标、王洪波、王世浩、汪益雷、周潮、凌飞、朱勇强、肖永林、张金贵、李维成、张伟东、唐庆霖、黄先宁、陆灯盛、李文斗、张子龙、徐贞玉、王桂兰、吴有存、王云乔、袁钦祖、王亚民、徐广英、王克刚、汪艳霞、余友杏、卢耀庚、王桃珍、上官增前	华东院
	华东院优秀共青团员	张志宏、汪全胜、卢鹰、王柏昌、王宁、郦煜、李建华、李律己	华东院党委
	金华市直机关优秀共产党员	项小强	金华市直机关工委
	金华市直机关优秀党务工作者	毛行元	金华市直机关工委
	金华市优秀团干部	张志宏	共青团金华市委
	金华市优秀团员	汪全胜	共青团金华市委
1993 年	华东院优秀共产党员	卢耀庚、周琪	华东院党委
	华东院优秀管理干部	蔡旺良、王恩民	华东院
	华东院先进工作者	杨忠义、徐贞玉、汪艳霞、郭在标、王永明、杨铁东、查印水、岑伯军、张六汀、陈春雷	华东院

（续表）

获奖时间	获奖名称	获奖人员	颁奖单位
1993 年	华东院优秀共青团员	汪全胜、陈春雷、陈溪兴	华东院党委
	金华市直机关优秀共产党员	卢耀庚、周琪	金华市直机关工委
1994 年	华东院优秀共产党员	蔡旺良、王金治、黄泽云	华东院党委
	华东院优秀党务工作者	卢耀庚	华东院党委
	华东院优秀管理干部	周琪、马云峰、王金荣	华东院
	华东院先进工作者	徐贞玉、胡为民、刘强、周元中、王积富、陈火春、楼毅、查印水、吴荣辉、葛宏立、施德法、朱世阳、杨忠义、杨晶、郑诗强、申屠惠良	华东院
	华东院优秀共青团员	杨铁东、夏旭蔚、张伟东	华东院党委
	全国林业行业思想政治优秀工作者	卢耀庚	林业部
	金华市直机关优秀共产党员	蔡旺良	金华市直机关工委
	金华市直机关优秀党务工作者	卢耀庚	金华市直机关工委
	金华市优秀团干部	汪全胜	共青团金华市委
	金华市优秀团员	楼毅	共青团金华市委
1995 年	华东院优秀共产党员	蔡旺良、王金治、陈金海	华东院党委
	华东院优秀管理干部	李志强、蔡旺良	华东院
	华东院先进工作者	陈金海、王积富、邱尧荣、吴文跃、张六汀、张茂震、王金治、凌飞、胡杏飞、陈槐圭、王海霞、王荫棠	华东院
	金华市直机关优秀共产党员	蔡旺良	金华市直机关工委
	金华市直机关优秀党务工作者	毛行元	金华市直机关工委
	金华市"二五"普法先进个人	卢耀庚	金华市人民政府
	金华市爱国卫生先进个人	戴润成	金华市爱卫会
1996 年	华东院优秀共产党员	卢耀庚、葛宏立、李明华	华东院党委
	华东院优秀党务工作者	毛行元	华东院党委
	华东院优秀管理干部	卢耀庚、蔡旺良、李明华、古育平	华东院
	华东院先进工作者	罗勇义、唐孝甲、沈勇强、查印水、胡志寅、葛宏立、姚顺彬、陈文灿、凌飞、成安新、李文斗、王海霞、徐贞玉、郭在标、李岳云	华东院
	全国林业行业思想政治优秀工作者	周琪	林业部
	金华市直机关优秀共产党员	卢耀庚	金华市直机关工委
	金华市直机关优秀党务工作者	毛行元	金华市直机关工委
	金华市优秀工会积极分子	郑竹梅	金华市总工会
1997 年	华东院优秀共产党员	罗勇义、李永岩、申屠惠良	华东院党委
	华东院优秀管理干部	卢耀庚、王金荣、蔡旺良、马云峰	华东院

（续表）

获奖时间	获奖名称	获奖人员	颁奖单位
1997年	华东院先进工作者	罗勇义、刘强、周潮、沈勇强、黄泽云、陈溪兴、成安新、朱勇强、唐庆霖、周宗芳、郭在标、李文斗、徐贞玉、周伟、陈大钊	华东院
1998年	华东院优秀共产党员	马云峰、何时珍、岑伯军、郭在标	华东院党委
	华东院优秀党务工作者	毛行元	华东院党委
	华东院优秀管理干部	马云峰、何时珍、卢耀庚	华东院
	华东院先进工作者	杨铁东、唐孝甲、岑伯军、左宗贵、俞培忠、朱勇强、周固国、张伟东、胡际荣、张茂震、郭在标、朱淑姣、戴根君、王海霞、王荫棠	华东院
	华东院科技进步先进工作者	张茂震、姚顺彬、胡际荣、黄先宁、凌飞	华东院
	全国林业系统纪检监察先进工作者	李志强	林业部
	金华市直机关优秀共产党员	何时珍	金华市直机关工委
	金华市直机关优秀党务工作者	毛行元	金华市直机关工委
1999年	华东院优秀共产党员	卢耀庚、陈金海	华东院党委
	华东院优秀管理干部	卢耀庚、陈火春	华东院
	华东院先进工作者	刘强、王洪波、左宗贵、王积富、张键、凌飞、陈金海、吴荣辉、倪淑平、郑竹梅、陈槐圭、余彩秀、王荫棠	华东院
	优秀局管干部	傅宾领	国家林业局
	全国森林资源林政管理先进个人	傅宾领、陈金海	国家林业局
2000年	华东院优秀共产党员	唐庆霖	华东院党委
	华东院优秀党务工作者	李志强	华东院党委
	华东院优秀管理干部	李明华	华东院
	华东院先进工作者	唐庆霖、胡杏飞、徐贞玉、钱红、王洪波、余平、左宗贵、胡志寅、姚顺彬、吴荣辉、周固国	华东院
	金华市直机关优秀共产党员	唐庆霖	金华市直机关工委
	金华市直机关优秀党务工作者	李志强	金华市直机关工委
2001年	华东院优秀共产党员	李永岩、楼毅	华东院党委
	华东院优秀党务工作者	毛行元	华东院党委
	华东院优秀管理干部	吴文跃、李永岩、李明华	华东院
	华东院先进工作者	杨铁东、张金贵、楼毅、胡志寅、张伟东、黄先宁、吴光、唐庆霖、胡杏飞、周伟、钱红	华东院
	西藏自治区森林资源连续清查工作突出贡献个人	何时珍、邱尧荣、李明华、李永岩、杨铁东、陈联峰、王积富、张伟东、左宗贵、姚顺彬、沈勇强、张金贵、李岳云、胡志寅、楼毅	国家林业局
2002年	华东院优秀共产党员	申屠惠良、张六汀	华东院党委
	华东院优秀党务工作者	李永岩	华东院党委
	华东院优秀管理干部	申屠惠良、王金荣、蔡旺良	华东院

（续表）

获奖时间	获奖名称	获奖人员	颁奖单位
2002 年	华东院先进工作者	张金贵、杨铁东、王积富、岑伯军、胡健全、林辉、张六汀、唐庆霖、徐贞玉、杨健、钱红	华东院
	金华市直机关优秀共产党员	申屠惠良	金华市直机关工委
	金华市直机关优秀党务工作者	李永岩	金华市直机关工委
2003 年	华东院优秀共产党员	蔡旺良、肖舜祯、岑伯军	华东院党委
	华东院优秀管理干部	蔡旺良、李明华	华东院
	华东院先进工作者	唐孝甲、肖舜祯、岑伯军、楼毅、张伟东、查印水、周固国、郭在标、陈槐圭、徐贞玉	华东院
	金华市优秀工会工作者	周琪	金华市总工会
2004 年	华东院优秀共产党员	申屠惠良、唐孝甲	华东院党委
	华东院优秀党务工作者	毛行元	华东院党委
	华东院优秀管理干部	李永岩、申屠惠良、蔡旺良	华东院
	华东院先进工作者	唐孝甲、郦煜、杨铁东、左宗贵、岑伯军、胡志寅、李英升、查印水、张伟东、周固国、朱勇强、吴云江、杨健、郭在标、唐庆霖、黄磊建	华东院
	国家林业局林业政务信息工作先进个人	楼毅	国家林业局
	国家林业局森林资源监测工作先进个人	韦希勤、聂祥永、李永岩、陈火春	国家林业局
	上海市森林资源调查先进个人	李明华、李英升、沈勇强、王积富	上海市农林局
	金华市直机关优秀共产党员	蔡旺良	金华市直机关工委
	金华市直机关优秀党务工作者	毛行元	金华市直机关工委
2005 年	华东院优秀共产党员	李明华、黄磊建	华东院党委
	华东院优秀管理干部	李明华、吴文跃、蔡旺良	华东院
	华东院先进工作者	唐孝甲、张金贵、郦煜、肖舜祯、蒲永锋、李英升、林辉、查印水、朱勇强、周固国、吴云江、杨健、郑云峰、李文斗、黄磊建	华东院
	国家林业局林业政务信息工作先进个人	楼毅	国家林业局
	全国第六次森林资源清查工作先进个人	何时珍、聂祥永、姚顺彬、胡建全、王金治、张伟东	国家林业局
2006 年	华东院优秀共产党员	蔡旺良、申屠惠良、徐鹏	华东院党委
	华东院优秀党务工作者	李志强	华东院党委
	华东院优秀管理干部	王金荣、吴文跃、蔡旺良、申屠惠良	华东院
	华东院先进工作者	张金贵、唐孝甲、陈建义、沈勇强、王积富、郑宇、林辉、吴荣辉、姚贤林、徐鹏、唐庆霖、李岳云、周伟、钱红、陈大钊	华东院
	全国优秀林业科技工作者	姚顺彬	国家林业局
	全国沿海防护林体系建设先进个人	陈大钊	国家林业局

（续表）

获奖时间	获奖名称	获奖人员	颁奖单位
2006 年	全国林业系统"四五"普法宣传教育先进个人	毛行元	国家林业局
2007 年	华东院优秀共产党员	蔡旺良、陈国富	华东院党委
	华东院优秀党务工作者	毛行元	华东院党委
	华东院优秀管理干部	蔡旺良、聂祥永、李明华、李永岩	华东院
	华东院先进工作者	杨铁东、王柏昌、陈国富、陈溪兴、许贵昌、左宗贵、张伟东、胡健全、朱磊、姚贤林、过珍元、戴润成、王宁、陈槐圭、陈大钊、余彩秀	华东院
2008 年	华东院优秀共产党员	蔡旺良、肖舜祯	华东院党委
	华东院优秀党务工作者	毛行元	华东院党委
	华东院优秀管理干部	蔡旺良、吴文跃	华东院
	华东院先进工作者	罗细芳、唐孝甲、张金贵、岑伯军、肖舜祯、徐志扬、沈勇强、胡健全、徐旭平、朱勇强、王涛、李岳云、陈昌华、胡杏飞、李文斗、钱红	华东院
	全国退耕还林工程 2008 年度阶段验收先进个人	韦希勤、罗细芳、岑伯军	国家林业局
	金华市直机关优秀共产党员	蔡旺良	金华市直机关工委
	金华市直机关优秀党务工作者	毛行元	金华市直机关工委
2009 年	华东院优秀共产党员	朱磊、唐庆霖	华东院党委
	华东院优秀党务工作者	毛行元	华东院党委
	华东院优秀管理干部	李明华、蔡旺良、杨健	华东院
	华东院先进工作者	陈新林、卢卫峰、陈国富、徐志扬、肖舜祯、胡志寅、林辉、朱磊、朱勇强、徐鹏、汪全胜、陈昌华、王宁、唐庆霖、钱红	华东院
	第七次全国森林资源清查工作先进个人	何时珍、聂祥永、姚顺彬、胡建全、查印水、张伟东	国家林业局
2010 年	华东院优秀共产党员	罗细芳、黄磊建	华东院党委
	华东院优秀党务工作者	王金荣	华东院党委
	华东院优秀管理干部	蔡旺良、聂祥永、王金荣、刘强、杨健、李志强	华东院
	华东院先进工作者	王柏昌、罗细芳、陈火春、古力、唐学君、岑伯军、张现武、郑宇、张伟东、胡健全、过珍元、初映雪、戴守斌、杨铁东、李岳云、王宁、陈大钊、黄磊建	华东院
	金华市直机关优秀共产党员	罗细芳	金华市直机关工委
	金华市直机关优秀党务工作者	王金荣	金华市直机关工委
2011 年	华东院优秀共产党员	唐庆霖、孙伟韬	华东院党委
	华东院优秀党务工作者	毛行元	华东院党委
	华东院优秀管理干部	王金荣、李明华、蔡旺良、杨健	华东院
	华东院先进工作者	张金贵、陈建义、卢佶、卢卫峰、张现武、蒲永锋、李英升、田晓晖、孙伟韬、王亚卿、林辉、周蔚、骆钦锋、徐鹏、戴守斌、郑根清、戴根君、王宁、胡杏飞、唐庆霖、戴润成	华东院

（续表）

获奖时间	获奖名称	获奖人员	颁奖单位
2011 年	全国林业系统"五五"普法宣传教育先进个人	毛行元	国家林业局
	全国保护森林和野生动植物资源先进个人	李明华、查印水	国家林业局
2012 年	华东院优秀共产党员	楼毅、徐鹏	华东院党委
	华东院优秀党务工作者	杨健	华东院党委
	华东院优秀管理干部	吴文跃、刘强、蔡旺良、楼毅	华东院
	华东院先进工作者	郦煜、逯登斌、唐学君、古力、郑云峰、郑宇、左宗贵、孙永涛、张伟东、徐旭平、孙伟韬、过珍元、徐鹏、王涛、吴云江、王宁、胡杏飞、黄磊建	华东院
2013 年	华东院优秀共产党员	刘强、徐鹏、洪奕丰、马驰	华东院党委
	华东院优秀党务工作者	毛行元、杨健	华东院党委
	华东院优秀管理干部	朱磊、王金荣、李明华、刘强、聂祥永	华东院
	华东院先进工作者	张金贵、王柏昌、洪奕丰、徐鹏、郑宇、许贵昌、孙伟韬、徐旭平、陆亚刚、徐志扬、吴昊、马驰、张现武、李英升、马婷、王云乔、李文斗、周宗芳	华东院
2014 年	华东院优秀共产党员	楼毅、黄磊建、马婷、骆钦锋	华东院党委
	华东院优秀党务工作者	罗细芳、杨健	华东院党委
	华东院优秀管理干部	楼毅、吴文跃、王金荣、聂祥永、刘强、马鸿伟	华东院
	华东院先进工作者	郦煜、卢佶、陈建义、陈联峰、戴守斌、唐扬龙、孙伟韬、陆亚刚、周蔚、骆钦锋、钱逸凡、傅宇、张现武、唐学君、黄磊建、马婷、李岳云、胡杏飞	华东院
	浙江省直机关优秀共产党员	刘强	浙江省直机关工委
	浙江省直机关优秀党务工作者	毛行元	浙江省直机关工委
	浙江省优秀共青团员	张国威	共青团浙江省委
2015 年	华东院优秀共产党员	刘强、马鸿伟、郑云峰、陈国富、岑伯军、孙永涛	华东院党委
	华东院优秀党务工作者	毛行元、骆钦锋	华东院党委
	华东院优秀管理干部	王金荣、李明华、刘强、马鸿伟、陈火春、杨铁东、郑云峰、陈国富	华东院
	华东院先进工作者	陈新林、卢卫峰、孙永涛、张金贵、田晓晖、岑伯军、郑宇、许贵昌、唐扬龙、徐鹏、徐志扬、徐旭平、孙伟韬、陆亚刚、刘诚、初映雪、胡娟娟、李红、李英升、唐学君、万泽敏、张溪芸、陈昌华、胡杏飞、周宗芳、钱红	华东院
	浙江省直机关优秀共产党员	陈国富	浙江省直机关工委
	浙江省直机关优秀党务工作者	罗细芳	浙江省直机关工委
2016 年	华东院优秀共产党员	郑云峰、刘强、楼毅、刘诚、张现武、张六汀、徐旭平、唐庆霖	华东院党委
	华东院优秀党务工作者	毛行元、杨健、骆钦锋	华东院党委
	华东院优秀管理干部	刘强、楼毅、蔡旺良、马鸿伟、吴文跃、郑云峰、张伟东、王涛	华东院

（续表）

获奖时间	获奖名称	获奖人员	颁奖单位
2016 年	华东院先进工作者	陈建义、卢估、孙庆来、张金贵、王洪波、左松源、张林、郑宇、许贵昌、唐扬龙、康乐、查印水、徐志扬、刘诚、徐旭平、刘骏、郑彦超、吴昊、张现武、左宗贵、万泽敏、李岳云、陈昌华、胡杏飞、唐庆霖、钱红、张六汀	华东院
	浙江省"万名好党员"	陈国富	浙江省直机关工委
	浙江省直机关优秀共青团员	周原驰	浙江省直机关团工委
2017 年	华东院优秀共产党员	刘强、黄磊建、洪奕丰、楼毅、杨铁东、严冰晶、钱逸凡、孙伟韬	华东院党委
	华东院优秀党务工作者	毛行元、马婷、骆钦锋	华东院党委
	华东院优秀管理干部	楼毅、吴文跃、李明华、王金荣、刘强、聂祥永、黄磊建、杨铁东	华东院
	华东院先进工作者	尹准生、卢估、洪奕丰、张金贵、孙永涛、卢卫峰、张林、严冰晶、岑伯军、戴守斌、唐扬龙、徐志扬、孙伟韬、陆亚刚、徐旭平、朱勇强、钱逸凡、初映雪、张现武、唐学君、周宗芳、李文斗、钱红、李玉明、曹顺华	华东院
	华东院优秀工会干部	王宁、胡杏飞	华东院工会
	华东院优秀工会积极分子	陈未亚、孙清琳、吴荣辉、唐庆霖、陈大钊、李红、古力、郭含茹	华东院工会
	林业职工思想政治工作优秀工作者	毛行元	中国林业职工思想政治工作研究会
	浙江省直机关优秀共产党员	楼毅	浙江省直机关工委
	浙江省直机关优秀党务工作者	毛行元	浙江省直机关工委
2018 年	华东院优秀共产党员	唐庆霖、楼毅、毛行元、郑云峰、唐学君、洪奕丰、陈大钊、徐鹏、马婷	华东院党委
	华东院优秀党务工作者	杨健、马驰、罗细芳	华东院党委
	华东院优秀管理干部	楼毅、吴文跃、李明华、毛行元、陈火春、杨铁东、郑云峰、徐鹏	华东院
	华东院先进工作者	张金贵、王洪波、卢估、洪奕丰、李国志、尹准生、沈勇强、蒲永锋、康乐、张林、周原驰、孙伟韬、胡建全、陈未亚、陆亚刚、徐志扬、刘骏、傅宇、翁远玮、胡志寅、唐学君、郑春茂、马婷、陈大钊、唐庆霖、沈旗栋	华东院
	华东院优秀工会干部	王宁、钱红	华东院工会
	华东院优秀工会积极分子	吴荣辉、胡杏飞、唐庆霖、王柏昌、马婷、李红、陈国富、郑宇	华东院工会
2019 年	华东院优秀共产党员	王涛、楼毅、陈火春、陆亚刚、严冰晶、唐扬龙、张六汀、郭含茹、金完璧	华东院党委
	华东院优秀党务工作者	杨铁东、王金荣、马驰	华东院党委
	华东院优秀管理干部	楼毅、王涛、徐鹏、陈火春、郑宇、康乐、戴守斌	华东院

（续表）

获奖时间	获奖名称	获奖人员	颁奖单位
2019年	华东院先进工作者	张国威、刘诚、王柏昌、孙清琳、陈建义、唐扬龙、查印水、夏旭蔚、陆亚刚、徐志扬、张振中、李领寰、刘俊、胡志寅、郭含茹、沈娜娉、孙庆来、钱逸凡、刘骏、傅宇、胡娟娟、严冰晶、郑彦超、张溪芸、张六汀、金完璧、田晓晖、余彩秀	华东院
	华东院优秀工会干部	马婷、陈未亚	华东院工会
	华东院优秀工会积极分子	胡杏飞、唐庆霖、初映雪、古力、朱丹、高天伦、刘海、郑晔施	华东院工会
	全国生态建设突出贡献先进个人	陈火春	国家林业和草原局
	国家林业和草原局十佳信息员	施园	全国林业信息化工作领导小组办公室
	杭州市全域土地综合整治和土地要素保障工作先进个人	孙清琳	杭州市人民政府
	浙江省直属机关纪念五四运动100周年主题活动突出贡献个人	孙清琳	浙江省直机关团工委
2020年	华东院优秀共产党员	王丹、唐扬龙、郭含茹、徐旭平、刘骏、吴迎霞、严冰晶、洪奕丰、唐庆霖、朱丹、李建华	华东院党委
	华东院优秀党务工作者	杨铁东、马驰、罗瑶尚佳	华东院党委
	华东院优秀管理干部	陈国富、陈火春、黄磊建、楼毅、肖舜祯、徐鹏、张现武、郑云峰	华东院
	华东院先进工作者	曹元帅、岑伯军、陈美佳、陈伟、丁艳、高天伦、胡娟娟、胡洵瑀、黄奕超、李国志、李红、李英升、郦煜、刘诚、刘海、卢卫峰、马婷、钱逸凡、任开磊、沈娜娉、沈旗栋、盛宣才、孙清琳、万泽敏、吴昊、吴云江、叶楠、尹准生、张林、张振中、赵森晖、周蔚	华东院
	华东院优秀工会干部	初映雪、陆亚刚	华东院工会
	华东院优秀工会积极分子	张国威、孙明慧、吴荣辉、陈未亚、张亮亮、张溪芸、田晓晖、熊琦婧、张志宏	华东院工会
	优秀局管干部	马鸿伟	国家林业和草原局
	浙江省直机关优秀共产党员	康乐	浙江省直机关工委
	浙江省森林生态保护突出贡献个人	洪奕丰	浙江省林业局
2021年	华东院优秀共产党员	刘诚、孙清琳、罗细芳、岑伯军、张现武、刘海、肖舜祯、钱逸凡、高天伦、朱丹、严冰晶、王宁	华东院党委
	华东院优秀党务工作者	马驰、张志宏、罗瑶尚佳	华东院党委
	华东院优秀管理干部	王涛、杨铁东、黄磊建、陈国富、郑云峰、楼毅、洪奕丰、郑宇	华东院
	华东院先进工作者	施园、郑春茂、陈美佳、陈大钊、唐庆霖、尹准生、王丹、胡杏飞、左松源、蔡茂、黄奕超、周原驰、卢卫峰、古力、丁艳、张阳、刘龙龙、陈文灿、张振中、吕延杰、李领寰、李建华、施凌皓、王铮屹、何佳欢、左奥杰、张林、沈娜娉、陈未亚、陈联峰、胡屾、张亮亮	华东院

（续表）

获奖时间	获奖名称	获奖人员	颁奖单位
2021年	华东院优秀工会干部	马婷、初映雪	华东院工会
	华东院优秀工会积极分子	陈未亚、郭含茹、古力、唐庆霖、金完璧、李红、耿思文、吴云江、吴荣辉、林荫	华东院工会
	浙江省直机关优秀党务工作者	杨铁东	浙江省直机关工委
	全省松材线虫病防治工作和全面禁止非法交易、滥食野生动物工作突出贡献个人	刘道平	浙江省人民政府
	年度考核优秀个人	马鸿伟	国家林业和草原局
2022年	浙江省巾帼建功标兵	马婷	浙江省妇女联合会
	国家林草生态综合监测评价工作贡献突出个人	何时珍、徐志扬、李领寰、刘诚	国家林业和草原局

附录7　院级以上其他各类荣誉人员一览

获奖时间	获奖名称	获奖人员	颁奖单位
1984 年	五好家庭	禹三春、林进	华东队
	首届劲松奖	黄文秋、汪艳霞、肖永林、姜永高、丁荣兴、董直云	中国林学会
1986 年	五好家庭	禹三春、林进	金华市婺城区人民政府
1986 年	卫生之家	许淑英、刘月辉、张铭新、李文敏	金华市爱卫会
1987 年	第二届劲松奖	郑旭辉、周崇友、张铭新、王克刚、吴继康、土业民、土子敬、许淑英、徐太田、土恩民、余友杏、宗汉恂、周世勤、李仕彦、袁薇、胡兴夏、游学樵、唐壮如、沈雪初、江一平、陈家旺、张书银、鹿守知、王家贵、娄文英、李文敏、郑若玉、胡为民、毛志鸣、金子光、王碧莲	中国林学会
1988 年	林业战线工作二十五年以上的林业工作者	王子敬、郑旭辉、周崇友、王克刚、张铭新、吴继康、王亚民、许淑英、徐太田、毛志鸣、姜永高、余友杏、王碧莲、胡为民、宗汉恂、肖永林、董直云	浙江省林学会
1990 年	全国林业系统基本建设财务决算评比优胜奖	王海霞	林业部
1991 年	五好家庭	王荫堂、徐贞玉	华东院
	爱国卫生先进工作者	戴润成、毛行元	华东院
1993 年	五好家庭	王荫堂、徐贞玉，卢耀庚、濮月明	华东院
1995 年	劲松奖	何时珍、聂祥永、邱尧荣、李文斗、古育平等	中国林学会
2002 年	第五届劲松奖	曹佩文、张美霞、郭在标、徐德成、唐孝甲、陈火春、俞培忠、吴荣辉	中国林学会
2009 年	第六届劲松奖	丁文义、毛行元、王世浩、陈大钊、李玉明、胡杏飞、夏志燕	中国林学会
2010 年	2010 年全市机关党建优秀调研文章三等奖	毛行元	金华市机关党的建设研究会
2012 年	第四届中国林业年鉴贡献奖	傅宾领、楼毅	国家林业局
2013 年	首届美丽中国征文大赛三等奖	杨铁东	国家林业局
2014 年	第五届中国林业年鉴贡献奖	傅宾领、刘强	国家林业局
	2014 年优秀课题研究成果一等奖	刘裕春、毛行元	中国林业职工思想政治工作研究会
	2014 年度全省机关党建理论研究成果三等奖	毛行元	浙江省机关党的建设研究会
2015 年	2015 年优秀课题研究成果二等奖	毛行元	中国林业职工思想政治工作研究会
	第二届美丽中国征文大赛优秀奖	杨铁东	国家林业局
2017 年	2016—2017 年林业职工思想政治工作课题研究成果优秀奖	傅宾领、毛行元	中国林业职工思想政治工作研究会

（续表）

获奖时间	获奖名称	获奖人员	颁奖单位
2019 年	第四届中国林业产业突出贡献奖	朱磊	国家林业和草原局、中国农林水利气象工会全国委员会
	林业职工庆祝新中国成立 70 周年"原山杯"最美务林人主题演讲大赛三等奖	王丹	国家林业和草原局宣传中心、中国林业职工思想政治工作研究会
	第五届省直机关讲书大赛三等奖	陈未亚	浙江省直机关工委
	"中国梦·劳动美"省直机关干部职工诗歌创作大赛优秀奖	杨铁东、何佳欢、翁远玮、吴迎霞	浙江省直机关工委
	首届"问道自然"杯全国林业工程咨询青年工程师职业技能展示大赛二等奖	刘骏	中国林业工程建设协会
	首届"问道自然"杯全国林业工程咨询青年工程师职业技能展示大赛三等奖	钱逸凡	中国林业工程建设协会
2020 年	"信仰·忠诚·担当"全省机关党员干部职工诗词创作比赛三等奖	吴迎霞	浙江省直机关工委
2021 年	上海市第一次自然灾害综合风险普查标准技术规范解说竞赛二等奖	高天伦	上海市第一次自然灾害综合风险普查领导小组办公室
	"听党话、感党恩，永远跟党走"主题演讲比赛三等奖	王丹	国家林业和草原局直属机关党委
	第二届"问道自然"杯全国林业工程咨询青年工程师职业技能展示大赛三等奖	陆亚刚	中国林业工程建设协会
	中国农业期刊优秀青年人才	朱安明	中国农学会

附录 8　省部级以上特殊津贴、突出贡献、优秀人才一览

序号	时间	名称	姓名	颁发单位	备注
1	1992 年	享受国务院特殊津贴专家	唐壮如	国务院	
2	1992 年	享受国务院特殊津贴专家	王克刚	国务院	
3	1993 年	享受国务院特殊津贴专家	江一平	国务院	
4	1993 年	享受国务院特殊津贴专家	黄文秋	国务院	
5	1993 年	享受国务院特殊津贴专家	肖永林	国务院	
6	1994 年	享受国务院特殊津贴专家	徐太田	国务院	
7	1996 年	享受国务院特殊津贴专家	陈家旺	国务院	
8	1997 年	享受国务院特殊津贴专家	汪艳霞	国务院	
9	1998 年	享受国务院特殊津贴专家	邱尧荣	国务院	
10	1999 年	享受国务院特殊津贴专家	聂祥永	国务院	
11	2000 年	享受国务院特殊津贴专家	葛宏立	国务院	2001 年考取北京林业大学博士研究生
12	2001 年	享受国务院特殊津贴专家	胡际荣	国务院	2002 年调往金华市国土资源局
13	2002 年	享受国务院特殊津贴专家	韦希勤	国务院	
14	2004 年	享受国务院特殊津贴专家	何时珍	国务院	
15	2014 年	享受国务院特殊津贴专家	傅宾领	国务院	
16	1992 年	有突出贡献的中青年专家	江一平	林业部	
17	1994 年	有突出贡献的中青年专家	沈雪初	林业部	
18	1996 年	有突出贡献的中青年专家	傅宾领	林业部	
19	1996 年	有突出贡献的中青年专家	项小强	林业部	2001 年调往金华日报社
20	1998 年	有突出贡献的中青年专家	周 琪	国家林业局	
21	2014 年	"百千万人才工程"省部级人选	过珍元	国家林业局	
22	2016 年	"百千万人才工程"省部级人选	林 辉	国家林业局	
23	2018 年	"百千万人才工程"省部级人选	罗细芳	国家林业和草原局	
24	2019 年	"百千万人才工程"省部级人选	朱 磊	国家林业和草原局	
25	2020 年	"百千万人才工程"省部级人选	肖舜祯	国家林业和草原局	

附录9　正高级工程师一览

序号	姓名	获得时间
1	黄文秋	1996.09
2	江一平	1996.09
3	郑若玉	1996.09
4	韦希勤	2000.08
5	邱尧荣	2003.12
6	聂祥永	2004.12
7	何时珍	2005.12
8	傅宾领	2007.11
9	古育平	2007.11
10	陈火春	2008.11
11	刘春延	2008.12
12	姚顺彬	2014.11
13	王金荣	2015.11
14	过珍元	2016.12
15	林　辉	2017.12
16	刘道平	2017.12
17	罗细芳	2018.11
18	朱　磊	2018.11
19	毛行元	2018.11
20	胡建全	2018.11
21	李明华	2019.12
22	唐孝甲	2019.12
23	吴文跃	2019.12
24	张伟东	2019.12
25	李英升	2020.12
26	张现武	2020.12
27	赵国华	2020.12

附录 10　高级工程师及相当职称人员一览

序号	姓名	获得时间
1	李仕彦	1987.12
2	王克刚	1987.12
3	徐太田	1987.12
4	许淑英	1987.12
5	袁 薇	1987.12
6	郑旭辉	1987.12
7	周崇友	1987.12
8	周世勤	1987.12
9	宗汉恂	1987.12
10	唐壮如	1987.12
11	陈家旺	1990.07
12	姜永高	1990.07
13	娄文英	1990.07
14	鹿守智	1990.07
15	毛志鸣	1990.07
16	汪艳霞	1990.07
17	王恩民	1990.07
18	王家贵	1990.07
19	王子敬	1990.07
20	吴继康	1990.07
21	肖永林	1990.07
22	游学樵	1990.07
23	余友杏	1990.07
24	张铭新	1990.07
25	钱雅弟	1992.12
26	李文敏	1994.03
27	胡为民	1994.12
28	周 琪	1994.12
29	徐贞玉	1995.11
30	周 潮	1995.11
31	李维成	1996.10
32	马云峰	1996.10
33	王积富	1996.10
34	吴荣辉	1996.10
35	沈雪初	1997.07
36	张书银	1997.07

（续表）

序号	姓名	获得时间
37	李文斗	1997.09
38	王金治	1997.09
39	蔡旺良	1998.08
40	刘裕春	1998.08
41	王世浩	1998.08
42	朱勇强	1999.08
43	郭在标	2000.12
44	俞培忠	2000.12
45	查印水	2002.12
46	胡志寅	2002.12
47	黄先宁	2002.12
48	卢耀庚	2002.12
49	余 平	2002.12
50	陈大钊	2003.12
51	陈联峰	2003.12
52	丁荣兴	2003.12
53	倪淑平	2003.12
54	王海霞	2003.12
55	张志宏	2003.12
56	刘 强	2004.12
57	吴海平	2004.12
58	徐德成	2004.12
59	郦 煜	2005.12
60	张金贵	2005.12
61	夏旭蔚	2006.11
62	凌 飞	2007.11
63	沈勇强	2008.11
64	王柏昌	2008.11
65	左宗贵	2008.11
66	岑伯军	2009.11
67	胡杏飞	2009.11
68	王洪波	2009.11
69	杨铁东	2009.11
70	朱世阳	2009.11
71	姚贤林	2010.11
72	郑根清	2010.11

（续表）

序号	姓名	获得时间
73	陈金海	2011.11
74	陈溪兴	2011.11
75	汪全胜	2011.11
76	肖舜祯	2012.11
77	李建华	2013.12
78	逯登斌	2014.11
79	孙永涛	2014.11
80	唐学君	2015.11
81	郑德平	2015.11
82	戴守斌	2016.12
83	楼　毅	2016.12
84	沈娜娉	2016.12
85	郑　宇	2016.12
86	郑云峰	2016.12
87	陈文灿	2017.12
88	孙伟韬	2017.12
89	徐　鹏	2017.12
90	徐志扬	2017.12
91	陈国富	2018.11
92	陈建义	2018.11
93	初映雪	2018.11
94	胡娟娟	2018.11
95	蒲永锋	2018.11
96	王　涛	2018.11
97	刘　诚	2019.11
98	陈　伟	2019.12
99	古　力	2019.12
100	洪奕丰	2019.12
101	钱　红	2019.12
102	申屠惠良	2019.12
103	孙善成	2019.12
104	卢　佶	2020.12
105	陆亚刚	2020.12
106	马鸿伟	2020.12
107	田晓晖	2020.12
108	王景才	2020.12

（续表）

附录 11　院级以上优秀青年一览

获奖时间	获奖名称	姓名	颁奖单位
1987 年	金华市青年能手	王金荣	共青团金华市委
1990 年	建院十周年优秀青年科技工作者	傅宾领、冯利宏、余平、汪益雷、俞培忠、罗勇义、张六汀、王金荣、李永岩、韦希勤、苏文元、黄泽云、陈金海、陈火春、邓国芳、李明华、岑伯军、陈新林、陈大钊、徐德成、何时珍、王永明、吴文跃、俞高双、徐广英、何哲弟、郑诗强、成安新、卢鹰、朱世阳、王世浩、周潮、古育平、张键、马云峰、邱尧荣、杨晶、王金治、张毅彪、葛宏立、周琪、张志宏、李建华、郭在标、唐庆霖、张茂震、胡际荣、聂祥永、胡杏飞、卢耀庚、李岳云、项小强、李文斗、王章才、蔡旺良、毛行元、郑德平、郑根清、叶德敏、胡建全、胡志寅、凌飞、申屠惠良、上官增前	华东院
	建院十周年优秀青年工作者	周伟、王永建	华东院
2014 年	2012—2014 年度国家林业局直属机关优秀青年	朱磊	国家林业局直属机关党委
	2012—2014 年度国家林业局直属机关优秀青年工作者	徐旭平	国家林业局直属机关党委
2017 年	2015—2017 年度国家林业局直属机关优秀青年	郑云峰	国家林业局直属机关党委
	2015—2017 年度国家林业局直属机关优秀青年工作者	马婷	国家林业局直属机关党委
2021 年	2018—2020 年度国家林业和草原局直属机关优秀青年	刘诚	国家林业和草原局机关党委
	2018—2020 年度国家林业和草原局直属机关优秀青年工作者	徐旭平	国家林业和草原局机关党委

附录 12　职业（执业）资格人员一览

时间	名称	姓名	颁发单位
1994 年	注册会计师	蔡旺良	注册会计师考试委员会
2002 年	咨询工程师（投资）	傅宾领	中国工程咨询协会
2002 年	咨询工程师（投资）	何时珍	中国工程咨询协会
2002 年	咨询工程师（投资）	古育平	中国工程咨询协会
2003 年	咨询工程师（投资）	蔡旺良	中国工程咨询协会
2003 年	咨询工程师（投资）	唐孝甲	中国工程咨询协会
2003 年	监理工程师	楼　毅	浙江省人事厅
2004 年	咨询工程师（投资）	王积富	中国工程咨询协会
2004 年	监理工程师	许贵昌	浙江省人事厅
2005 年	咨询工程师（投资）	赵国华	中国工程咨询协会
2006 年	咨询工程师（投资）	陈火春	中国工程咨询协会
2006 年	咨询工程师（投资）	黄先宁	中国工程咨询协会
2006 年	咨询工程师（投资）	王金荣	中国工程咨询协会
2006 年	监理工程师	唐孝甲	浙江省人事厅
2008 年	咨询工程师（投资）	肖舜祯	中国工程咨询协会
2013 年	注册城市规划师	孙伟韬	浙江省人力资源和社会保障厅
2019 年	咨询工程师（投资）	楼　毅	中国工程咨询协会
2019 年	咨询工程师（投资）	林　辉	中国工程咨询协会
2020 年	咨询工程师（投资）	陈建义	中国工程咨询协会
2020 年	咨询工程师（投资）	刘　诚	中国工程咨询协会
2020 年	咨询工程师（投资）	陆亚刚	中国工程咨询协会
2020 年	咨询工程师（投资）	钱逸凡	中国工程咨询协会
2020 年	咨询工程师（投资）	孙清琳	中国工程咨询协会
2020 年	咨询工程师（投资）	吴荣辉	中国工程咨询协会
2020 年	咨询工程师（投资）	张　林	中国工程咨询协会
2020 年	咨询工程师（投资）	郑　宇	中国工程咨询协会
2021 年	咨询工程师（投资）	郑彦超	中国工程咨询协会
2021 年	咨询工程师（投资）	初映雪	中国工程咨询协会
2021 年	咨询工程师（投资）	胡娟娟	中国工程咨询协会
2021 年	咨询工程师（投资）	胡洵瑀	中国工程咨询协会
2021 年	咨询工程师（投资）	刘　骏	中国工程咨询协会

附录 13 职工名录

（一）在职职工名录（189人）

1. 院领导（7人）

吴海平　党委书记、院长、高级工程师

刘春延　党委副书记、副院长、正高级工程师

何时珍　副院长、总工程师、正高级工程师

刘道平　副院长、正高级工程师

刘　强　党委副书记、纪委书记、工会主席、高级工程师

马鸿伟　副院长、高级工程师

郑云峰　副院长、正高级工程师

2. 办公室（5人）

王　涛　主任、高级工程师

骆钦锋　副主任、工程师

张溪芸　文秘、管理七级

施　园　信息及物资管理、管理八级

刘　瑶　文秘管理、管理八级

3. 党委办公室（3人）

杨铁东　主任、高级工程师

马　婷　副主任

罗瑶尚佳　办干事、管理七级

4. 人事处（5人）

陈国富　处长、高级工程师

傅　宇　工程师

金完璧　劳资管理业务主办、管理七级

刘江平　人事干事、管理七级

耿思文　人事及档案业务主管、管理八级

5. 计划财务处（5人）

黄磊建　处长、高级会计师

朱　丹　会计师

陈美佳　会计师

宋　雷　出纳、管理九级

李林书　出纳、管理八级

6. 纪检审计处（3人）

马　驰　处长、工程师

熊琦婧　工程师

严申丹　内审员、管理八级

7. 生产技术管理处（总工办）（12人）

楼　毅　处长、高级工程师

张伟东　副处长、正高级工程师

田晓晖　副处长、高级工程师

朱　磊　副总工、正高级工程师

林　辉　副总工、正高级工程师

过珍元　副总工、正高级工程师

郑　宇　副总工（管理六级）、高级工程师　　　　陈大钊　高级工程师

毛行元　正高级工程师　　　　　　　　　　　　倪淑平　高级工程师

赵国华　正高级工程师　　　　　　　　　　　　蒲永锋　高级工程师

8. 科技管理处（2人）

周固国　处长、工程师　　　　　　　　　　　　沈娜娉　高级工程师

9. 金华院区管理处（4人）

杨　健　处长　　　　　　　　　　　　　　　　吴云江　汽车指导驾驶员、工技二级

张志宏　副处长、高级工程师　　　　　　　　　曹顺华　水电及特殊设备管理员、工技二级

10. 行政后勤处（5人）

王　宁　处长　　　　　　　　　　　　　　　　郑春茂　工程师

钱　红　副处长、高级会计师　　　　　　　　　马　原　基建管理、管理八级

戴守斌　副处长、高级工程师

11. 林草综合监测一处（22人）

郑云峰　处长、正高级工程师　　　　　　　　　郑根清　高级工程师

孙永涛　副处长、高级工程师　　　　　　　　　逯登斌　高级工程师

卢　佶　副处长、高级工程师　　　　　　　　　郑德平　高级工程师

刘　诚　副处长、高级工程师　　　　　　　　　吴俊清　工程师

唐孝甲　正高级工程师　　　　　　　　　　　　蔡　茂　工程师

余　平　高级工程师　　　　　　　　　　　　　张国威　工程师

郦　煜　高级工程师　　　　　　　　　　　　　尹准生　工程师

张金贵　高级工程师　　　　　　　　　　　　　曹元帅　助理工程师

王柏昌　高级工程师　　　　　　　　　　　　　王　丹　助理工程师

王洪波　高级工程师　　　　　　　　　　　　　罗　标　助理工程师

胡杏飞　高级工程师　　　　　　　　　　　　　王博恒　工程师

12. 林草综合监测二处（19人）

罗细芳　处长、正高级工程师　　　　　　　　　王景才　高级工程师

唐扬龙　副处长、工程师　　　　　　　　　　　卢卫峰　工程师

邱尧荣　正高级工程师　　　　　　　　　　　　黄奕超　工程师

胡建全　正高级工程师　　　　　　　　　　　　苏文元　工程师

查印水　高级工程师　　　　　　　　　　　　　周原驰　工程师

夏旭蔚　高级工程师　　　　　　　　　　　　　张　然　助理工程师

岑伯军　高级工程师　　　　　　　　　　　　　叶　楠　助理工程师

古　力　高级工程师　　　　　　　　　　　　　孙明慧　助理工程师

孙善成　高级工程师　　　　　　　　　　　　　郑玉洁　助理工程师

施雨彤　助理工程师

13. 湿地监测评估处（19人）

张现武　副总工兼湿地监测评估处处长、　　钱逸凡　工程师
　　　　正高级工程师　　　　　　　　　　翁远玮　工程师
初映雪　副处长、高级工程师　　　　　　　胡洵珚　工程师
陈火春　正高级工程师　　　　　　　　　　何哲弟　助理工程师
朱勇强　高级工程师　　　　　　　　　　　何佳欢　助理工程师
俞培忠　高级工程师　　　　　　　　　　　左奥杰　助理工程师
姚贤林　高级工程师　　　　　　　　　　　施凌皓　助理工程师
汪全胜　高级工程师　　　　　　　　　　　王铮屹　助理工程师
李伟成　副研究员　　　　　　　　　　　　赵安琳　助理工程师
李　红　工程师　　　　　　　　　　　　　魏姿芃　助理工程师

14. 自然保护地（国家公园）处（16人）

康　乐　副处长（主持工作）、工程师　　　左松源　工程师
胡娟娟　副处长、高级工程师　　　　　　　郑晔施　助理工程师
陈联峰　高级工程师　　　　　　　　　　　张亮亮　助理工程师
李律己　工程师　　　　　　　　　　　　　任开磊　助理工程师
吴　昊　工程师　　　　　　　　　　　　　刘雅楠　助理工程师
郑彦超　工程师　　　　　　　　　　　　　吴嘉君　助理工程师
胡　屾　工程师　　　　　　　　　　　　　吴嫚菲　助理工程师
万泽敏　工程师　　　　　　　　　　　　　胡　彪　助理工程师

15. 生态规划咨询处（12人）

徐　鹏　处长、高级工程师　　　　　　　　刘　骏　工程师
王金荣　正高级工程师　　　　　　　　　　严冰晶　工程师
黄先宁　高级工程师　　　　　　　　　　　强济东　助理工程师
孙庆来　工程师　　　　　　　　　　　　　赵俊文　助理工程师
张　林　工程师　　　　　　　　　　　　　夏志宇　助理工程师
盛宣才　工程师　　　　　　　　　　　　　楼一恺　助理工程师

16. 生态工程监测评估处（16人）

肖舜祯　处长、高级工程师　　　　　　　　陈溪兴　高级工程师
唐学君　副处长、高级工程师　　　　　　　徐志扬　高级工程师
李明华　正高级工程师　　　　　　　　　　刁　军　工程师
李英升　正高级工程师　　　　　　　　　　张国良　工程师
胡志寅　高级工程师　　　　　　　　　　　吴建勋　工程师
左宗贵　高级工程师　　　　　　　　　　　刘龙龙　工程师

| 高天伦 | 助理工程师 | 朱海伦 | 助理工程师 |
| 丁　艳 | 助理工程师 | 郭飞怡 | 助理工程师 |

17. 碳汇计量监测处（海岸带生态监测评价处）（10人）

洪奕丰	副处长（主持工作）、高级工程师	李国志	工程师
姚顺彬	副处长、正高级工程师	郭含茹	工程师
陆亚刚	副处长、高级工程师	张　阳	助理工程师
刘　俊	工程师	赵森晖	助理工程师
孙清琳	工程师	许佳明	工程师

18. 信息技术处（16人）

徐旭平	副处长（主持工作）、工程师	周　蔚	工程师
吴文跃	正高级工程师	刘　海	工程师
吴荣辉	高级工程师	李领寰	工程师
李建华	高级工程师	张振中	工程师
陈文灿	高级工程师	高　超	工程师
范爱兰	工程师	吕延杰	助理工程师
唐可平	翻译	夏虹露	助理工程师
王亚卿	工程师	郭新彬	助理工程师

19. 林草火灾监测评估处（野生动植物调查监测处）（9人）

孙伟韬	副处长（主持工作）、高级工程师	林　荫	工程师
陈　伟	高级工程师	邢　雅	工程师
陈建义	高级工程师	沈旗栋	助理会计师
陈未亚	工程师	章永侠	助理工程师
黄瑞荣	工程师		

（二）离退休人员名录（共 101 人，按姓氏笔画排序）

丁文义	于金龙	上官增前	马云峰	王子敬
王云乔	王世浩	王亚民	王先煦	王金治
王荫棠	王勇健	王桂兰	王桃珍	王恩民
王积富	王海霞	王家贵	王银平	韦希勤
毛爱莲	古育平	卢耀庚	申屠惠良	叶德敏
朱世阳	朱寿根	朱淑姣	刘安培	刘裕春
江一平	许淑英	李士玮	李文斗	李文敏
李玉明	李永岩	李志强	李岳云	李爱英
李维成	李福菊	杨云章	杨忠义	肖永林
吴有存	吴继康	余友杏	余海贵	余彩秀
汪艳霞	汪益雷	沈勇强	张三妹	张六汀
张书银	张美霞	陈昌华	陈金海	陈家旺
陈新林	邵中坚	罗勇义	罗培芳	金子光
周伟	周琪	周潮	周伟平	周宗芳
郑云仙	郑竹梅	胡为民	施延忠	秦玉珍
袁钦祖	聂祥永	夏彤	夏志燕	顾金荣
顾黛英	钱雅弟	徐太田	徐贞玉	徐德成
高圣奎	唐壮如	唐庆霖	凌飞	黄小妍
黄文秋	曹佩文	鹿守知	董直云	蒋松梁
程授时	傅宾领	游学樵	蔡旺良	戴根君
戴润成				

（三）1980 年以来曾在华东院工作过人员名单（共 124 人，按姓氏笔画排序）

于　辉	马灿亮	王　丹	王　萌	王文元
王世滨	王永明	王永建	王荣胜	王勇辉
王爱民	王继文	王章才	邓国芳	卢　鹰
叶耀坤	冯卫东	冯利宏	成安新	江学才
孙文友	孙吉林	杜晓敏	李　珍	李　薇
李青松	李其顺	李建华	李筱焕	杨　晟
杨　晶	肖正泽	吴　光	吴建伟	吴家根
吴家祥	吴敬东	吴瑶宇	沈国妹	张　键
张　蕾	张一新	张志平	张志雄	张茂震
张毅彪	陆灯盛	陈以光	陈怡桐	陈春雷
陈德东	林　进	林章彩	易星星	周元中
周治阳	周秋萍	项小强	胡际荣	钟捷明
禹三春	俞国权	俞高双	施德法	徐广英
徐向阳	郭　戈	郭照光	黄文良	黄晓晖
龚建华	彭　彪	彭亚辉	葛宏立	董振凯
蒋文四	蒋建平	傅利常	游开健	谢守鑫
楼　崇	潘克勤	潘瑞林		

丁荣兴	王兆华	王克刚	王宗武	王厚重
王淑兰	王碧莲	毛志鸣	刘凯伟	刘宗琪
许贵昌	孙祥修	李仕彦	李忠臣	李瑞泰
吴秉信	沈雪初	张子龙	张志强	张铭新
陈国勋	陈宪林	陈槐圭	周世勤	周崇友
郑旭辉	郑若玉	郑诗强	宗汉恂	胡兴夏
姜永高	娄文英	袁　薇	夏连智	高　陈
高元龙	郭在标	黄吉林	黄泽云	廖延陆
潘雀屏				

后 记

中国共产党刚刚走过辉煌的百年历程，善于总结和主动利用历史经验是我们党的优良传统和独特优势。按照党中央的部署，我们及时开展党史学习教育活动。编纂出版《院史》，回顾华东院70年来的光辉历程，总结利用好华东院70年的宝贵经验，是我们深入拓展党史学习教育的重要举措，也是我们推进高质量发展的必由之路。

将华东院70年的发展历史客观公正地记录下来，提供一部"存史、资治、教化"的史书，是几代华东院人的共同夙愿。2019年5月，院决定编纂《院史》，成立了领导小组和工作专班，确定编写大纲，明确编纂分工。专程赴国家林业和草原局、农业农村部、吉林省林业调查规划院、云南省林业调查规划院、国家林业和草原局西南调查规划院、浙江省档案馆、金华市档案馆、辽宁省营口市档案馆、黑龙江省牡丹江市档案馆等单位查阅档案，走访离退休老同志，全面收集资料，广泛征求意见，多次研究修改，于2022年3月完成送审稿。5月，经院史编纂委员会审定，同意正式出版。

《院史》编写是华东院历史上一件大事，是在院党委的直接领导下，在各处室和全院职工的通力合作下完成的。2019年5月，时任院长于辉同志主持会议，确定编纂组织机构，决定启动编纂工作。2020年3月以来，党委书记、院长吴海平同志多次听取工作汇报，研究编纂工作重大问题；原院领导傅宾领、丁文义同志担任顾问，为编纂工作提供有力指导；党委副书记、副院长刘春延同志，党委副书记、纪委书记刘强同志建立常态化调度机制，大力推进编纂工作；院史办同志专心致志、精心组织，全力投入编纂工作；吴继康、徐太田、邵兴贵、王恩民、杨云章、唐壮如、鹿守智、许淑英、毛爱莲、余友杏、施延忠、郑竹梅、古育平、卢耀庚、李文斗等老同志积极主动提供珍贵资料；中国林业出版社总编辑邵权熙、林业分社副社长李敏给予精心指导。全书由毛行元同志统稿并审稿，编纂委员会定稿。书法家艾祖德为本书题写书名。

《院史》突出时代特点，回顾了70年光辉历程，体现了与时俱进的优良作风，展示了林草调查规划的丰硕成果，绘就了波澜壮阔的时代画卷，彰显了华东院人"忠诚使命、响应召唤、不畏艰辛、追求卓越"的精神风貌。

在编写过程中，忆及建院初期的艰辛时，由衷感叹前辈们义无反顾的创业勇气；回顾遭受困难挫折时，深深感受到大家毫不退缩的坚定信念；盘点辉煌发展成就时，切身体会到广大职工院兴我荣的无比自豪，给我们极大鼓舞和鞭策。

70年来，国家林业和草原局历任领导对华东院高度重视和亲切关怀，有关司局和单位、监测区各级林草主管部门对华东院工作给予大力支持，李树铭副局长为《院史》作序，在此深表感谢。

因时间跨度较大，档案资料缺失，编纂水平有限，难免存在遗憾和错漏，恳请关心华东院发展的各界人士批评指正，期望在未来的编修中不断完善。

编者
2022年5月